分数阶微积分学
数值算法与实现

薛定宇　白鹭◎著

清华大学出版社

北京

内 容 简 介

本书系统地介绍分数阶微积分学领域的理论知识与数值计算方法。特别地,作者提出并实现一整套高精度的分数阶微积分学的数值计算方法;提出线性、非线性分数阶微分方程的通用数值解法和基于框图的通用仿真框架;提出并实现了基于框图的分数阶隐式微分方程、延迟微分方程与分数阶微分方程边值问题的通用求解方法。本书所有知识点均配有高质量的 MATLAB 代码与 Simulink 模型,有助于读者更好地理解知识点的内涵,更重要的是,读者可以使用这些代码创造性地解决相关问题。

本书可供数学与应用科学领域的高年级本科生、研究生与工程师系统学习分数阶微积分学理论及其计算方法,并用其解决实际应用问题。

图书在版编目(CIP)数据

分数阶微积分学:数值算法与实现/薛定宇,白鹭著.—北京:清华大学出版社,2023.2(2024.1重印)
ISBN 978-7-302-62181-2

Ⅰ.①分… Ⅱ.①薛… ②白… Ⅲ.①微积分－数值计算－计算方法 Ⅳ.①O172

中国版本图书馆 CIP 数据核字(2022)第 214337 号

策划编辑:盛东亮
责任编辑:钟志芳
封面设计:李召霞
责任校对:李建庄
责任印制:沈 露

出版发行:清华大学出版社
  网 址:https://www.tup.com.cn, https://www.wqxuetang.com
  地 址:北京清华大学学研大厦 A 座 邮 编:100084
  社 总 机:010-83470000 邮 购:010-62786544
  投稿与读者服务:010-62776969, c-service@tup.tsinghua.edu.cn
  质量反馈:010-62772015, zhiliang@tup.tsinghua.edu.cn
  课件下载:https://www.tup.com.cn, 010-83470236
印 装 者:三河市君旺印务有限公司
经 销:全国新华书店
开 本:186mm×240mm 印 张:22 字 数:432 千字
版 次:2023 年 4 月第 1 版 印 次:2024 年 1 月第 2 次印刷
印 数:1501～2300
定 价:89.00 元

产品编号:098507-01

前 言
PREFACE

  分数阶微积分学与应用是当前科学与工程领域迅速发展的研究方向。本书系统介绍分数阶微积分学，侧重于介绍利用计算机工具直接解决分数阶微积分学及应用领域的问题。本书结构与大致思路是这样的：第1章给出相关领域的综述；第2章介绍一些本领域常用的特殊函数；第3章和第4章介绍已知函数或采样点的分数阶微分与积分计算；第5章介绍信号事先未知时，利用专门设计的滤波器求取信号的分数阶微分与积分。第3~5章还可以理解成分数阶微分与积分的离线计算方法与在线计算方法。后续内容侧重于分数阶微分方程的介绍，第6章介绍分数阶线性微分方程的解析解与数值解方法；第7章介绍分数阶非线性微分方程的"命令式"求解方法；第8章介绍基于框图的微分方程求解方法；第9章介绍以往难以求解的分数阶微分方程（包括隐式微分方程、延迟微分方程、微分方程边值问题与偏微分方程）的求解方法。本书中每一个知识点都配备作者专门编写的MATLAB通用求解函数，并配合本书发布了全新的FOTF工具箱，读者可以直接使用这些可重用代码再现书中的结果，更重要的是，可以使用这些代码创造性地解决实际遇到的问题，并探讨新的知识。

  2015年，我受国际分数阶微积分领域著名的学者、上海大学数学系李常品教授邀请，为他主编的"应用科学与工程中的分数阶微积分学"系列著作写一部相关的专著，2017年我撰写的专著 *Fractional-order Control Systems: Fundamentals and Numerical Implementations* 有幸成为该系列著作的第一卷，在de Gruyter出版社正式出版。翌年，相应的中文版专著《分数阶微积分学与分数阶控制》在科学出版社正式出版。

  本书是在我和沈阳大学信息工程学院白鹭博士通力合作下完成的，融入了很多近年的新成果。在本书中有很多首次公开的原创性研究成果，包括分数阶微积分的解析计算、高阶分数阶微积分的高精度算法、无理系统的仿真与稳定性分析、全新的FOTF工具箱及FOTF模块集、分数阶微分方程的统一求解框架、分数阶延迟微分方程的求解方法、分数阶微分方程边值问题的求解方法、时间分数阶偏微分方程的数值求解方法、更多类型的分数阶微分方程求解算法的基准测试问题等。

在2000年前后,受一个长期合作的朋友、现美国加利福尼亚大学莫赛德分校的陈阳泉教授的鼓动甚至劝说,我开始接触分数阶控制领域的研究,不过直到2003年开始与陈教授合作《高等应用数学问题的MATLAB求解》第一版时,我才真正花时间研读这方面的文献,并开始研究分数阶微积分领域的数值计算问题。在该著作中系统地介绍了分数阶微积分计算、滤波器近似、线性分数阶微分方程的闭式解算法、基于框图的分数阶微分方程求解等大量工作,其中很多代码与模型至今仍被分数阶领域的研究者广泛使用,所以这里必须首先感谢陈阳泉教授。

还要感谢一些分数阶领域著名学者和活跃的研究者,包括斯洛伐克科希策工业大学的Igor Podlubny教授和Ivo Petráš教授、德国不伦瑞克工业大学的Kai Diethelm教授、山东大学的李岩教授、中国科学技术大学的王永教授、上海交通大学的卢俊国教授、上海大学的李常品教授、清华大学的李东海教授、北京交通大学的于永光教授、哈尔滨工业大学的孙光辉教授、河海大学的陈文教授与孙洪广教授、华南理工大学的曾才斌教授、长春理工大学的王春阳教授、东南大学的卫一恒教授、法国国立应用科学学院的刘大研教授、Driss Boutat教授等(排名不分先后),也感谢我2010年在Springer出版社出版专著时的合作者,即西班牙学者Blas Vinagre教授、Concepción Monje教授和Vicente Feliu教授,和他们的讨论与交流催生了我在这个领域的很多新的想法与研究成果,丰富了本书的内容。

我与东北大学的同事们,特别是潘峰博士、陈大力博士与张雪峰博士等的深入讨论也为本书带来了很多有意义的内容。也感谢我的学生们为本书及相关的研究做出的成果和贡献,具体包括赵春娜博士在分数阶微积分与微分方程数值计算方面的贡献,赵春娜博士与孟丽博士在滤波器设计方面的贡献,赵春娜博士、孟丽博士、王伟楠同学、刘禄博士与李婷雪博士在控制器设计方面的贡献,还要感谢在其他相关领域杨洋博士、张艳珠博士、刘艳梅博士、陈震博士、陈岚峰博士及博士生崔新树、刘怡彤、王哲等同学的贡献。

感谢国家自然科学基金委员会的自然科学基金面上项目(项目编号:61174145、61673094)对本书研究工作的资助。

最后特别感谢我的妻子杨军和女儿薛杨,她们在生活和事业上给予了我莫大的帮助与鼓励,没有她们的鼓励和一如既往的支持,本书和我的其他著作均不能顺利面世,谨以此书献给她们。

薛定宇

沈阳·东北大学

2023年2月

目　录
CONTENTS

第1章　分数阶微积分学简介 · 1
1.1　分数阶微积分学的历史回顾 · · · · · · · · · · · · · · · · · · · 1
1.2　自然世界中的分数阶现象与模型举例 · · · · · · · · · · · 4
1.3　分数阶微积分计算的历史回顾 · · · · · · · · · · · · · · · · · 5
   1.3.1　分数阶微积分的数值计算 · · · · · · · · · · · · · · · 5
   1.3.2　分数阶常微分方程的数值计算 · · · · · · · · · · 6
   1.3.3　分数阶偏微分方程的数值计算 · · · · · · · · · · 7
1.4　分数阶微积分与分数阶控制工具简介 · · · · · · · · · · 8
1.5　本书的结构 · 9
   1.5.1　本书的主要内容与要点 · · · · · · · · · · · · · · · · 9
   1.5.2　阅读本书的建议 · 11
参考文献 · 12

第2章　常用特殊函数的定义与计算 · 17
2.1　误差函数与补误差函数 · 17
2.2　Gamma 函数 · 19
   2.2.1　Gamma 函数的定义与性质 · · · · · · · · · · · · 20
   2.2.2　复数的 Gamma 函数 · · · · · · · · · · · · · · · · · 23
   2.2.3　Gamma 函数的其他表现形式 · · · · · · · · · · 23
   2.2.4　不完全 Gamma 函数 · · · · · · · · · · · · · · · · · 24
2.3　Beta 函数 · 24
   2.3.1　Beta 函数的定义与性质 · · · · · · · · · · · · · · 24
   2.3.2　不完全 Beta 函数 · · · · · · · · · · · · · · · · · · · 27
2.4　Dawson 函数 · 27
2.5　超几何函数 · 29
2.6　Mittag-Leffler 函数 · 32
   2.6.1　单参数 Mittag-Leffler 函数 · · · · · · · · · · · 32
   2.6.2　双参数 Mittag-Leffler 函数 · · · · · · · · · · · 34

2.6.3　多参数 Mittag-Leffler 函数 · 39

2.6.4　Mittag-Leffler 函数与超几何函数的关系 · · · · · · · · · · · · 39

2.6.5　Mittag-Leffler 函数的导数 · 40

2.6.6　Mittag-Leffler 函数及其导数的数值运算 · · · · · · · · · · · · 43

本章习题 · 44

参考文献 · 46

第3章　分数阶微积分的定义与计算 · 47

3.1　分数阶 Cauchy 积分公式 · 48

3.1.1　Cauchy 积分公式 · 49

3.1.2　常用函数的分数阶微分与积分公式 · · · · · · · · · · · · · · · 49

3.2　Grünwald–Letnikov 分数阶微积分定义与计算 · · · · · · · · · · · 50

3.2.1　高阶整数阶导数的推导 · 50

3.2.2　Grünwald–Letnikov 分数阶微分的定义 · · · · · · · · · · · · 50

3.2.3　Grünwald–Letnikov 分数阶微分与积分的数值计算 · · · 51

3.2.4　Podlubny 的矩阵算法 · 58

3.2.5　短时记忆效应及其探讨 · 59

3.3　Riemann–Liouville 分数阶微积分定义与计算 · · · · · · · · · · · · 62

3.3.1　高阶整数阶积分公式 · 63

3.3.2　Riemann–Liouville 分数阶微积分定义 · · · · · · · · · · · · 63

3.3.3　常用函数的 Riemann–Liouville 微积分公式 · · · · · · · · · 64

3.3.4　初始时刻平移的性质 · 65

3.3.5　Riemann–Liouville 定义的数值计算 · · · · · · · · · · · · · · 66

3.3.6　Riemann–Liouville 微积分的符号计算 · · · · · · · · · · · · 68

3.4　Caputo 分数阶微积分定义 · 69

3.4.1　Caputo 微积分定义 · 69

3.4.2　常用的 Caputo 导数公式 · 69

3.4.3　Caputo 定义的符号运算 · 71

3.5　各种不同分数阶微积分定义之间的关系 · · · · · · · · · · · · · · · · · 72

3.5.1　Grünwald–Letnikov 与 Riemann–Liouville 定义的关系 · 72

3.5.2　Caputo 与 Riemann–Liouville 定义的关系 · · · · · · · · · 73

3.5.3　Caputo 分数阶微分的数值计算 · · · · · · · · · · · · · · · · · · 73

3.6　分数阶微积分的性质与几何解释 · 75

3.6.1　分数阶微积分的性质 · 75

3.6.2　分数阶积分的几何解释 · 77

本章习题 · 　80

参考文献 · 　82

第4章　分数阶微积分的高精度数值计算 · · · · · · · · · · · · · · ·　83

4.1　任意整数阶的生成函数构造 ·　83

4.2　高精度 Grünwald–Letnikov 导数算法的尝试 · · · · · · · · · · ·　87

4.2.1　基于 FFT 的算法 ·　88

4.2.2　系数计算的递推公式 ·　90

4.3　高精度 Grünwald–Letnikov 算法与实现 · · · · · · · · · · · · · ·　95

4.3.1　非零初值的分解与补偿 · · · · · · · · · · · · · · · · · ·　95

4.3.2　高精度算法与实现 ·　96

4.3.3　算法的测试与评价 ·　97

4.3.4　再论矩阵算法 ·　100

4.4　Caputo 微分的高精度算法 ·　100

4.4.1　算法与实现 ·　101

4.4.2　算法的测试与评价 ·　101

4.4.3　基准测试问题求解 ·　103

4.5　更高阶分数阶导数的计算 ·　105

4.5.1　整数阶高阶导数的高精度算法 · · · · · · · · · · · · ·　105

4.5.2　高阶分数阶导数计算 · · · · · · · · · · · · · · · · · · ·　107

本章习题 · 　110

参考文献 · 　112

第5章　分数阶微积分算子与系统的近似 · · · · · · · · · · · · · · ·　113

5.1　线性整数阶模型的表示与分析 · · · · · · · · · · · · · · · · · · ·　114

5.1.1　数学模型输入与处理 · · · · · · · · · · · · · · · · · · ·　114

5.1.2　时域与频域响应 ·　115

5.1.3　分数阶线性系统的建模与分析 · · · · · · · · · · · · ·　115

5.2　基于连分式的几种近似方法 ·　116

5.2.1　连分式近似 ·　116

5.2.2　Carlson 近似 ·　118

5.2.3　Matsuda–Fujii 近似 ·　121

5.2.4　拟合效果与滤波器参数选择的关系 · · · · · · · · · ·　123

5.3　Oustaloup 滤波器近似 ·　124

5.3.1　常规的 Oustaloup 近似 · · · · · · · · · · · · · · · · · · ·　124

5.3.2　一种改进的 Oustaloup 滤波器 · · · · · · · · · · · · · ·　130

5.4 分数阶传递函数的整数阶近似 · 133
    5.4.1 分数阶传递函数的高阶近似 · · · · · · · · · · · · · · · 133
    5.4.2 基于模型降阶技术的低阶近似方法 · · · · · · · · · · 135
5.5 无理分数阶模型的近似 · 140
    5.5.1 隐式无理模型的近似 · 140
    5.5.2 频域响应近似方法 · 141
    5.5.3 Charef 近似 · 144
    5.5.4 复杂无理模型的最优 Charef 滤波器设计 · · · · · · · 148
5.6 离散滤波器近似 · 154
    5.6.1 FIR 滤波器逼近 · 155
    5.6.2 IIR 滤波器逼近 · 157
    5.6.3 基于阶跃或冲激响应不变性的离散滤波器 · · · · · · 159
本章习题 · 161
参考文献 · 163

第6章 线性分数阶微分方程的解析解与数值解 · · · · · · · · · · · · 165
6.1 线性分数阶微分方程简介 · 165
    6.1.1 线性分数阶微分方程的一般形式 · · · · · · · · · · · · · 166
    6.1.2 不同定义下的分数阶导数初值问题 · · · · · · · · · · · 166
    6.1.3 一个重要的 Laplace 变换公式 · · · · · · · · · · · · · · · 168
6.2 一些线性分数阶微分方程的解析解方法 · · · · · · · · · · · · · · 169
    6.2.1 线性单项分数阶微分方程 · · · · · · · · · · · · · · · · · · 169
    6.2.2 双项分数阶微分方程 · 169
    6.2.3 三项分数阶微分方程 · 170
    6.2.4 一般 n 项分数阶微分方程 · · · · · · · · · · · · · · · · · 171
6.3 同元次线性微分方程的解析求解 · · · · · · · · · · · · · · · · · · · 172
    6.3.1 同元次微分方程的一般形式 · · · · · · · · · · · · · · · · 172
    6.3.2 线性分数阶微分方程求解的一些常用 Laplace 变换公式 · 174
    6.3.3 同元次微分方程的解析解 · · · · · · · · · · · · · · · · · · 175
6.4 零初值线性分数阶微分方程的闭式解算法 · · · · · · · · · · · · 179
    6.4.1 闭式解算法 · 179
    6.4.2 分数阶线性模型的冲激响应 · · · · · · · · · · · · · · · · 181
    6.4.3 分数阶微分方程数值解的检验 · · · · · · · · · · · · · · 183
    6.4.4 基于矩阵的求解算法 · 184
    6.4.5 高精度闭式解算法 · 186

6.5　非零初值线性Caputo微分方程的数值解法 · · · · · · · · · · · · · · · 188
　　6.5.1　Caputo微分方程的数学描述 · · · · · · · · · · · · · · · 188
　　6.5.2　Taylor辅助函数算法· 188
　　6.5.3　Caputo微分方程的高精度算法· · · · · · · · · · · · · · · 191
6.6　线性分数阶状态方程求解· 197
　　6.6.1　线性分数阶系统的状态方程描述 · · · · · · · · · · · · · · · 197
　　6.6.2　状态转移矩阵· 198
　　6.6.3　非同元次系统的状态方程模型 · · · · · · · · · · · · · · · 201
6.7　无理分数阶微分方程的数值解法· 202
　　6.7.1　无理分数阶传递函数描述 · · · · · · · · · · · · · · · · · · 202
　　6.7.2　基于数值Laplace反变换的仿真方法 · · · · · · · · · · · · 202
　　6.7.3　闭环无理系统的时域响应计算 · · · · · · · · · · · · · · · 205
　　6.7.4　任意输入信号的时域响应· · · · · · · · · · · · · · · · · · 207
6.8　线性分数阶系统的稳定性判定· 208
　　6.8.1　线性同元次分数阶系统的稳定性判定· · · · · · · · · · · · 209
　　6.8.2　非同元次系统的稳定性判定 · · · · · · · · · · · · · · · · 211
　　6.8.3　无理系统的稳定性判定· · · · · · · · · · · · · · · · · · · 214
本章习题· 216
参考文献· 217

第7章　非线性分数阶微分方程的数值求解 · · · · · · · · · · · · · · · 219
7.1　分数阶微分方程描述 · 220
　　7.1.1　分数阶微分方程的一般形式 · · · · · · · · · · · · · · · · 220
　　7.1.2　同元次状态方程 · 221
　　7.1.3　扩展状态方程 · 221
7.2　非线性Caputo微分方程的数值解算法· · · · · · · · · · · · · · · · · 223
　　7.2.1　标量型同元次方程的数值解方法 · · · · · · · · · · · · · · 223
　　7.2.2　向量型同元次Caputo微分方程的求解 · · · · · · · · · · · 227
　　7.2.3　分数阶扩展状态方程的数值求解 · · · · · · · · · · · · · · 231
　　7.2.4　基于代数方程求解的微分方程算法 · · · · · · · · · · · · · 237
7.3　Caputo微分方程的高效高精度算法· · · · · · · · · · · · · · · · · · 239
　　7.3.1　预估方程· 239
　　7.3.2　校正求解方法 · 242
本章习题· 244
参考文献· 246

第8章　基于框图的分数阶微分方程求解 · 247

8.1　FOTF工具箱与模块集简介 · 247
8.1.1　分数阶传递函数模块的输入与连接 · · · · · · · · · · · · · 248
8.1.2　分数阶线性状态方程模型 · · · · · · · · · · · · · · · · · · · 250
8.1.3　线性分数阶系统的分析函数 · · · · · · · · · · · · · · · · · · 250
8.1.4　FOTF模块集 · 251
8.2　零初值分数阶微分方程的框图解法 · · · · · · · · · · · · · · · · · · 252
8.2.1　Simulink建模准则 · 252
8.2.2　Simulink的环境参数设置 · · · · · · · · · · · · · · · · · · · 253
8.2.3　分数阶微分方程的Simulink建模与求解 · · · · · · · · · · · 255
8.2.4　非线性分数阶微分方程数值解的检验 · · · · · · · · · · · · 261
8.3　非零初值Caputo微分方程的框图解法 · · · · · · · · · · · · · · · · 262
8.3.1　显式Caputo微分方程的建模仿真方法 · · · · · · · · · · · · 262
8.3.2　分数阶状态方程的Simulink建模 · · · · · · · · · · · · · · · 267
8.3.3　阶次大于1的状态方程处理方法 · · · · · · · · · · · · · · · 273
8.4　分数阶反馈控制系统的Simulink仿真 · · · · · · · · · · · · · · · · · 276
8.4.1　分数阶传递函数模块 · 276
8.4.2　分数阶PID控制器及闭环系统仿真 · · · · · · · · · · · · · · 277
8.4.3　多变量控制系统的仿真 · 278
本章习题 · 281
参考文献 · 283

第9章　特殊分数阶微分方程的数值求解 · · · · · · · · · · · · · · · · · · · 285

9.1　隐式微分方程 · 285
9.1.1　隐式Caputo微分方程的高精度矩阵算法 · · · · · · · · · · · 285
9.1.2　隐式分数阶微分方程的框图解法 · · · · · · · · · · · · · · · 289
9.1.3　基于刚性微分方程的求解方法 · · · · · · · · · · · · · · · · 291
9.1.4　隐式模块的逼近效果 · 292
9.2　分数阶延迟微分方程的求解 · 294
9.2.1　基本测试问题的设计 · 295
9.2.2　历史函数的建模 · 295
9.2.3　延迟微分方程的求解 · 296
9.3　分数阶微分方程的边值问题求解 · · · · · · · · · · · · · · · · · · · 299
9.3.1　边值问题的数学形式 · 299
9.3.2　打靶法的最优化与代数方程建模 · · · · · · · · · · · · · · · 300
9.3.3　Simulink的快速重启设置 · · · · · · · · · · · · · · · · · · · 302

　　9.3.4　边值问题的直接求解 · 302
　9.4　时间分数阶偏微分方程的数值求解 · · · · · · · · · · · · · 307
本章习题 · 314
参考文献 · 316

附录A　分数阶微分方程求解的基准测试问题 · · · · · · · · · · 317
　A.1　基准测试问题的数学描述与证明 · · · · · · · · · · · · · · · 317
　　A.1.1　分数阶常微分方程初值问题 · · · · · · · · · · · · · · 317
　　A.1.2　分数阶微分方程的边值问题 · · · · · · · · · · · · · · 322
　　A.1.3　分数阶延迟微分方程 · 323
　A.2　基本测试问题Simulink模块组 · · · · · · · · · · · · · · · · · 324
本章习题 · 325
参考文献 · 326

附录B　分数阶和无理函数相关的Laplace反变换 · · · · · · 327
　B.1　分数阶微积分学常用的特殊函数 · · · · · · · · · · · · · · · 327
　B.2　Laplace反变换表 · 328
参考文献 · 330

附录C　FOTF工具箱函数与模型 · 331
　C.1　基本计算函数 · 331
　　C.1.1　特殊函数与其他数学问题计算与支持函数 · · · · · · · · · · 331
　　C.1.2　分数阶微积分数值计算 · · · · · · · · · · · · · · · · · · 332
　　C.1.3　滤波器设计 · 332
　　C.1.4　线性分数阶微分方程求解 · · · · · · · · · · · · · · · · 332
　　C.1.5　非线性分数阶微分方程求解 · · · · · · · · · · · · · · 333
　C.2　面向对象的程序设计 · 333
　　C.2.1　分数阶传递函数的FOTF类 · · · · · · · · · · · · · · 333
　　C.2.2　分数阶状态方程的FOSS类 · · · · · · · · · · · · · · 334
　C.3　Simulink模型 · 335
　　C.3.1　Simulink的FOTF模块集 · · · · · · · · · · · · · · · · 336
　　C.3.2　重要的可重用分数阶系统仿真模型 · · · · · · · · · 336
参考文献 · 336

索引 · 337

第 1 章

分数阶微积分学简介

1.1 分数阶微积分学的历史回顾

在经典微积分学(本书称整数阶微积分学)理论的发展初期,英国科学家 Isaac Newton 与德国数学家 Gottfried Wilhelm Leibniz 使用了不同的符号表示不同阶次的导数。例如,Newton 使用的符号为 $\dot{y}(x)$、$\ddot{y}(x)$ 和 $\dddot{y}(x)$,而 Leibniz 使用的符号为 $\mathrm{d}^n y(x)/\mathrm{d}x^n$,其中 n 为正整数。一个自然的问题是,如何将 n 扩展成分数甚至复数。

1695 年,在法国数学家 Marquis de l'Hôpital 写给 Leibniz 的一封信中,他曾经问了这样的一个问题,就是 $\mathrm{d}^n y(x)/\mathrm{d}x^n$ 记号中如果 $n=1/2$ 会有什么含义。在 1695 年 9 月 30 日 Leibniz 的回信中,他回答道:"可以推导出 $\mathrm{d}^{1/2}x = \sqrt{\mathrm{d}x : x}$,这显然是一个悖论(paradox),可能日后某一天会得出有用的结果。"[1] 这两位数学家的问答被广泛认为是分数阶微积分学的开端。

1819 年,法国数学家 Sylvestre François Lacroix 利用 Gamma 函数给出了幂函数的导数公式

$$\frac{\mathrm{d}^n}{\mathrm{d}x^n}x^m = \frac{\Gamma(m+1)}{\Gamma(m-n+1)}x^{m-n+1},\ m \geqslant n \tag{1-1-1}$$

并由此得到

$$\frac{\mathrm{d}^{1/2}}{\mathrm{d}x^{1/2}}x = \frac{\Gamma(2)}{\Gamma(3/2)}\sqrt{x} = 2\sqrt{\frac{x}{\pi}} \tag{1-1-2}$$

这一结论和后来的 Riemann–Liouville 分数阶导数的结果是完全一致的。

现在看来,Newton 发明的导数符号不适合拓展到分数阶微积分学的领域,而 Leibniz 发明的符号则可以直接用于分数阶微积分学。

三个多世纪过去了,直到几十年之前分数阶微积分学领域的研究还一直侧重于纯数学理论方面的工作,分数阶微积分学领域的一些比较好的历史回顾可以参见文献 [1] 和文献 [2]。在文献 [1] 中,Kenneth Miller 和 Bertram Ross 教授从纯数学角度给出了分数阶微积分学很好的历史回顾,在文献 [2] 中,Keith Oldham 与 Jerome Spanier 引述了 Ross 教授总结的分数阶微积分领域主要成果从诞生开始到

1975 年的编年史。文献 [3] 综述了分数阶微积分领域历史人物及其贡献。

从 1960 年开始，分数阶微积分学的研究开始扩展到科学与工程领域。为解决非零初值的分数阶微积分问题，意大利学者 Michele Caputo 教授提出了新的分数阶微积分定义，后人称其为 Caputo 定义 [4]，并与 Francesco Mainardi 教授给出了基于分数阶导数建立的耗散模型（dissipation model）[5]，为分数阶微积分的工程应用奠定了基础；日本学者 Shunji Manabe（真锅舜治）教授将非整数阶的研究扩展到控制系统的应用中，引入了非整数阶控制系统的概念 [6]；斯洛伐克学者 Igor Podlubny 教授提出了分数阶比例–积分–微分（proportional-integral-derivative，PID）控制器的模型 [7]；法国学者 Alain Oustaloup 教授领导的研究组提出了分数阶鲁棒控制的概念与技术并将其成功应用于汽车工业的悬挂控制（suspension control）[8,9]，这可以看成分数阶微积分学在真实世界中里程碑式的应用成果。

从大约 2000 年开始，出现了一些专门论述分数阶微积分学及其应用的专著，这些专著分布于各个专业领域，其中比较有影响的著作有 Podlubny 教授 1999 年出版的关于分数阶微分方程及其在自动控制领域应用的著作 [10]、Rudolf Hilfer 教授于 2000 年出版的在物理学领域的著作 [11]、Richard Magin 教授于 2006 年出版的生物工程领域的著作 [12] 等。

近年来在分数阶微积分学理论与数值计算方面也出版了一些著作，如 Diethelm 教授 2010 年出版的著作 [13]、Das 教授 2011 年出版的著作 [14]、Uchaikin 教授 2013 年出版的著作 [15]、Li（李常品）教授和 Zeng（曾凡海）博士 2015 年出版的著作 [16]、薛定宇教授 2017 年出版的分数阶系统与控制数值实现的著作 [17]。

2017 年，德国 de Gruyter 出版社先后出版了李常品教授主编的 Fractional Calculus in Applied Sciences and Engineering（应用科学与工程中的分数阶微积分学）系列著作、Anatoly Kochubei 教授和 Yuri Luchko 教授主编的 Handbook of Fractional Calculus with Applications（分数阶微积分学与应用手册）等。

在自动控制领域近年来也出版了一些专著，如 Caponetto、Dongola、Fortuna 和 Petráš 等教授 2010 年出版的著作 [18]，Monje、Chen（陈阳泉）、Vinagre、Xue（薛定宇）和 Feliu 等教授 2010 年的著作 [19]，Petráš 教授 2011 年出版的著作 [20]，Luo（罗映）博士和 Chen（陈阳泉）教授 2012 出版的著作 [21]，Oustaloup 教授 2014 年出版的著作 [22]。Uchaikin 教授 2013 年出版的著作 [23] 对分数阶微积分在各个领域中的应用给出了很好的介绍。

中国学者也出版了分数阶微积分学及其应用的教材与专著，薛定宇、陈阳泉教授 2004 年出版的著作有分数阶微积分及其计算的专门章节 [24]。与本书内容相关的还包括陈文、孙洪广和李西成教授 2010 年出版的著作[25]，汪纪锋教授 2010 年出版的著作[26]，赵春娜、李英顺和陆涛教授 2011 年出版的著作[27]，王春阳、李明秋、姜淑华教授等于 2014 年出版的著作[28]，李文、赵慧敏教授于 2014 年出版的著作[29]，廖晓钟和高哲教授于 2016 年出版的著作[30]，吴强、黄建华教授于 2016 年出版的著作[31]，薛定宇教授于 2018 年出版的著作[32] 等。

中国分数阶微积分学与应用领域的学者于 2018 年 7 月在中国自动化学会下成立了分数阶系统与控制专业委员会[33]。在很多国际会议或国际期刊上也陆续出现了分数阶系统领域的专题会议或专刊。

必须指出的是，本领域使用的"分数阶"(fractional-order) 一词实际上是一个误用的词汇，正确的名称应该是"非整数阶"甚至是"任意阶"，因为阶次除了可以为分数 (有理数) 之外，还可以是无理数甚至是复数，比如，$\mathrm{d}^{\sqrt{2}}y(t)/\mathrm{d}t^{\sqrt{2}}$ 可以认为是信号 $y(t)$ 的 $\sqrt{2}$ 阶导数，复数阶次超出了本书介绍的范围。不过在浩瀚的参考文献中，相关的研究者绝大部分都采用"分数阶"一词，所以本书将沿用该词汇，但实质上包括无理数阶次，甚至无理式的系统结构。

整数阶微积分有简洁明确的物理意义，比如位移、速度和加速度可以很好地解释一个信号与其整数阶导数之间的关系。然而分数阶微积分却没有这么简洁易懂的物理解释，尽管很多学者在做这方面的尝试，Podlubny 教授给出过一个有意义的解释是"篱笆上移动的影子"[34]，不过现在看来还是缺少像整数阶微积分那样简单和直观的解释。

下面将给出例子演示常用函数的分数阶微积分运算。

例 1-1　考虑正弦信号 $\sin t$。众所周知，该信号的一阶导数为 $\cos t$，再对其求高阶导数，则得出的结果无外乎 $\pm \sin t$ 和 $\pm \cos t$，不能得出其他信号。如果引入分数阶微积分的概念情况又将如何呢？

解　由著名的 Cauchy 积分公式可以得出

$$\frac{\mathrm{d}^n}{\mathrm{d}t^n}\sin t = \sin\left(t + n\frac{\pi}{2}\right)$$

上述公式事实上在 n 为任意非整数时也是成立的，所以用下面的 MATLAB 语句可以绘制出分数阶次下函数导数的曲面图，如图 1-1 所示。

```
>> n0=0:0.1:1.5; t=0:0.2:2*pi; Z=[];
   for n=n0, Z=[Z; sin(t+n*pi/2)]; end, surf(t,n0,Z)
```

可以看出，除了 $\pm \sin t$，$\pm \cos t$ 这 4 个已知的结果外，还能得到其他信息，结果是渐变的。所以，函数的分数阶导数可能提供比整数阶导数更丰富的信息，在实际应用中，如果从分数阶微积分学的角度观察世界，可能揭示出更多从整数阶微积分角度看不到的东西。

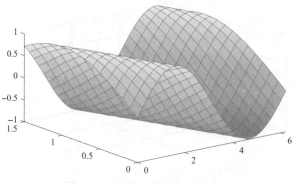

图 1-1　不同阶次导数的曲面表示

1.2　自然世界中的分数阶现象与模型举例

在参考文献 [11, 12, 14] 中有很多关于分数阶微积分应用的例子,这里列出一些相关的典型例子,往往这些例子在整数阶微积分的框架下不能很好地描述,必须借助分数阶微积分描述,由此可见分数阶现象其实是无所不在的。

例 1-2　在高分子材料的黏弹性研究中,文献 [11] 建议,流变本构方程(rheological constitutive equation)应该更精确地描述成分数阶微分方程

$$\sigma(t) + \tau^{\alpha-\beta}\frac{\mathrm{d}^{\alpha-\beta}\sigma(t)}{\mathrm{d}t^{\alpha-\beta}} = E\tau^{\alpha}\frac{\mathrm{d}^{\alpha}}{\mathrm{d}t^{\alpha}}\sigma(t)$$

式中,$0 < \alpha, \beta < 1$。

例 1-3　考虑半无限长有损传输线的驱动端阻抗问题,其标准的电压方程满足整数阶偏微分方程,且已知其边界条件

$$\frac{\partial v(x,t)}{\partial t} = \alpha\frac{\partial^2 v(x,t)}{\partial x^2}, \ v(0,t) = v_{\mathrm{I}}(t), \ v(\infty,t) = 0$$

经过一系列直接数学推导[14],可以得出关于驱动端阻抗的电压电流方程式为如下具有零初值的分数阶微分方程式:

$$i(t) = \frac{1}{R\sqrt{\alpha}}\frac{\mathrm{d}^{1/2}v(t)}{\mathrm{d}t^{1/2}} \ \text{ 或 } \ v(t) = R\sqrt{\alpha}\frac{\mathrm{d}^{-1/2}i(t)}{\mathrm{d}t^{-1/2}}$$

例 1-4　描述黏弹性介质中振子振动的 Bagley–Torvik 方程[35,36]为

$$A\frac{\mathrm{d}^2}{\mathrm{d}t^2}y(t) + B\frac{\mathrm{d}^{\alpha}}{\mathrm{d}t^{\alpha}}y(t) + Cy(t) = C(t+1) \tag{1-2-1}$$

初值条件为 $y(0) = y'(0) = 1$,方程的解为 $y(t) = t+1$。

例 1-5　离子交换聚合金属材料(ionic polymer metal composite, IPMC)是一种新型智能材料,在机器人驱动器与人工肌肉等领域有广泛的应用前景。为辨识 IPMC 的模型,可以在实验中实测出一组频域响应数据,用成熟的线性系统模型辨识的方法尝试辨识,不过文献 [18] 表明,在整数阶系统的框架下得不出效果较好的辨识模型。如果引入

分数阶模型辨识技术,则可能得出如下辨识模型:

$$G(s) = \frac{340}{s^{0.756}(s^2 + 3.85s + 5880)^{1.15}}$$

很显然,辨识出的模型是分数阶模型的一种特殊的形式。

例 1-6　在标准的热扩散(heat diffusion)过程中,一个热源棒在坐标 x 处的温度可以由下面给出的一维线性偏微分方程直接描述:

$$\frac{\partial c}{\partial t} = K\frac{\partial^2 c}{\partial x^2}$$

如果在 $x = 0$ 处加一个恒温 C_0,则可以推导出热扩散下温度的 Laplace 变换表达式[37]

$$c(x,s) = \frac{C_0}{s}\mathrm{e}^{-x\sqrt{s/k}}$$

例 1-7　忆阻器(memristor, 带记忆的电阻器)是 Chua(蔡少棠)教授1971年指出的第4种基本电路元件[38](前3种是人们熟知也是物理存在的电阻、电容和电感元件),2008年有研究者声称找到了这种缺失的元件[39]。由于分数阶微积分有描述记忆的功能,可以将其电阻用分数阶微积分的形式表示出来:

$$R_{\mathrm{m}} = \left[R_{\mathrm{in}}^{\alpha+1} \mp 2kR_{\mathrm{d}}\int_0^t \frac{v(\tau)}{(t-\tau)^{1-\alpha}}\mathrm{d}\tau\right]^{1/(\alpha+1)}$$

式中,积分函数是分数阶微积分的基本表达式[40]。

在控制器设计时,通常为达到某种控制指标,需要有意引入分数阶算子。下面给出一个控制器的例子。

例 1-8　考虑文献 [19] 给出的分数阶定量反馈理论(quantitative feedback theory, QFT)控制器模型如下,其中含有分数阶环节。

$$G_{\mathrm{c}}(s) = 1.8393\left(\frac{s+0.011}{s}\right)^{0.96}\left(\frac{8.8\times10^{-5}s+1}{8.096\times10^{-5}s+1}\right)^{1.76}\frac{1}{(1+s/0.29)^2}$$

在整数阶微积分中,系统中的信号展现出指数函数的形式,而现实生活中可以观测到某些现象展现出的结果可能是时间的幂函数,即所谓的幂律(power-law)现象。这种现象在分数阶微积分的框架下就比较容易理解了。有了分数阶微积分学的视角,人们可以更好地认识复杂的世界[41]。

1.3　分数阶微积分计算的历史回顾

1.3.1　分数阶微积分的数值计算

随着计算机技术的成熟,分数阶数值计算理论迅速发展起来。首先被解决的问题是如何数值计算分数阶导数和积分,出现了许多经典算法。一个简明的方法是将 Grünwald–Letnikov 分数阶定义中的极限符号去掉,可以得到近似计算公式。文献 [10, 42] 证明了此方法具有 $o(h)$ 精度。对于大多数函数而言,Grünwald–Letnikov

分数阶定义与 Riemann–Liouville 分数阶定义是等价的，所以也可以应用这种方法计算 Riemann–Liouville 分数阶导数和积分。Meerschaert 和 Tadjeran 教授提出移位逼近公式，将离散点向后移位，这样可以提高公式的收敛速度[43]。

　　Lubich 教授与合作者在研究 Abel–Volterra 积分方程的过程中，提出了分数阶线性多步法[44,45]，引入更高精度的公式计算分数阶导数和积分。文献 [44] 证明，此算法的计算精度不仅与生成函数的阶数有关，还会受到原函数初值条件的影响。分数阶线性多步法是一种经典算法，对分数阶数值计算的发展影响很大。Podlubny 教授在此基础上引入快速傅里叶变换计算 w_j，此算法具有较快的计算速度[10]，不过有可能因此引入更大的误差。

　　Diethelm 教授与合作者提出的有限部分积分（finite-part integral）[13,46–48] 方法，不仅可以计算 Riemann–Liouville 分数阶导数和积分，也可以计算 Caputo 分数阶导数。此方法将分数阶导数或积分转化为一个 Hadamard 积分，在积分区间上划分等距的网格点，在网格点上找到一个简单的函数替换原函数，然后推导出计算公式。文献 [46] 证明此方法具有 $o(h^2)$ 精度。

　　Podlubny 教授提出了矩阵方法[49]，将分数阶导数和积分表示成矩阵的形式。应用这一方法，还可以将分数阶微分方程转化为矩阵方程，简化了数值导数与分数阶线性微分方程计算的数学形式。

1.3.2　分数阶常微分方程的数值计算

　　随着分数阶微积分理论的蓬勃发展，工程中出现了越来越多的分数阶微分方程，如何求解分数阶微分方程成为研究的热点，从应用科学需求角度看，Caputo 定义下的分数阶常微分方程的求解广受关注。对于一些简单的分数阶微分方程，可以直接求解出解析解。对于某些分数阶微分方程，可以直接尝试求解出解析解的方程。常用的方法有积分变换法[50,51]、格林函数法[10,52,53] 和 Adomian 分解法[54]等。不过对于绝大多数分数阶微分方程而言，求解析解是不现实的事情，因此求解分数阶微分方程的数值算法成为本领域的研究热点。

　　Adams–Bashforth–Moulton 算法[55,56] 是求解单项分数阶微分方程的一种有效方法，此算法先推导出方程的积分形式，再应用一阶外推算法计算出预测解，然后将预估解代入原方程，应用二阶外推算法计算出校正解，所以 Adams–Bashforth–Moulton 算法具有 $o(h^2)$ 精度。即使微分方程是非线性的，也可以此算法求解。

　　还可以将 Podlubny 教授的矩阵算法引入线性和非线性分数阶微分方程的数值求解，需要特别指出的是，矩阵算法也可以求解某种分数阶隐式微分方程。

　　Diethelm 教授及其合作者提出的有限部分积分算法还可以用于求解单项分数

阶微分方程[46]。此算法将原方程的解写成 Hadamard 积分的形式,应用插值算法找到一个简单的函数替换被积函数,数值计算积分得到预估解,将预估解代入原方程计算出校正值。文献 [46] 证明有限部分积分算法具有 $o(h^2)$ 精度。在有限部分积分算法的基础上,Diethelm 提出了预估–校正(PECE)算法 [48, 57, 58]。该算法先应用外推算法求解出方程的预估解,然后将预估解代入原方程求解出校正值。文献 [59] 对分数阶微分方程的非零初值条件进行了研究,引入了辅助函数,将原方程转化为零初值条件下的方程,再进行有效求解。文献 [17, 32] 将迭代算法嵌入了校正环节,大幅提升了预估–校正算法的求解精度。

中国学者在解决分数阶微积分与微分方程的高精度数值算法方面做出了许多贡献,包括薛定宇教授与合作者提出的分数阶线性微分方程的闭式解法[24,60]、分数阶微积分计算的高精度算法[61,62]、Caputo 常微分方程的高精度数值算法[17,32]、基于框图的 Caputo 常微分方程统一建模与仿真框架[63] 等,以及李常品教授与合作者提出的数值微积分与微分方程的高精度数值算法[64,65],王自强、曹俊英教授提出的 block-by-block 算法[66] 等。文献 [65] 中的算法具有很高的计算精度,应用该算法可以计算阶数在 $(0,1)$ 区间的 Caputo 导数,并求解出方程的数值解。文献 [65] 证明,此方法的计算精度为 $o(h^{r+1-\alpha})$。在 block-by-block 算法中,分数阶微分方程被转化为 Volterra 积分方程,将积分区间划分为等距的小区间,在每个小区间内应用二次 Lagrange 基函数替换被积函数,推导出求解原方程数值解的公式。

为评价分数阶常微分方程求解算法的优劣,本书的作者提出了一系列分数阶 Caputo 常微分方程的基准测试问题(benchmark problem)[67,68]。这些问题具有较强的通用性,可以用于各种分数阶微分方程算法的公平比较。本书以基于框图的通用建模与仿真方法为基础,进一步探讨大于 1 阶分数阶状态方程、分数阶隐式微分方程、分数阶延迟微分方程、分数阶常微分方程边值问题等特殊微分方程的求解,给出通用的求解方法。其中很多特殊形式的分数阶微分方程求解算法在文献中是极其罕见甚至完全不存在的,但是通过本书介绍的通用建模与仿真方法,可以容易地得出高精度的数值解。

1.3.3　分数阶偏微分方程的数值计算

分数阶偏微分方程大体可以分为分数阶对流–扩散方程、时间分数阶偏微分方程、空间阶偏微分方程、时间–空间分数阶偏微分方程等。对于分数阶偏微分方程,比较成熟的求解方法包括有限差分算法、Adomian 分解法、变分迭代法等。

刘发旺教授与合作者、孙志忠教授与合作者在各自的专著中分别详细论述了有限差分方法 [69, 70],对不同种类的分数阶偏微分方程给出了差分格式算法,并讨论了各差分格式的精度、稳定性、可解性和收敛性，还列举了更多关于有限差分方法的成果和文献，并对有限差分方法的发展进行了总结。本书作者给出了统一两种时间分数阶差分格式的求解算法[71]。

Adomian 教授提出的分解法是一种应用级数求解方程近似解析解的方法[72]，有学者应用 Adomian 分解法求解分数阶偏微分方程[73,74]。Adomian 分解法避免了分数阶微分方程的离散化，因而计算量较小，但此方法需要计算复杂的分数阶积分，所以增加了计算难度。

文献中还出现了许多求解其他形式分数阶偏微分方程的数值方法，例如变分迭代法、有限元方法、谱方法等。刘发旺教授与合作者的著作[69]、郭柏灵院士与合作者的著作[75]和李常品教授、曾凡海博士的著作[16]对分数阶微积分和分数阶微分方程的数值算法做出了总结，有兴趣的读者可以查找相关文献。

1.4 分数阶微积分与分数阶控制工具简介

在分数阶微积分与分数阶控制领域研究中有几个 MATLAB 工具箱应用比较广泛，文献[76]对常用的工具箱做了对比性的综述。其实，文献[76]中对比的许多工具只是单个 MATLAB 函数，其中能称得上工具箱的只有4个，恰巧这4个工具箱都是分数阶控制方面的工具箱。这里按其推出的时间顺序作简单的对比介绍。

（1）CRONE 工具箱[8]是法国著名学者 Oustaloup 教授领导的 CRONE 研究组的成果，该工作起始于1990年前后，是解决分数阶系统辨识与鲁棒控制器设计的实用工具。比较不利的是它是以 MATLAB 伪代码加密形式发行的，用户没有办法修改或扩展该工具箱的任何功能。CRONE 是法语 commande robuste d'ordre non entier（非整数阶鲁棒控制）的缩写。

（2）Ninteger 工具箱[77]是葡萄牙学者 Valério 教授于2001年开始开发的，最早期版本主要实现了 CRONE 控制器，在比较成熟的2.3版中，工具箱提供了一组基于 MATLAB 和 Simulink 的分数阶系统控制器设计与分析的函数、模型与界面。该工具箱有两个核心功能，一个是分数阶系统的辨识，另一个是用整数阶模型逼近分数阶系统。自2009年之后该工具箱没有再公布新的版本。

（3）FOTF 工具箱[78,79]是中国学者薛定宇教授编写的用于分数阶微积分数值计算与分数阶控制系统研究的 MATLAB 工具箱，该工具箱2006年首次以 FOTF 的名字公开，从2004年开始，作者陆续公开了很多用于分数阶微积分与控制的 MATLAB 函数与 Simulink 模型。2017年为配合专著[17,32]出版，改写了全部程序与模型，全面支持分数阶多变量系统的分析与设计，此外，所涉及的底层分数阶微积分计算、微分方程求解等全部替换成作者提出的高精度算法,通常情况下其精度高于现有算法许多个数量级,使得工具箱本身更高效、可靠。文献 [80] 对该工具箱的主要功能给出了简要的介绍与演示。随着本书的写作与出版,FOTF 工具箱又经历了一次大规模的改版,功能更强,更适合实际应用。本书将基于该工具箱详细介绍系统的理论知识与工具箱软件开发的细节,代码也全部开源,对读者学习分数阶系统领域的数值实现也有借鉴意义。

（4）FOMCON 工具箱[81] 是爱沙尼亚学者 Aleksie Tepljakov 教授在硕士研究生期间开发的,刚开始时只是对 FOTF 的类与 Ninteger 工具箱做了简单集成,后来在原作者建立的框架下改写了其中部分程序,形成了一套解决分数阶系统辨识、分析与设计的程序与模型。由于该工具箱以本书作者的 FOTF 类早期版本作为基础,该工具箱仅限于解决单变量分数阶系统的问题,新的版本提供了求解多变量系统方面问题的有限功能[82]。

除此之外,建议读者从 MathWorks 公司网站的 "File Exchange" 栏目下载可能出现的新工具箱与实用函数,不过,由于该网站的程序与工具编程水平良莠不齐,可能有些工具质量会很差,有时甚至可能导致错误的结果,用户在选择下载工具箱与实用函数时应该特别慎重。

1.5　本书的结构

1.5.1　本书的主要内容与要点

本书系统介绍分数阶微积分学领域的数值计算问题相关的基础知识,为读者提供直接可用的计算机工具,可以加强读者对内容的理解,并提高各个知识点的可操作性。

在第 1 章中,给出了分数阶微积分学及其应用领域发展过程的简单回顾,通过真实世界中的一些分数阶现象解释为什么要引入分数阶微积分的视角观察世界,总结了国际上现有的几个分数阶微积分与分数阶控制的 MATLAB 工具箱。本书将广泛使用作者开发的 FOTF 工具箱。

第 2 章侧重于介绍分数阶微积分领域常用的各种特殊函数的定义、性质与计算,为介绍分数阶微积分的定义与计算内容打下基础。

第 3 章介绍各种常见的分数阶微积分定义,如 Cauchy 积分公式、Grünwald–Letnikov 定义、Riemann–Liouville 定义和 Caputo 定义,总结各个定义之间的关系,并给出简洁的解析运算与数值计算方法。本章还以分数阶积分为例,给出了分数阶微积分定义的物理解释与几何解释。

　　第 4 章针对分数阶微积分数值计算的问题,提出并实现了一系列高精度的数值算法,精度比传统算法高出若干数量级,这些计算方法可以认为是本书后续内容的数值计算基础。本章还将探讨一条新路,以便高效地得出更高阶次的分数阶导数问题的解。

　　第 5 章介绍分数阶行为的滤波器逼近方法,并探讨各种连续与离散滤波器的设计方法,包括针对分数阶算子、分数阶传递函数、无理传递函数等的滤波器实现方法等,给出了未知信号的分数阶微积分计算的在线实现方法,并给出滤波器设计参数的选择建议。

　　第 6 章介绍线性分数阶微分方程的内容,探讨方程的解析解算法与数值解算法,提出具有零初值与非零初值的线性分数阶微分方程的高精度数值解法,并给出了线性分数阶系统和无理系统的稳定性判定方法。特别地,本章还系统地研究了基于数值 Laplace 变换及反变换的无理系统的仿真方法,可以拓展到无理系统的反馈控制研究。

　　第 7 章探讨非线性分数阶系统的数值解方法,主要侧重于命令式的求解算法与 MATLAB 实现。首先介绍分数阶显式微分方程与分数阶状态方程的数值求解方法,并给出传统数值算法的计算机代码;此外,提出并实现了非线性分数阶显式微分方程的高精度数值求解方法,大幅提升了算法的计算精度与效率。

　　第 8 章继续探讨分数阶非线性微分方程的数值求解方法,主要侧重于基于框图的微分方程求解方法,大幅度扩大了求解范围与求解效率。本章给出了 FOTF 工具箱功能的简要介绍,介绍可以用于 Simulink 建模与仿真的实用模块,并给出了基于积分器链的一般 Riemann–Liouville 与 Caputo 微分方程的建模与求解方法,评价了求解精度与求解效率。这类方法理论上可以用于处理任意复杂的非线性分数阶微分方程的求解问题。

　　第 9 章主要介绍特殊分数阶微分方程的求解算法,包括传统意义下难以求解甚至无法求解的隐式分数阶微分方程、带有非零历史函数的分数阶延迟微分方程与分数阶微分方程的边值问题等,还介绍了时间分数阶偏微分方程的数值求解方法。本章为全面研究分数阶微分方程求解提供了思路与实现途径。

　　为测试评价分数阶微分方程求解算法的精度与求解时效性,附录 A 专门设计并证明了各类分数阶微分方程的基准测试问题,可以用来公平地比较各种数值算法的精度、求解效率等优越性。附录 B 给出了与分数阶微积分学相关的常用特殊函数与 Laplace 变换函数。附录 C 列出了 FOTF 工具箱各个函数的功能表,以备读者参考与查阅,方便读者更好地使用 FOTF 工具箱,完成分数阶系统领域的研究。

1.5.2　阅读本书的建议

本书的一个重要的特点是每个知识点都有作者编写的 MATLAB 代码与模型的支持,这样读者也可以从支持代码中更好地理解本书的相关内容,更重要的是,读者可以直接使用这些代码解决相关问题,甚至创造性地解决可能联想到的一些未知的问题。本书提供的 FOTF 工具箱可以求解分数阶微积分运算的基本问题,也可以用于分数阶系统的建模、分析与设计的整个过程。

FOTF 工具箱的下载网址如下:

http://cn.mathworks.com/matlabcentral/fileexchange/60874-fotf-toolbox

本书可以作为一般读者学习分数阶微积分与分数阶控制的教材和参考书。特别地对下面的三类读者群,即想将分数阶控制方法引入自己研究领域的控制工程师、想系统学习分数阶微积分与分数阶控制的一般研究者和数学领域中想学习分数阶微积分学的研究者,给出如下学习建议,以供参考。

(1) 对控制工程师而言,如果只想在其实际应用中引入分数阶控制的概念,则可以跳过本书所有的理论内容,只需了解分数阶微积分的基本定义,然后学会分数阶微积分的直接计算——对已知函数和数据,用 MATLAB 工具箱提供的求解函数直接求解;对事先未知的信号则采用滤波器的形式重构其分数阶微积分。这样的读者还应该学习线性与非线性分数阶微分方程的求解方法,特别是基于 Simulink 环境的微分方程求解方法。还应该学会作者编写的两个类 FOTF 与 FOSS 的使用方法,就会发现分数阶线性系统的建模与分析过程与整数阶系统一样容易、方便。有了这些工具作为基础,用户就可以随心所欲地在其实际工作中引入分数阶微积分的概念,尝试一类可能得出更好效果的控制器。

(2) 对非数学专业的研究者而言,可以充分利用本书特殊的写作形式,以提供的 MATLAB 程序为主要工具,系统地学习分数阶微积分与分数阶控制领域的必要知识,并用提供的工具再现书中的结果,更好地理解相关的技术内容。进一步地,可以充分利用这样的工具直接求解相似的问题,探讨性地研究更复杂的未知问题,尝试将分数阶系统理论用于自身的专业领域,看看是不是能得出更有益的结果。在阅读本书时相关的定理证明可以直接略去。

(3) 对于数学专业背景的研究者而言,本书涉及的定理证明不是很全面,建议从其他相关著作中寻找略去的定理证明,或自己给出相应的证明。本书给出的程序设计细节与技巧是值得参考与借鉴的,建议这类读者充分学习本书的 MATLAB 程序设计技术,提高自身的编程能力,改进其代码实现的水平与效率。另外,作者特别希望本书精心选择的计算实例可以作为这类读者以后开发算法时测试算法的比较对象。本书附录 A 还特意构造了一组专门用于比较分数阶微分方程数值求解算法性能的基准测试问题，这些测试问题是可以通过书中给出的算法直接求解的，很多已经得出了相当高精度的数值解，求解速度也很快。另外，根据本书中的可重用代码与模型也可以再现这些问题的数值解，读者还可以将自己的算法或文献中给出的算法编写出程序，试试能不能得出不管是速度上、精度上还是适应性上均优于本书算法的结果。读者也可以开发自己的基准测试问题挑战本书的算法。中国有句老话，"是骡子是马拉出来遛遛"，只有通过这样的公平比较与求解才能使得这个方面的研究朝正确的方向取得有意义的进展。

（4）本书所有的结果均可以由书中给出的语句与开源的 FOTF 工具箱复现，相信读者能利用本书与工具箱获得更多分数阶微积分领域的知识。

参 考 文 献

[1] Miller K S, Ross B. An introduction to the fractional calculus and fractional differential equations[M]. New York: Wiley, 1993.

[2] Oldham K B, Spanier J. The fractional calculus: Theory and applications of differentiation and integration to arbitary order[M]. San Diego: Academic Press, 1974.

[3] Valério D, Machado J T, Kiryakova V. Some pioneers of the applications of fractional calculus[J]. Fractional Calculus and Applied Analysis, 2014, 17(2): 552–578.

[4] Caputo M. Linear models of dissipation whose Q is almost frequency independent II[J]. Geophysical Journal International, 1967, 13(5): 529–539.

[5] Caputo M, Mainardi F. A new dissipation model based on memory mechanism[J]. Pure and Applied Geophysics, 1971, 91(8): 134–147.

[6] Manabe S. The non-integer integral and its application to control systems[J]. Japanese Journal of Institute of Electrical Engineers, 1960, 80: 589–597.

[7] Podlubny I. Fractional-order systems and $PI^\lambda D^\mu$-controllers[J]. IEEE Transactions on Automatic Control, 1999, 44(1): 208–214.

[8] Oustaloup A. La commande CRONE[M]. Paris: Hermès, 1991.

[9] Oustaloup A. La dérivation non entière: Théorie, synthèse et applications[M]. Paris: Hermès, 1995.

[10] Podlubny I. Fractional differential equations[M]. San Diego: Academic Press, 1999.

[11] Hilfer R. Applications of fractional calculus in physics[M]. Singapore: World Scientific, 2000.

[12] Magin R L. Fractional calculus in bioengineering[M]. Redding: Begell House Publishers, 2006.

[13] Diethelm K. The analysis of fractional differential equations: An application-oriented exposition using differential operators of Caputo type[M]. New York: Springer, 2010.

[14] Das S. Functional fractional calculus[M]. Berlin: Springer, 2011.

[15] Uchaikin V V. Fractional derivatives for physicists and engineers—Volume I: Background and theory[M]. Beijing: Higher Education Press, 2013.

[16] Li C P, Zeng F H. Numerical methods for fractional calculus[M]. Boca Raton: CRC Press, 2015.

[17] Xue D Y. Fractional-order control systems: Fundamentals and numerical implementations[M]. Berlin: De Gruyter, 2017.

[18] Caponetto R, Dongola G, Fortuna L, et al. Fractional order systems: Modeling and control applications[M]. Singapore: World Scientific, 2010.

[19] Monje C A, Chen Y Q, Vinagre B M, et al. Fractional-order systems and controls: Fundamentals and applications[M]. London: Springer, 2010.

[20] Petráš I. Fractional-order nonlinear systems: Modelling, analysis and simulation[M]. Beijing: Higher Education Press, 2011.

[21] Luo Y, Chen Y Q. Fractional-order motion control[M]. London: John Wiley & Sons, 2012.

[22] Oustaloup A. Diversity and non-integer differentiation for system dynamics[M]. London: Wliey, 2014.

[23] Uchaikin V V. Fractional derivatives for physicists and engineers - Volume II: Applications[M]. Beijing: Higher Education Press, 2013.

[24] 薛定宇, 陈阳泉. 高等应用数学问题的 MATLAB 求解 [M]. 北京: 清华大学出版社, 2004.

[25] 陈文, 孙洪广, 李西成. 力学与工程问题的分数阶导数建模 [M]. 北京: 科学出版社, 2010.

[26] 汪纪锋. 分数阶系统控制性能分析 [M]. 北京: 电子工业出版社, 2010.

[27] 赵春娜, 李英顺, 陆涛. 分数阶系统分析与设计 [M]. 北京: 国防工业出版社, 2011.

[28] 王春阳, 李明秋, 姜淑华, 等. 分数阶控制系统设计 [M]. 北京: 国防工业出版社, 2014.

[29] 李文, 赵慧敏. 分数阶控制器设计方法与振动抑制性能分析 [M]. 北京: 科学出版社, 2014.

[30] 廖晓钟, 高哲. 分数阶系统鲁棒性分析与鲁棒控制 [M]. 北京: 科学出版社, 2016.

[31] 吴强, 黄建华. 分数阶微积分 [M]. 北京: 清华大学出版社, 2016.

[32] 薛定宇. 分数阶微积分学与分数阶控制 [M]. 北京: 科学出版社, 2018.

[33] 中国自动化学会. 分数阶系统与控制专业委员会 [OL]. [2023-3-13]. http://www.caa.org.cn/article/205/1107.html.

[34] Podlubny I. Geometric and physical interpretations of fractional integration and differentiation[J]. Fractional Calculus and Applied Analysis, 2001, 5(4): 230–237.

[35] Bagley R L, Torvik P J. Fractional calculus—A different approach to the analysis of viscoelastically damped structures[J]. AIAA Journal, 1983, 21(5): 741–748.

[36] Torvik P J, Bagley R L. On the appearance of the fractional derivative in the behavior of real materials[J]. Transactions of the ASME, 1984, 51(4): 294–298.

[37] Jesus I S, Tenreiro Machado J A, Barbosa R S. Fractional dynamics and control of distributed parameter systems[J]. Computers and Mathematics with Applications, 2010, 59(5): 1687–1694.

[38] Chua L O. Memristor—The missing circuit element[J]. IEEE Transaction on Circuit Theory, 1971, 18(5): 507–519.

[39] Strukov D B, Snider G S, Stewart D R, et al. The missing memristor found[J]. Nature, 2008, 453: 80–83.

[40] Fouda M E, Radwan A G. On the fractional-order memristor model[J]. Journal of Fractional Calculus and Applications, 2013, 4(1): 1–7.

[41] West B J. Fractional calculus view of complexity: Tomorrow's science[M]. Boca Raton: CRC Press, 2016.

[42] Vinagre B M, Chen Y Q, Petřáš I. Two direct Tustin discretization methods for fractional-order differentiator/integrator[J]. Journal of the Franklin Institute, 2003, 340(5): 349–362.

[43] Meerschaert M M, Tadjeran C. Finite difference approximations for fractional advection-dispersion flow equations[J]. Journal of Computational and Applied Mathematics, 2004, 172(1): 65–77.

[44] Lubich C. Discretized fractional calculus[J]. SIAM Journal of Mathematical Analysis, 1986, 17(3): 704–719.

[45] Hairer E, Lubich C, Schlichte M. Fast numerical solution of nonlinear Volterra convolution equations[J]. SIAM Journal on Scientific & Statistical Computing, 1985, 6(3): 532–541.

[46] Diethelm K. Generalized compound quadrature formulae for finite-part integrals[J]. IMA Journal of Numerical Analysis, 1997, 17(3): 479–493.

[47] Diethelm K, Ford N J. Multi-order fractional differential equations and their numerical solution[J]. Applied Mathematics and Computation, 2004, 154(3): 621–640.

[48] Diethelm K. An investigation of some nonclassical methods for the numerical approximation of Caputo-type fractional derivatives[J]. Numerical Algorithms, 2008, 47(4): 475–490.

[49] Podlubny I. Matrix approach to discrete fractional calculus[J]. Fractional Calculus and Applied Analysis, 2000, 3(4): 359–386.

[50] Brzeziński D W, Ostalczyk P. Numerical calculations accuracy comparison of the inverse Laplace transform algorithms for solutions of fractional order differential equations[J]. Nonlinear Dynamics, 2016, 84(1): 65–77.

[51] Uddin M, Ahmad S. On the numerical solution of Bagley–Torvik equation via the Laplace transform[J]. Tbilisi Mathematical Journal, 2017, 10(1): 279–284.

[52] Kelly J F, Mcgough R J. Approximate analytical time-domain Green's functions for the Caputo fractional wave equation[J]. Journal of the Acoustical Society of America, 2016, 140(2): 1039–1047.

[53] Akram G, Rasheed R. Existence and uniqueness of nonlinear multi-order fractional differential equations via Green function[J]. International Journal of Applied and Computational Mathematics, 2017, 3: 3831–3856.

[54] Adomian G. Solution of coupled nonlinear partial differential equations by decomposition[J]. Computers and Mathematics with Applications, 1996, 31(6): 117–120.

[55] Diethelm K, Ford N J, Freed A D. Detailed error analysis for a fractional Adams method[J]. Numerical Algorithms, 2004, 36(1): 31–52.

[56] Baskonus H M, Bulut H. On the numerical solutions of some fractional ordinary differential equations by fractional Adams–Bashforth–Moulton method[J]. Open Mathematics, 2015, 13(1): 547–556.

[57] Diethelm K, Ford N J, Freed A D. A predictor–corrector approach for the numerical solution of fractional differential equations[J]. Nonlinear Dynamics, 2002, 29 (1): 3–22.

[58] Diethelm K. An efficient parallel algorithm for the numerical solution of fractional differential equations[J]. Fractional Calculus and Applied Analysis, 2011, 14 (3): 475–490.

[59] Diethelm K, Ford N J. Analysis of fractional differential equations[J]. Journal of Mathematical Analysis and Applications, 2002, 265(2): 229–248.

[60] Zhao C N, Xue D Y. Closed-form solutions to fractional-order linear differential equations[J]. Frontiers of Electrical and Electronic Engineering in China, 2008, 3(2): 214–217.

[61] 白鹭, 薛定宇. 分数阶微积分的高精度递推算法 [J]. 东北大学学报 (自然科学版), 2018, 39(4): 604–608.

[62] Xue D Y, Bai L. Numerical algorithms for Caputo fractional-order differential equations[J]. International Journal of Control, 2017, 90(6): 1201–1211.

[63] Bai L, Xue D Y. Universal block diagram based modeling and simulation schemes for fractional-order control systems[J]. ISA Transactions, 2018, 82: 153–162.

[64] Cao J X, Li C P, Chen Y Q. High-order approximation to Caputo derivatives and Caputo-type advection-diffusion equations (II)[J]. Fractional Calculus and Applied Analysis, 2015, 18(3): 735–761.

[65] Li H F, Cao J X, Li C P. High-order approximation to Caputo derivatives and Caputo-type advection-diffusion equations (III)[J]. Journal of Computational and Applied Mathematics, 2016, 299: 159–175.

[66] 王自强, 曹俊英. 分数阶微分积分方程的数值解法及其误差分析 [M]. 西安: 西安交通大学出版社, 2015.

[67] Xue D Y,Bai L. Benchmark problems for Caputo fractional-order ordinary differential equations[J]. Fractional Calculus and Applied Analysis,2017,20(5):1305–1312.

[68] Bai L,Xue D Y. Block diagram modeling and simulation for delay fractional-order differential equations[C]. Proceedings of Chinese Control and Decision Conference. Hefei,China,2022,Accepted for presentation.

[69] 刘发旺,庄平辉,刘青霞. 分数阶偏微分方程数值方法及其应用 [M]. 北京:科学出版社,2015.

[70] 孙志忠,高广花. 分数阶微分方程的有限差分算法 [M]. 北京:科学出版社,2015.

[71] 白鹭,薛定宇,孟丽. 时间分数阶偏微分方程的数值算法研究 [J]. 数学的实践与认识,2021,51(12):245–251.

[72] Adomian G. Solving frontier problems of physics: the decomposition method[M]. Boston:Kluwer Academic Publishers,1994.

[73] Yu Q,Liu F W,Anh V,et al. Solving linear and non-inear space-time fractional reaction-diffusion equations by the Adomian decomposition method[J]. International Journal for Numerical Methods in Engineering,2008,74(1):138–158.

[74] Jafari H,Daftardar-Gejji V. Solving linear and nonlinear fractional diffusion and wave equations by Adomian decomposition[J]. Applied Mathematics and Computation,2006,180(2):488–497.

[75] 郭柏灵,蒲学科,黄凤辉. 分数阶偏微分方程及其数值解 [M]. 北京:科学出版社,2011.

[76] Li Z,Liu L,Dehghan S,et al. A review and evaluation of numerical tools for fractional calculus and fractional order control[J]. International Journal of Control, 2017, 90 (6):1165–1181.

[77] Valério D. Ninteger v. 2.3 fractional control toolbox for MATLAB[R],2006. Universudade Téchica de Lisboa.

[78] 薛定宇. 控制系统计算机辅助设计——MATLAB 语言与应用 [M]. 4版. 北京:清华大学出版社,2022.

[79] Chen Y Q,Petráš I,Xue D Y. Fractional order control—A tutorial[C]. Proceedings of the American Control Conference. St Louis,2009,1397–1411.

[80] Xue D Y. FOTF Toolbox for fractional-order control systems. //Petráš I. Handbook of Fractional Calculus with Applications. Volume 6: Applications in Control[M]. Berlin:De Gruyter,2019.

[81] Tepljakov A. Fractional-order calculus based identification and control of linear dynamic systems[D],2011. Tallinn:Tallinn University of Technology.

[82] Tepljakov A,Petlenkov E,Belikov J. FOMCON toolbox for modeling, design and implementation of fractional-order control systems. // Petráš I. Handbook of Fractional Calculus with Applications. Volume 6: Applications in Control[M]. Berlin:De Gruyter,2019.

第 2 章

常用特殊函数的定义与计算

特殊函数是数学家为特定数学问题发明的一些函数。例如,如果被积函数为 $f(x) = \mathrm{e}^{-x^2}$,则其不定积分的解析解理论上是不存在的。因此,数学家们发明了一个特殊函数 $\mathrm{erf}(x)$ 表示其积分表达式,并将其认作积分函数的解析解。在实际应用中数学家们还发明了很多这样的特殊函数,例如 Gamma 函数与 Beta 函数等。当前很多特殊函数是在不定积分与特殊微分方程基础上发明的。

另外,对线性常系数微分方程而言,其解析解的数学形式是指数函数。由于分数阶微积分学是整数阶微积分学的直接拓展,其最底层的解析解是本章将介绍的 Mittag-Leffler 函数。事实上,Mittag-Leffler 函数在分数阶微积分学中的地位与指数函数在整数阶微积分学中的地位相仿。掌握这些特殊函数将有助于分数阶微积分理论与应用知识的学习。

本章侧重于介绍各种与分数阶微积分学密切相关的常用特殊函数,并给出这些特殊函数的定义与计算方法。2.1 节着重介绍误差函数与补误差函数。2.2 节与 2.3 节将分别介绍 Gamma 函数与 Beta 函数这样的基本特殊函数。2.4 节和 2.5 节将介绍 Dawson 函数与超几何函数,并介绍基于 MATLAB 的特殊函数计算问题。2.6 节将介绍各种 Mittag-Leffler 函数,并介绍 Mittag-Leffler 函数的计算及其整数阶导数的计算方法。

2.1 误差函数与补误差函数

传统微积分中都认为 e^{-t^2} 函数是不可积的,但这个函数的积分在很多领域中都在使用。例如,在概率论与数理统计中,正态分布的概率密度函数就是这样的函数,而计算概率分布函数就需要求解该函数的积分问题。所以需要一种特殊的形式表示其积分,于是,数学家就发明了误差函数。

定义 2-1 ▶ 误差函数

误差函数（error function，又称为 erf 函数）的数学形式为

$$\text{erf}(z) = \frac{2}{\sqrt{\pi}} \int_0^z \mathrm{e}^{-t^2} \mathrm{d}t = \frac{1}{\sqrt{\pi}} \int_{-z}^z \mathrm{e}^{-t^2} \mathrm{d}t \tag{2-1-1}$$

可见，误差函数满足下面的式子：

$$\text{erf}(0) = \frac{2}{\sqrt{\pi}} \int_0^0 \mathrm{e}^{-t^2} \mathrm{d}t = 0 \tag{2-1-2}$$

$$\text{erf}(\infty) = \frac{2}{\sqrt{\pi}} \int_0^\infty \mathrm{e}^{-t^2} \mathrm{d}t = 1, \quad \text{erf}(-\infty) = -1 \tag{2-1-3}$$

定理 2-1 ▶ 无穷级数表示

误差函数还可以表示成无穷级数的求和形式

$$\text{erf}(z) = \frac{2}{\sqrt{\pi}} \sum_{k=0}^\infty \frac{(-1)^k}{(2k+1)} \frac{z^{2k+1}}{k!} \tag{2-1-4}$$

该级数表达式的收敛域为 $|z| < \infty$。

证明 代入指数函数的 Taylor 级数展开表达式并逐项积分可以看出

$$\text{erf}(z) = \frac{2}{\sqrt{\pi}} \int_0^z \sum_{k=0}^\infty \frac{(-t^2)^k}{k!} \mathrm{d}t = \frac{2}{\sqrt{\pi}} \sum_{k=0}^\infty \frac{(-1)^k}{(2k+1)} \frac{z^{2k+1}}{k!}$$

其中，Taylor 级数函数的收敛域为 $|z| < \infty$，故定理得证。

显然，$\mathrm{d}\,\text{erf}(z)/\mathrm{d}z = 2\mathrm{e}^{-z^2}/\sqrt{\pi}$。由此可以得出误差函数的高阶导数公式

$$\frac{\mathrm{d}^n}{\mathrm{d}z^n} \text{erf}(z) = \frac{\mathrm{d}^{n-1}}{\mathrm{d}z^{n-1}} \frac{2}{\sqrt{\pi}} \mathrm{e}^{-z^2} = \frac{2(-1)^n}{\sqrt{\pi}} \mathrm{H}_{n-1}(z) \mathrm{e}^{-z^2} \tag{2-1-5}$$

其中，$\mathrm{H}_n(z)$ 为 Hermite 多项式，满足如下的递推公式：

$$\mathrm{H}_0(z) = 1, \quad \mathrm{H}_n(z) = 2z\mathrm{H}_{n-1}(z) - \mathrm{H}'_{n-1}(z), \quad n = 1, 2, \cdots \tag{2-1-6}$$

MATLAB 提供了 `erf()` 函数计算误差函数，其调用格式为 y=`erf`(z)，其中，若 z 为数值向量，则 y 为每个 z 值处误差函数值构成的向量；若 z 为符号变量，则返回的 y 为误差函数的符号表达式。

定义 2-2 ▶ 补误差函数

补误差函数（complimentary error function）的数学定义为

$$\text{erfc}(z) = \frac{2}{\sqrt{\pi}} \int_z^\infty \mathrm{e}^{-t^2} \mathrm{d}t \tag{2-1-7}$$

可以从定义中看出这两个误差函数之间的关系为

$$\mathrm{erfc}(z) = 1 - \mathrm{erf}(z) \tag{2-1-8}$$

也可以用 MATLAB 提供的 **erfc()** 函数计算补误差函数 $\mathrm{erfc}(z)$，该函数的调用格式为 $y=\mathrm{erfc}(z)$。必须指出的是，这两个函数只能处理实数 z 的问题，如果 z 为复数，则应该考虑用数值积分的形式求解，这将在后面的例子中演示。

例 2-1　试绘制误差函数与补误差函数的曲线。

解　可以用下面语句直接绘制出误差函数与补误差函数的曲线，如图 2-1 所示。

```
>> x=-5:0.1:5; y1=erf(x); y2=erfc(x); plot(x,y1,x,y2,'--')
```

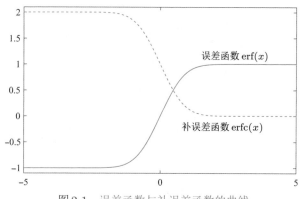

图 2-1　误差函数与补误差函数的曲线

如果使用符号表达式绘图，则可以给出下面的 MATLAB 语句：

```
>> syms z, fplot([erf(z),erfc(z)],[-5,5])    % 得出完全一致的结果
```

例 2-2　试用数值方法计算复误差函数 $\mathrm{erf}(1 + \mathrm{j}2)$。

解　现有的 MATLAB 版本中 **erf()** 函数数值运算不支持复数输入变量，所以应该考虑采用数值积分的方法求取其误差函数。先用匿名函数描述被积函数（注意点运算），就可以直接调用 MATLAB 的数值积分函数 **integral()** 求取复误差函数，得出 $\mathrm{erf}(1 + \mathrm{j}2) = -0.5366 - \mathrm{j}5.0491$。

```
>> f=@(t)2*exp(-t.^2)/sqrt(pi); I=integral(f,0,1+2i)
   I=vpa(erf(sym(1+2i)))    % 符号运算框架下的直接计算
```

在符号运算框架下直接计算误差函数，其精确解为 $I = -0.536643565778565034 - \mathrm{j}5.0491437034470346695$。可以看出，上面由数值方法得出数据的精度是比较高的，所以根据一般情况得出其数值解即可。

2.2　Gamma 函数

Gamma 函数是分数阶微积分学的基础，因为很多分数阶微积分的定义都是涉及 Gamma 函数的。本节首先给出 Gamma 函数的定义，然后介绍 Gamma 函数的性

质和计算方法。

2.2.1 Gamma 函数的定义与性质

人们很早就开始用阶乘这个数学概念了,用符号 $n!$ 就可以表示非负整数 n 的阶乘。如果 $n = x$ 会怎么样呢?如果 x 不是非负整数,就需要对阶乘的概念进行拓展。18 世纪时,瑞士数学家 Leonhard Euler 找到了一个积分表达式

$$\Gamma(x+1) = \int_0^1 (-\ln t)^x \mathrm{d}t = \int_0^\infty \mathrm{e}^{-t} t^x \mathrm{d}t \qquad (2\text{-}2\text{-}1)$$

泛化阶乘的函数。如果再进一步泛化,例如,令 x 为任意复数变量 z,则得出如下的 Gamma 函数的正规定义。

定义 2-3 ▶ Gamma 函数定义

Gamma 函数是由下面的无穷积分定义的:

$$\Gamma(z) = \int_0^\infty \mathrm{e}^{-t} t^{z-1} \mathrm{d}t \qquad (2\text{-}2\text{-}2)$$

定理 2-2 ▶ Gamma 函数性质

Gamma 函数的一条重要的性质是

$$\Gamma(z+1) = z\Gamma(z) \qquad (2\text{-}2\text{-}3)$$

证明 在微积分学中有一个重要的分部积分方法,即

$$\int u(t)\mathrm{d}v(t) = u(t)v(t) - \int v(t)\mathrm{d}u(t) \qquad (2\text{-}2\text{-}4)$$

现在如果假设 $u(t) = \mathrm{e}^{-t}$, $v(t) = t^z/z$,则可以发现 $\mathrm{d}u(t) = -\mathrm{e}^{-t} = \mathrm{e}^{-t}\mathrm{d}t$, $\mathrm{d}v(t) = t^{z-1}\mathrm{d}t$,所以

$$\Gamma(z) = \int_0^\infty u(t)\mathrm{d}v(t) = \frac{1}{z}\,\mathrm{e}^{-t}t^z\Big|_0^\infty + \frac{1}{z}\int_0^\infty \mathrm{e}^{-t}t^z\mathrm{d}t = \frac{1}{z}\,\Gamma(z+1)$$

这样,可以由上面的式子直接证明式(2-2-3)的性质。

推论 2-1 作为一个特例,对非负整数 z,可以由式(2-2-3)直接得出阶乘公式

$$\Gamma(z+1) = z\Gamma(z) = z(z-1)\Gamma(z-1) = \cdots = z! \qquad (2\text{-}2\text{-}5)$$

显然,$\Gamma(1) = -\mathrm{e}^{-t}\big|_0^\infty = 1$,因此,结合定理 2-2 可以立即证明推论 2-1。

可以认为 Gamma 函数是阶乘的插值,也可以认为 Gamma 函数是阶乘在非整数 z 上的推广。如果 z 为负整数,$\Gamma(z+1)$ 交替趋近于 $+\infty$ 和 $-\infty$。

在 MATLAB 下可以由 $y=\mathrm{gamma}(x)$ 函数直接计算 Gamma 函数。如果 x 为向

量,则得出的 y 也是向量,此外, x 也可以是矩阵或其他数据结构,得出的 y 与 x 是一样的结构。注意,这里的函数 gamma() 只能处理实数输入变量,后面将编写复向量的 MATLAB 计算函数。

例 2-3　试绘制 $x \in (-5, 5)$ 区间上的 Gamma 函数曲线。

解　可以由下面的语句直接绘制 Gamma 函数曲线,如图 2-2 所示。由于 Gamma 函数在 $z = 0, -1, -2, \cdots$ 各点趋于无穷大,故调用 ylim() 函数限定 y 轴范围,使得图形更有意义。

```
>> a=-5:0.002:5; plot(a,gamma(a)), ylim([-15,15])
   hold on, v=[1:4]; plot(v,gamma(v),'o'), hold off
```

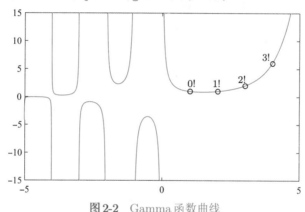

图 2-2　Gamma 函数曲线

由符号表达式也可以得出同样的曲线,并同时绘制渐近线。

```
>> syms x; fplot(gamma(x),[-5,5]), ylim([-15,15])
```

对一些特定的 z 值,可以计算出 Gamma 函数的值。

$$\Gamma\left(\frac{1}{2}\right) = \sqrt{\pi}, \ \Gamma\left(\frac{3}{2}\right) = \frac{\sqrt{\pi}}{2}, \ \Gamma\left(\frac{5}{2}\right) = \frac{3\sqrt{\pi}}{4}, \ \Gamma\left(\frac{7}{2}\right) = \frac{15\sqrt{\pi}}{8}, \cdots \quad (2\text{-}2\text{-}6)$$

例 2-4　试用 MATLAB 证明式 (2-2-6)。

解　式 (2-2-6) 中的 Gamma 函数值可以由下面语句直接证明。

```
>> syms t z; Gam=int(exp(-t)*t^(z-1),t,0,inf);
   I1=subs(Gam,z,sym(1/2)), I2=subs(Gam,z,sym(3/2))
   I3=subs(Gam,z,sym(5/2)), I4=subs(Gam,z,sym(7/2))
```

当然,也可以由 gamma() 函数直接取值,证明式 (2-2-6):

```
>> I1=gamma(sym(1/2)), I2=gamma(sym(3/2))
   I3=gamma(sym(5/2))), I4=gamma(sym(7/2))
```

> **定理 2-3 ▶ Gamma 函数公式**
>
> 更一般地,如果 z 不是整数,则 Gamma 函数通项可以拓展成
>
> $$\Gamma\left(z+\frac{1}{m}\right)=(2\pi)^{(m-1)/2}m^{1/2-mz}\,\Gamma(mz) \tag{2-2-7}$$

推论 2-2　由定理 2-3 可见,如果 $m=2$,则

$$\Gamma\left(z+\frac{1}{2}\right)=\frac{\sqrt{\pi}\,\Gamma(2z+1)}{2^{2z}\,\Gamma(z+1)} \tag{2-2-8}$$

> **定理 2-4 ▶ Gamma 函数的 Legendre 公式**
>
> Gamma 函数满足下面的 Legendre 公式:
>
> $$\Gamma(z)\,\Gamma\left(z+\frac{1}{2}\right)=2^{1-2z}\sqrt{\pi}\,\Gamma(2z) \tag{2-2-9}$$

证明　可以由式(2-2-8)进行下面一系列推导,从而证明定理:

$$\Gamma\left(z+\frac{1}{2}\right)=\frac{\sqrt{\pi}\,\Gamma(2z+1)}{2^{2z}\Gamma(z+1)}=\frac{\sqrt{\pi}\,2z\,\Gamma(2z)}{2^{2z}z\,\Gamma(z)}=2^{1-2z}\sqrt{\pi}\,\frac{\Gamma(2z)}{\Gamma(z)}$$

此外,Gamma 函数还满足下面的方程,这些方程可以由手动推导的方式[1]或 MATLAB 符号运算的方法直接证明:

$$\Gamma(z)\Gamma(1-z)=\frac{\pi}{\sin\pi z} \tag{2-2-10}$$

由直接推导可以得出

$$\Gamma(z)\Gamma(-z)=\frac{-\pi}{z\sin\pi z},\quad \Gamma(1+z)\,\Gamma(1-z)=\frac{\pi z}{\sin\pi z} \tag{2-2-11}$$

> **定理 2-5 ▶ Gamma 函数性质**
>
> Gamma 函数还满足下面的式子:
>
> $$\Gamma\left(\frac{1}{2}+z\right)\Gamma\left(\frac{1}{2}-z\right)=\frac{\pi}{\cos\pi z},\quad \lim_{z\to\infty}\frac{z^a\Gamma(z)}{\Gamma(z+a)}=1,\ \ \mathrm{Re}(a)>0 \tag{2-2-12}$$
>
> 式中,$\mathrm{Re}(a)$ 表示提取 a 的实部。

例 2-5　试用 MATLAB 符号运算的方法证明式(2-2-10)~式(2-2-12)。

解　可以先用符号运算形式定义出 Gamma 函数,再用 subs() 函数做变量替换,可以证明上面的式子都成立(遗憾的是在新版本 MATLAB 下 I_{22} 不能化简)。

```
>> syms t z; Gam=int(exp(-t)*t^(z-1),t,0,inf);
   I1=simplify(Gam*subs(Gam,z,1-z))
```

```
I21=simplify(Gam*subs(Gam,z,-z))
I22=simplify(subs(Gam,z,1+z)*subs(Gam,z,1-z))
I3=simplify(subs(Gam,z,1/2+z)*subs(Gam,z,1/2-z))
syms a positive; I4=limit(z^a*Gam/subs(Gam,z,a+z),z,inf)
```

如果调用 **gamma()** 函数,在符号运算框架下也可以得出同样结果。

```
>> syms z; I1=simplify(gamma(z)*gamma(1-z))
   I21=simplify(gamma(z)*gamma(-z))
   I3=simplify(gamma(1/2+z)*gamma(1/2-z))
   syms a positive; I4=limit(z^a*gamma(z)/gamma(a+z),z,inf)
```

例 2-6　一些积分问题可以由 Gamma 函数表示,试求出下面定积分的解析解:

$$I_1 = \int_0^{\pi/2} \sin^{2m-1} t \cos^{2n-1} t \, \mathrm{d}t, \quad I_2 = \int_0^\infty t^{x-1} \cos t \, \mathrm{d}t, \, x > 0$$

解　可以由下面的语句直接求解这两个积分问题。

```
>> syms m n t z; syms x positive
   I1=int(sin(t)^(2*m-1)*cos(t)^(2*n-1),t,0,sym(pi)/2)
   I2=simplify(int(t^(x-1)*cos(t),t,0,inf))
```

可以得出

$$I_1 = \frac{\Gamma(n)\Gamma(m)}{2\Gamma(n+m)}, \quad I_2 = \frac{2^{x-1}\sqrt{\pi}\,\Gamma(x/2)}{\Gamma((1-x)/2)}$$

2.2.2　复数的 Gamma 函数

由于 MATLAB 函数 gamma(z) 只能用于求解实参数的 Gamma 函数,在很多应用中(例如在某些分数阶微积分表达式中)又需要得出复数的 Gamma 函数值,所以有必要对其 **gamma()** 函数进行拓展,求出复参数的 Gamma 函数的值。一种显然的求解方法是利用数值积分的方式编写出如下的 MATLAB 函数:

```
function y=gamma_c(z)
   if isreal(z), y=gamma(z);        %若输入变元只含有实数则调gamma()
   else, f=@(t)exp(-t).*t.^(z-1); %否则采用数值积分计算
      y=integral(f,0,inf,'ArrayValued',true);
end, end
```

利用符号运算框架下的 **gamma()** 函数也可以计算复数的 Gamma 函数值。

例 2-7　试求出复参数的 Gamma 函数值 $\Gamma(2+2\mathrm{j})$ 和 $\Gamma(2-2\mathrm{j})$。

解　调用拓展函数 **gamma_c()** 可以直接得出 $\Gamma(2\pm2\mathrm{j}) = 0.1123\pm0.3236\mathrm{j}$。可见,带有复参数的 Gamma 函数也可以直接求解。若采用复数框架计算,则可以得到 Gamma 函数的精确解为 $0.112294242346326173 5434 \pm 0.32361288550192725686823\mathrm{j}$。

```
>> z=[2+2i, 2-2i]; I=gamma_c(z), I2=vpa(gamma(sym(z)))
```

2.2.3　Gamma 函数的其他表现形式

除了积分定义之外,Gamma 函数还有如下的表现形式。

定理 2-6 ▶ Gamma 函数的无穷乘积表示

Gamma 函数可以表示为无穷乘积的形式

$$\Gamma(z) = \frac{1}{z}\mathrm{e}^{-\gamma z}\prod_{n=1}^{\infty}\left(\frac{n}{n+z}\right)\mathrm{e}^{z/n} \tag{2-2-13}$$

式中，$\gamma \approx 0.57721566490153286$，为 Euler 常数。

定理 2-7 ▶ Gamma 函数的极限表示

Gamma 函数还可以表示成极限形式

$$\Gamma(z) = \lim_{n\to\infty}\frac{n^z n!}{z(z+1)(z+2)\cdots(z+n)} \tag{2-2-14}$$

可见，Gamma 函数的极点为 $z = 0, -1, -2, \cdots$。

遗憾的是，如果采用无穷乘积的形式计算 Gamma 函数，计算量将更大，所以不适合用这些定理计算 Gamma 函数，本书也不采用这些方法。

2.2.4 不完全 Gamma 函数

定义 2-4 ▶ 不完全 Gamma 函数

不完全（incomplete）Gamma 函数的定义为

$$\Gamma(z, \alpha) = \frac{1}{\Gamma(\alpha)}\int_0^z \mathrm{e}^{-t}t^{\alpha-1}\mathrm{d}t, \quad z \geqslant 0 \tag{2-2-15}$$

MATLAB 下的 `gammainc()` 函数可以计算不完全 Gamma 函数，该函数的调用格式为 $y=\mathrm{gammainc}(z, \alpha)$。

例 2-8 试绘制出不同 α 值下的不完全 Gamma 函数曲线。

解 下面的语句可以直接绘制不完全 Gamma 函数的曲线，如图 2-3 所示。

```
>> x=0:0.01:3; b=0.2:0.2:2;
   for a=b, plot(x,gammainc(x,a)); hold on; end
   hold off
```

2.3 Beta 函数

本节给出 Beta 函数的定义与性质，并给出其他 Beta 函数形式。

2.3.1 Beta 函数的定义与性质

Beta 函数是类似于 Gamma 函数的特殊函数，且与 Gamma 函数密切相关。

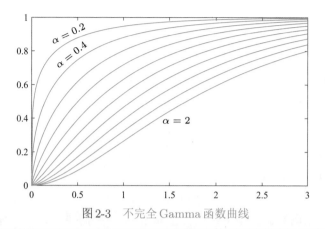

图 2-3　不完全 Gamma 函数曲线

定义 2-5 ▶ Beta 函数定义

Beta 函数的定义为

$$B(z,m) = \int_0^1 t^{z-1}(1-t)^{m-1}dt, \quad \mathrm{Re}(m) > 0, \ \mathrm{Re}(z) > 0 \tag{2-3-1}$$

定理 2-8 ▶ Gamma 函数与 Beta 函数关系

Gamma 函数与 Beta 函数的关系为

$$B(m,z) = \frac{\Gamma(m)\Gamma(z)}{\Gamma(m+z)} \tag{2-3-2}$$

证明　由定义 2-5 可知

$$\Gamma(m)\Gamma(z) = \int_0^\infty e^{-u}u^{m-1}du \int_0^\infty e^{-v}v^{z-1}dv$$
$$= \int_0^\infty \int_0^\infty e^{-(u+v)}u^{m-1}v^{z-1}dudv \tag{2-3-3}$$

定义新的变量 $u = f(w,t) = wt$，$v = g(w,t) = w(1-t)$，其中，$w \in [0,\infty)$ 且 $t \in [0,1]$。将它们代入式（2-3-3），则有

$$\Gamma(m)\Gamma(z) = \int_0^\infty \int_0^1 e^{-w}(wt)^{m-1}\big[w(1-t)\big]^{z-1}\big|\boldsymbol{J}(w,t)\big|dtdw \tag{2-3-4}$$

式中，$\big|\boldsymbol{J}(w,t)\big|$ 为 $u = f(w,t)$ 与 $v = g(w,t)$ 的 Jocabi 行列式的绝对值。

$$\boldsymbol{J}(w,t) = \begin{vmatrix} \partial u/\partial w & \partial u/\partial t \\ \partial v/\partial w & \partial v/\partial t \end{vmatrix} = \begin{vmatrix} t & w \\ 1-t & -w \end{vmatrix} = -w$$

将 $\big|\boldsymbol{J}(w,t)\big| = w$ 代入式（2-3-4）可得：

$$\Gamma(m)\Gamma(z) = \int_0^\infty e^{-w}w^{z+m-1}dw \int_0^1 t^{m-1}(1-t)^{z-1}dt = \Gamma(m+z)B(m,z)$$

从而定理得证。

推论 2-3 由定理 2-8 可见

$$\mathrm{B}(z,m)=\mathrm{B}(m,z) \tag{2-3-5}$$

从上面的性质可以看出，例 2-6 中的 I_1 的积分值能进一步简化为 $\mathrm{B}(m,n)/2$。MATLAB 提供的 $y=\mathrm{beta}(z,m)$ 函数可以直接用来求取 Beta 函数，其中，z 为给定的向量。遗憾的是，该函数只能处理非负的输入变量 z,m。

即使 Beta 函数的输入变量出现了负参数，也可以由定理 2-8 直接计算出 Beta 函数 $y=\mathrm{gamma}(z).*\mathrm{gamma}(m)./\mathrm{gamma}(z+m)$。

这里的 Beta 函数也只是支持实变量 m 和 z，如果需要计算带有复参数的 Beta 函数，则可以编写如下的函数，用数值积分的形式求出：

```
function y=beta_c(z,m)
   if isreal(z), y=beta(z,m);
   else, f=@(t)t.^(z-1).*(1-t).^(m-1);
      y=integral(f,0,1,'ArrayValued',true);
end, end
```

例 2-9 试绘制出不同参数 m 下的 Beta 函数。

解 分别选择 $m=1$ 与 $m=3$，就可以绘制出扩展的 Beta 函数，如图 2-4 所示。

```
>> x=-3:0.01:3; m=1; y1=gamma(x).*gamma(m)./gamma(x+m);
   m=3; y2=gamma(x).*gamma(m)./gamma(x+m);
   plot(x,y1,x,y2,'--'); ylim([-20 20])
```

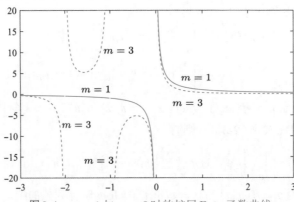

图 2-4 $m=1$ 与 $m=3$ 时的扩展 Beta 函数曲线

例 2-10 试绘制出 Beta 函数的等高线图。

解 可以产生一组网格数据，并计算出网格上各点的 Beta 函数值。这样就可以用 contour() 函数直接绘制出 Beta 函数的等高线图，如图 2-5 所示。

```
>> [x,y]=meshgrid(0:0.05:3); v=beta(x,y); contour(x,y,v,100)
```

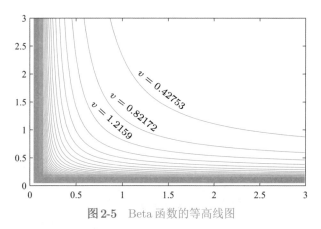

图 2-5 Beta 函数的等高线图

对定义 2-5 直接拓展，还可以得出多变量 Beta 函数。

定义 2-6 ▶ 多变量 Beta 函数

多变量 Beta 函数的数学形式为

$$B(\alpha_1, \alpha_2, \cdots, \alpha_n) = \frac{\Gamma(\alpha_1)\Gamma(\alpha_2)\cdots\Gamma(\alpha_n)}{\Gamma(\alpha_1 + \alpha_2 + \cdots + \alpha_n)} \tag{2-3-6}$$

2.3.2 不完全 Beta 函数

定义 2-7 ▶ 不完全 Beta 函数

类似于不完全 Gamma 函数，还可以定义出归一化的不完全 Beta 函数

$$B_x(z, m) = \frac{1}{B(z, m)} \int_0^x t^{z-1}(1-t)^{m-1}dt, \ \mathrm{Re}(m) > 0, \ \mathrm{Re}(z) > 0 \tag{2-3-7}$$

式中，$0 \leqslant x \leqslant 1$。

不完全 Beta 函数可以由 MATLAB 函数直接计算 $y = \mathtt{betainc}(x, z, m)$。

2.4 Dawson 函数

定义 2-8 ▶ Dawson 函数

Dawson 函数定义为

$$\mathrm{daw}(z) = \mathrm{e}^{-z^2} \int_0^z \mathrm{e}^{\tau^2} d\tau \tag{2-4-1}$$

Dawson 函数为奇函数，即 $\mathrm{daw}(z) = -\mathrm{daw}(-z)$。Dawson 函数还可以写成

$$\mathrm{daw}(z) = -\frac{\mathrm{j}\sqrt{\pi}}{2} \mathrm{e}^{-z^2} \mathrm{erf}(\mathrm{j}z) \tag{2-4-2}$$

定理 2-9 ▶ Dawson 函数导数

Dawson 函数的一阶导数满足

$$\frac{\mathrm{d}}{\mathrm{d}z}\mathrm{daw}(z) = 1 - 2z\,\mathrm{daw}(z) \tag{2-4-3}$$

证明　由式(2-4-1)的定义可以直接证明该定理

$$\frac{\mathrm{d}}{\mathrm{d}z}\mathrm{daw}(z) = -2z\,\mathrm{e}^{-z^2}\int_0^z \mathrm{e}^{\tau^2}\mathrm{d}\tau + \mathrm{e}^{-z^2}\mathrm{e}^{z^2} = 1 - 2z\,\mathrm{daw}(z)$$

Dawson 函数还可以通过无穷级数直接求解[2]:

$$\mathrm{daw}(z) = z - \frac{2}{3}z^3 + \frac{4}{15}z^5 + \cdots = z\sum_{k=0}^{\infty}\frac{(-2z^2)^k}{(2k+1)!!} \tag{2-4-4}$$

式中,$(2k+1)!! = (2k+1)(2k-1)(2k-3)\cdots 3\times 1$。

MATLAB 的符号运算引擎 MuPAD 中提供了一个底层函数计算 Dawson 函数,直接调用该底层函数 y=feval(symengine,'dawson',x),该函数返回的 y 为符号变量表达式,如果需要数值解,则需要做变量替换。下面将通过例子演示。

例 2-11　试绘制 Dawson 函数 $\mathrm{daw}(x)$ 与 $\mathrm{daw}(\sqrt{x})$ 的曲线。

解　下面的语句可以绘制出这两个 Dawson 函数的曲线,如图 2-6 所示。

```
>> syms x positive; y1=feval(symengine,'dawson',x);
   y2=feval(symengine,'dawson',sqrt(x)); fplot([y1,y2],[0,5])
```

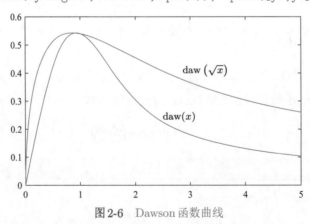

图 2-6　Dawson 函数曲线

例 2-12　从 Dawson 函数 $f(x)$ 的一阶导数公式可知 $f'(x) = 1 - 2xf(x)$,试导出高阶导数公式。

解　可以先在 MATLAB 下声明符号函数 $f(x)$,然后采用变量替换的方式求取 Dawson 函数的高阶导数:

```
>> syms x f(x); f1=1-2*x*f; f2=f1;
   for i=1:5
      f2=diff(f2,x); f2=expand(subs(f2,diff(f,x),f1))
   end
```

这样可以得出一系列 Dawson 函数的导数为

$$\mathrm{daw}''(x) = -2x + (-2 + 4x^2)\,\mathrm{daw}(x)$$

$$\mathrm{daw}'''(x) = -4 + 4x^2 + (12x - 8x^3)\,\mathrm{daw}(x)$$

$$\mathrm{daw}^{(4)}(x) = 20x - 8x^3 + (12 - 48x^2 + 16x^4)\,\mathrm{daw}(x)$$

$$\mathrm{daw}^{(5)}(x) = 32 - 72x^2 + 16x^4 + (-120x + 160x^3 - 32x^5)\,\mathrm{daw}(x)$$

$$\mathrm{daw}^{(6)}(x) = -264x + 224x^3 - 32x^5 + (-120 + 720x^2 - 480x^4 + 64x^6)\,\mathrm{daw}(x)$$

2.5　超几何函数

定义 2-9 ▶ 超几何函数

超几何函数（hypergeometric function）的一般形式[3]为

$$
{}_p\mathrm{F}_q\big(a_1, a_2, \cdots, a_p; b_1, b_2, \cdots, b_q; z\big)
$$
$$
= \frac{\Gamma(b_1)\Gamma(b_2)\cdots\Gamma(b_q)}{\Gamma(a_1)\Gamma(a_2)\cdots\Gamma(a_p)} \sum_{k=0}^{\infty} \frac{\Gamma(a_1+k)\Gamma(a_2+k)\cdots\Gamma(a_p+k)}{\Gamma(b_1+k)\Gamma(b_2+k)\cdots\Gamma(b_q+k)} \frac{z^k}{k!} \tag{2-5-1}
$$

式中，b_i 不能是非正整数。如果 $p \leqslant q$，则该函数对所有的 z 都是收敛的；如果 $p = q+1$，则函数在 $|z| < 1$ 时收敛；若 $p > q+1$，则对所有的 z 函数都将发散。

定义 2-10 ▶ 超几何函数的另一种形式

超几何函数还可以定义为

$$
{}_p\mathrm{F}_q\big(a_1, a_2, \cdots, a_p; b_1, b_2, \cdots, b_q; z\big) = \sum_{k=0}^{\infty} \frac{(a_1)_k (a_2)_k \cdots (a_p)_k}{(b_1)_k (b_2)_k \cdots (b_q)_k} \frac{z^k}{k!} \tag{2-5-2}
$$

式中，$(\gamma)_k$ 为 Pochhammer 符号。

定义 2-11 ▶ Pochhammer 符号

Pochhammer 符号定义为

$$
(\gamma)_k = \gamma(\gamma+1)(\gamma+2)\cdots(\gamma+k-1) = \frac{\Gamma(k+\gamma)}{\Gamma(\gamma)} \tag{2-5-3}
$$

Pochhammer 符号又称为升序阶乘（rising factorial）。在 Pochhammer 符号中，如果 $\gamma = 1$，则

$$
(1)_k = \frac{\Gamma(k+1)}{\Gamma(1)} = k! \tag{2-5-4}
$$

在众多超几何函数中，有两种特殊形式在分数阶微积分中经常使用，这两种函数分别为 Kummer 超几何函数和 Gauss 超几何函数。

定义 2-12 ▶ Kummer 超几何函数

若 $p = q = 1$，则超几何函数为 Kummer 超几何函数，又称合流超几何函数（confluent hypergeometric function），其定义为

$$_1\mathrm{F}_1(a;b;z) = \frac{\Gamma(b)}{\Gamma(a)} \sum_{k=0}^{\infty} \frac{\Gamma(a+k)}{\Gamma(b+k)\,k!} z^k \qquad (2\text{-}5\text{-}5)$$

Kummer 超几何函数经常记为 $\mathrm{M}(a, b, z)$。若 $b > a$，该函数也可以描述为

$$_1\mathrm{F}_1(a;b;z) = \frac{\Gamma(b)}{\Gamma(a)\Gamma(b-a)} \int_0^1 t^{a-1}(1-t)^{b-a-1}\mathrm{e}^{zt}\mathrm{d}t \qquad (2\text{-}5\text{-}6)$$

定理 2-10 ▶ 超几何函数的导数

超几何函数 $_1\mathrm{F}_1(a;b;z)$ 的一阶导数满足

$$\frac{\mathrm{d}}{\mathrm{d}z}{_1\mathrm{F}_1}(a;b;z) = \frac{a}{c}{_1\mathrm{F}_1}(a+1;c+1;z) \qquad (2\text{-}5\text{-}7)$$

证明 可以由下面的推导直接证明该定理，其中，变量替换时定义 $k' = k - 1$。

$$\frac{\mathrm{d}}{\mathrm{d}z}{_1\mathrm{F}_1}(a;b;z) = \frac{\Gamma(c)}{\Gamma(a)} \sum_{k=1}^{\infty} \frac{\Gamma(a+k)}{\Gamma(c+k)\,k!} k z^{k-1} = \frac{\Gamma(c)}{\Gamma(a)} \sum_{k=1}^{\infty} \frac{\Gamma(a+k)}{\Gamma(c+k)\,(k-1)!} z^{k-1}$$

$$= \frac{\Gamma(c)}{\Gamma(a)} \sum_{k'=0}^{\infty} \frac{\Gamma(a+k'+1)}{\Gamma(c+k'+1)} \frac{z^{k'}}{k'!} = \frac{a}{c} \frac{\Gamma(c+1)}{\Gamma(a+1)} \sum_{k=0}^{\infty} \frac{\Gamma(a+k+1)}{\Gamma(c+k+1)} \frac{z^k}{k!}$$

定义 2-13 ▶ Gauss 超几何函数

如果 $p = 2, q = 1$，则超几何函数称为 Gauss 超几何函数，其定义为

$$_2\mathrm{F}_1(a,b;c;z) = \frac{\Gamma(c)}{\Gamma(a)\Gamma(b)} \sum_{k=0}^{\infty} \frac{\Gamma(a+k)\Gamma(b+k)}{\Gamma(c+k)\,k!} z^k \qquad (2\text{-}5\text{-}8)$$

如果 c 为非负整数，则该函数对所有的 z 都收敛。

定理 2-11 ▶ 两种超几何函数的关系

两种超几何函数的关系满足

$$_1\mathrm{F}_1(a;c;z) = \lim_{b\to\infty} {_2\mathrm{F}_1}\left(a, b; c; \frac{z}{b}\right) \qquad (2\text{-}5\text{-}9)$$

证明　先考虑等号右侧的表达式

$$\,_2\mathrm{F}_1\left(a,b;c;\frac{z}{b}\right)=\frac{\Gamma(c)}{\Gamma(a)\,\Gamma(b)}\sum_{k=0}^{\infty}\frac{\Gamma(a+k)\,\Gamma(b+k)}{\Gamma(c+k)\,k!}\left(\frac{z}{b}\right)^{k}$$

$$=\frac{\Gamma(c)}{\Gamma(a)}\sum_{k=0}^{\infty}\frac{\Gamma(a+k)\,\overbrace{(b+k)(b+k-1)\cdots(b+1)}^{k\text{项}}}{\Gamma(c+k)\,b^{k}\,k!}z^{k}$$

对其取 $b\to\infty$ 极限, 则分子中 k 项与分母中的 b^k 项对消, 则定理得证。

MATLAB 的符号运算工具箱提供的 hypergeom() 函数可以用于求解超几何函数 $_p\mathrm{F}_q(a_1,a_2,\cdots,a_p;b_1,b_2,\cdots,b_q;z)$, 其调用格式为

y=hypergeom($[a_1,a_2,\cdots,a_p]$,$[b_1,b_2,\cdots,b_q]$,z)

超几何函数 $_1\mathrm{F}_1(a,b;z)$ 可以用 y=hypergeom(a,b,z) 函数直接计算, 而超几何函数 $_2\mathrm{F}_1(a,b;c;z)$ 可以由 y=hypergeom($[a,b]$,c,z) 直接计算。

例 2-13　试绘制 Gauss 超几何函数 $_2\mathrm{F}_1(1.5,-1.5;1/2;(1-\cos x)/2)$ 的曲线。

解　超几何函数 $_2\mathrm{F}_1(1.5,-1.5;1/2;(1-\cos x)/2)$ 可以简化成 $\cos 1.5x$。如果使用 hypergeom() 函数, 则可以绘制出该超几何函数的曲线, 如图 2-7 所示。可以看出, 该曲线与 $\cos 1.5x$ 完全重合。

```
>> syms x, f1=cos(1.5*x);
   f2=hypergeom([1.5,-1.5],0.5,0.5*(1-cos(x)));
   fplot([f1,f2],[-pi,pi])
```

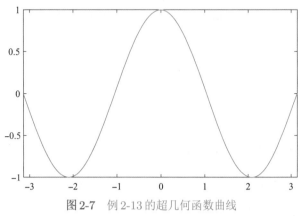

图 2-7　例 2-13 的超几何函数曲线

定理 2-12 ▶ 补误差函数的超几何函数表示

补误差函数可以转换为超几何函数问题[3], 即

$$\mathrm{j}^{n}\mathrm{erfc}(z)=\mathrm{e}^{-z^{2}}\left[\frac{_1\mathrm{F}_1\big((n+1)/2;1/2;z^{2}\big)}{2^{n}\Gamma\big(1+n/2\big)}-\frac{z\,_1\mathrm{F}_1\big(n/2+1;3/2;z^{2}\big)}{2^{n-1}\Gamma\big((n+1)/2\big)}\right] \tag{2-5-10}$$

定理 2-13 ▶ 不完全 Gamma 函数的超几何函数表示

不完全 Gamma 函数也可以转换成超几何函数

$$\Gamma(x,a) = \frac{1}{a} x^a \mathrm{e}^{-x} {}_1\mathrm{F}_1(1; 1+a; x) = \frac{1}{a} x^a {}_1\mathrm{F}_1(a; 1+a; -x) \tag{2-5-11}$$

2.6 Mittag-Leffler 函数

Mittag-Leffler 函数是指数函数的直接推广。最简单形式的 Mittag-Leffler 函数是由瑞典数学家 Magnus Gustaf (Gösta) Mittag-Leffler（1846—1927）在 1903 年提出的[4]。该函数又称为单参数的 Mittag-Leffler 函数。后来，Mittag-Leffler 函数被扩展到带有两个或多个参数的情形。Mittag-Leffler 函数在分数阶系统中的重要性就像指数函数在整数阶系统中一样。本节将给出各种 Mittag-Leffler 函数的定义与计算方法。

2.6.1 单参数 Mittag-Leffler 函数

先考虑指数函数 e^z 的 Taylor 级数展开

$$\mathrm{e}^z = \sum_{k=0}^{\infty} \frac{z^k}{k!} = \sum_{k=0}^{\infty} \frac{z^k}{\Gamma(k+1)} \tag{2-6-1}$$

如果将 Gamma 函数中的 $k+1$ 替换成 $\alpha k + 1$，则可以定义出单参数的 Mittag-Leffler 函数。可见，Mittag-Leffler 函数是指数函数的直接扩展。

定义 2-14 ▶ 单参数 Mittag-Leffler 函数

单参数 Mittag-Leffler 函数的数学形式为

$$\mathrm{E}_\alpha(z) = \sum_{k=0}^{\infty} \frac{z^k}{\Gamma(\alpha k + 1)} \tag{2-6-2}$$

式中，$\alpha \in \mathbb{C}$，$\mathbb{C}$ 为复数集合，且无穷级数的收敛条件为 $\mathrm{Re}(\alpha) > 0$。

换句话说，指数函数 e^z 是单参数 Mittag-Leffler 函数的一个特例，$\mathrm{E}_1(z) = \mathrm{e}^z$。此外，可以很容易地看出

$$\mathrm{E}_2(z) = \sum_{k=0}^{\infty} \frac{z^k}{\Gamma(2k+1)} = \sum_{k=0}^{\infty} \frac{(\sqrt{z})^{2k}}{(2k)!} = \cosh\sqrt{z} \tag{2-6-3}$$

$$\mathrm{E}_{1/2}(z) = \sum_{k=0}^{\infty} \frac{z^k}{\Gamma(k/2+1)} = \mathrm{e}^{z^2}\left[1 + \mathrm{erf}(z)\right] = \mathrm{e}^{z^2}\mathrm{erfc}(-z) \tag{2-6-4}$$

符号运算工具箱的 `symsum()` 函数可以用来计算无穷级数，所以由式（2-6-2）可

见, Mittag-Leffler 函数可以由下面的 MATLAB 函数解析地计算出来。这里编写的函数还可以用于求解多参数 Mittag-Leffler 函数。带有单参数 α 的 Mittag-Leffler 函数可以由 f=mittag_leffler(α, z) 直接求解。

```
function f=mittag_leffler(v,z)
    arguments, v(1,:), z(1,1); end
    v=sym([v,1,1,1]); a=v(1); b=v(2); c=v(3); q=v(4); syms k;
    f=symsum(pochhammer(c,k*q)*z^k/gamma(a*k+b)/gamma(k+1),k,0,inf);
end
```

例 2-14 用符号运算的方式推导几个 Mittag-Leffler 公式。

解 可以用下面的语句直接推导几个常用的 Mittag-Leffler 函数，注意，MATLAB 早期版本（如 R2008a）的符号运算工具箱调用 Maple 引擎可以正常推导出结果，而新版本有时不能得出相应的结果，所以这里推荐使用早期版本。如果将 α 设置为 $\alpha = 1/3, 3, 4, 5, \cdots$，则可以用下面语句直接求解 Mittag-Leffler 函数。

```
>> syms z; Ia=mittag_leffler(1,z)
   Ib=mittag_leffler(2,z), Ic=mittag_leffler(1/2,z)
   I1=mittag_leffler(1/3,z), I2=mittag_leffler(3,z)
   I3=mittag_leffler(4,z), I4=mittag_leffler(5,z)
```

可以得出下面的结果：

$$E_{1/3}(z) = -\frac{e^{z^3}}{2\pi\,\Gamma(2/3)}\left[-6\pi\,\Gamma\left(\frac{2}{3}\right) + \sqrt{3}\,\Gamma^2\left(\frac{2}{3}\right)\Gamma\left(\frac{1}{3}, z^3\right) + 2\pi\,\Gamma\left(\frac{2}{3}, z^3\right)\right]$$

$$E_3(z) = \frac{1}{3}\,e^{\sqrt[3]{z}} + \frac{2}{3}\,e^{-\sqrt[3]{z}/2}\cos\frac{\sqrt{3}}{2}\sqrt[3]{z}$$

$$E_4(z) = \frac{1}{4}\,e^{\sqrt[4]{z}} + \frac{1}{4}\,e^{-\sqrt[4]{z}} + \frac{1}{2}\,\cos\sqrt[4]{z}$$

$$E_5(z) = \frac{e^{\sqrt[5]{z}}}{5} + \frac{2}{5}e^{\sqrt[5]{z}\cos\pi/5}\cos\left(\sqrt[5]{z}\sin\frac{2\pi}{5}\right) + \frac{2}{5}e^{-\sqrt[5]{z}\cos\pi/5}\cos\left(\sqrt[5]{z}\sin\frac{\pi}{5}\right)$$

如果使用新版本，则不能得出 I_1，而其他几个可以表示成超几何函数的形式：

$$I_2 = {}_0F_2\left(;\frac{1}{3}, \frac{2}{3}; \frac{z}{27}\right),\ I_3 = {}_0F_3\left(;\frac{1}{4}, \frac{1}{2}, \frac{3}{4}; \frac{z}{256}\right),\ I_4 = {}_0F_4\left(;\frac{1}{5}, \frac{2}{5}, \frac{3}{5}, \frac{4}{5}; \frac{z}{3125}\right)$$

由上面的结果可以看出规律：

$$E_n(z) = {}_0F_{n-1}\left(;\frac{1}{n}, \frac{2}{n}, \cdots, \frac{n-1}{n}; \frac{z}{n^n}\right) \tag{2-6-5}$$

由式 (2-6-2) 可见，还可以通过累加的方法计算 Mittag-Leffler 函数的数值解，编写出如下的 MATLAB 函数，其调用格式为 y=ml_func(α, z)。其实，该函数还可以直接用于多参数 Mittag-Leffler 函数及其 n 阶导数的数值求解。

```
function f=ml_func(aa,z,n,eps0) %Mittag-Leffler 函数的数值运算
    arguments
```

```
    aa(1,:) double, z double
    n(1,1){mustBeNonnegativeInteger}=0, eps0(1,1)=eps;
end
aa=[aa,1,1,1]; a=aa(1); b=aa(2); c=aa(3); q=aa(4);
f=0; k=0; fa=1;
if n==0                          %Mittag-Leffler 函数的计算
    while norm(fa,1)>=eps0       %如果不满足收敛条件则继续累加计算
        fa=prod(c:(c+q*k-1))/gamma(k+1)/gamma(a*k+b)*z.^k;
        f=f+fa; k=k+1;
    end
    if ~isfinite(f)              %如果出现不收敛量,则转用嵌入的代码
      if c*q==1, N=round(-log10(eps0));
          f=mlf(a,b,z(:),N); f=reshape(f,size(z));
      else, error('Error: truncation method failed'); end, end
else
    aa(2)=aa(2)+n*aa(1); aa(3)=aa(3)+aa(4)*n;    %3、4参数的导数
    f=pochhammer(c,q*n)*ml_func(aa,z,0,eps0);    % 导数计算公式
end, end
```

说明2-1　Mittag-Leffler 函数数值计算

（1）这个函数支持多至4个参数的Mittag-Leffler函数的数值解。

（2）如果累加值趋于无穷大,则说明算法不适用于当前求解的问题,程序会自动切换到Podlubny教授的`mlf()`函数直接计算[5],该算法是稳定可靠的算法,不过和`ml_func()`函数相比,其速度要慢得多。

（3）嵌入的`mlf()`函数不能求解两个以上参数的Mittag-Leffler函数。

（4）检测函数`mustBeNonnegativeInteger()`是作者编写的,该函数具体内容参见FOTF工具箱。

例2-15　试绘制出不同α参数的Mittag-Leffler函数$E_\alpha(z)$的曲线。

解　取不同的α值,就可以由下面循环语句绘制出不同参数的Mittag-Leffler函数曲线,如图2-8所示。可以看出,$\alpha=1$的曲线与e^x完全重合。

```
>> a=[1:0.5:5]; t=[-20:0.1:10]; Y=[];
   for a=[1:0.5:5], Y=[Y; ml_func(a,t)]; end
   plot(t,Y), line(t,exp(t)); ylim([-1 5])
```

2.6.2　双参数Mittag-Leffler函数

重新考虑式（2-6-2）中单参数Mittag-Leffler函数的定义,如果将Gamma函数中的1用一个自由参数β取代,则可以定义出双参数Mittag-Leffler函数。

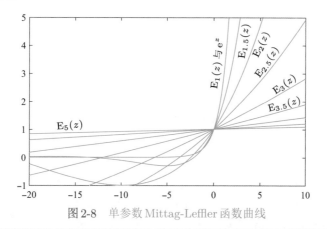

图 2-8　单参数 Mittag-Leffler 函数曲线

定义 2-15 ▶ 双参数 Mittag-Leffler 函数

双参数 Mittag-Leffler 函数的定义为

$$E_{\alpha,\beta}(z) = \sum_{k=0}^{\infty} \frac{z^k}{\Gamma(\alpha k + \beta)} \qquad (2\text{-}6\text{-}6)$$

式中，$\alpha, \beta \in \mathbb{C}$，且无穷级数对 $z \in \mathbb{C}$ 收敛的条件为 $\mathrm{Re}(\alpha) > 0, \mathrm{Re}(\beta) > 0$。

若 $\beta = 1$，则双参数 Mittag-Leffler 函数退化成单参数 Mittag-Leffler 函数，即

$$E_{\alpha,1}(z) = E_{\alpha}(z) \qquad (2\text{-}6\text{-}7)$$

换句话说，单参数 Mittag-Leffler 函数是双参数函数的一个特例。除了这个特例，还可以推导出其他 Mittag-Leffler 函数。

下面总结一些常用的双参数 Mittag-Leffler 函数。

$$E_{1,2}(z) = \sum_{k=0}^{\infty} \frac{z^k}{\Gamma(k+2)} = \frac{1}{z} \sum_{k=0}^{\infty} \frac{z^{k+1}}{(k+1)!} = \frac{\mathrm{e}^z - 1}{z} \qquad (2\text{-}6\text{-}8)$$

$$E_{1,3}(z) = \sum_{k=0}^{\infty} \frac{z^k}{\Gamma(k+3)} = \sum_{k=0}^{\infty} \frac{z^k}{(k+2)!} = \frac{1}{z^2} \sum_{k=0}^{\infty} \frac{z^{k+2}}{(k+2)!} = \frac{\mathrm{e}^z - 1 - z}{z^2} \quad (2\text{-}6\text{-}9)$$

更一般地[1]，有

$$E_{1,m}(z) = \sum_{k=0}^{\infty} \frac{z^k}{\Gamma(k+m)} = \frac{1}{z^{m-1}} \sum_{k=0}^{\infty} \frac{z^{k+m-1}}{(k+m-1)!} = \frac{1}{z^{m-1}}\left(\mathrm{e}^z - \sum_{k=0}^{m-2} \frac{z^k}{k!} \right) \qquad (2\text{-}6\text{-}10)$$

此外，还可以看出

$$E_{2,2}(z) = \sum_{k=0}^{\infty} \frac{z^k}{\Gamma(2k+2)} = \frac{1}{\sqrt{z}} \sum_{k=0}^{\infty} \frac{(\sqrt{z})^{2k+1}}{(2k+1)!} = \frac{\sinh\sqrt{z}}{\sqrt{z}} \qquad (2\text{-}6\text{-}11)$$

$$\mathrm{E}_{2,1}(z^2) = \sum_{k=0}^{\infty} \frac{z^{2k}}{\Gamma(2k+1)} = \sum_{k=0}^{\infty} \frac{z^{2k}}{(2k)!} = \cosh z \qquad (2\text{-}6\text{-}12)$$

$$\mathrm{E}_{2,2}(z^2) = \sum_{k=0}^{\infty} \frac{z^{2k}}{\Gamma(2k+2)} = \frac{1}{z} \sum_{k=0}^{\infty} \frac{z^{2k+1}}{(2k+1)!} = \frac{\sinh z}{z} \qquad (2\text{-}6\text{-}13)$$

由于双参数 Mittag-Leffler 函数的定义也是无穷级数的形式，前面介绍的新编 `mittag_leffler()` 函数仍可以直接对不同的 (α, β) 参数对求取其表达式，该函数的调用格式为 f=`mittag_leffler`$([\alpha, \beta], z)$。

例 2-16 一些特殊的单参数或双参数 Mittag-Leffler 函数可以直接由 MATLAB 推导出来，试推导 $\mathrm{E}_4(z), \mathrm{E}_{4,5}(z), \mathrm{E}_{5,6}(z)$ 和 $\mathrm{E}_{1/2,4}(z)$。

解 可以由下面的 MATLAB 语句直接推导出这几个常用的 Mittag-Leffler 函数，并可以用符号运算的方式证明式 (2-6-8)、式 (2-6-9)、式 (2-6-11)～式 (2-6-13)。

```
>> syms z, I1=mittag_leffler([1,2],z), I2=mittag_leffler([2,2],z)
   I3=mittag_leffler([1,3],z), I4=mittag_leffler([4,1],z)
   I5=mittag_leffler([4,5],z), I6=mittag_leffler([5,6],z)
   I7=mittag_leffler([1/2,4],z)
   t=-3:0.1:2; t=t(t~=0); I71=subs(I7,z,t); y=ml_func([1/2,4],t);
   plot(t,y,t,I71,'--'), ylim([0,1.2])
   I8=mittag_leffler([2,1],z^2), I9=mittag_leffler([2,2],z^2)
```

得出的结果为

$$\mathrm{E}_4(z) = \frac{1}{4} \mathrm{e}^{\sqrt[4]{z}} + \frac{1}{4} \mathrm{e}^{-\sqrt[4]{z}} + \frac{1}{2} \cos \sqrt[4]{z}$$

$$\mathrm{E}_{4,5}(z) = -\frac{1}{4} + \frac{1}{4z} \left(\mathrm{e}^{\sqrt[4]{z}} + \mathrm{e}^{-\sqrt[4]{z}} + \mathrm{e}^{\mathrm{j}\sqrt[4]{z}} + \mathrm{e}^{-\mathrm{j}\sqrt[4]{z}} \right)$$

$$\mathrm{E}_{5,6}(z) = -\frac{1}{z} + \frac{\mathrm{e}^{\sqrt[5]{z}}}{5z} \left[1 + \mathrm{e}^{(-1)^{2/5}} + \mathrm{e}^{(-1)^{4/5}} + \mathrm{e}^{-(-1)^{1/5}} + \mathrm{e}^{-(-1)^{3/5}} \right]$$

$$\mathrm{E}_{1/2,4}(z) = \frac{\mathrm{e}^{z^2}}{z^6} - \frac{1}{z^6} - \frac{1}{z^4} - \frac{1}{2z^2} + \frac{z \mathrm{e}^{z^2} \operatorname{erf}(z)}{z^7} - \frac{8}{15\sqrt{\pi}z} - \frac{4}{3\sqrt{\pi}z^3} - \frac{2}{\sqrt{\pi}z^5}$$

双参数 Mittag-Leffler 函数也可以用 `ml_func()` 函数求取数值解，该函数的调用格式为 y=`ml_func`$([\alpha, \beta], z)$。上面的命令还可以绘制出 $\mathrm{E}_{1/2,4}(z)$ 函数解析解和数值解，如图 2-9 所示，可见二者是完全一致的。

注意，在 MATLAB 新版本中并不能得出期望的解析解，例如，在新版本中 I_4、I_5 和 I_6 只能表示成超几何函数的形式，并且可以由 `fplot()` 函数绘制曲线。

$$I_4 = {}_0\mathrm{F}_3\left(; \frac{1}{4}, \frac{1}{2}, \frac{3}{4}; \frac{z}{256}\right), \quad I_5 = \frac{I_4}{z} - \frac{1}{z}, \quad I_6 = \frac{1}{z} {}_0\mathrm{F}_4\left(; \frac{1}{5}, \frac{2}{5}, \frac{3}{5}, \frac{4}{5}; \frac{z}{3125}\right) - \frac{1}{z}$$

由上面结果可以看出规律：

$$\mathrm{E}_{n,n+1}(z) = \frac{1}{z} \mathrm{E}_n(z) - \frac{1}{z} = \frac{1}{z} {}_0\mathrm{F}_{n-1}\left(; \frac{1}{n}, \frac{2}{n}, \cdots, \frac{n-1}{n}; \frac{z}{n^n}\right) - \frac{1}{z} \qquad (2\text{-}6\text{-}14)$$

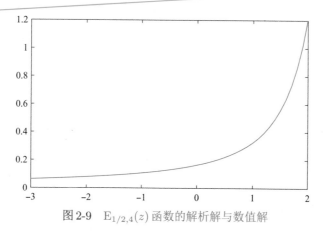

图 2-9　$E_{1/2,4}(z)$ 函数的解析解与数值解

推论 2-4　由式（2-6-14）可以进一步得出

$$E_{\alpha,\alpha+1}(z) = \frac{1}{z}E_\alpha(z) - \frac{1}{z} \qquad (2\text{-}6\text{-}15)$$

证明　由 Mittag-Leffler 函数的定义可以直接证明该推论。

$$
\begin{aligned}
E_{\alpha,\alpha+1}(z) &= \sum_{k=0}^{\infty} \frac{z^k}{\Gamma(\alpha k + \alpha + 1)} = \frac{1}{z}\sum_{k=0}^{\infty} \frac{z^{k+1}}{\Gamma(\alpha(k+1)+1)} \\
&= \frac{1}{z}\sum_{k=-1}^{\infty} \frac{z^{k+1}}{\Gamma(\alpha(k+1)+1)} - \frac{1}{z} \\
&= \frac{1}{z}\sum_{k'=0}^{\infty} \frac{z^{k'}}{\Gamma(\alpha k'+1)} - \frac{1}{z} = \frac{1}{z}E_\alpha(z) - \frac{1}{z}
\end{aligned}
\qquad (2\text{-}6\text{-}16)
$$

例 2-17　试绘制 Mittag-Leffler 函数 $E_{1,2}(x)$ 和 $E_{3/2,1/2}(x)$ 的曲线。

解　可以由下面的语句直接绘制这两个函数的曲线，如图 2-10 所示。

```
>> x=-2:0.1:2; y1=ml_func([1,2],x); y2=ml_func([3/2,1/2],x);
   plot(x,y1,x,y2,'--')
```

定理 2-14 ▶ Mittag-Leffler 函数性质

双参数 Mittag-Leffler 函数的一些性质

$$
\begin{aligned}
E_{\alpha,\beta}(z) + E_{\alpha,\beta}(-z) &= 2E_{2\alpha,\beta}\left(z^2\right) \\
E_{\alpha,\beta}(z) - E_{\alpha,\beta}(-z) &= 2zE_{2\alpha,\alpha+\beta}\left(z^2\right)
\end{aligned}
\qquad (2\text{-}6\text{-}17)
$$

证明　这两个公式都可以如下直接证明：

$$E_{\alpha,\beta}(z) + E_{\alpha,\beta}(-z) = \sum_{k=0}^{\infty} \frac{z^k + (-z)^k}{\Gamma(\alpha k + \beta)} = \sum_{k'=0}^{\infty} \frac{2z^{2k'}}{\Gamma(2\alpha k' + \beta)}$$

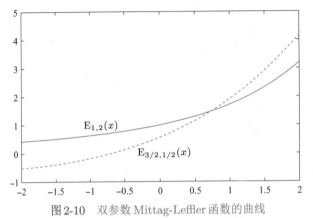

图 2-10 双参数 Mittag-Leffler 函数的曲线

$$= 2\sum_{k'=0}^{\infty} \frac{\left(z^2\right)^{k'}}{\Gamma(2\alpha k' + \beta)} = 2\mathrm{E}_{2\alpha,\beta}\left(z^2\right)$$

$$\mathrm{E}_{\alpha,\beta}(z) - \mathrm{E}_{\alpha,\beta}(-z) = \sum_{k=0}^{\infty} \frac{z^k - (-z)^k}{\Gamma(\alpha k + \beta)} = \sum_{k'=0}^{\infty} \frac{2z^{2k'+1}}{\Gamma((2k'+1)\alpha + \beta)}$$

$$= 2z\sum_{k'=0}^{\infty} \frac{\left(z^2\right)^{k'}}{\Gamma(2k'\alpha + \alpha + \beta)} = 2z\mathrm{E}_{2\alpha,\alpha+\beta}\left(z^2\right)$$

例 2-18 如果 z 为复数变量，试绘制函数 $\mathrm{E}_{0.8,0.9}(z)$ 实部对应的表面图[6]。

解 对复数变量 z，$\mathrm{E}_{0.8,0.9}(z)$ 函数为复函数。可以先在 x-y 平面上生成一些网格，然后计算复函数的值，再取函数的实部和虚部，并采用下面的语句绘制如图 2-11 所示的曲面，函数值被限制在区间 $[-3, +3]$[6]。用这样的方法也可以绘制虚部的表面图。

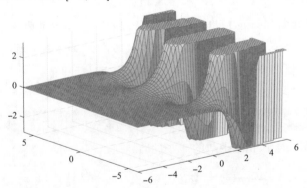

图 2-11 Mittag-Leffler 函数 $\mathrm{E}_{0.8,0.9}(z)$ 实部的表面图

```
>> [x y]=meshgrid(-6:0.2:6); z=x+sqrt(-1)*y;
   L=ml_func([0.8,0.9],z); L1=real(L); L2=imag(L);
   ii=find(L1>3); L1(ii)=3; ii=find(L1<-3); L1(ii)=-3;
   surf(x,y,L1), axis([-6 6 -6 6 -3 3])
```

2.6.3　多参数 Mittag-Leffler 函数

在一些特定的场合下, 还可能用到更多参数的 Mittag-Leffler 函数[7]。

定义 2-16 ▶ 3 参数和 4 参数 Mittag-Leffler 函数

一般情况下, 3 参数和 4 参数 Mittag-Leffler 函数可以分别定义[7]为

$$\mathrm{E}_{\alpha,\beta}^{\gamma}(z)=\sum_{k=0}^{\infty}\frac{(\gamma)_k}{\Gamma(\alpha k+\beta)}\frac{z^k}{k!},\quad \mathrm{E}_{\alpha,\beta}^{\gamma,q}(z)=\sum_{k=0}^{\infty}\frac{(\gamma)_{kq}}{\Gamma(\alpha k+\beta)}\frac{z^k}{k!} \tag{2-6-18}$$

式中, $\alpha,\beta,\gamma\in\mathbb{C}$, 对任意 $z\in\mathbb{C}$, 无穷级数的收敛条件为 $\mathrm{Re}(\alpha)>0$, $\mathrm{Re}(\beta)>0$, $\mathrm{Re}(\gamma)>0$, 且 $q\in\mathbb{N}$, $\mathbb{N}$ 为正整数集合, $(\gamma)_k$ 为 Pochhammer 符号, 见定义 2-11。

定义 2-17 ▶ 多参数 Mittag-Leffler 函数

多参数 Mittag-Leffler 函数可以一般地定义[1]为

$$\mathrm{E}_{(\alpha_1,\cdots,\alpha_m),\beta}(z_1,\cdots,z_m)=\sum_{k=1}^{\infty}\sum_{\substack{l_1+\cdots+l_m=k\\l_1>0,\cdots,l_m>0}}\frac{(k;l_1,\cdots,l_m)\prod_{i=1}^m z_i^{l_i}}{\Gamma\left(\beta+\sum_{i=1}^m\alpha_i l_i\right)} \tag{2-6-19}$$

式中,

$$(k;l_1,\cdots,l_m)=\frac{k!}{l_1!\cdots l_m!} \tag{2-6-20}$$

定理 2-15 ▶ Mittag-Leffler 函数特例

双参数 Mittag-Leffler 函数是 3 参数 Mittag-Leffler 函数的一个特例, 而 3 参数函数又是 4 参数 Mittag-Leffler 函数的一个特例:

$$\mathrm{E}_{\alpha,\beta}(z)=\mathrm{E}_{\alpha,\beta}^1(z),\quad \mathrm{E}_{\alpha,\beta}^{\gamma}(z)=\mathrm{E}_{\alpha,\beta}^{\gamma,1}(z) \tag{2-6-21}$$

证明　将式 (2-5-4) 代入式 (2-6-18), 可得

$$\mathrm{E}_{\alpha,\beta}^1(z)=\sum_{k=0}^{\infty}\frac{(1)_k}{\Gamma(\alpha k+\beta)}\frac{z^k}{k!}=\sum_{k=0}^{\infty}\frac{z^k}{\Gamma(\alpha k+\beta)}=\mathrm{E}_{\alpha,\beta}(z)$$

另外, 由式 (2-6-18) 可以看出, 如果 $q=1$, 则

$$\mathrm{E}_{\alpha,\beta}^{\gamma,1}(z)=\mathrm{E}_{\alpha,\beta}^{\gamma}(z)$$

2.6.4　Mittag-Leffler 函数与超几何函数的关系

文献 [8] 给出了 4 参数 Mittag-Leffler 函数与超几何函数的关系的重要性质, 至少揭示了 α 为整数时二者的关系。不过, 该定义中 4 参数 Mittag-Leffler 函数与本书

给出的定义不一致，所以对该定理进行改进，本节给出一个 3 参数的关系定理。

引理 2-1　升序阶乘的一个性质[8]：

$$(\beta)_{nk} = n^{nk} \prod_{r=1}^{n} \left(\frac{\beta+r-1}{n} \right)_k = (n^n)^k \left(\frac{\beta}{n} \right)_k \left(\frac{\beta+1}{n} \right)_k \cdots \left(\frac{\beta+n-1}{n} \right)_k \tag{2-6-22}$$

定理 2-16 ▶ Mittag-Leffler 函数与超几何函数的关系

若 $\alpha = n \in \mathbb{N}$，则下面函数对所有 $z \in \mathbb{C}$ 收敛：

$$E_{n,\beta}^{\gamma}(z) = \frac{1}{\Gamma(\beta)} {}_1F_n \left(\gamma; \frac{\beta}{n}, \frac{\beta+1}{n}, \cdots, \frac{\beta+n-1}{n}; \frac{z}{n^n} \right) \tag{2-6-23}$$

证明　由定义 2-11 可知 $\Gamma(nk+\beta) = \Gamma(\beta)(\beta)_{kn}$。这样，由 3 参数 Mittag-Leffler 定义可以得出

$$E_{n,\beta}^{\gamma}(z) = \sum_{k=0}^{\infty} \frac{(\gamma)_k}{\Gamma(nk+\beta)} \frac{z^k}{k!} = \frac{1}{\Gamma(\beta)} \sum_{k=0}^{\infty} \frac{(\gamma)_k}{(\beta)_{kn}} \frac{z^k}{k!}$$

利用引理 2-1，可以直接证明该定理，且由于 n 为正整数，所以函数收敛。

$$E_{n,\beta}^{\gamma}(z) = \frac{1}{\Gamma(\beta)} \sum_{k=0}^{\infty} \frac{(\gamma)_k}{\left(\dfrac{\beta}{n} \right)_k \left(\dfrac{\beta+1}{n} \right)_k \cdots \left(\dfrac{\beta+n-1}{n} \right)_k} \frac{z^k}{(n^n)^k k!}$$

若 $\beta = \gamma = 1$，则可以证明单参数 Mittag-Leffler 函数 $E_n(z)$ 满足式（2-6-5）。

2.6.5　Mittag-Leffler 函数的导数

Mittag-Leffler 函数的整数阶导数也是分数阶系统中可能遇到的函数，这些导数有很多性质。本节先探讨一些双参数 Mittag-Leffler 函数的导数问题，然后再考虑一般的 4 参数函数的导数公式。

定理 2-17 ▶ Mittag-Leffler 函数的导数

双参数 Mittag-Leffler 函数 $E_{\alpha,\beta}(z)$ 的整数阶导数可以表示为

$$\frac{\mathrm{d}^n}{\mathrm{d}z^n} E_{\alpha,\beta}(z) = \sum_{k=0}^{\infty} \frac{(k+n)!}{k!\,\Gamma(\alpha k + \alpha n + \beta)} z^k \tag{2-6-24}$$

双参数 Mittag-Leffler 函数 $E_{\alpha,\beta}(z)$ 对 z 求一阶导数可以得出

$$\frac{\mathrm{d}}{\mathrm{d}z} E_{\alpha,\beta}(z) = \sum_{k=1}^{\infty} \frac{k z^{k-1}}{\Gamma(\alpha k + \beta)} \tag{2-6-25}$$

式中，$k=0$ 的一项已被剔除，因为其值为零。记 $k' = k-1$，上式可以重新写为

$$\frac{\mathrm{d}}{\mathrm{d}z} E_{\alpha,\beta}(z) = \sum_{k'=0}^{\infty} \frac{(k'+1) z^{k'}}{\Gamma(\alpha k' + \alpha + \beta)} = \sum_{k=0}^{\infty} \frac{(k+1) z^k}{\Gamma(\alpha k + \alpha + \beta)} \tag{2-6-26}$$

对其再次求一阶导数,就可以得出

$$\frac{\mathrm{d}^2}{\mathrm{d}z^2}\mathrm{E}_{\alpha,\beta}(z) = \sum_{k=0}^{\infty} \frac{(k+1)(k+2)z^k}{\Gamma(\alpha k + 2\alpha + \beta)} \qquad (2\text{-}6\text{-}27)$$

逐次求导则可以推出该函数的 n 阶导数公式

$$\begin{aligned}\frac{\mathrm{d}^n}{\mathrm{d}z^n}\mathrm{E}_{\alpha,\beta}(z) &= \sum_{k=0}^{\infty} \frac{(k+n)(k+n-1)\cdots(k+1)}{\Gamma(\alpha k + \alpha n + \beta)}z^k \\ &= \sum_{k=0}^{\infty} \frac{(k+n)!}{k!\,\Gamma(\alpha k + \alpha n + \beta)}z^k \end{aligned} \qquad (2\text{-}6\text{-}28)$$

证明   下面将通过数学归纳法给出该定理的正式证明。在 $n = 1$ 时,式(2-6-26)已经证明该定理成立。现在假设 $n = m$ 时该定理也成立,即

$$\frac{\mathrm{d}^m}{\mathrm{d}z^m}\mathrm{E}_{\alpha,\beta}(z) = \sum_{k=0}^{\infty} \frac{(k+m)!}{k!\,\Gamma(\alpha k + \alpha m + \beta)}z^k$$

上述式子对 z 再求一阶导数,则可见 $k = 0$ 时的项被剔除了,且

$$\frac{\mathrm{d}^{m+1}}{\mathrm{d}z^{m+1}}\mathrm{E}_{\alpha,\beta}(z) = \sum_{k=1}^{\infty} \frac{(k+m)!\ k}{k!\,\Gamma(\alpha k + \alpha m + \beta)}z^{k-1}$$

记 $k = k' + 1$,则上式可以改写成

$$\frac{\mathrm{d}^{m+1}}{\mathrm{d}z^{m+1}}\mathrm{E}_{\alpha,\beta}(z) = \sum_{k'=0}^{\infty} \frac{(k'+1+m)!(k'+1)}{(k'+1)!\,\Gamma(\alpha(k'+1) + \alpha m + \beta)}z^{k'}$$

对消掉分子、分母的 $(k'+1)$ 项,并记 $k'+1+m$ 为 $k'+(m+1)$,且 $\alpha(k'+1)+\alpha m$ 为 $\alpha k' + \alpha(m+1)$,然后将 k' 替换成 k,则可发现

$$\frac{\mathrm{d}^{m+1}}{\mathrm{d}z^{m+1}}\mathrm{E}_{\alpha,\beta}(z) = \sum_{k=0}^{\infty} \frac{(k+(m+1))!}{k!\,\Gamma(\alpha k + \alpha(m+1) + \beta)}z^k$$

即 $n = m + 1$ 时定理成立。由此可以通过数学归纳法证明该定理成立。

定理 2-18 ▶ 双参数 Mittag-Leffler 函数性质

下面的条件对双参数 Mittag-Leffler 函数成立:

$$\mathrm{E}_{\alpha,\beta}(z) = \beta\mathrm{E}_{\alpha,\beta+1}(z) + \alpha z\frac{\mathrm{d}}{\mathrm{d}z}\mathrm{E}_{\alpha,\beta+1}(z) \qquad (2\text{-}6\text{-}29)$$

证明   如果重新整理等号右侧的表达式,则可以看出该定理成立。

$$\begin{aligned}\text{方程右侧} &= \beta\sum_{k=0}^{\infty} \frac{z^k}{\Gamma(\alpha k + \beta + 1)} + \alpha z\sum_{k=0}^{\infty} \frac{kz^{k-1}}{\Gamma(\alpha k + \beta + 1)} \\ &= \sum_{k=0}^{\infty} \frac{(\beta + k\alpha)z^k}{\Gamma(\alpha k + \beta + 1)} = \sum_{k=0}^{\infty} \frac{z^k}{\Gamma(\alpha k + \beta)} = \mathrm{E}_{\alpha,\beta}(z)\end{aligned}$$

> **定理 2-19 ▶ Mittag-Leffler 的导数公式**
>
> 4 参数 Mittag-Leffler 函数 $E_{\alpha,\beta}^{\gamma,q}(z)$ 的 n 阶导数满足下式[7]:
>
> $$\frac{d^n}{dz^n}E_{\alpha,\beta}^{\gamma,q}(z)=(\gamma)_{qn}E_{\alpha,\beta+n\alpha}^{\gamma+qn,q}(z) \tag{2-6-30}$$

证明 4 参数 Mittag-Leffler 函数 $E_{\alpha,\beta}^{\gamma,q}(z)$ 的一阶导数满足下式:

$$\frac{d}{dz}E_{\alpha,\beta}^{\gamma,q}(z)=\sum_{k=1}^{\infty}\frac{(\gamma)_{kq}}{\Gamma(\alpha k+\beta)}\frac{kz^{k-1}}{k!}$$
$$=\sum_{k=1}^{\infty}\frac{(\gamma)_{kq}}{\Gamma(\alpha k+\beta)}\frac{z^{k-1}}{(k-1)!}=\sum_{k=0}^{\infty}\frac{(\gamma)_{(k+1)q}}{\Gamma(\alpha k+\alpha+\beta)}\frac{z^k}{k!} \tag{2-6-31}$$

可以看出,对任意的整数 q 有

$$(\gamma)_{(k+1)q}=\frac{\Gamma(kq+q+\gamma)}{\Gamma(\gamma)}=\frac{\Gamma(kq+\gamma+q)}{\Gamma(\gamma+q)}\frac{\Gamma(\gamma+q)}{\Gamma(\gamma)}=(\gamma+q)_{kq}(\gamma)_q$$

式中,$(\gamma)_q$ 与 k 无关。将其代入式(2-6-31)可见

$$\frac{d}{dz}E_{\alpha,\beta}^{\gamma,q}(z)=(\gamma)_q\sum_{k=0}^{\infty}\frac{(\gamma+q)_{kq}}{\Gamma(\alpha k+\alpha+\beta)}\frac{z^k}{k!}=(\gamma)_qE_{\alpha,\beta+\alpha}^{\gamma+q,q}(z) \tag{2-6-32}$$

可以看出,该定理在 $n=1$ 时是成立的。其实,可以更简单地避开上述推导,因为该定理在 $n=0$ 时是成立的。现在仍然采用数学归纳法证明该定理。假设 $n=k$ 时定理是成立的,有

$$\frac{d^k}{dz^k}E_{\alpha,\beta}^{\gamma,q}(z)=(\gamma)_{qk}E_{\alpha,\beta+k\alpha}^{\gamma+kq,q}(z)$$

对上面的式子求一阶导数,并利用式(2-6-32)中的结果可见

$$\frac{d^{k+1}}{dz^{k+1}}E_{\alpha,\beta}^{\gamma,q}(z)=\frac{d}{dz}(\gamma)_{qk}E_{\alpha,\beta+k\alpha}^{\gamma+kq,q}(z)=(\gamma)_{q(k+1)}E_{\alpha,\beta+(k+1)\alpha}^{\gamma+(k+1)q,q}(z)$$

这意味着 $n=k+1$ 时定理仍然成立,故由数学归纳法证明该定理成立。

> **定理 2-20 ▶ 双参数 Mittag-Leffler 函数的导数**
>
> 双参数 Mittag-Leffler 函数的 n 阶导数满足下式:
>
> $$\frac{d^n}{dz^n}E_{\alpha,\beta}(z)=n!\,E_{\alpha,\beta+n\alpha}^{n+1}(z) \tag{2-6-33}$$

证明 考虑定理 2-19,因为 $E_{\alpha,\beta}(z)=E_{\alpha,\beta}^{1,1}(z)$,其中,$\gamma=1,q=1$,可以立即证明

$$\frac{d^n}{dz^n}E_{\alpha,\beta}(z)=(1)_nE_{\alpha,\beta+n\alpha}^{n+1,1}(z)=n!\,E_{\alpha,\beta+n\alpha}^{n+1}(z)$$

定理 2-21 ▶ Mittag-Leffler 函数的一些性质

Mittag-Leffler 函数的导数有各种各样的性质。例如，对任意的正整数 n，下列方程成立：

$$\mathrm{E}_{\alpha,\beta}^{\gamma,q}(z) - \mathrm{E}_{\alpha,\beta}^{\gamma-1,q}(z) = \frac{z}{q}\mathrm{E}_{\alpha,\alpha+\beta}^{\gamma,q+1}(z) + \frac{z^2}{q}\frac{\mathrm{d}}{\mathrm{d}z}\mathrm{E}_{\alpha,\alpha+\beta}^{\gamma,q+1}(z)$$

$$\mathrm{E}_{\alpha,\beta}^{\gamma,q}(z) - \mathrm{E}_{\alpha,\beta}^{\gamma,q-1}(z) = \frac{z}{1-q}\frac{\mathrm{d}}{\mathrm{d}z}\mathrm{E}_{\alpha,\beta}^{\gamma,q}(z)$$

$$\frac{\mathrm{d}^n}{\mathrm{d}z^n}\left[z^{\beta-1}\mathrm{E}_{\alpha,\beta}^{\gamma,q}(\omega z^\alpha)\right] = z^{\beta-n-1}\mathrm{E}_{\alpha,\beta-n}^{\gamma,q}(\omega z^\alpha),\quad \mathrm{Re}(\beta-n)>0 \quad (2\text{-}6\text{-}34)$$

$$\frac{\mathrm{d}^n}{\mathrm{d}z^n}\left[z^{q-1}\mathrm{E}_{\alpha,\beta}^{\gamma,q}(z)\right] = (\delta-n)_n z^{q-1-n}\mathrm{E}_{\alpha,\beta}^{\gamma,q-n}(z)$$

证明　这里以第 3 式为例证明该定理。可以直接由其定义证明该定理成立：

$$\frac{\mathrm{d}^n}{\mathrm{d}z^n}\left[z^{\beta-1}\mathrm{E}_{\alpha,\beta}^{\gamma,q}(\omega z^\alpha)\right] = \sum_{k=0}^{\infty}\frac{(\gamma)_{kq}\omega^k}{\Gamma(\alpha k+\beta-n)}\frac{z^{\alpha k+\beta-n-1}}{k!}$$

$$= z^{\beta-n-1}\sum_{k=0}^{\infty}\frac{(\gamma)_{kq}}{\Gamma(\alpha k+\beta-n)}\frac{\omega^k z^{\alpha k}}{k!}$$

$$= z^{\beta-n-1}\mathrm{E}_{\alpha,\beta-n}^{\gamma,q}(\omega z^\alpha)$$

其他公式的证明可以参考文献 [7] 和文献 [8]。

2.6.6　Mittag-Leffler 函数及其导数的数值运算

事实上，前面给出的 `ml_func()` 既可以求解 1 到 4 参数 Mittag-Leffler 函数的函数值，又可以直接求 Mittag-Leffler 函数的 n 阶导数。该函数的调用格式为

$f=$`ml_func`(α,z,n,ϵ_0)　　　　% $\mathrm{E}_\alpha(z)$ 的 n 阶导数

$f=$`ml_func`$([\alpha,\beta],z,n,\epsilon_0)$　　% $\mathrm{E}_{\alpha,\beta}(z)$ 的 n 阶导数

$f=$`ml_func`$([\alpha,\beta,\gamma],z,n,\epsilon_0)$　% $\mathrm{E}_{\alpha,\beta}^\gamma(z)$ 的 n 阶导数

$f=$`ml_func`$([\alpha,\beta,\gamma,q],z,n,\epsilon_0)$　% $\mathrm{E}_{\alpha,\beta}^{\gamma,q}(z)$ 的 n 阶导数

其中，ϵ_0 为误差容限，当累加时某项的绝对值小于误差容限则后面的项被截断，累加结束。返回的向量 f 为相应 Mittag-Leffler 函数的 n 阶导数。后面两个参数可以省略，其默认值分别为 $n=0$ 和 ϵ_0 =eps。如果只想求出 Mittag-Leffler 函数，则设 $n=0$。

说明 2-2　该求解函数的局限性

（1）这里采用的累加截断算法的优点是速度快，但该方法有时会发散，这时程序会自动调用嵌入的 Podlubny 教授编写的可靠的 `mlf()` 函数 [5] 计算，不过该方法

有时速度很慢,另外由于其本身的局限性,`mlf()` 函数只能求解单参数或双参数的 Mittag-Leffler 函数,且不能求解其导数。

(2) 因为某些 Mittag-Leffler 函数的导数不能由 `ml_func()` 函数求解,建议采用数值微分的方法求,推荐使用第 4 章将介绍的高精度数值微分函数 `num_diff()`。

(3) 由于 `ml_func()` 函数调用的 `gamma()` 只能处理实数变元,所以处理复数变元时应该用 `gamma_c()` 取代,不过本书不考虑这种情况。

例 2-19 试绘制 Mittag-Leffler 函数 $E_{1,1}^{(5)}(x)$ 和 $E_{\sqrt{2},1.3}^{(2)}(x)$ 的曲线。

解 可以看出前者的解析解为 e^x,后者是没有真实解析解的。用下面的语句可以直接绘制出两个函数的曲线,如图 2-12 所示,其中还给出了 e^x 曲线,可见该曲线与第一条 Mittag-Leffler 曲线完全重合,最大误差为 3.5527×10^{-15}。

```
>> x=0:0.001:2;
   y1=ml_func([1,1],x,5); y2=ml_func([sqrt(2),1.3],x,2);
   plotyy(x,[y1; exp(x)],x,y2), max(abs(y1-exp(x)))
```

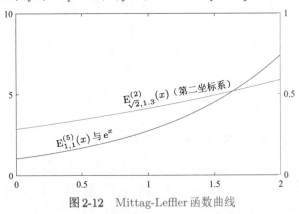

图 2-12　Mittag-Leffler 函数曲线

本 章 习 题

(1) 试用理论推导和 MATLAB 的符号运算证明 $\Gamma(\alpha+1) = \alpha!$,其中 α 是非负整数。

(2) 试利用 MATLAB 的符号运算语句证明:

$$\int_0^\infty e^{-t^2} dt = \frac{\sqrt{\pi}}{2}$$

(3) 试依据定义 2-3 给出的 Gamma 函数表达式编写一个可以计算 Gamma 函数的程序,并应用编写的程序计算 $\Gamma(0.5), \Gamma(1.5), \Gamma(2.5)$。

(4) Pochhammer 符号 $(x)_n$ 可以由符号函数 $\text{pochhammer}(x,n)$ 计算,若 n 为给定整数,有无更简洁的数值方法直接计算 $(x)_n$?

(5) 试应用 MATLAB 中的符号运算证明以下公式:

① $\Gamma(z)\Gamma(1-z) = \dfrac{\pi}{\sin \pi z}$　② $\Gamma(z)\Gamma(-z) = \dfrac{-\pi}{z \sin \pi z}$

③ $\Gamma(0.5+z)\Gamma(0.5-z) = \dfrac{\pi}{\cos \pi z}$

(6) 试应用 MATLAB 中的符号运算证明以下公式:

$$\int_0^{\pi/2} \sin^\alpha x \cos^\beta x \mathrm{d}x = \frac{1}{2}\frac{\Gamma((\alpha+1)/2)\,\Gamma((\beta+1)/2)}{\Gamma((\alpha+\beta+2)/2)}, \ (\alpha > -1, \beta > -1)$$

(7) Euler 常数 γ 定义为

$$\gamma = \lim_{n \to \infty}\left[\left(1 + \frac{1}{2} + \frac{1}{3} + \cdots + \frac{1}{n}\right) - \ln n\right] \tag{2-6-35}$$

试给出 MATLAB 代码,尝试一个较大的 n 值,用数值方法计算 Euler 常数 γ。如果想保持前 10 位有效数字正确,至少应该加多少项?

(8) 由定理 2-7 给出的 Gamma 函数的极限定义式编写一个可以计算 Gamma 函数的程序,并应用编写的程序计算 $\Gamma(0.5), \Gamma(1.5), \Gamma(2.5)$。

(9) 绘制 Beta 函数 $\mathrm{B}(x,y)$ 在定义域 $1 \leqslant x \leqslant 10, 1 \leqslant y \leqslant 10$ 上形成的曲面。

(10) 试利用理论推导或 MATLAB 的符号运算功能证明下面的等式:

① $\mathrm{E}_{1,2}(z) = \dfrac{\mathrm{e}^z - 1}{z}$　② $\mathrm{E}_{1,3}(z) = \dfrac{\mathrm{e}^z - 1 - z}{z^2}$

③ $\mathrm{E}_{2,1}(z^2) = \cosh z$　④ $\mathrm{E}_{2,2}(z^2) = \dfrac{1}{z}\sinh z$

(11) 利用本章提供的 MATLAB 函数绘制习题 (10) 中的函数在区间 $[0,10]$ 上的曲线,并应用曲线检验上述结果的正确性。

(12) 编写 MATLAB 程序证明本章的定理 2-9。绘制定理 2-9 表达式在区间 $[-5,5]$ 上的曲线,应用绘制的曲线检验等号是否成立。

(13) 试证明超几何函数满足

① $_1\mathrm{F}_1(a;a;x) = \mathrm{e}^x$　② $_2\mathrm{F}_1(a,1;1;z) = \dfrac{1}{(1-z)^a}$　③ $_2\mathrm{F}_1(1,1;2;-z) = \dfrac{1}{z}\ln(z+1)$

④ $_2\mathrm{F}_1\left(\dfrac{1}{2},1;\dfrac{3}{2};z^2\right) = \dfrac{1}{2z}\ln\dfrac{z+1}{1-z}$　⑤ $_2\mathrm{F}_1\left(\dfrac{1}{2},\dfrac{1}{2};\dfrac{3}{2};z^2\right) = \dfrac{1}{z}\arcsin z$

(14) 利用 `mittag_leffler()` 函数计算 $\mathrm{E}_1(z^2), \mathrm{E}_2(z+1), \mathrm{E}_{1/2}(\sqrt{z}), \mathrm{E}_{1/3}(z+5)$ 的展开式。若有必要,可以尝试 MATLAB R2008a 及以前版本。

(15) 利用 `ml_func()` 绘制函数 $\mathrm{E}_{2/3,1/4}(-z^2), \mathrm{E}_{3,\sqrt{2}}(-\sqrt{z}), \mathrm{E}_{\pi,\mathrm{e}}(-z)$ 在区间 $[0,10]$ 上的曲线。

(16) 应用 Mittag-Leffler 函数的求导公式,计算 $\mathrm{E}_{1,1.5}(z)$ 关于 z 的一阶导数。然后应用 `ml_func()` 和 MATLAB 的符号运算绘制这个一阶导数在区间 $[0,10]$ 上的曲线,应用绘制的曲线检验导数表达式的正确性。

(17) 试求下面的 Mittag-Leffler 函数:

① $\mathrm{E}_{2,6}(z^8)$　② $\mathrm{E}_{2,6}(-z^8)$　③ $\mathrm{E}_{1,6}(z^8)$　④ $\mathrm{E}_{1,6}(-z^8)$　⑤ $\mathrm{E}_{1,9}(z^8) + \mathrm{E}_{1,9}(-z^8)$

（18）给出 MATLAB 命令，分别绘制下式等号两边的算式在区间 $[0,10]$ 上的曲线，并应用绘制的曲线检验等号是否成立。

$$\frac{\mathrm{d}}{\mathrm{d}t}\left(t^{1.5}\mathrm{E}_{1,2.5}(t)\right) = t^{0.5}\mathrm{E}_{1,1.5}(t)$$

（19）下面的公式引用自文献 [1]。给出 MATLAB 命令，绘制等号两边的表达式在区间 $[-1,1]$ 上的曲线，并应用绘制的曲线检验等号是否成立。

$$\mathrm{E}_{1/2,1}(z) = \mathrm{e}^{z^2}\mathrm{erfc}(-z)$$

（20）设 $\alpha=2, \beta=2.5$，利用本章给出的 Mittag-Leffler 函数代码，用数值方法验证下面几个等式。

① $\mathrm{E}_{\alpha,\beta}(x) + \mathrm{E}_{\alpha,\beta}(-x) = 2\mathrm{E}_{2\alpha,\beta}(x^2)$ ② $\mathrm{E}_{\alpha,\beta}(x) - \mathrm{E}_{\alpha,\beta}(-x) = 2x\mathrm{E}_{2\alpha,\alpha+\beta}(x^2)$

③ $\mathrm{E}_{\alpha,\beta}(x) = \dfrac{1}{\beta} + x\mathrm{E}_{\alpha,\alpha+\beta}(x)$ ④ $\mathrm{E}_{\alpha,\beta}(x) = \beta\mathrm{E}_{\alpha,\beta+1}(x) + \alpha x\dfrac{\mathrm{d}}{\mathrm{d}x}\mathrm{E}_{\alpha,\beta+1}(x)$

（21）FOTF 工具箱中提供了 `ml_func()` 和 `mlf()` 两个函数，可以数值计算 Mittag-Leffler 函数，试尝试一些 α、β 组合，比较两个函数的执行效率。

（22）试由定理 2-16 证明式（2-6-5）。

（23）试证明定理 2-21 中另外 3 个公式。

参 考 文 献

[1] Podlubny I. Fractional differential equations[M]. San Diego：Academic Press，1999.

[2] Magin R L. Fractional calculus in bioengineering[M]. Redding：Begell House Publishers，2006.

[3] Abramowita M，Stegun I A. Handbook of mathematical functions with formulas，graphs and mathematical tables[M]. 9th ed. Washington D C：United States Department of Commerce，National Bureau of Standards，1970.

[4] Mittag-Leffler G M. Sur la vonvelle fonction $\mathrm{E}_{\alpha}(x)$[J]. Comptes Rendus de l'Académie des Sciences Paris，1903，137：554–558.

[5] Podlubny I. Mittag-Leffler function [OL]. [2023-3-13]. http://ww2.mathworks.cn/matlabcentral/fileexchange/8738-mittag-leffler-function.

[6] Seybold H J，Hilfer R. Numerical results for the generalized Mittag-Leffler function[J]. Fractional Calculus and Applied Analysis，2005，8（2）：127–139.

[7] Shukla A K，Prajapati J C. On a generalization of Mittag-Leffler function and its properties[J]. Journal of Mathematical Analysis and Applications，2007，336（2）：797–811.

[8] Salim T O. Some properties relating to the generalized Mittag-Leffler function[J]. Advances in Applied Mathematical Analysis，2009，4（1）：21–30.

第 3 章

分数阶微积分的定义与计算

正如以前指出的那样,分数阶微积分学可以追溯到 Newton 和 Leibniz 刚创建传统微积分学的年代。由于没有统一并被广泛接受的定义,分数阶微积分学在其早期发展过程中并没有很好的进展。直到 19 世纪中叶,一些著名学者包括法国数学家 Liouville(1809—1882)于 1834 年、德国数学家 Riemann(1826—1866)于 1847年、捷克数学家 Grünwald(1838—1920)于 1867 年和俄国数学家 Letnikov(1837—1888)于 1868 年分别提出了有意义的分数阶微积分的定义,分数阶微积分学的领域才真正被建立起来。

后来,Liouville 和 Riemann 的定义统一成 Riemann–Liouville 定义,而 Grünwald 和 Letnikov 的定义被整合成 Grünwald–Letnikov 定义。这两个定义一直在分数阶微积分学领域广泛使用,后来被证明,这两个定义在工程应用中是等效的。这两个定义都适合描述初始值为零函数的分数阶微积分问题。

对于非零初值的问题,1967 年,意大利数学家 Caputo 提出的定义是非常有用的,特别是在分数阶微分方程的研究中,Riemann–Liouville 与 Grünwald–Letnikov 两个定义需要已知信号分数阶导数在初始时刻的值,而 Caputo 定义需要已知信号及其整数阶导数在初始时刻的值,更接近实际应用。

除了这几个广泛应用的定义之外,文献中还有其他分数阶导数的定义,如 Erdélyi–Kober 定义、Hadamard 定义、Marchaud 定义、Riesz 定义、Riesz–Miller 定义、Miller–Ross 定义、Weyl 定义等。本书不涉及这些分数阶微积分的定义,但可以将本书介绍的数值算法拓展到其他定义中。

本章研究的主要问题是:若原函数 $f(t)$ 或其样本点已知,如何得出该函数的分数阶导数或积分。后面章节还将介绍如果原函数未知,如何构造信号的分数阶导数与积分信号。

这里将引入一个统一的分数阶微分、积分的算子 $_{t_0}\mathscr{D}_t^\alpha$,并广泛应用于本书的叙述,其中,$\alpha$ 限于实数,t 为自变量,t_0 为该变量的下边界。

定义 3-1 ▶ 分数阶微积分的统一算子

统一的分数阶微积分算子 ${}_{t_0}\mathscr{D}_t^\alpha$ 的定义为

$$
{}_{t_0}\mathscr{D}_t^\alpha f(t) = \begin{cases} \dfrac{\mathrm{d}^\alpha}{\mathrm{d}t^\alpha}f(t), & \alpha > 0 \\[2mm] f(t), & \alpha = 0 \\[2mm] \displaystyle\int_{t_0}^t f(\tau)\mathrm{d}\tau^{-\alpha}, & \alpha < 0 \end{cases} \tag{3-0-1}
$$

说明 3-1　统一的微积分算子

（1）若 $\alpha \geqslant 0$ 且 $t_0 = 0$，则可以省略记号 t_0，如果自变量为 t 且没有其他变量，则 t 也可以省略。

（2）若 $\alpha > 0$，${}_{t_0}\mathscr{D}_t^\alpha$ 算子表示函数对自变量 t 的 α 阶导数，$\alpha = 0$ 表示原信号，若 $\alpha < 0$，则表示 $-\alpha$ 阶积分。

（3）如果 α 为复数，则它的实部决定微分还是积分，这超出本书的范围。

本章 3.1 节首先对整数阶 Cauchy 积分公式进行拓展，给出分数阶的 Cauchy 积分公式，但后续内容中不再考虑该定义。在 3.2 节和 3.3 节中，分别对传统微积分定义进行直接扩展，介绍分数阶微积分的 Grünwald–Letnikov 定义和 Riemann–Liouville 定义，并给出这些定义的数值算法，编写 MATLAB 的通用求解函数。3.4 节对非零初值函数的分数阶微积分概念进行拓展，给出 Caputo 分数阶微积分定义。3.5 节将给出各种微积分定义之间的关系，并介绍基于 Caputo 定义的分数阶微积分数值计算方法。3.6 节将给出分数阶微积分的性质，并试图给出分数阶积分的物理解释方法。

必须指出的是：

（1）本章给出的分数阶微积分计算方法只是常规的算法，用于分数阶微积分的概略计算，一般精度较低。第 4 章将全面介绍各种定义下函数分数阶微积分的高精度数值方法与 MATLAB 实现。

（2）这里提到的数值解方法是在原函数或其样本点已知时提出的，如果原函数未知，其分数阶微积分信号的构造可以参见第 5 章。

3.1　分数阶 Cauchy 积分公式

在复分析领域有一个特别重要的 Cauchy 积分公式，可以将已知复函数 $f(z)$ 的高阶导数问题转换为封闭曲线的积分问题。本节将探讨将 Cauchy 积分公式拓展到分数阶导数的分数阶 Cauchy 积分公式，并给出相应分数阶微积分的性质。

3.1.1　Cauchy 积分公式

首先观察 Cauchy 积分公式的整数阶导数表示

$$\frac{\mathrm{d}^n}{\mathrm{d}t^n}f(t)=\frac{n!}{2\pi\mathrm{j}}\oint_{\mathrm{C}}\frac{f(\tau)}{(\tau-t)^{n+1}}\mathrm{d}\tau \tag{3-1-1}$$

式中，C 为光滑的封闭曲线，在该区域内函数 $f(t)$ 是单值解析函数。

如果 n 被非整数 γ 取代，在 $t=\tau$ 点处将出现孤立奇点。在计算封闭路径积分时应该移除该奇点，并将阶乘替换成 Gamma 函数，然后即可直接拓展式（3-1-1）处理分数阶导数的问题。

定义 3-2 ▶ 分数阶导数的 Cauchy 积分定义

函数 $f(t)$ 的分数阶导数的 Cauchy 积分定义为

$$\mathscr{D}_t^\gamma f(t)=\frac{\Gamma(\gamma+1)}{2\pi\mathrm{j}}\oint_{\mathrm{C}}\frac{f(\tau)}{(\tau-t)^{\gamma+1}}\mathrm{d}\tau \tag{3-1-2}$$

式中，阶次 γ 可以是任意正实数。

3.1.2　常用函数的分数阶微分与积分公式

在传统微积分中，众所周知，三角函数的 n 阶导数可以如下计算：

$$\frac{\mathrm{d}^n}{\mathrm{d}t^n}\sin at=a^n\sin\left(at+\frac{n\pi}{2}\right) \tag{3-1-3}$$

$$\frac{\mathrm{d}^n}{\mathrm{d}t^n}\cos at=a^n\cos\left(at+\frac{n\pi}{2}\right) \tag{3-1-4}$$

如果 n 由任意实数 α 取代，则上面的定义可以直接扩展，得出三角函数的分数阶微积分公式

$$\mathscr{D}_t^\alpha\sin at=a^\alpha\sin\left(at+\frac{\alpha\pi}{2}\right) \tag{3-1-5}$$

$$\mathscr{D}_t^\alpha\cos at=a^\alpha\cos\left(at+\frac{\alpha\pi}{2}\right) \tag{3-1-6}$$

此外，指数函数的分数阶导数可以由下式求出：

$$\mathscr{D}_t^\alpha\mathrm{e}^{\lambda t}=\lambda^{-\alpha}\mathrm{E}_{1,1-\alpha}(\lambda t) \tag{3-1-7}$$

幂函数 t^m 的 n 阶导数可以表示成

$$\frac{\mathrm{d}^n}{\mathrm{d}t^n}t^m=m(m-1)\cdots(m-n+1)\,t^{m-n}=\frac{m!}{(m-n)!}\,t^{m-n} \tag{3-1-8}$$

用 Gamma 函数取代阶乘，则该式可以直接扩展到分数阶导数：

$$\mathscr{D}_t^\alpha t^m=\frac{\Gamma(m+1)}{\Gamma(m-\alpha+1)}t^{m-\alpha},\quad m>-1 \tag{3-1-9}$$

这里，m 并不局限于整数，它也可以是非整数。

文献 [1] 还给出了更多常用函数的分数阶导数公式，感兴趣的读者可以参考该著作。不过，该定义本身的条件也是比较苛刻的，因为该定义要求 $f(t)$ 在封闭区域内为单值解析函数。本书将不再进一步探讨与使用基于 Cauchy 积分公式的分数阶微积分定义。

3.2 Grünwald–Letnikov 分数阶微积分定义与计算

Grünwald–Letnikov 的分数阶微积分定义是使用最广泛的分数阶微积分定义之一。本节先给出整数阶高阶导数的一般表示形式，并对其拓展，给出 Grünwald–Letnikov 的分数阶导数定义。本节还给出一些基于该定义的数值求解算法，并通过例子比较各种算法的优劣。

3.2.1 高阶整数阶导数的推导

在给出 Grünwald–Letnikov 分数阶导数定义之前，先观察一下整数阶导数的问题。先考虑函数 $f(t)$ 的一阶导数公式

$$\frac{\mathrm{d}^1}{\mathrm{d}t^1} f(t) = \lim_{h \to 0} \frac{1}{h} \left[f(t) - f(t-h) \right] \tag{3-2-1}$$

由上述的结果可以很容易地推导出二阶导数公式

$$\frac{\mathrm{d}^2}{\mathrm{d}t^2} f(t) = \lim_{h \to 0} \frac{1}{h^2} \left[f(t) - 2f(t-h) + f(t-2h) \right] \tag{3-2-2}$$

循环使用上述方法，最终可以得出函数的 n 阶导数为

$$\frac{\mathrm{d}^n}{\mathrm{d}t^n} f(t) = \lim_{h \to 0} \frac{1}{h^n} \sum_{j=1}^{n} (-1)^j \binom{n}{j} f(t-jh) \tag{3-2-3}$$

式中，二项式展开式可以写成

$$(1-z)^n = \sum_{j=0}^{n} (-1)^j \binom{n}{j} z^j = \sum_{j=0}^{n} \frac{(-1)^j n!}{j! (n-j)!} z^j = \sum_{j=0}^{n} w_j z^j \tag{3-2-4}$$

且二项式系数可以由下式直接计算：

$$w_j = (-1)^j \binom{n}{j} = (-1)^j \frac{n!}{j! (n-j)!}, \ j = 0, 1, 2, \cdots, n \tag{3-2-5}$$

3.2.2 Grünwald–Letnikov 分数阶微分的定义

可以容易地将上面的 n 阶导数公式直接拓展到非整数 α 的情形。和整数阶不同的是，二项式表达式不再是有限项的和，而变成了无穷级数的形式，即

$$(1-z)^\alpha = \sum_{j=0}^{\infty} (-1)^j \binom{\alpha}{j} z^j = \sum_{j=0}^{\infty} w_j z^j \tag{3-2-6}$$

这样，拓展的二项式系数变成

$$w_j = (-1)^j \binom{\alpha}{j} = \frac{(-1)^j \Gamma(\alpha+1)}{\Gamma(j+1)\Gamma(\alpha-j+1)}, \ j=0,1,2,\cdots \tag{3-2-7}$$

比较式（3-2-5）与式（3-2-7）中的二项式系数可见，后者只是将前者的阶乘替换成了更一般的 Gamma 函数，从而扩大了其适用范围。

假设 $t \leqslant t_0$ 时函数 $f(t)$ 的值为零，则无限项的和可以转换成有限项的和，这样可以引入 Grünwald–Letnikov 分数阶导数公式。

定义 3-3 ▶ Grünwald–Letnikov 定义

给定函数 $f(t)$ 的 α 阶导数的 Grünwald–Letnikov 定义为

$$_{t_0}^{\mathrm{GL}}\mathscr{D}_t^\alpha f(t) = \lim_{h\to 0} \frac{1}{h^\alpha} \sum_{j=0}^{[(t-t_0)/h]} (-1)^j \binom{\alpha}{j} f(t-jh) \tag{3-2-8}$$

式中，$[\cdot]$ 表示取最接近的整数。

说明 3-2　Grünwald–Letnikov 定义

（1）算子左上角的 GL 记号表示 Grünwald–Letnikov 定义，没有冲突时可略。

（2）可以看出整数阶微分只使用当前和前几个有限步长内的函数值，而分数阶微分涉及从 t_0 开始的所有函数值，因而可以认为分数阶导数是有记忆的。

（3）若 α 为整数，式（3-2-8）与式（3-2-3）完全一致。

（4）该定义同样适用于 $\alpha > 0$ 的微分和 $\alpha < 0$ 的积分。另外，若 $\alpha = 0$，由定义可知 $_{t_0}^{\mathrm{GL}}\mathscr{D}_t^0 f(t) = f(t)$。

（5）Grünwald–Letnikov 定义满足定义 3-1。

后面将介绍各种计算二项式系数的方法，并将介绍 Grünwald–Letnikov 分数阶微积分的数值计算方法。

3.2.3　Grünwald–Letnikov 分数阶微分与积分的数值计算

如果选择的计算步长 h 足够小，则式（3-2-8）中的求极限操作可以忽略，这样，Grünwald–Letnikov 定义下的分数阶导数与积分可以由下面的式子直接计算：

$$_{t_0}^{\mathrm{GL}}\mathscr{D}_t^\alpha f(t) \approx \frac{1}{h^\alpha} \sum_{j=0}^{[(t-t_0)/h]} w_j f(t-jh) \tag{3-2-9}$$

其中，二项式系数可以由式（3-2-7）直接计算。这样，似乎可以很自然地给出如下的计算方法，并写出 MATLAB 求解函数。

算法 3-1 ▶ 分数阶导数的直接计算方法

（1）计算出给定函数 $f(t)$ 在各个时刻的样本点并构造向量 $\boldsymbol{f}$。

（2）由式（3-2-7）计算二项式系数。

（3）通过式（3-2-8）直接计算分数阶导数。

根据算法 3-1 可以编写如下的 MATLAB 函数 `glfdiff0()`：

```
function df=glfdiff0(f,t,gam)
    arguments, f(:,1), t(:,1) double, gam(1,1) double, end
    [f,h,n]=fdiffcom(f,t); J=0:(n-1); a0=f(1);
    if a0~=0 && gam>0, dy(1)=sign(a0)*Inf; end
    w=gamma(gam+1)*(-1).^J./gamma(J+1)./gamma(gam-J+1);
    for i=2:n, dy(i,1)=w(1:i)*f(i:-1:1)/h^gam; end
end
```

该函数的调用格式为 $f_1=$`glfdiff0`(f,t,α)，其中，t 为等间距的时间列向量，α 为阶次，这里的 f 既可以为函数 $f(t)$ 在 t 各点上函数值构成的列向量，也可以为 $f(t)$ 的函数句柄，换句话说，这时原始函数可以用匿名函数表示。分数阶导数的数值解在变元 $\boldsymbol{f}_1$ 列向量中返回。若 t 向量不是列向量，函数将自动转换 t 为列向量。

在该函数中使用了下一级公用函数 `fdiffcom()`，其内容为

```
function [y,h,n]=fdiffcom(f,t)
    y=f; if strcmp(class(f),'function_handle'), y=f(t); end
    h=t(2)-t(1); n=length(t);
end
```

遗憾的是，这样的算法有明显的缺陷：其中直接涉及大数的 Gamma 函数值，而 $\Gamma(172)$ 和以后各项在 MATLAB 双精度数据结构下已经成为无穷大项 `Inf`，所以后面各项的影响被完全忽略，导致最终计算结果出现大误差，所以分数阶导数的计算需要更可靠的方法。

上面算法的最大问题是在计算二项式系数时使用了 Gamma 函数，因此导致不可避免的误差。如果能避开 Gamma 函数，使用更有效的方法计算二项式系数，则可以得出更可靠的结果。下面将给出二项式系数的递推算法。

定理 3-1 ▶ 二项式系数的递推公式

二项式系数 w_j 可以通过下式递推求出：

$$w_0 = 1, \quad w_j = \left(1 - \frac{\alpha+1}{j}\right) w_{j-1}, \quad j=1,2,\cdots \tag{3-2-10}$$

证明　由式（3-2-7）可见，$w_0 = 1$。对二项式系数当前项比前一项，并利用性质

$\Gamma(x+1) = x\Gamma(x)$，就可以如下推导公式：

$$\frac{w_j}{w_{j-1}} = \frac{(-1)^j\Gamma(\alpha+1)}{\Gamma(j+1)\Gamma(\alpha-j+1)} \bigg/ \frac{(-1)^{j-1}\Gamma(\alpha+1)}{\Gamma(j)\Gamma(\alpha-j+2)}$$

$$= -\frac{\Gamma(j)\Gamma(\alpha-j+2)}{\Gamma(j+1)\Gamma(\alpha-j+1)} = -\frac{\Gamma(j)(\alpha-j+1)\Gamma(\alpha-j+1)}{j\Gamma(j)\Gamma(\alpha-j+1)}$$

$$= -\frac{\alpha-j+1}{j} = 1 - \frac{\alpha+1}{j}$$

等式两端同时乘以 w_{j-1}，就可以证明式（3-2-10）中的递推公式。

这样，利用式（3-2-10）递推求出二项式系数，就可以由式（3-2-9）直接计算给定函数分数阶导数。由于递推算法成功地避免了 Gamma 函数的直接计算，所以解决了算法 3-1 中的问题。可以证明，下面算法的精度达到 $o(h)$[2]。

> **算法 3-2 ▶ Grünwald–Letnikov 分数阶导数与积分**
>
> （1）计算给定信号在各个时刻的函数值，构造向量 $\boldsymbol{f}$。
> （2）由式（3-2-10）递推计算二项式系数 w_j。
> （3）由式（3-2-9）计算给定函数的分数阶微分或积分的值。

基于上述算法，可以用 MATLAB 语言编写 Grünwald–Letnikov 分数阶微积分数值计算的函数：

```
function dy=glfdiff(y,t,gam)
    arguments, y(:,1), t(:,1) double, gam(1,1) double, end
    [y,h,n]=fdiffcom(y,t); w=[1,zeros(1,n-1)]; a0=y(1); dy(1)=0;
    if a0~=0 && gam>0, dy(1)=sign(a0)*Inf; end
    for j=2:n, w(j)=w(j-1)*(1-(gam+1)/(j-1)); end
    for i=1:length(t), dy(i,1)=w(1:i)*y(i:-1:1)/h^gam; end
end
```

该函数的调用格式为 y_1=glfdiff(y,t,γ)，与前面介绍的 **glfdiff0()** 函数完全一致。和 **glfdiff0()** 函数相比，这里只修改了 $\boldsymbol{w}$ 向量的计算语句，别的没有变化。如果 γ 为负值，则该函数可以直接计算原函数的 $-\gamma$ 阶积分。

例 3-1　试求出常数的 0.75 阶 Cauchy 导数和 Grünwald–Letnikov 导数，另外，求出这两个定义下常数的 0.75 阶积分。

解　在整数阶微积分中，常数的各阶导数均为零，其一阶积分是一条斜线，很自然地人们想知道，常数的分数阶微积分到底是多少。

其实常数 1 可以表示成幂函数 $f(t) = 1 = t^0$，这样由式（3-1-9）可见，其分数阶导数与积分分别满足

$$\mathscr{D}_t^{0.75}y(t) = \frac{\Gamma(1)\,t^{-0.75}}{\Gamma(1-0.75)} = \frac{t^{-0.75}}{\Gamma(0.25)}, \quad \mathscr{D}_t^{-0.75}y(t) = \frac{\Gamma(1)\,t^{0.75}}{\Gamma(1+0.75)} = \frac{t^{0.75}}{\Gamma(1.75)}$$

由下面的语句可以得出常数的 Cauchy 定义与 Grünwald–Letnikov 定义的 0.75 阶导数与积分,如图 3-1 所示。可以看出,得出的两组曲线吻合度是很好的。

```
>> t=0:0.001:1; y=ones(size(t));
   y1=glfdiff(y,t,0.75); y1a=t.^(-0.75)/gamma(0.25);
   y2=glfdiff(y,t,-0.75); y2a=t.^(0.75)/gamma(1.75);
   y2a=gamma(1)*t.^(-0.75)/gamma(1-0.75);
   plot(t,y1,t,y1a,'--',t,y2,t,y2a,'--'), ylim([0 5])
```

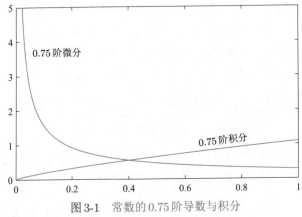

图 3-1   常数的 0.75 阶导数与积分

选择不同的阶次 $\gamma = 0, 1/2, 3/4, 1$ 和 $5/4$,函数的各阶导数如图 3-2 所示。可见,当 γ 等于整数 0 和 1 时,结果与原函数及其一阶导数完全一致。

```
>> t=0:0.001:0.5; y=ones(size(t)); gam=0:0.25:1.25;
   for g=gam, y1=glfdiff(y,t,g); plot(t,y1), hold on; end
   ylim([-3 5]), hold off
```

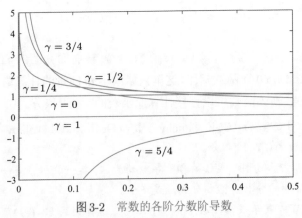

图 3-2   常数的各阶分数阶导数

函数 glfdiff() 还可以用于直接计算分数阶积分,如果积分阶次分别设置为 0, 1/4, 1/2, 3/4, 1 和 5/4,即设置阶次向量为 $\gamma = [0, -1/4, -1/2, -3/4, -1, -5/4]$,则可

以由下面的语句绘制出分数阶积分,如图 3-3 所示。可见,当 $\gamma = 0$ 和 $\gamma = -1$ 时,得出的结果与原函数和整数阶积分完全一致。

```
>> t=0:0.01:1.5; y=ones(size(t)); gam=-1.25:0.25:0;
   for g=gam, y1=glfdiff(y,t,g); plot(t,y1), hold on; end
```

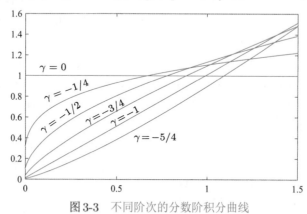

图 3-3　不同阶次的分数阶积分曲线

例 3-2　选择不同的计算步长求取阶跃函数的 0.5 阶导数并评价解的精度。

解　选择计算步长为 $h = 0.0001, 0.001, 0.01$ 和 0.1,就可以用下面的语句求取原函数的 0.5 阶导数,并和理论值对比得出其误差,结果在表 3-1 中列出。可见,理论上的 $o(h)$ 精度是正确的。

```
>> t0=0.2:0.2:1; y0=gamma(1)*t0(:).^(-0.5)/gamma(1-0.5);
   t=0:0.0001:1; y=ones(size(t)); y1=glfdiff(y,t,0.5);
   t=0:0.001:1;  y=ones(size(t)); y2=glfdiff(y,t,0.5);
   t=0:0.01:1;   y=ones(size(t)); y3=glfdiff(y,t,0.5);
   t=0:0.1:1;    y=ones(size(t)); y4=glfdiff(y,t,0.5);
   y1=y1(2001:2000:10001); y2=y2(201:200:1001);
   y3=y3(21:20:101); y4=y4(3:2:11);
   T=[[t0, t0]; [y1 y2 y3 y4]', [y0-y1 y0-y2 y0-y3 y0-y4]']
```

表 3-1　不同计算步长下的分数阶导数的误差

计算步长	t_k 时刻的导数				t_k 时刻的误差			
h	0.2	0.4	0.6	0.8	0.2	0.4	0.6	0.8
y_0	1.2616	0.8921	0.7284	0.6308				
0.0001	1.2615	0.8920	0.7284	0.6308	7.9×10^{-5}	2.8×10^{-5}	1.5×10^{-5}	7.1×10^{-6}
0.001	1.2608	0.8918	0.7282	0.6307	0.000786	0.000279	0.000152	7.1×10^{-5}
0.01	1.2537	0.8893	0.7269	0.6298	0.0079	0.00278	0.00152	0.00070
0.1	1.1859	0.8647	0.7134	0.6210	0.07571	0.02738	0.015	0.00701

在前面的例子中,因为分数阶导数的解析表达式已知,所以可以和理论值相比评价计算误差。而在一般应用中理论值是未知的,这时可以选择某计算步长得出结果,再选择一个更小的步长重新计算,看看二者是否一致。如果一致则说明结果是可靠的;若不一致则应该再减小计算步长重新计算,直到得出一致的结果。

例3-3 现在考虑给定的函数 $f(t) = \mathrm{e}^{-t}\sin(3t+1), t \in (0, \pi)$,可以看出,该函数的初始值不是零,试计算该信号的分数阶导数。

解 分别选择计算步长为 $h = 0.01, h = 0.001$ 与 $h = 0.0005$,就可以由下面的语句得出已知信号的 0.5 阶 Grünwald–Letnikov 导数,如图 3-4 所示。可以看出,除了在 $t = 0$ 时刻附近的一个极小的区域外,几条曲线吻合度很高,说明 $h = 0.01$ 计算步长下的结果比较精确,$h = 0.001$ 与 $h = 0.0005$ 的结果几乎完全重合。

```
>> f=@(t)exp(-t).*sin(3*t+1);          %原函数还可以由匿名函数表示
   t=0:0.001:pi; dy=glfdiff(f,t,0.5);  %在不同步长下求导
   t1=0:0.01:pi; dy1=glfdiff(f,t1,0.5);
   t2=0:0.0005:pi; dy2=glfdiff(f,t2,0.5);
   plot(t,dy,t1,dy1,'--',t2,dy2,':'), axis([0,pi,-1.5 6])
```

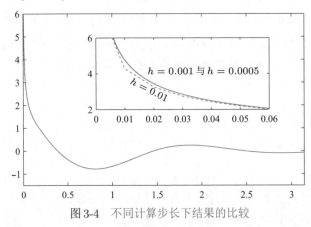

图 3-4　不同计算步长下结果的比较

选择不同的微分阶次 $\gamma = 0, 1/4, 1/2, 3/4, 1, 5/4$,就可以由下面语句计算出该函数的分数阶微分,如图 3-5 所示。

```
>> t=0:0.01:pi; y=exp(-t).*sin(3*t+1); gam=0:0.25:1.25;
   for g=gam, y1=glfdiff(y,t,g); plot(t,y1); hold on; end
   axis([0 pi, -3 3]), hold off
```

下面的语句还可以直接得出不同阶次下的分数阶积分,如图 3-6 所示。可以看出,该函数的分数阶微分积分比整数阶微积分含有更丰富的信息。

```
>> for gam=-1:0.25:0
      y1=glfdiff(y,t,gam); plot(t,y1); hold on
   end
```

```
xlim([0 pi]), hold off
```

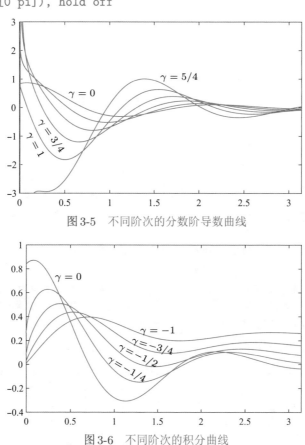

图 3-5　不同阶次的分数阶导数曲线

图 3-6　不同阶次的积分曲线

例 3-4　试用 Cauchy 定义和 Grünwald–Letnikov 定义分别求 $f(t) = \sin(3t+1)$ 函数的 0.75 阶导数并比较其结果。

解　由式 (3-1-5) 给出的 Cauchy 积分公式可知, 函数的 0.75 阶导数为 ${}_0\mathscr{D}_t^{0.75}f(t) = 3^{0.75}\sin(3t+1+0.75\pi/2)$, 而 Grünwald–Letnikov 定义的数值解可以由 glfdiff() 函数求出, 二者的曲线如图 3-7 所示。

```
>> t=0:0.01:pi;
   y=sin(3*t+1); y1=3^0.75*sin(3*t+1+0.75*pi/2);
   y2=glfdiff(y,t,0.75); plot(t,y1,t,y2,'--')
   axis([0 pi -4 8])
```

比较这两条导数曲线可见, 在 Cauchy 定义下, $t = 0$ 时并没有突然的跳变, 这是因为函数 $y(t)$ 在 $t \leqslant 0$ 时也被认为满足 $f(t) = \sin(3t+1)$, 而在 Grünwald–Letnikov 定义中, 假设 $t < 0$ 时的初始值为零。

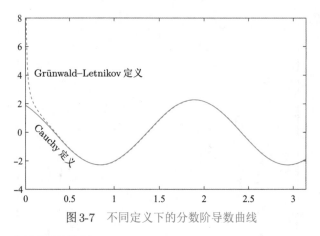

图 3-7　不同定义下的分数阶导数曲线

3.2.4　Podlubny 的矩阵算法

Podlubny 教授提出的矩阵算法也可以用来求给定函数的 Grünwald–Letnikov 分数阶导数与积分[3]，其具体算法如下：

> **算法 3-3 ▶ Grünwald–Letnikov 分数阶导数的矩阵算法**
>
> （1）由给定函数先计算出原函数的样本点列向量 $\boldsymbol{f}$。
>
> （2）由式（3-2-10）递推地求出二项式的系数 w_j。
>
> （3）式（3-2-9）还可以表示成下面的矩阵的形式，由此求解分数阶导数：
>
> $$\mathscr{D}^{\alpha}f = \frac{1}{h^{\alpha}}\begin{bmatrix} w_0 & & & & & \\ w_1 & w_0 & & & & \\ w_2 & w_1 & w_0 & & & \\ \ddots & \ddots & \ddots & \ddots & & \\ w_{N-1} & \ddots & w_2 & w_1 & w_0 & \\ w_N & w_{N-1} & \ddots & w_2 & w_1 & w_0 \end{bmatrix}\begin{bmatrix} f_0 \\ f_1 \\ f_2 \\ \vdots \\ f_{N-1} \\ f_N \end{bmatrix} \tag{3-2-11}$$

注意，式（3-2-11）中的矩阵其实是一个旋转的 Hankel 矩阵，这样，在 MATLAB 下可以实现矩阵算法，求出给定函数的分数阶导数。

```
function dy=glfdiff_mat(y,t,gam)
    arguments, y(:,1), t(:,1) double, gam(1,1) double, end
    [y,h,n]=fdiffcom(y,t); w=[1,zeros(1,n-1)];
    for j=2:n, w(j)=w(j-1)*(1-(gam+1)/(j-1)); end
    dy=rot90(hankel(w(end:-1:1)))*y/h^gam;
end
```

可以看出，这里给出的方法在数学上更简洁，也更适合于信号的序贯求导，如求解 $\mathscr{D}^{\alpha}\mathscr{D}^{\beta}\mathscr{D}^{\gamma}y(t)$ 的问题可以转换成矩阵乘积进行计算。该算法的局限性是，如果总的计算点数 N 过大，则可能需要连 MATLAB 都不能处理的大型矩阵运算。

3.2.5　短时记忆效应及其探讨

一般情况下,如果计算步长 h 选择得过小,或 $[(t-t_0)/h]$ 的值过大,则式(3-2-9)参与求和的点数会特别庞大, 可能导致计算量显著增加, 最终得不出计算结果, 这样应该考虑减少计算点数。在实际应用中计算分数阶导数不一定非得使用以前 $[(t-t_0)/h]$ 所有的信息,用最近时间区间 $[t-L, t]$ 内的信息就能减少计算量[2]:

$$ {}_{t_0}\mathscr{D}_t^{\alpha} f(t) \approx {}_{(t-L)}\mathscr{D}_t^{\alpha} f(t) \tag{3-2-12} $$

这种方法又称为短时记忆效应(short-memory effect)[2,4],采用该方法,Grünwald–Letnikov 分数阶导数可以近似为

$$ y(t) \approx \frac{1}{h^{\alpha}} \sum_{j=0}^{N(t)} w_j f(t-jh) \tag{3-2-13} $$

式中,

$$ N(t) = \min\left\{ \left[\frac{t-t_0}{h}\right], \frac{L}{h} \right\} \tag{3-2-14} $$

其中,L 称为记忆时长。这样,如何选择这个记忆时长 L 将成为最关键的问题。假设感兴趣时间区间 (t_0, T) 内函数 $f(t)$ 的值满足 $|f(t)| \leqslant M$,则可见近似误差为

$$ \begin{aligned} \Delta(t) &= \left| {}_{t_0}\mathscr{D}_t^{\alpha} f(t) - {}_{(t-L)}\mathscr{D}_t^{\alpha} f(t) \right| \\ &= \frac{1}{\Gamma(1-\alpha)} \int_{t_0}^{L} \frac{f'(\tau)}{(t-\tau)^{\alpha}} \mathrm{d}\tau \leqslant \frac{ML^{-\alpha}}{|\Gamma(1-\alpha)|} \end{aligned} \tag{3-2-15} $$

如果期望误差小于预先指定的正数 ε,即 $\Delta(t) < \varepsilon$,则记忆时长应该选为

$$ L \geqslant \left(\frac{M}{\varepsilon |\Gamma(1-\alpha)|} \right)^{1/\alpha} \tag{3-2-16} $$

不过, 该公式在选择记忆时长时可能过于苛刻。比如, 若选择误差容限 $\varepsilon = 10^{-6}$,记忆时长将是个非常大的数值,除非降低误差要求。例如,如果选择一个相对较大的误差容限 $\varepsilon = 10^{-3}$,阶次 $\alpha = 0.5$,函数的上界为 $M = 1$,则需要的记忆时长为 $L = 318309$,若选择 $\varepsilon = 10^{-4}$,则记忆时长 $L = 31830988$,如果阶次更小,如 $\alpha = 0.1$,则记忆时长将是天文数字,所以在精度要求较高时,式(3-2-16)可能过于保守,有时短时记忆效应未必有实际意义。

基于短时记忆的思想,作者改写了 `glfdiff()` 函数,增加了短时记忆功能,编写了新的 `glfdiff_mem()` 函数,其调用格式为 y_1=glfdiff_mem(y, t, γ, L_0),其中,$\boldsymbol{y}, \boldsymbol{t}, \gamma, \boldsymbol{y_1}$ 与 `glfdiff()` 完全一致,增加的 L_0 为计算点数,即 $L_0 = L/h$。如果不给出 L_0,则得出的是 Grünwald–Letnikov 的分数阶微积分。

```
function dy=glfdiff_mem(y,t,gam,L0)
```

```
    arguments, y(:,1), t(:,1), gam(1,1), L0=length(t); end
    [y,h,n]=fdiffcom(y,t); w=[1,zeros(1,n-1)]; dy(1)=0;
    for j=2:L0+1, w(j)=w(j-1)*(1-(gam+1)/(j-1)); end
    for i=1:n
        L=min([i,L0]); dy(i,1)=w(1:L)*y(i:-1:i-L+1)/h^gam;
end, end
```

也可以考虑将矩阵算法 3-3 中的 $\boldsymbol{w}$ 向量后面的值设置为零，但这对提高矩阵运算的速度没有帮助。后面将给出例子探讨短时记忆效应的实际应用与效果。

例 3-5　在分数阶导数计算公式中，二项式系数 w_j 表明导数值对以往函数值的依赖程度，试绘制 $\alpha = 0.1$ 与 $\alpha = 0.8$ 时的 w_j 曲线。

解　利用式 (3-2-10) 中的递推公式可以直接计算出不同 α 值下的 w_j 系数，从而绘制出曲线，如图 3-8 所示，可以看出，分数阶导数对近处几个点的依赖程度很高，对远处的点依赖程度虽然减小，但也有些依赖。例如，当 $\alpha = 0.1$ 时，$w_{100} = -5.9076 \times 10^{-4}$。所以不能完全忽略以前点的信息。

```
>> t=0:0.1:3; a1=0.1; a2=0.8;
   w1=1; for j=2:length(t), w1(j)=w1(j-1)*(1-(a1+1)/(j-1)); end
   w2=1; for j=2:length(t), w2(j)=w2(j-1)*(1-(a2+1)/(j-1)); end
   plot(t,w1,t,w2,'--')
```

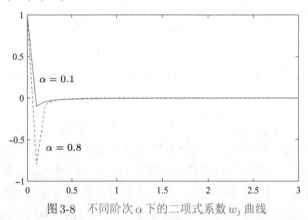

图 3-8　不同阶次 α 下的二项式系数 w_j 曲线

例 3-6　再重新考虑例 3-3 中的函数 $f(t) = \mathrm{e}^{-t}\sin(3t+1)$。试利用短时记忆效应求取函数的 0.5 阶微分，并探讨短时记忆效应的近似效果。

解　选择计算步长 $h = 0.001$，并选择容许误差为 $\varepsilon = 10^{-3}$。因为函数的最大值为 $M = 1$，由式 (3-2-16) 计算出来的最小记忆时长为 $L = \left(1/(10^{-3}\Gamma(1-0.5))\right)^{1/0.5} = 3.2 \times 10^5$。当然，这样的要求有些苛刻。

选择短一些的记忆时长，探讨近似的效果，对比结果在表 3-2 中给出。可以看出，如果记忆时长选择为 $L_0 = 1200$，基本上可以得出满意的近似结果。因为全时长总共 3142

个点, 选择记忆时长 $L_0 = 1200$ 将减少超过 2/3 的计算时间, 得出的曲线如图 3-9 所示。

表 3-2 当计算步长为 $h = 0.001$ 时记忆时长与误差的关系

记忆时长 L_0	误差范数	记忆时长 L_0	误差范数	记忆时长 L_0	误差范数
100	0.71736	1100	0.063559	2100	0.028305
200	0.38972	1200	0.057211	2200	0.026644
300	0.26417	1300	0.051879	2300	0.025141
400	0.19737	1400	0.047346	2400	0.023777
500	0.15597	1500	0.043449	2500	0.022532
600	0.12789	1600	0.040070	2600	0.021099
700	0.10767	1700	0.037115	2700	0.018628
800	0.09246	1800	0.034513	2800	0.015194
900	0.08065	1900	0.032206	2900	0.011026
1000	0.07123	2000	0.030149	3000	0.006443

```
>> t=0:0.001:pi; y=exp(-t).*sin(3*t+1);
   y0=glfdiff(y,t,0.5); L0=[100:100:3000]; T=[];
   for L=L0
       dy=glfdiff_mem(y,t,0.5,L); T=[T; L, norm(y0-dy,inf)];
   end
   dy=glfdiff_mem(y,t,0.5,1200);
   plot(t,y0,t,dy,'--'); axis([0 pi -1 5])
```

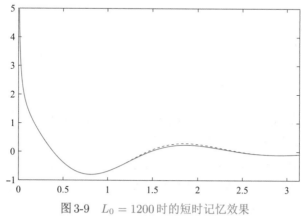

图 3-9 $L_0 = 1200$ 时的短时记忆效果

在同一个例子中, 如果终止仿真时间变成 50 s, 则用普通 Grünwald–Letnikov 算法将需要 2.74 s 才能得出分数阶导数, 而使用记忆时长为 $L_0 = 1200$ 的短时记忆算法则只需 0.21 s。在实际应用中, 在特别耗时的应用中可以考虑采用短时记忆算法, 但得出的结果需要检验。

```
>> t=0:0.001:50; y=exp(-t).*sin(3*t+1);
   tic, y0=glfdiff(y,t,0.5); toc
```

```
tic, dy=glfdiff_mem(y,t,0.5,1200); toc
```

下面给出一个短时记忆效应的反例。

例 3-7　试尝试用短时记忆方法求出阶跃函数的分数阶积分。

解　阶跃信号的 0.75 阶积分可以由 Cauchy 积分公式直接得出 $t^{0.75}/\Gamma(1+0.75)$。选择计算步长 $h = 0.001$，则总共需要 $10\,\mathrm{s}$，产生 10000 个数据点。现在尝试一个较大的记忆时长，如 $L_0 = 4000$，则可以采用下面的语句直接计算分数阶积分，如图 3-10 所示。可以看出，即使采用这么大的记忆时长，还会产生很大的计算误差，说明在这个例子中短时记忆算法是不适合使用的，必须使用全部信息。

```
>> t=0:0.001:10; y=ones(size(t));
   y0=gamma(1)*t.^(0.75)/gamma(1+0.75);   % Cauchy 积分公式
   dy=glfdiff_mem(y,t,-0.75,4000);        % 短时效应
   dy1=glfdiff(y,t,-0.75); plot(t,dy,t,dy1,'--');
```

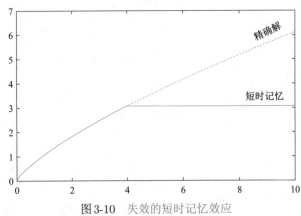

图 3-10　失效的短时记忆效应

从例 3-7 可以看出，尽管很多人认为短时记忆效应是一种高效的近似方法，事实上并不然。因为使用该方法还是有风险的，有时甚至会得出错误或误导性的结果。由于式 (3-2-16) 过于苛刻，要保证不太苛刻的精度要求，也经常出现计算出的 L 远远大于实际计算点数的情况。所以除非特别必要，请勿采用该算法，而应该考虑更好的计算方法。

3.3　Riemann–Liouville 分数阶微积分定义与计算

前面给出的 Grünwald–Letnikov 定义虽然利于数值计算，但在理论推导或公式证明方面并不容易处理，所以也应该考虑其他数学定义。例如本节要介绍的由整数阶积分拓展而来的 Riemann–Liouville 定义等。

3.3.1 高阶整数阶积分公式

先考虑整数阶积分。很显然,给定函数 $f(t)$ 的一阶积分可以表示为

$$\frac{\mathrm{d}^{-1}}{\mathrm{d}t^{-1}}f(t) = \int_0^t f(\tau)\mathrm{d}\tau \tag{3-3-1}$$

从该结果再求一次积分,就可以得出原函数的二阶积分:

$$\frac{\mathrm{d}^{-2}}{\mathrm{d}t^{-2}}f(t) = \int_0^t \int_0^\tau f(\tau)\mathrm{d}\tau\mathrm{d}t = \int_0^t f(\tau)(t-\tau)\mathrm{d}\tau \tag{3-3-2}$$

类似地,可以推导出 n 阶积分公式为

$$\frac{\mathrm{d}^{-n}}{\mathrm{d}t^{-n}}f(t) = \underbrace{\int_0^t \int_0^\tau \cdots \int_0^\tau}_{n\text{重}} f(\tau) \underbrace{\mathrm{d}\tau_1\mathrm{d}\tau_2\cdots\mathrm{d}\tau}_{n\text{重}}$$

$$= \frac{1}{(n-1)!}\int_0^t f(\tau)(t-\tau)^{n-1}\mathrm{d}\tau = \frac{1}{(n-1)!}\int_0^t \frac{f(\tau)}{(t-\tau)^{1-n}}\mathrm{d}\tau \tag{3-3-3}$$

3.3.2 Riemann–Liouville 分数阶微积分定义

如果整数阶次 n 由实数 α 取代,则可以直接给出如下的 Riemann–Liouville 分数阶积分公式。

定义 3-4 ▶ Riemann–Liouville 积分定义

函数 $f(t)$ 的 α 阶 Riemann–Liouville 积分定义为

$$_{t_0}^{\mathrm{RL}}\mathscr{D}_t^{-\alpha}f(t) = \frac{1}{\Gamma(\alpha)}\int_{t_0}^t \frac{f(\tau)}{(t-\tau)^{1-\alpha}}\mathrm{d}\tau \tag{3-3-4}$$

式中,RL 标记表示 Riemann–Liouville 定义,如果没有冲突可以略去该标记。

Riemann–Liouville 定义是分数阶微积分领域应用较广的定义之一,算子 $\mathscr{D}$ 两端的下标为积分的上下限[5]。

分数阶微分不能将积分中的 α 替换成 $-\alpha$ 直接定义,而是应该基于积分定义给出,现在考虑 β 阶分数阶微分问题。如果 $n-1 < \beta \leqslant n$,记 $n = \lceil \beta \rceil$,则

$$_{t_0}^{\mathrm{RL}}\mathscr{D}_t^{\beta}f(t) = \frac{\mathrm{d}^n}{\mathrm{d}t^n}\left[_{t_0}^{\mathrm{RL}}\mathscr{D}_t^{-(n-\beta)}f(t) \right] \tag{3-3-5}$$

基于积分定义,可以给出正式的 Riemann–Liouville 分数阶导数的定义。

定义 3-5 ▶ Riemann–Liouville 微分定义

给定函数 $f(t)$ 的 Riemann–Liouville 分数阶微分的定义为

$$_{t_0}^{\mathrm{RL}}\mathscr{D}_t^{\beta}f(t) = \frac{1}{\Gamma(n-\beta)}\frac{\mathrm{d}^n}{\mathrm{d}t^n}\int_{t_0}^t \frac{f(\tau)}{(t-\tau)^{1+\beta-n}}\mathrm{d}\tau \tag{3-3-6}$$

式中,$n-1 < \beta \leqslant n$,且 $n = \lceil \beta \rceil$。

3.3.3 常用函数的Riemann–Liouville微积分公式

首先考虑下限 $t_0 = 0$ 时幂函数和指数函数的 Riemann–Liouville 分数阶导数的问题。

定理 3-2 ▶ 幂函数的分数阶导数

幂函数 $f(t) = t^\mu$，且 $\mu > -1$，则 ${}_{0}^{\mathrm{RL}}\mathscr{D}_t^\alpha f(t)$ 满足[2]

$$
{}_{0}^{\mathrm{RL}}\mathscr{D}_t^\alpha t^\mu = \frac{\Gamma(\mu+1)}{\Gamma(\mu+1-\alpha)} t^{\mu-\alpha} \tag{3-3-7}
$$

定理 3-3 ▶ 指数函数的分数阶导数

指数函数 $f(t) = \mathrm{e}^{\lambda t}$ 的 Riemann–Liouville 分数阶导数为

$$
{}_{0}^{\mathrm{RL}}\mathscr{D}_t^\alpha \mathrm{e}^{\lambda t} = t^{-\alpha} \mathrm{E}_{1,1-\alpha}(\lambda t) \tag{3-3-8}
$$

证明 指数函数 $\mathrm{e}^{\lambda t}$ 的 Taylor 级数展开为

$$
\mathrm{e}^{\lambda t} = \sum_{k=0}^{\infty} \frac{(\lambda t)^k}{k!} = \sum_{k=0}^{\infty} \frac{\lambda^k t^k}{\Gamma(k+1)} \tag{3-3-9}
$$

利用式(3-3-7)的性质，对式(3-3-9)右侧的项逐项计算Riemann–Liouville分数阶微积分，即可以证明本定理：

$$
{}_{0}^{\mathrm{RL}}\mathscr{D}_t^\alpha \mathrm{e}^{\lambda t} = \sum_{k=0}^{\infty} {}_{0}^{\mathrm{RL}}\mathscr{D}_t^\alpha \frac{\lambda^k t^k}{\Gamma(k+1)} = \sum_{k=0}^{\infty} \frac{\lambda^k \Gamma(k+1) t^{k-\alpha}}{\Gamma(k+1)\Gamma(k+1-\alpha)}
$$

$$
= t^{-\alpha} \sum_{k=0}^{\infty} \frac{(\lambda t)^k}{\Gamma(k+1-\alpha)} = t^{-\alpha} \mathrm{E}_{1,1-\alpha}(\lambda t) \tag{3-3-10}
$$

定理 3-4 ▶ 常用函数的 Riemann–Liouville 分数阶导数

一些常用函数的 Riemann–Liouville 分数阶导数公式[2] 为

$$
{}^{\mathrm{RL}}\mathscr{D}_t^\alpha H(t-a) = \frac{(t-a)^{-\alpha}}{\Gamma(1-\alpha)} H(t-a) \tag{3-3-11}
$$

$$
{}_{0}^{\mathrm{RL}}\mathscr{D}_t^\alpha H(t-a) f(t) = H(t-a) {}_{a}^{\mathrm{RL}}\mathscr{D}_t^\alpha f(t) \tag{3-3-12}
$$

$$
{}_{0}^{\mathrm{RL}}\mathscr{D}_t^\alpha \delta(t) = \frac{t^{-\alpha-1}}{\Gamma(-\alpha)} \tag{3-3-13}
$$

$$
{}_{0}^{\mathrm{RL}}\mathscr{D}_t^\alpha \delta^{(n)}(t) = \frac{t^{-\alpha-n-1}}{\Gamma(-\alpha-n)} \tag{3-3-14}
$$

$$
{}_{0}^{\mathrm{RL}}\mathscr{D}_t^\alpha \cosh\sqrt{\lambda t} = t^{-\alpha} \mathrm{E}_{2,1-\alpha}\left(\lambda t^2\right) \tag{3-3-15}
$$

$$
{}_{0}^{\mathrm{RL}}\mathscr{D}_t^\alpha \frac{\sinh\sqrt{\lambda t}}{\sqrt{\lambda t}} = t^{1-\alpha}\mathrm{E}_{2,2-\alpha}\left(\lambda t^2\right) \tag{3-3-16}
$$

$$
{}_{-\infty}^{\mathrm{RL}}\mathscr{D}_t^\alpha \mathrm{e}^{\lambda t} = \lambda^\alpha \mathrm{e}^{\lambda t} \tag{3-3-17}
$$

$$
{}_{-\infty}^{\mathrm{RL}}\mathscr{D}_t^\alpha \mathrm{e}^{\lambda t+\mu} = \lambda^\alpha \mathrm{e}^{\lambda t+\mu}, \ \lambda > 0 \tag{3-3-18}
$$

$$
{}_{-\infty}^{\mathrm{RL}}\mathscr{D}_t^\alpha \sin\lambda t = \lambda^\alpha \sin\left(t + \alpha\pi/2\right) \tag{3-3-19}
$$

$$
{}_{-\infty}^{\mathrm{RL}}\mathscr{D}_t^\alpha \cos\lambda t = \lambda^\alpha \cos\left(t + \alpha\pi/2\right) \tag{3-3-20}
$$

在上面的定理中，$H(t-a)$ 为 Heaviside 函数，即阶跃函数，其含义为

$$
H(t-a) = \begin{cases} 1, & t \geqslant a \\ 0, & \text{其他} \end{cases} \tag{3-3-21}
$$

函数 $\delta(t)$ 为冲激（impulsive）函数，又称 Dirac 函数，其定义为

$$
t \neq 0 \text{ 时 } \delta(t) = 0，\text{且} \int_{-\infty}^{\infty} \delta(t)\mathrm{d}t = 1 \tag{3-3-22}
$$

Dirac 函数是 Heaviside 函数的一阶导数。

此外，引入中间变量 $r = \sqrt{\lambda^2 + \mu^2}$，$\tan\varphi = \mu/\lambda$，还可以得出

$$
{}_{-\infty}^{\mathrm{RL}}\mathscr{D}_t^\alpha \mathrm{e}^{\lambda t}\sin\mu t = r^\alpha \mathrm{e}^{\lambda t}\sin\left(\mu t + \alpha\varphi\right) \tag{3-3-23}
$$

$$
{}_{-\infty}^{\mathrm{RL}}\mathscr{D}_t^\alpha \mathrm{e}^{\lambda t}\cos\mu t = r^\alpha \mathrm{e}^{\lambda t}\cos\left(\mu t + \alpha\varphi\right) \tag{3-3-24}
$$

必须指出的是，目前只有很少几类函数的 Riemann–Liouville 分数阶导数的解析解存在。

从 Riemann–Liouville 定义来看，因为变量 t 在积分边界与被积函数中同时出现，所以一般函数 $f(t)$ 的分数阶导数的解析解很难求出，只能使用数值方法求解 Riemann–Liouville 分数阶导数，当然，数值解的效果也不佳。

3.3.4　初始时刻平移的性质

在前面分数阶导数的叙述中，一些公式涉及的初始时刻 $t_0 = 0$。如果想把这些公式的初始时刻都一般化为 t_0，则应该对感兴趣区间做出必要的变换。本节将引入一个定理，允许读者做相应的变换。

重新回顾一下 Riemann–Liouville 分数阶导数的定义：

$$
{}_{t_0}^{\mathrm{RL}}\mathscr{D}_t^\alpha f(t) = \frac{1}{\Gamma(n-\alpha)}\frac{\mathrm{d}^n}{\mathrm{d}t^n}\int_{t_0}^{t}\frac{f(\tau)}{(t-\tau)^{1+\alpha-n}}\mathrm{d}\tau \tag{3-3-25}
$$

定理 3-5 ▶ 平移公式

如果已知 ${}^{\mathrm{RL}}_{0}\mathscr{D}^{\alpha}_{t}f(t)$，则 Riemann–Liouville 分数阶导数可以表示为

$$\,^{\mathrm{RL}}_{t_0}\mathscr{D}^{\alpha}_{t}f(t) = {}^{\mathrm{RL}}_{0}\mathscr{D}^{\alpha}_{s}f(s+t_0) \tag{3-3-26}$$

其中，$s = t - t_0$。

证明 令 $\tau = \theta + t_0$，则 $\mathrm{d}\tau = \mathrm{d}\theta$，$\theta \in [0, t - t_0]$，代入式（3-3-25）的右侧，则

$$\frac{1}{\Gamma(n-\alpha)}\frac{\mathrm{d}^n}{\mathrm{d}t^n}\int_{t_0}^{t}\frac{f(\tau)}{(t-\tau)^{1+\alpha-n}}\mathrm{d}\tau = \frac{1}{\Gamma(n-\alpha)}\frac{\mathrm{d}^n}{\mathrm{d}t^n}\int_{0}^{t-t_0}\frac{f(\theta+t_0)}{(t-t_0-\theta)^{1+\alpha-n}}\mathrm{d}\theta \tag{3-3-27}$$

再令 $s = \tau + t_0$，则 $\mathrm{d}t = \mathrm{d}s$，故 $t - t_0 = s$，代入式（3-3-27）的右侧，则

$$\frac{1}{\Gamma(n-\alpha)}\frac{\mathrm{d}^n}{\mathrm{d}t^n}\int_{0}^{t-t_0}\frac{f(\theta+t_0)}{(t-t_0-\theta)^{1+\alpha-n}}\mathrm{d}\theta = \frac{1}{\Gamma(n-\alpha)}\frac{\mathrm{d}^n}{\mathrm{d}s^n}\int_{0}^{s}\frac{f(\theta+t_0)}{(s-\theta)^{1+\alpha-n}}\mathrm{d}\theta \tag{3-3-28}$$

令 $F(\theta) = f(\theta + t_0)$，对式（3-3-28）进行变换，可以直接证明定理。

$$\frac{1}{\Gamma(n-\alpha)}\frac{\mathrm{d}^n}{\mathrm{d}s^n}\int_{0}^{s}\frac{F(\theta)}{(s-\theta)^{1+\alpha-n}}\mathrm{d}\theta = {}^{\mathrm{RL}}_{0}\mathscr{D}^{\alpha}_{s}F(s) = {}^{\mathrm{RL}}_{0}\mathscr{D}^{\alpha}_{s}f(s+t_0) \tag{3-3-29}$$

例 3-8 已知指数函数的分数阶导数为 ${}^{\mathrm{RL}}_{0}\mathscr{D}^{\alpha}_{t}\mathrm{e}^{\lambda t} = t^{-\alpha}\mathrm{E}_{1,1-\alpha}(\lambda t)$，试推导下限为 t_0 的 Riemann–Liouville 分数阶导数。

解 根据定理 3-5，记 $s = t - t_0$，经过变量替换可以得出

$$\begin{aligned}\,^{\mathrm{RL}}_{t_0}\mathscr{D}^{\alpha}_{t}\mathrm{e}^{\lambda t} &= {}^{\mathrm{RL}}_{0}\mathscr{D}^{\alpha}_{s}\mathrm{e}^{\lambda(s+t_0)} = \mathrm{e}^{\lambda t_0}\,{}^{\mathrm{RL}}_{0}\mathscr{D}^{\alpha}_{s}\mathrm{e}^{\lambda s} = \mathrm{e}^{\lambda t_0}s^{-\alpha}\mathrm{E}_{1,1-\alpha}(\lambda s) \\ &= \mathrm{e}^{\lambda t_0}(t-t_0)^{-\alpha}\mathrm{E}_{1,1-\alpha}(\lambda(t-t_0))\end{aligned} \tag{3-3-30}$$

假设 $\lambda = -1, t_0 = 0.5, \alpha = 0.7$，可以由下面的语句直接计算 Grünwald–Letnikov 导数，并利用式（3-3-30）计算精确解，如图 3-11 所示。可以看出，这样绘制的两条曲线完全重合，说明由平移公式导出的解析式是正确的。

```
>> lam=-1; t0=0.5; alfa=0.7;
   t=t0:0.01:5; u=exp(lam*t); y1=glfdiff(u,t,alfa);
   y2=exp(lam*t0)*(t-t0).^(-alfa).*ml_func([1,1-alfa],lam*(t-t0));
   plot(t,y1,t,y2,'--')
```

3.3.5 Riemann–Liouville 定义的数值计算

这里给出一种 Riemann–Liouville 分数阶微积分的数值计算方法。如果计算步长为 h，则可以由下面的步骤计算函数的 α 阶微积分。

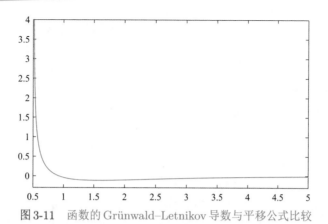

图 3-11　函数的 Grünwald–Letnikov 导数与平移公式比较

算法 3-4 ▶ Riemann–Liouville 分数阶微积分的数值算法

（1）由已知的函数获得函数值向量 $\boldsymbol{f} = \begin{bmatrix} f(0), f(h), f(2h), \cdots \end{bmatrix}^{\mathrm{T}}$。

（2）令 $n = \lceil \alpha \rceil$，计算出二项式系数 $w_i = h t_i^{\,n-\alpha} / \Gamma(n-\alpha+1)$。

（3）由下式计算向量 $\boldsymbol{s}$

$$s_j = \sum_{i=1}^{j} w_{j-i} f_i - \frac{1}{2} w_1 f_j - \frac{1}{2} w_j f_1 \qquad (3\text{-}3\text{-}31)$$

（4）在计算步长 h 下计算向量 $\boldsymbol{s}$ 的 $(n+1)$ 阶差分。

上述算法的 MATLAB 实现由下面给出。事实上在算法实现时作者加入了其他内容，使得分数阶与整数阶积分也可以直接计算出来。

```
function [dy,t]=rlfdiff(y,t,r)
    arguments, y(:,1), t(:,1) double, r(1,1) double, end
    [y,h,n]=fdiffcom(y,t); dy=zeros(n,1); dy1=dy;
    if r>-1, m=ceil(r)+1; p=m-r; y3=t.^(p-1);
    elseif r==-1, yy=0.5*(y(1:n-1)+y(2:n)).*diff(t);
        for i=2:n, dy(i)=dy(i-1)+yy(i-1); end, return
    else, m=-r; y3=t.^(m-1); end
    for i=1:n, dy1(i)=y(i:-1:1).'*(y3(1:i)); end
    if r>-1, dy=diff(dy1,m)/(h^(m-1))/gamma(p); t=t(1:n-m);
    else, dy=dy1*h/gamma(m); end
end
```

该函数的调用格式为 $[y_1,t] = \text{rlfdiff}(y,t,\gamma)$，其格式类似于 $\texttt{glfdiff()}$ 函数，不同的是该函数返回了两个向量 $\boldsymbol{y}_1$ 和 $\boldsymbol{t}$。因为该函数内部使用了 MATLAB 求差分的函数 $\texttt{diff()}$，向量 $\boldsymbol{y}_1$ 的实际长度可能小于向量 $\boldsymbol{y}$ 的长度。

例 3-9　已知阶跃函数 0.75 阶导数的解析解为 $\mathscr{D}_t^{0.75} y(t) = t^{-0.75} / \Gamma(0.25)$，试比较

Grünwald–Letnikov 与 Riemann–Liouville 分数阶导数数值解的精度。

　　解 选择计算步长 $h = 0.01$,下面的语句可以计算出阶跃函数 0.75 阶导数的理论值和 Grünwald–Letnikov 与 Riemann–Liouville 分数阶导数的数值解,如图 3-12 所示。可以看出,直接计算的 Riemann–Liouville 分数阶导数有较大误差。在实际应用中不建议采用该函数计算 Riemann–Liouville 分数阶微积分。

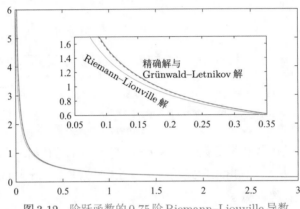

图 3-12　　阶跃函数的 0.75 阶 Riemann–Liouville 导数

```
>> t0=0:0.01:3; y0=t0.^-0.75/gamma(0.25);
   h=0.01; t1=0:h:3; y=ones(size(t1));
   y1=glfdiff(y,t1,0.75); [y2,t2]=rlfdiff(y,t1,0.75);
   plot(t0,y0,t1,y1,'--',t2,y2,':'), ylim([0 6])
```

3.3.6　Riemann–Liouville 微积分的符号计算

　　利用 MATLAB 的符号运算功能,可以直接实现定义 3-4 和定义 3-5 的 Riemann–Liouville 分数阶积分与微分计算。可以编写如下的解析计算函数:

```
function dy=riemannsym(f,alpha,t0,t)
   arguments, f(1,1), alpha(1,1), t0(1,1)=0, t(1,1)=symvar(f), end
   syms tau; alpha=sym(alpha);
   switch class(f)
      case 'sym', F=subs(f,t,tau);
      case 'symfun', F=f(tau);
      otherwise, error('f must be a symbolic expression')
   end
   if alpha<0, alpha=-alpha;
      dy=1/gamma(alpha)*int(F/(t-tau)^(1-alpha),tau,t0,t);
   elseif alpha==0, dy=f;
   else, n=ceil(alpha);
      f1=int(F/(t-tau)^(1+alpha-n),tau,t0,t);
```

```
        dy=diff(f1,t,n)/gamma(n-alpha);
    end, dy=simplify(dy);
end
```

其中，f 为符号表达式或符号函数，α 为微分的阶次，若其值为负则求 Riemann–Liouville 积分。t_0 为积分下限，而 t 为符号变量。由此可以计算某些函数 Riemann–Liouville 微积分的解析解。

3.4　Caputo 分数阶微积分定义

在前面介绍的 Grünwald–Letnikov 和 Riemann–Liouville 分数阶微积分定义中，如果初始条件非零，有时微分方程描述可能出现困难，所以在非零初值系统的研究与仿真中，需要引入另一种分数阶微积分的定义——Caputo 定义[6]。

3.4.1　Caputo 微积分定义

定义 3-6 ▶ Caputo 微分定义

Caputo 分数阶微分的定义为

$$^{\mathrm{C}}_{t_0}\mathscr{D}^\alpha_t y(t) = \frac{1}{\Gamma(m-\alpha)}\int_{t_0}^t \frac{y^{(m)}(\tau)}{(t-\tau)^{1+\alpha-m}}\mathrm{d}\tau \tag{3-4-1}$$

式中，$m = \lceil \alpha \rceil$ 为整数，且要求 $y(t)$ 及其 i 阶导数连续，$i = 1, 2, \cdots, m$[6]。

定义 3-7 ▶ Caputo 积分定义

Caputo 分数阶积分的定义为

$$^{\mathrm{C}}_{t_0}\mathscr{D}^{-\gamma}_t y(t) = \frac{1}{\Gamma(\gamma)}\int_{t_0}^t \frac{y(\tau)}{(t-\tau)^{1-\gamma}}\mathrm{d}\tau \tag{3-4-2}$$

可以看出，Caputo 分数阶积分的定义与 Riemann–Liouville 定义完全一致。

3.4.2　常用的 Caputo 导数公式

作为例子，先考虑一下指数函数 $f(t) = \mathrm{e}^{\lambda t}$ 的 Caputo 分数阶导数问题。

定理 3-6 ▶ 指数函数的 Caputo 导数

记 $m = \lceil \alpha \rceil$，$\gamma = m - \alpha$，指数函数 $f(t) = \mathrm{e}^{\lambda t}$ 的 Caputo 分数阶导数的求取公式为

$$^{\mathrm{C}}_{0}\mathscr{D}^\alpha_t \mathrm{e}^{\lambda t} = \lambda^m t^\gamma \mathrm{E}_{1,\gamma+1}(\lambda t) \tag{3-4-3}$$

证明　因为 $\alpha > 0$，$m = \lceil \alpha \rceil$，$\gamma = m - \alpha$，且指数函数的 Riemann–Liouville 分

数阶积分可以由定理 3-3 得出，该定理重新写成

$$\,_{0}^{\mathrm{RL}}\mathscr{D}_t^{-\gamma}\mathrm{e}^{\lambda t} = t^{\gamma}\mathrm{E}_{1,1+\gamma}(\lambda t) \tag{3-4-4}$$

由于 Caputo 与 Riemann–Liouville 分数阶积分的定义是完全一致的，经过下面的推导可以发现，指数函数的 Caputo 分数阶导数满足定理的结论。

$$\,_{0}^{\mathrm{C}}\mathscr{D}_t^{\alpha}\mathrm{e}^{\lambda t} = \,_{0}^{\mathrm{RL}}\mathscr{D}_t^{-\gamma}\left(\frac{\mathrm{d}^m}{\mathrm{d}t^m}\mathrm{e}^{\lambda t}\right) = \lambda^m\,_{0}^{\mathrm{RL}}\mathscr{D}_t^{-\gamma}\mathrm{e}^{\lambda t} = \lambda^m t^{\gamma}\mathrm{E}_{1,1+\gamma}(\lambda t)$$

必须指出的是，上面第一步使用的性质是后面将介绍的定理 3-18。

定理 3-7 ► 常用函数的 Caputo 导数

一些常用函数的 Caputo 分数阶导数的公式[2] 为

$$\,_{0}^{\mathrm{C}}\mathscr{D}_t^{\alpha}t^{\lambda} = \begin{cases} 0, & \lambda \text{为自然数且} \lceil\alpha\rceil > \lambda \\ \dfrac{\Gamma(\lambda+1)}{\Gamma(\lambda+1-\alpha)}t^{\lambda-\alpha}, & \text{其他} \end{cases} \tag{3-4-5}$$

$$\,_{0}^{\mathrm{C}}\mathscr{D}_t^{\alpha}(t+c)^{\lambda} = \frac{\Gamma(\lambda+1)}{\Gamma(\lambda+1-m)}\frac{c^{\lambda-m-1}t^{\gamma}}{\Gamma(\gamma+1)}\mathrm{E}_{1,\gamma+1}^{m-\lambda}(-t/c),\ c>0 \tag{3-4-6}$$

$$\,_{0}^{\mathrm{C}}\mathscr{D}_t^{\alpha}\sin\lambda t = \begin{cases} \dfrac{\lambda^m\mathrm{j}(-1)^{m/2}t^{\gamma}}{2\Gamma(\gamma+1)}\big[-F(\mathrm{j}\lambda t)+F(-\mathrm{j}\lambda t)\big], & m\text{为偶数} \\ \dfrac{\lambda^m(-1)^{(m-1)/2}t^{\gamma}}{2\Gamma(\gamma+1)}\big[F(\mathrm{j}\lambda t)+F(-\mathrm{j}\lambda t)\big], & m\text{为奇数} \end{cases} \tag{3-4-7}$$

$$\,_{0}^{\mathrm{C}}\mathscr{D}_t^{\alpha}\cos\lambda t = \begin{cases} \dfrac{\lambda^m(-1)^{m/2}t^{\gamma}}{2\Gamma(\gamma+1)}\big[F(\mathrm{j}\lambda t)+F(-\mathrm{j}\lambda t)\big], & m\text{为偶数} \\ \dfrac{\lambda^m\mathrm{j}(-1)^{(m-1)/2}t^{\gamma}}{2\Gamma(\gamma+1)}\big[F(\mathrm{j}\lambda t)-F(-\mathrm{j}\lambda t)\big], & m\text{为奇数} \end{cases} \tag{3-4-8}$$

式中，λ 为实数，$F(x)=\,_1\mathrm{F}_1(1;\gamma+1;x)$，$_1\mathrm{F}_1(\cdot)$ 为 2.5 节定义的超几何函数。

推论 3-1 三角函数函数的分数阶导数公式还可以写成

$$\,_{0}^{\mathrm{C}}\mathscr{D}_t^{\alpha}\sin\lambda t = \frac{(\mathrm{j}\lambda)^m}{2\mathrm{j}}t^{\gamma}\big[\mathrm{E}_{1,\gamma+1}(\mathrm{j}\lambda t)-(-1)^m\mathrm{E}_{1,\gamma+1}(-\mathrm{j}\lambda t)\big] \tag{3-4-9}$$

$$\,_{0}^{\mathrm{C}}\mathscr{D}_t^{\alpha}\cos\lambda t = \frac{(\mathrm{j}\lambda)^m}{2}t^{\gamma}\big[\mathrm{E}_{1,\gamma+1}(\mathrm{j}\lambda t)+(-1)^m\mathrm{E}_{1,\gamma+1}(-\mathrm{j}\lambda t)\big] \tag{3-4-10}$$

证明 由著名的 Euler 公式就可以直接证明该推论。

$$\sin\lambda t = \frac{1}{2\mathrm{j}}\big(\mathrm{e}^{\mathrm{j}\lambda t}-\mathrm{e}^{-\mathrm{j}\lambda t}\big),\quad \cos\lambda t = \frac{1}{2}\big(\mathrm{e}^{\mathrm{j}\lambda t}+\mathrm{e}^{-\mathrm{j}\lambda t}\big) \tag{3-4-11}$$

令 $m=0,\gamma=-\alpha$，可以直接用上述公式计算常用函数的 Caputo 分数阶积分。后面将介绍 Caputo 分数阶微积分的数值计算。

3.4.3　Caputo定义的符号运算

事实上, 有些函数的Caputo导数是可以通过计算机解析计算的。由定义 3-6,可以编写如下的MATLAB符号运算函数:

```
function dy=caputosym(f,alpha,t0,t)
    arguments, f(1,1), alpha(1,1), t0(1,1)=0, t(1,1)=symvar(f), end
    if alpha<=0, dy=riemannsym(f,alpha,t0,t); return; end
    syms tau; alpha=sym(alpha); m=ceil(alpha);
    switch class(f)
        case 'sym', F=diff(subs(f,t,tau),m);
        case 'symfun', F=diff(f(tau),m);
        otherwise, error('f must be a symbolic expression')
    end
    dy=1/gamma(m-alpha)*int(F/(t-tau)^(1+alpha-m),tau,t0,t);
    dy=simplify(dy);
end
```

在函数内部先识别给定函数是符号变量还是符号函数,依据情况分别处理。

必须指出的是, 由于这个函数底层使用了MuPAD提供的符号运算, 很多涉及分数阶的特定问题无法通过解析积分得出; 另外, 由于MuPAD内核没有Mittag-Leffler函数等特殊函数, 所以有时得出的结果与本书的不完全一致。这种情况下, 可以通过绘制曲线对比, 验证结果的正确性。

例 3-10　试利用符号运算计算 $_0^C\mathscr{D}_t^{0.5}(2t+1)$ 和 $_0^C\mathscr{D}_t^{0.4}(2t+1)$。

解　当前版本的 caputosym() 函数在多项式函数求导方面只能处理整数阶多项式,不能处理伪多项式。

```
>> syms t positive, f(t)=2*t+1; % 或由f=2*t+1命令定义函数
   R1=caputosym(f,sym(0.5),0,t), R2=caputosym(f,sym(0.4),0,t)
```

得出的结果为 $R_1 = 4\sqrt{t/\pi}, R_2 = 10t^{0.6}/(3\Gamma(0.6))$。

例 3-11　已知指数函数 $f(t) = e^{-3t}$, 试求 $_0^C\mathscr{D}_t^{4.3}f(t)$。

解　对这里给出的问题, 由定理 3-6 可知, $m=5, \gamma=0.7, \lambda=-3$, 故 $_0^C\mathscr{D}_t^{4.3}f(t)$ 的解析解为 $-243t^{-0.7}\mathrm{E}_{1,1.7}(-3t)$。现在尝试用 caputosym() 函数求其 Caputo 导数:

```
>> syms t positive, f=exp(-3*t); F(t)=caputosym(f,sym(4.3),0,t)
```

得出的结果极其烦琐,可以通过手工整理,得

$$F(t) = \frac{81\sqrt[10]{27}}{4\,\Gamma(0.7)}\mathrm{e}^{-3t}\left(\Gamma(0.7) - \Gamma(0.7, -3t)\right)\left(\sqrt{10-2\sqrt{5}} + \left(1+\sqrt{5}\right)\mathrm{i}\right)$$

可见, 这里的结果比前面推出的解析解复杂得多。不过, 通过绘制 $t \in (0,5)$ 区间的曲线, 可见二者绘制的曲线完全重合, 由此表明, 符号运算得出的结果也是正确的。

```
>> t0=[0:0.01:5]'; y0=F(t0); y0=double(y0);
   y1=-243*t0.^(0.7).*ml_func([1,1.7],-3*t0);
   plot(t0,real(y0),t0,y1,'--')    %略去微小的虚部元素
```

3.5　各种不同分数阶微积分定义之间的关系

前面介绍了几种不同的分数阶微积分的定义，除了 Cauchy 积分公式之外，其他几个定义之间是有密切关系的。在某些条件下，有些定义是相互等效的，有些定义是可以在某些条件下相互转换的。本节将介绍不同定义之间的相互关系，并介绍 Caputo 定义的数值计算方法。

3.5.1　Grünwald–Letnikov 与 Riemann–Liouville 定义的关系

文献 [2] 指出，对大量的函数而言，Grünwald–Letnikov 定义与 Riemann–Liouville 定义是等效的，这里具体给出二者之间的关系。

定理 3-8 ▶ Grünwald–Letnikov 的积分表示

如果函数 $f(t)$ 在 (t_0, T) 区间上是连续且 $(n-1)$ 阶可导的，且在该区间上 $f^{(n)}(t)$ 是可积的，则若 $0 \leqslant m-1 < \alpha < m \leqslant n$，Grünwald–Letnikov 分数阶导数可以写成下面的积分形式[2]：

$$\begin{array}{r} {}_{t_0}^{\mathrm{GL}}\mathscr{D}_t^\alpha f(t) = \sum_{j=0}^{m-1} \frac{f^{(j)}(t_0)(t-t_0)^{j-\alpha}}{\Gamma(1+j-\alpha)} + \frac{1}{\Gamma(m-\alpha)} \int_{t_0}^t \frac{f^{(m)}(\tau)\mathrm{d}\tau}{(t-\tau)^{1+\alpha-m}} \end{array} \quad (3\text{-}5\text{-}1)$$

定理 3-9 ▶ 等效的定义

如果函数 $f(t)$ 在 (t_0, T) 上是连续且 $(n-1)$ 阶可导的，且在该区间上 $f^{(n)}(t)$ 是可积的，则若 $0 \leqslant m-1 < \alpha < m \leqslant n$，Grünwald–Letnikov 定义等效于 Riemann–Liouville 定义。

证明　定理的证明可以参见文献 [2]。对式（3-5-1）右端求 m 阶导数，可以得出

$$\frac{\mathrm{d}^m}{\mathrm{d}t^m}\left[{}_{t_0}^{\mathrm{GL}}\mathscr{D}_t^\alpha f(t) \right] = \sum_{j=0}^{m-1} \frac{f^{(j)}(t_0)(t-t_0)^{m+j-\alpha}}{\Gamma(1+m+j-\alpha)} + \frac{1}{\Gamma(2m-\alpha)} \int_{t_0}^t \frac{f^{(m)}(\tau)\mathrm{d}\tau}{(t-\tau)^{\alpha-2m+1}}$$

$$(3\text{-}5\text{-}2)$$

若 $m \geqslant 1$，则上式的第一项最高为 t^{m-1}，故求 m 阶导数时该项将完全消失。使用分部积分法对上式求 m 次积分，则

$$\begin{array}{r} {}_{t_0}^{\mathrm{GL}}\mathscr{D}_t^\alpha f(t) = \frac{1}{\Gamma(m-\alpha)} \int_{t_0}^t \frac{f^{(m)}(\tau)\mathrm{d}\tau}{(t-t_0)^{1+\alpha-m}} = {}_{t_0}^{\mathrm{RL}}\mathscr{D}_t^\alpha f(t) \end{array} \quad (3\text{-}5\text{-}3)$$

可见，该结果与 Riemann–Liouville 定义完全一致。

3.5.2 Caputo 与 Riemann–Liouville 定义的关系

当 $0 < \alpha < 1$，可知 $m = 1$，这样，式（3-4-1）可以改写成

$$
{}_{t_0}^{C}\mathscr{D}_t^\alpha y(t) = \frac{1}{\Gamma(1-\alpha)} \int_{t_0}^t \frac{y'(\tau)}{(t-\tau)^\alpha} \mathrm{d}\tau \tag{3-5-4}
$$

如果函数 $y(t)$ 的初值非零，比较 Caputo 与 Riemann–Liouville 分数阶导数定义可得

$$
{}_{t_0}^{C}\mathscr{D}_t^\alpha y(t) = {}_{t_0}^{RL}\mathscr{D}_t^\alpha \big(y(t) - y(t_0)\big) \tag{3-5-5}
$$

式中，常数 $y(t_0)$ 的分数阶导数可以写成

$$
{}_{t_0}^{RL}\mathscr{D}_t^\alpha y(t_0) = \frac{y(t_0)}{\Gamma(1-\alpha)} (t-t_0)^{-\alpha} \tag{3-5-6}
$$

可以看出，Caputo 与 Riemann–Liouville 分数阶微积分的区别为

$$
{}_{t_0}^{C}\mathscr{D}_t^\alpha y(t) = {}_{t_0}^{RL}\mathscr{D}_t^\alpha y(t) - \frac{y(t_0)}{\Gamma(1-\alpha)} (t-t_0)^{-\alpha} \tag{3-5-7}
$$

更一般地，如果阶次 α 满足 $\alpha > 0$，则可以通过下面的定理描述 Caputo 与 Riemann–Liouville 定义之间的关系。

定理 3-10 ▶ Caputo 定义与 Riemann–Liouville 定义的关系

记 $m = \lceil \alpha \rceil$，则 Caputo 与 Riemann–Liouville 定义之间的关系为

$$
{}_{t_0}^{C}\mathscr{D}_t^\alpha y(t) = {}_{t_0}^{RL}\mathscr{D}_t^\alpha y(t) - \sum_{k=0}^{m-1} \frac{y^{(k)}(t_0)}{\Gamma(k-\alpha+1)} (t-t_0)^{k-\alpha} \tag{3-5-8}
$$

说明 3-3 Caputo 分数阶导数公式

（1）可以看出，$0 \leqslant \alpha \leqslant 1$ 只是上面关系的一个特例。

（2）正如前面介绍的，如果 $\alpha < 0$，则 Riemann–Liouville 分数阶积分与 Caputo 分数阶积分是完全等效的，在实际应用中不区分二者。

3.5.3 Caputo 分数阶微分的数值计算

从 3.5.1 节的叙述可知，Caputo 与 Riemann–Liouville 或 Grünwald–Letnikov 定义的区别在于对初始值的处理，二者之差可以由式（3-5-8）直接计算。这样，以函数 `glfdiff()` 为基础就可以写出 Caputo 分数阶导数 ${}_{t_0}^{C}\mathscr{D}_t^\alpha y(t)$ 计算的代码。

```
function dy=caputo(y,t,gam,y0,L)
    arguments, y(:,1), t(:,1), gam(1,1), y0, L(1,1)=10, end
    dy=glfdiff(y,t,gam);
    if gam>0, q=ceil(gam); if gam<=1, y0=y(1); end
        for k=0:q-1, dy=dy-y0(k+1)*t.^(k-gam)./gamma(k+1-gam); end
```

```
    yy1=interp1(t(L+1:end),dy(L+1:end),t(1:L),'spline');
    dy(1:L)=yy1;
```

end, end

该函数的调用格式为 y_1=caputo(y,t,α,y_0,L),当 $\alpha \leqslant 0$,则可以返回 Grün-wald–Letnikov 分数阶积分,即 Caputo 分数阶积分;如果 $\alpha < 1$,则 $y(t_0)$ 由向量 $\boldsymbol{y}$ 直接提取出来,就可以计算 Caputo 分数阶导数;如果 $\alpha > 1$,则初值向量 $\boldsymbol{y}_0$ 实际上的内容为 $\boldsymbol{y}_0 = \left[y(t_0), y'(t_0), \cdots, y^{(q-1)}(t_0)\right], q = \lceil \alpha \rceil$。

说明 3-4 Caputo 分数阶微积分

(1)在实际计算中,返回的 Caputo 导数前几个初始点会有较大的误差,这样采用样条插值的方法重新计算前 L 个点的值,L 的默认值为 10,且如果增大分数阶的阶次,则 L 的值也应该增加。

(2)因为在前几个点中使用样条插值计算,所以有时得出的结果误差很大,这个函数并不是很实用,后面将给出更好的计算方法及其实现,而不建议采用这里给出的算法与函数。

例 3-12 考虑例 3-4 中的正弦函数的分数阶微分问题,$f(t) = \sin(3t+1)$。试求出其 0.3,1.3 与 2.3 阶 Caputo 分数阶导数。

解 可以看出,函数在 $t = 0$ 时刻的初值为 $\sin 1$,这样,两个定义之间的区别为 $d(t) = t^{-0.3} \sin 1 / \Gamma(0.7)$。通过下面的语句可以绘制出 Grünwald–Letnikov 与 Caputo 定义的曲线,并绘制出 $d(t)$ 函数的曲线,如图 3-13 所示。

```
>> t=0:0.01:pi; y=sin(3*t+1); d=t.^(-0.3)*sin(1)/gamma(0.7);
   y1=glfdiff(y,t,0.3); y2=caputo(y,t,0.3,sin(1));
   plot(t,y1,t,y2,'--',t,d,':'), axis([0 pi -3 3])
```

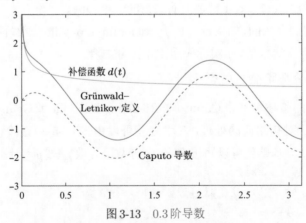

图 3-13 0.3 阶导数

因为需要 ${}^C_0\mathscr{D}_t^{2.3}y(t)$ 函数,所以还需要的初始值是 $y'(0)$ 与 $y''(0)$,这些值可以由原

函数通过符号运算的方式得出,结果可以变换回双精度的向量,就可以得出函数的1.3阶与2.3阶分数阶导数曲线。为了得到更好的近似效果,分数阶导数前几个点的值用样条插值方法重建,得出的曲线如图3-14所示。

```
>> syms t; y(t)=sin(3*t+1); y00=sin(1);
   y1=diff(y); y10=double(y1(0)); y2=diff(y1); y20=double(y2(0));
   t=0:0.01:pi; y=@(t)sin(3*t+1); y1=caputo(y,t,1.3,[y00 y10],10);
   y2=caputo(y,t,2.3,[y00,y10,y20],30);
   axis left, plot(t,y1), axis right, plot(t,y2,'--')
```

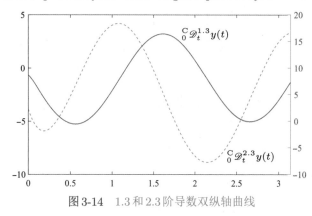

图3-14　1.3和2.3阶导数双纵轴曲线

事实上,这里给出的求解函数有两个隐患:

(1)这里使用的插值结果引入了其他误差。

(2)实际应用中只有$y(t)$的采样点数据,不可能有函数各阶导数的初值。所以,这里给出的函数不适合Caputo导数计算,也不建议使用。第4章将回到这个问题重新介绍,并给出高精度的数值解。

3.6　分数阶微积分的性质与几何解释

和整数阶微积分类似,分数阶微积分也有很多自己的性质。本节首先介绍一些分数阶微积分的常用性质,然后,试图给出简单分数阶积分的物理解释与几何解释。不过,迄今为止,分数阶微积分尚没有被广泛接受的物理和几何解释。

3.6.1　分数阶微积分的性质

定理3-11 ▶ 线性性质(叠加原理)

分数阶微积分是线性的,即对任意常数a,b,存在

$$\mathscr{D}_t^\alpha \big[af(t)+bg(t)\big] = a\,\mathscr{D}_t^\alpha f(t) + b\,\mathscr{D}_t^\alpha g(t) \tag{3-6-1}$$

证明 这里先考虑证明 Grünwald–Letnikov 分数阶微积分是线性的，记 $\tau = t - jh$，$\Delta = {}_{t_0}^{\mathrm{GL}}\mathscr{D}_t^\alpha\big[af(t)+bg(t)\big]$，可以通过下面的公式直接证明线性性质：

$$
\begin{aligned}
\Delta &= \lim_{h\to 0}\frac{1}{h^\alpha}\sum_{j=0}^{[(t-t_0)/h]}(-1)^j\binom{\alpha}{j}\big[af(\tau)+bg(\tau)\big]\\
&= a\lim_{h\to 0}\frac{1}{h^\alpha}\sum_{j=0}^{[(t-t_0)/h]}(-1)^j\binom{\alpha}{j}f(\tau) + b\lim_{h\to 0}\frac{1}{h^\alpha}\sum_{j=0}^{[(t-t_0)/h]}(-1)^j\binom{\alpha}{j}g(\tau)\\
&= {}_{t_0}^{\mathrm{GL}}\mathscr{D}_t^\alpha f(t) + b\,{}_{t_0}^{\mathrm{GL}}\mathscr{D}_t^\alpha g(t)
\end{aligned}
$$

对 Riemann–Liouville 分数阶微积分定义而言，记 $\Delta = {}_{t_0}^{\mathrm{RL}}\mathscr{D}_t^\alpha\big[af(t)+bg(t)\big]$，可以通过下面的推导证明它也是线性的：

$$
\begin{aligned}
\Delta &= \frac{1}{\Gamma(k-\alpha)}\frac{\mathrm{d}^k}{\mathrm{d}t^k}\int_{t_0}^t\frac{af(\tau)+bg(\tau)}{(t-\tau)^{1+\alpha-k}}\mathrm{d}\tau\\
&= \frac{a}{\Gamma(k-\alpha)}\frac{\mathrm{d}^k}{\mathrm{d}t^k}\int_{t_0}^t\frac{f(\tau)}{(t-\tau)^{1+\alpha-k}}\mathrm{d}\tau + \frac{b}{\Gamma(k-\alpha)}\frac{\mathrm{d}^k}{\mathrm{d}t^k}\int_{t_0}^t\frac{g(\tau)}{(t-\tau)^{1+\alpha-k}}\mathrm{d}\tau\\
&= a\,{}_{t_0}^{\mathrm{RL}}\mathscr{D}_t^\alpha f(t) + b\,{}_{t_0}^{\mathrm{RL}}\mathscr{D}_t^\alpha g(t)
\end{aligned}
$$

同样也可以证明 Caputo 分数阶微积分是线性的。

除了线性性质，分数阶微积分还有其他性质，这里将不加证明地列出一些常用的性质。关于这些性质的证明可以参见其他参考文献。

定理 3-12 ▶ 整数阶与分数阶的统一

当 $\alpha = n$ 为整数时，分数阶微积分与整数阶微积分的结果完全一致，且 ${}_0\mathscr{D}_t^0 f(t) = f(t)$。

定理 3-13 ▶ 分数阶算子的 Leibniz 性质

在传统微积分中，两个函数 $f(t)$ 与 $g(t)$ 满足如下的性质：

$$
\frac{\mathrm{d}^n}{\mathrm{d}t^n}\big[f(t)g(t)\big] = \sum_{k=0}^n\binom{n}{k}f^{(k)}(t)g^{(n-k)}(t) \tag{3-6-2}
$$

如果 n 不是整数，上述性质仍将满足，证明可以参见文献 [2]。

定理 3-14 ▶ 分数阶微积分的解析性质

如果 $f(t)$ 是解析的，则对 t 与 α 而言 ${}_{t_0}\mathscr{D}_t^\alpha f(t)$ 也是解析的。

定理 3-15 ▶ 序贯积分的交换律

分数阶的序贯积分满足交换律[2]，且

$$
{}_{t_0}^{\mathrm{RL}}\mathscr{D}_t^{-\alpha}\left[{}_{t_0}^{\mathrm{RL}}\mathscr{D}_t^{-\beta}f(t)\right]={}_{t_0}^{\mathrm{RL}}\mathscr{D}_t^{-\beta}\left[{}_{t_0}^{\mathrm{RL}}\mathscr{D}_t^{-\alpha}f(t)\right]={}_{t_0}^{\mathrm{RL}}\mathscr{D}_t^{-(\alpha+\beta)}f(t) \tag{3-6-3}
$$

定理 3-16 ▶ 序贯导数不满足交换律

如果 $\alpha,\beta>0$，且函数 $f(t)$ 具有 r 阶连续导数，其中 $r=\max\left(\lceil\alpha\rceil,\lceil\beta\rceil\right)$，则序贯分数阶微分可以如下计算[2]：

$$
{}_{t_0}^{\mathrm{RL}}\mathscr{D}_t^{\alpha}\left[{}_{t_0}^{\mathrm{RL}}\mathscr{D}_t^{\beta}f(t)\right]={}_{t_0}^{\mathrm{RL}}\mathscr{D}_t^{\alpha+\beta}f(t)-\sum_{k=0}^{n-1}\frac{(t-t_0)^{k-\alpha-n}}{\Gamma(1+k-n-\alpha)}{}_{}^{\mathrm{RL}}\mathscr{D}^{k+\beta-n}f(t)\bigg|_{t_0}
$$

$$\tag{3-6-4}$$

式中，$n=\lceil\beta\rceil$，且分数阶导数一般情况下不满足交换律。

推论 3-2 (序贯导数)　如果 n 为整数，则下面的序贯分数阶微分满足：

$$
\frac{\mathrm{d}^n}{\mathrm{d}t^n}\left[{}_{t_0}^{\mathrm{RL}}\mathscr{D}_t^{\alpha}f(t)\right]={}_{t_0}^{\mathrm{RL}}\mathscr{D}_t^{n+\alpha}f(t) \tag{3-6-5}
$$

$$
{}_{t_0}^{\mathrm{RL}}\mathscr{D}_t^{\alpha}\left[\frac{\mathrm{d}^n}{\mathrm{d}t^n}f(t)\right]={}_{t_0}^{\mathrm{RL}}\mathscr{D}_t^{n+\alpha}f(t)-\sum_{k=0}^{n-1}\frac{(t-t_0)^{k-\alpha-n}}{\Gamma(1+k-n-\alpha)}f^{(k)}(t_0) \tag{3-6-6}
$$

定理 3-17 ▶ 零初值的序贯导数

如果函数 $f(t)$ 在 $t=t_0$ 时刻处于静止状态，即该函数与其分数阶导数的初值均为零，则该函数的序贯分数阶导数满足交换律，且

$$
{}_{t_0}^{\mathrm{RL}}\mathscr{D}_t^{\alpha}\left[{}_{t_0}^{\mathrm{RL}}\mathscr{D}_t^{\beta}f(t)\right]={}_{t_0}^{\mathrm{RL}}\mathscr{D}_t^{\beta}\left[{}_{t_0}^{\mathrm{RL}}\mathscr{D}_t^{\alpha}f(t)\right]={}_{t_0}^{\mathrm{RL}}\mathscr{D}_t^{\alpha+\beta}f(t) \tag{3-6-7}
$$

定理 3-18 ▶ 建模定理(一)

如果 $n=\lceil\gamma\rceil$，且 $y(t)$ 信号 n 阶可导，则

$$
{}_{t_0}^{\mathrm{C}}\mathscr{D}_t^{\gamma}y(t)={}_{t_0}^{\mathrm{RL}}\mathscr{D}_t^{\gamma-n}\left[y^{(n)}(t)\right] \tag{3-6-8}
$$

证明　由定理 3-10 与推论 3-2 可以直接证明本定理。这是一个非常重要的定理，将是后面将介绍的 Caputo 微分方程框图求解方法的理论基础之一。

3.6.2　分数阶积分的几何解释

整数阶微积分有很好的物理解释和几何解释。如果一个函数表示质点的位移，则其一阶导数表示该质点的瞬时速度；如果函数表示空间位置，则其一阶导数表示

切线方向。

　　相比之下，尽管分数阶微积分学也是一个有着300多年悠久历史的学科，但分数阶微分与积分的定义至今尚没有被广泛接受的几何解释与物理解释。Podlubny教授曾经给出了一个Riemann–Liouville分数阶积分的合理几何与物理解释[7,8]，这里将介绍该解释。

　　先回顾一下Riemann–Liouville分数阶积分的定义

$$ {}_0^{\mathrm{RL}}\mathscr{D}_t^{-\gamma}f(t) = \frac{1}{\Gamma(\gamma)}\int_0^t \frac{f(\tau)}{(t-\tau)^{1-\gamma}}\mathrm{d}\tau \tag{3-6-9} $$

可以引入一个辅助函数

$$ g(\tau) = \frac{1}{\Gamma(\gamma+1)}\big[t^\gamma - (t-\tau)^\gamma\big] \tag{3-6-10} $$

这样，分数阶积分可以直接写成Stieltjes积分的形式：

$$ {}_0^{\mathrm{RL}}\mathscr{D}_t^{-\gamma}f(t) = \int_0^t f(\tau)\mathrm{d}g(\tau) \tag{3-6-11} $$

　　现在选择3个坐标轴τ，$g_t(\tau)$和$f(\tau)$建立起三维坐标系，则函数$f(t)$可以分别在τ-$f(\tau)$坐标系、$g(\tau)$-$f(\tau)$坐标系和整个三维坐标系下表示出来。这样，在$g(\tau)$-$f(\tau)$坐标系下围成的面积可以认为是$f(t)$函数分数阶积分，而τ-$f(\tau)$坐标系下的面积则为该函数的一阶积分。作者编写了一个MATLAB函数`fence_shadow()`绘制三维坐标系下的图形：

```
function fence_shadow(t,f,gam,key)
   arguments
      t(1,:), f, gam(1,1), key(1,1){mustBeMember(key,[1,2,3])};
   end
   x=t; z=f(x); tn=x(end);
   switch key
      case 1, y=(tn^gam-(tn-x).^gam)/gamma(1+gam);
         axis([minmax(x),minmax(y),minmax(z)]), hold on
         for i=1:length(x)-1, ii=[i,i,i+1,i+1]; x0=x(ii);
            z0=[0 z(i:i+1) 0]; y0=zeros(1,4); patch(x0,y0,z0,'c')
            y0=y(ii); patch(x0,y0,z0,'g')
            x0=zeros(1,4); patch(x0,y0,z0,'r')
         end, view(-37.5000,30)
      case {2,3}, axis([minmax(x),minmax(z)]), hold on
         for i=1:length(x)-1, x1=0:0.01:x(i+1);
            tn=x1(end); y=(tn^gam-(tn-x1).^gam)/gamma(1+gam);
            if key==2, plot(x1,y);
```

```
        else, z=f(x1); plot(y,z,[y(end),y(end)],[z(end),0]);
    end, end, end, hold off
end
```

该函数的调用格式为 fence_shadow$(t,f,\gamma,$key$)$，其中，t 为时间点向量，f 为函数句柄，γ 为积分阶次，key 为标示，其取值对应文献 [7] 中的 3 种图形。

这里的函数 $g(\tau)$ 可以看作观测者自己的时间坐标系，该坐标系是物理时间 t 扭曲的时间坐标系，如果在观测者自己的时间坐标系 $g(t)$ 下观测到物体的运动速度为 $f(t)$，则该观测者观测到的该物体位移就是 $f(t)$ 函数的 α 阶积分。

例 3-13　给定函数 $f(t) = t + 0.5\sin t$，且 $t \in (0,10)$，试绘制其 0.75 阶 Riemann–Liouville 积分的几何解释图。

解　根据上面叙述，可以生成向量 t 和原函数 $f(t)$，这样，可以绘制出 Riemann–Liouville 分数阶积分的几何解释图，如图 3-15 所示。可以看出，事实上图形是由填充的颜色块构造出来的。

```
>> t=0:0.5:10; f=@(t)t+sin(t)/2;
   clf, fence_shadow(t,f,0.75,1), grid
   set(gca,'xdir','reverse'), set(gca,'ydir','reverse')
```

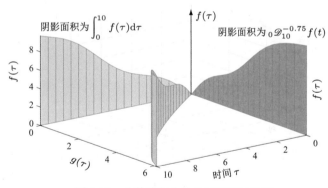

图 3-15　分数阶积分的几何解释示意图

可以看出，在左侧墙上的阴影部分面积是函数 $f(t)$ 的一阶积分，而右侧墙上的阴影部分则为所需的分数阶积分。如果选择 key 为 2 和 3，则可以得出如图 3-16 和图 3-17 所示的其他几何解释图。

```
>> clf, fence_shadow(t,f,0.75,2)
   set(gca,'xdir','reverse','ydir','reverse'), ylim([0 2*pi])
   figure, fence_shadow(t,f,0.75,3), xlim([0 2*pi])
```

如果图 3-15 中的几何解释形象地将分数阶积分描述成栅栏上的影子，则在 τ 增加时栅栏影子的长度也随之变化，图 3-16 描述的是栅栏影子长度的变化过程，即在底面 τ-$g_t(\tau)$ 上的投影，而图 3-17 给出的则是在墙面 $g_t(\tau)$-$f(\tau)$ 上投影的变化过程。

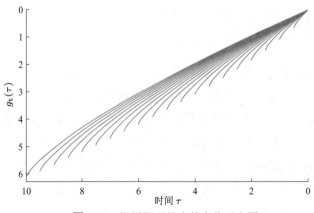

图 3-16 栅栏影子长度的变化示意图

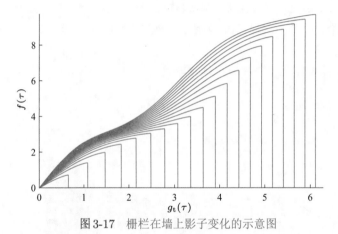

图 3-17 栅栏在墙上影子变化的示意图

尽管 Podlubny 教授的几何解释较好地描述了分数阶积分问题,但要想得出更易于理解的各种定义下分数阶微积分的几何与物理解释尚需更多努力。

本章习题

(1) 设函数 $u(t) = C$,C 为任意常数。根据定义 3-4 和定义 3-5,用 MATLAB 的符号运算功能计算 ${}_{0}^{\mathrm{RL}}\mathscr{D}_{t}^{0.5}u(t)$ 和 ${}_{0}^{\mathrm{RL}}\mathscr{D}_{t}^{-0.5}u(t)$ 的表达式。

(2) 试应用数值方法验证公式

$$
{}_{a}^{\mathrm{GL}}\mathscr{D}_{t}^{\alpha}\,(t-a)^{v} = \frac{\Gamma(v+1)}{\Gamma(v+1-\alpha)}(t-a)^{v-\alpha}
$$

其中,a 为任意常数,$\alpha < 0$ 时,$v > -1$; $\alpha > 0$ 时,$v > \lfloor \alpha \rfloor$。

(3) 列举一个公式(3-3-2)的实例,并应用 MATLAB 的符号运算证明该实例。例如,列举如下的实例:

$$
\int_{0}^{t}\int_{0}^{\tau}\sin\tau\mathrm{d}\tau\mathrm{d}t = \int_{0}^{t}(t-\tau)\sin\tau\mathrm{d}\tau
$$

(4) 试随机生成一组 λ、α 的值,并用数值方法验证下面的等式:

$$
{}_0^{\mathrm{RL}}\mathscr{D}_t^{\alpha}\mathrm{e}^{\lambda t}=t^{-\alpha}\mathrm{E}_{1,1-\alpha}(\lambda t)
$$

(5) 设函数 $u(t)$ 在定义域上连续,则其 Riemann–Liouville 分数阶积分满足下面的关系式,试给定一个符合条件的函数 $u(t)$,用数值方法验证下面的等式:

$$
{}_0^{\mathrm{RL}}\mathscr{D}_t^{-\alpha}\left[{}_0^{\mathrm{RL}}\mathscr{D}_t^{-\beta}u(t)\right]={}_0^{\mathrm{RL}}\mathscr{D}_t^{-\beta}\left[{}_0^{\mathrm{RL}}\mathscr{D}_t^{-\alpha}u(t)\right]={}_0^{\mathrm{RL}}\mathscr{D}_t^{-\alpha-\beta}u(t)
$$

其中,$\alpha>0,\beta>0$。

(6) 根据 Riemann–Liouville 分数阶导数的定义式,函数 $u(t)$ 的 Riemann–Liouville 分数阶导数可以写成下面的形式:

$$
{}_0^{\mathrm{RL}}\mathscr{D}_t^{\alpha}u(t)=\frac{\mathrm{d}^n}{\mathrm{d}t^n}\left[{}_0^{\mathrm{RL}}\mathscr{D}_t^{\alpha-n}u(t)\right]
$$

其中,$\alpha>0,n=\lceil\alpha\rceil$。试列举一个函数 $u(t)$,并用数值方法验证上面的等式。

(7) 如果函数 $f(t)$ 具有任意阶的 Riemann–Liouville 分数阶导数和积分,则有下面的等式[9]:

$$
{}_0^{\mathrm{RL}}\mathscr{D}^{\alpha}\left[tf(t)\right]=t\,{}_0^{\mathrm{RL}}\mathscr{D}_t^{\alpha}f(t)+\alpha\,{}_0^{\mathrm{RL}}\mathscr{D}_t^{\alpha-1}f(t)
$$

其中,$\alpha>0$。试列举一个满足上述条件的函数 $f(t)$,并用数值方法验证该等式。

(8) 试利用 MATLAB 的符号运算功能证明下面的等式[9]:

① $\mathscr{L}\left[{}_0^{\mathrm{RL}}\mathscr{D}_t^{-\alpha}t^v\right]=\dfrac{\Gamma(v+1)}{s^{\alpha+v+1}},(\alpha>0,v>-1)$

② $\mathscr{L}\left[{}_0^{\mathrm{RL}}\mathscr{D}_t^{-\alpha}\mathrm{e}^{at}\right]=\dfrac{1}{s^{\alpha}(s-a)},(\alpha>0)$

③ $\mathscr{L}\left[{}_0^{\mathrm{RL}}\mathscr{D}_t^{-\alpha}\cos at\right]=\dfrac{1}{s^{\alpha-1}(s^2+a^2)},(\alpha>0)$

(9) 根据 Caputo 分数阶导数的定义式,函数 $u(t)$ 的 Caputo 分数阶导数可以写成下面的形式:

$$
{}_0^{\mathrm{C}}\mathscr{D}_t^{\alpha}u(t)={}_0^{\mathrm{RL}}\mathscr{D}_t^{\alpha-n}\left[u^{(n)}(t)\right]
$$

其中,$\alpha>0,n=\lceil\alpha\rceil$。试列举一个函数 $u(t)$,并用数值方法验证上面的等式。

(10) 根据定理 3-6 可以得到下面的等式:

$$
{}_0^{\mathrm{C}}\mathscr{D}_t^{1.3}\mathrm{e}^{-0.5t}=(-0.5)^2\,t^{0.7}\,\mathrm{E}_{1,1.7}(-0.5t)
$$

试用函数 caputo() 和第 2 章提供的函数 ml_func() 检验上面的等式。

(11) 由例 3-1 可知常数的 Grünwald–Letnikov 导数非零,其 Caputo 定义的 0.5 阶导数是什么?

(12) 根据定理 3-9 可知,如果函数 $f(t)$ 满足该定理的条件,则函数 $f(t)$ 的 Grünwald–Letnikov 分数阶积分和导数与 Riemann–Liouville 分数阶积分和导数等效。试列举满足条件的函数,并应用函数 glfdiff() 和 rlfdiff() 验证这一结论。

(13) 根据定理 3-10 可以得到下面的等式:

$$
{}_0^{\mathrm{C}}\mathscr{D}_t^{1.5}\sin t={}_0^{\mathrm{RL}}\mathscr{D}_t^{1.5}\sin t+\frac{1}{\Gamma(0.5)\,t^{0.5}}
$$

应用数值算法检验上面的等式。

（14）应用函数 `rlfdiff()` 和 `caputo()` 计算 $^{RL}_{0}\mathscr{D}^{\alpha}_{t}t^2$ 和 $^{C}_{0}\mathscr{D}^{\alpha}_{t}t^2$，分别取 $\alpha = 0.5, 1, 1.5$, $2, 2.5$，比较相同阶数的 Riemann–Liouville 分数阶导数和 Caputo 分数阶导数，得出二者之间的关系。

（15）根据定理 3-2 可以得到下面的等式：

$$^{RL}_{0}\mathscr{D}^{-0.5}_{t}t^{0.5} = \frac{\sqrt{\pi}}{2}t$$

试用函数 `rlfdiff()` 验证这一等式，选择不同的步长计算上面的等式，找出步长与计算误差的关系。

（16）证明下面的等式，并用函数 `caputo()` 和 `rlfdiff()` 验证该等式。

$$^{C}_{0}\mathscr{D}^{1.5}_{t}t^2\mathrm{e}^{-t} = {}^{RL}_{0}\mathscr{D}^{-0.5}_{t}\left[\sum_{k=0}^{2}\frac{2!}{k!(2-k)!}\left(\frac{\mathrm{d}^k}{\mathrm{d}t^k}t^2\right)\left(\frac{\mathrm{d}^{2-k}}{\mathrm{d}t^{2-k}}\mathrm{e}^{-t}\right)\right]$$

（17）证明下面的等式，并用函数 `caputo()` 和 `rlfdiff()` 验证这一等式。

$$^{C}_{0}\mathscr{D}^{\alpha}_{t}\sin t = {}^{RL}_{0}\mathscr{D}^{\alpha-\lceil\alpha\rceil}_{t}\sin\left(t + \frac{\pi}{2}\lceil\alpha\rceil\right)$$

其中，$\alpha > 0$。

参 考 文 献

[1] Oldham K B, Spanier J. The fractional calculus: Theory and applications of differentiation and integration to arbitary order[M]. San Diego: Academic Press, 1974.

[2] Podlubny I. Fractional differential equations[M]. San Diego: Academic Press, 1999.

[3] Podlubny I. Matrix approach to discrete fractional calculus[J]. Fractional Calculus and Applied Analysis, 2000, 3(4): 359–386.

[4] Dorčák L. Numerical models for simulation the fractional-order control systems[R]. UEF-04-94. The Academy of Sciences Institute of Experimental Physics, Kosice, Slovak Republic, 1994. [2023-3-13]. http://arxiv.org/pdf/math/0204108.pdf.

[5] Hilfer R. Applications of fractional calculus in physics[M]. Singapore: World Scientific, 2000.

[6] Caputo M. Linear models of dissipation whose Q is almost frequency independent II[J]. Geophysical Journal International, 1967, 13(5): 529–539.

[7] Podlubny I. Geometric and physical interpretations of fractional integration and differentiation[J]. Fractional Calculus and Applied Analysis, 2001, 5(4): 230–237.

[8] Bai L, Xue D Y, Meng L. Geometric interpretation for Riemann-Liouville fractional-order integral[C]. Proceedings of the Chinese Control and Decision Conference. Hefei, China, 2020, 3225–3230.

[9] 郭柏灵, 蒲学科, 黄凤辉. 分数阶偏微分方程及其数值解 [M]. 北京: 科学出版社, 2011.

第4章

分数阶微积分的高精度数值计算

前面介绍的算法精度是 $o(h)$ 级别的，又称为一阶算法，计算误差和计算步长 h 的取值密切相关。如果 h 较大，计算误差也较大。例如，不精确地说，若 $h = 0.01$，计算误差也差不多是 0.01。如果有一种算法具有 $o(h^2)$，称为二阶算法，则可能得到 0.0001 级别的计算误差，而四阶算法 $o(h^4)$ 可能使误差降至 $0.01^4 = 10^{-8}$。由此可见，若想得到高精度的数值解，需要提高算法的阶次。

为得到更好的计算精度，可以考虑在 Grünwald–Letnikov 导数计算的递推公式中用多项式展开取代二项式展开。文献 [1] 给出了计算精度 $o(h^p)$（其中，$p \leqslant 6$）的生成函数（generating function），更高阶次的生成函数也是存在的。本章探讨生成函数的构造方法，并给出真正满足 $o(h^p)$ 要求的 Grünwald–Letnikov 与 Caputo 定义的分数阶微积分高精度数值计算方法。

4.1 节给出对任意整数 p 的生成函数构造方法，理论上可以构造任意精度的生成函数。4.2 节基于生成函数，给出一种只适合零初值的递推算法，求取已知函数的 Grünwald–Letnikov 导数与积分，并评价一种基于快速 Fourier 变换的数值算法。事实上，这些方法在非零初值时将导致巨大的误差，因此，4.3 节探讨一种信号分离的方法，获得非零初值信号的高精度 Grünwald–Letnikov 导数与积分，并通过例子评价其精度。这样的算法精度可能会比现行的 $o(h)$ 算法高十几个数量级。4.4 节提出一种 Caputo 数值微积分的高精度算法，并通过基准测试问题演示其优势。4.5 节还结合高精度整数阶微分算法，探讨更高分数阶阶次的数值微积分计算问题。

4.1 任意整数阶的生成函数构造

前面介绍的基于 Grünwald–Letnikov 定义的计算函数 glfdiff() 看起来好像是 Grünwald–Letnikov 定义的忠实实现，事实上并不然。该实现最大的误差来源是取消了极限运算，直接用二项式逼近函数的求和，从而导致该算法的误差为 $o(h)$。为更好地逼近 Grünwald–Letnikov 定义，除了二项式项之外，还应该保留一些其他信息，补偿人为取消极限运算的影响。

首先看一下如何用差分算法求一阶导数。显然，直接去掉导数定义中的极限运算，可以由后向差分法直接求一阶导数的近似值：

$$y'_k = \lim_{k \to 0} \frac{y(t) - y(t-h)}{h} \approx \frac{y_k - y_{k-1}}{h} \tag{4-1-1}$$

除了后向差分方法，在文献中经常还会出现前向差分法与中心差分法。由于后两者在计算 y'_k 时都需要 y_{k+i} 的信息（当前点以后的 y 函数值），所以本书不考虑这两种差分方法。结合 Taylor 级数展开表达式，可以得出后向差分算法的误差：

$$\frac{y(t) - y(t-h)}{h} = \frac{f(t) - f(t) + hf'(t) - h^2 f''(t)/2 + \cdots}{h}$$
$$= f'(t) - \frac{h}{2}f''(t) + \cdots \tag{4-1-2}$$

可见，略去了极限运算，该算法的误差为 $-hf''(t)/2 + \cdots$，这在数学上称为 $o(h)$ 阶算法。如果想获得 $o(h^2)$ 阶精度，则可以引入如下的后向差分公式：

$$f'_k \approx \frac{1}{h} \left(\frac{3}{2} y_k - 2y_{k-1} + \frac{1}{2} y_{k-2} \right) \tag{4-1-3}$$

可以证明，这时的误差为 $-h^2 f'''(t)/3 + \cdots$，故算法为 $o(h^2)$ 阶算法。

例 4-1 试证明式 (4-1-3) 后向差分算法为 $o(h^2)$ 阶算法，并证明下面的公式为 $o(h^3)$ 阶后向差分算法。

$$f'_k \approx \frac{1}{h} \left(\frac{11}{6} y_k - 3y_{k-1} + \frac{3}{2} y_{k-2} - \frac{1}{3} y_{k-3} \right)$$

解 仿照式 (4-1-2) 的方法可以证明这些表达式，不过这里利用 MATLAB 的符号运算功能直接证明算法。可以先定义符号函数 $f(x)$，并调用 `taylor()` 函数对其进行展开。对于这里的两个公式，展开 5 项就足够了，然后将其代入两个后向差分公式，并将结果减去 $f'(x)$ 再化简。

```
>> syms h x f(x)
   F1=taylor(f(x-h),h,'Order',5); F2=taylor(f(x-2*h),h,'Order',5);
   F3=taylor(f(x-3*h),h,'Order',5);
   H1=simplify((3*f/2-2*F1+F2/2)/h-diff(f))
   H2=simplify((11*f/6-3*F1+3*F2/2-F3/3)/h-diff(f))
```

可以得出如下的误差。显然，这两个式子都满足精度要求。

$$H_1 = \frac{h^2}{12} \left(-4f'''(x) + 3hf^{(4)}(x) \right), \quad H_2 = -h^3 f^{(4)}(x)$$

如何得到上面的系数组合呢？文献 [2] 给出了多项式的系数表（表 4-1）。从表中可以总结出 z 多项式的系数生成公式。这里不加证明地给出下面的定理。

表 4-1　低阶生成函数表

阶次 p	生成函数 $g_p(z)$	阶次 p	生成函数 $g_p(z)$
1	$1 - z$	4	$\dfrac{25}{12} - 4z + 3z^2 - \dfrac{4}{3}z^3 + \dfrac{1}{4}z^4$
2	$\dfrac{3}{2} - 2z + \dfrac{1}{2}z^2$	5	$\dfrac{137}{60} - 5z + 5z^2 - \dfrac{10}{3}z^3 + \dfrac{5}{4}z^4 - \dfrac{1}{5}z^5$
3	$\dfrac{11}{6} - 3z + \dfrac{3}{2}z^2 - \dfrac{1}{3}z^3$	6	$\dfrac{147}{60} - 6z + \dfrac{15}{2}z^2 - \dfrac{20}{3}z^3 + \dfrac{15}{4}z^4 - \dfrac{6}{5}z^5 + \dfrac{1}{6}z^6$

定理 4-1 ▶ p 阶生成函数表达式

为追求文献 [1] 期望的高精度,可以定义一个 p 阶多项式生成函数:

$$g_p(z) = \sum_{k=1}^{p} \frac{1}{k}(1-z)^k \qquad (4\text{-}1\text{-}4)$$

这样,分数阶导数与积分运算可能达到 $o(h^p)$ 的精度。如果 $p = 1, 2, \cdots, 6$,则 Lubich 给出的生成函数如表 4-1 所示[3]。

有了表 4-1 给出的生成函数,就可以直接写出整数阶数值微分计算式。例如,若 $p = 4$,则计算表达式为

$$y_k' = \frac{1}{h}\left(\frac{25}{12}y_k - 4y_{k-1} + 3y_{k-2} - \frac{4}{3}y_{k-3} + \frac{1}{4}y_{k-4}\right) \qquad (4\text{-}1\text{-}5)$$

遗憾的是,表中只列出了若干生成函数的数学表达式,并没有给出一般 p 阶生成函数构造的规则与方法。如果期望得到任意阶次多项式的生成函数,则应该引入下面的定理。

定理 4-2 ▶ p 阶生成函数系数计算

p 阶生成函数 $g_p(z)$ 可以表示为下面的多项式:

$$g_p(z) = \sum_{k=0}^{p} g_k z^k \qquad (4\text{-}1\text{-}6)$$

式中,系数 g_k 可以由下面的方程直接计算出来:

$$\begin{bmatrix} 1 & 1 & 1 & \cdots & 1 \\ 1 & 2 & 3 & \cdots & p+1 \\ 1 & 2^2 & 3^2 & \cdots & (p+1)^2 \\ \vdots & \vdots & \vdots & \ddots & \vdots \\ 1 & 2^p & 3^p & \cdots & (p+1)^p \end{bmatrix} \begin{bmatrix} g_0 \\ g_1 \\ g_2 \\ \vdots \\ g_p \end{bmatrix} = - \begin{bmatrix} 0 \\ 1 \\ 2 \\ \vdots \\ p \end{bmatrix} \qquad (4\text{-}1\text{-}7)$$

证明　由式（4-1-4）与式（4-1-6）可见

$$\sum_{k=0}^{p} g_k z^k = \sum_{k=1}^{p} \frac{1}{k}(1-z)^k \tag{4-1-8}$$

将 $z=1$ 代入方程（4-1-8），则有

$$\sum_{k=0}^{p} g_k = 0 \tag{4-1-9}$$

在式（4-1-8）两端同时乘以 z，再对 z 求一阶导数，则

$$\sum_{k=0}^{p}(k+1)g_k z^k = \sum_{k=1}^{p} \frac{1}{k}(1-z)^k - z\sum_{k=1}^{p}(1-z)^{k-1} \tag{4-1-10}$$

再将 $z=1$ 代入式（4-1-10），则有

$$\sum_{k=0}^{p}(k+1)g_k = -1$$

对式（4-1-10）两端乘以 z，再对 z 求一阶导数，则有

$$\sum_{k=0}^{p}(k+1)^2 g_k z^k = \sum_{k=1}^{p} \frac{1}{k}(1-z)^k - 3z\sum_{k=1}^{p}(1-z)^{k-1} + z^2\sum_{k=2}^{p} \frac{1}{k-1}(1-z)^{k-2} \tag{4-1-11}$$

将 $z=1$ 代入方程（4-1-11），可以导出

$$\sum_{k=0}^{p}(k+1)^2 g_k = -2$$

重复上述过程，可以建立如下线性方程：

$$\begin{cases} g_0 + g_1 + g_2 + \cdots + g_p = 0 \\ g_0 + 2g_1 + 3g_2 + \cdots + (p+1)g_p = -1 \\ g_0 + 2^2 g_1 + 3^2 g_2 + \cdots + (p+1)^2 g_p = -2 \\ \qquad\qquad\qquad\qquad\qquad\qquad\vdots \\ g_0 + 2^p g_1 + 3^p g_2 + \cdots + (p+1)^p g_p = -p \end{cases}$$

该方程的矩阵形式就是式（4-1-7），由此定理得证。

基于这一定理，可以推导出更高阶次 p 的生成函数表格，如表 4-2 所示，其中，再次给出了 $p=6$ 的结果，因为其第一项 147/60 已经被正确简化为 49/20。

上述算法的 MATLAB 实现为

```
function g=genfunc(p)
    arguments, p(1,1) {mustBePositiveInteger}, end
    a=1:p+1; A=rot90(vander(a)); g=(1-a)/sym(A');
end
```

表 4-2　更高阶的生成函数

p	生成函数 $g_p(z)$
6	$\dfrac{49}{20} - 6z + \dfrac{15}{2}z^2 - \dfrac{20}{3}z^3 + \dfrac{15}{4}z^4 - \dfrac{6}{5}z^5 + \dfrac{1}{6}z^6$
7	$\dfrac{363}{140} - 7z + \dfrac{21}{2}z^2 - \dfrac{35}{3}z^3 + \dfrac{35}{4}z^4 - \dfrac{21}{5}z^5 + \dfrac{7}{6}z^6 - \dfrac{1}{7}z^7$
8	$\dfrac{761}{280} - 8z + 14z^2 - \dfrac{56}{3}z^3 + \dfrac{35}{2}z^4 - \dfrac{56}{5}z^5 + \dfrac{14}{3}z^6 - \dfrac{8}{7}z^7 + \dfrac{1}{8}z^8$
9	$\dfrac{7129}{2520} - 9z + 18z^2 - 28z^3 + \dfrac{63}{2}z^4 - \dfrac{126}{5}z^5 + 14z^6 - \dfrac{36}{7}z^7 + \dfrac{9}{8}z^8 - \dfrac{1}{9}z^9$
10	$\dfrac{7381}{2520} - 10z + \dfrac{45}{2}z^2 - 40z^3 + \dfrac{105}{2}z^4 - \dfrac{252}{5}z^5 + 35z^6 - \dfrac{120}{7}z^7 + \dfrac{45}{8}z^8 - \dfrac{10}{9}z^9 + \dfrac{1}{10}z^{10}$
11	$\dfrac{83711}{27720} - 11z + \dfrac{55}{2}z^2 - 55z^3 + \dfrac{165}{2}z^4 - \dfrac{462}{5}z^5 + 77z^6 - \dfrac{330}{7}z^7 + \dfrac{165}{8}z^8 - \dfrac{55}{9}z^9 + \dfrac{11}{10}z^{10} - \dfrac{1}{11}z^{11}$

其中,为保证得出精确的生成函数系数,采用了符号运算。该函数的调用格式为 $g=$ genfunc(p),其中,p 为阶次,返回的符号向量 g 为生成函数的系数向量。

上述的生成函数对应的是整数阶的生成函数,针对 α 阶导数的分数阶运算,实际使用的生成函数为 $g_p^\alpha(z)$。和整数阶微积分不同,这样的生成函数是一个无穷级数,需要计算很多 w_i 的值,就像前面介绍的二项式系数那样。

4.2　高精度 Grünwald–Letnikov 导数算法的尝试

本节给出基于生成函数的分数阶导数计算方法,并介绍一种基于 Fourier 变换的计算方法。不过,必须指出的是,这些直接实现的算法有很大缺陷,不能实际应用,需要对算法做出补偿才能成为真正实用的算法。

回顾一下 Grünwald–Letnikov 分数阶微积分定义

$$\underset{t_0}{\overset{\mathrm{GL}}{\mathscr{D}}}{}_t^\alpha f(t) = \lim_{h\to 0} \frac{1}{h^\alpha} \sum_{j=0}^{[(t-t_0)/h]} (-1)^\alpha \binom{\alpha}{j} f(t - jh) \tag{4-2-1}$$

如果这里的二项式由高精度 $o(h^p)$ 的多项式取代,则可以定义出高精度算法。

定理 4-3 ▶ p 阶近似算法

高精度 Grünwald–Letnikov 定义下的分数阶微积分可以由下式近似计算:

$$\widetilde{\underset{t_0}{\overset{\mathrm{GL}}{\mathscr{D}}}}{}_t^\alpha f(t) = \frac{1}{h^\alpha} \sum_{k=0}^{[(t-t_0)/h]} w_k^{(\alpha,p)} f(t - kh) \tag{4-2-2}$$

式中,系数向量 $\boldsymbol{w}^{(\alpha,p)} = \left[w_0^{(\alpha,p)}, w_1^{(\alpha,p)}, w_2^{(\alpha,p)}, \cdots\right]$ 可以由 Lubich 的线性多步法计算。若没有冲突的话,右上角记号 (α,p) 可以略去。该算法的精度为 $o(h^p)$。

这里的向量 $\boldsymbol{w}$ 是生成函数的 Taylor 级数展开式的系数。如果选择了一阶的生成函数，则系数向量 $\boldsymbol{w}$ 可以如下递推计算：

$$w_0 = 1, \quad w_k = \left(1 - \frac{\alpha + 1}{k}\right) w_{k-1} \tag{4-2-3}$$

该式其实就是前面介绍的二项式系数递推公式。

定理 4-4 ▶ 误差容限

如果 $f(t) = t^{v-1}, \ (v > 0)$，$\boldsymbol{w}$ 为 p 阶生成函数 Taylor 级数展开式的系数向量[3]，则

$$\prescript{RL}{t_0}{\mathscr{D}}_t^\alpha f(t) = \frac{1}{h^\alpha} \sum_{k=0}^{[(t-t_0)/h]} w_k f(t - kh) + o(h^v) + o(h^p) \tag{4-2-4}$$

4.2.1 基于 FFT 的算法

由前面的分析可知，在实际应用中不适合用 Taylor 级数展开算法计算向量 $\boldsymbol{w}$。Podlubny 介绍了一种基于快速 Fourier 变换（fast Fourier transformation，FFT）的计算方法[1]。这里将介绍该算法，并通过计算实例演示该算法的误差，还将分析产生误差的原因。

假设生成函数 $g_p^\alpha(z)$ 的 Taylor 级数展开的系数为 $\boldsymbol{w} = [w_0, w_1, \cdots]$，则 Taylor 级数展开可以写成

$$g_p^\alpha(z) = \sum_{k=0}^\infty w_k z^k \tag{4-2-5}$$

将式（4-2-5）中的变量 z 由 $\mathrm{e}^{-\mathrm{j}\varphi}$ 取代，则

$$g_p^\alpha(\mathrm{e}^{-\mathrm{j}\varphi}) = \sum_{k=0}^\infty w_k \mathrm{e}^{-\mathrm{j}k\varphi} \tag{4-2-6}$$

定理 4-5 ▶ 内积公式

如果函数 $\mathrm{e}^{\mathrm{j}n\varphi}$ 和 $\mathrm{e}^{-\mathrm{j}m\varphi}$ 的内积为

$$\langle \mathrm{e}^{\mathrm{j}n\varphi}, \mathrm{e}^{-\mathrm{j}m\varphi} \rangle = \frac{1}{2\pi} \int_0^{2\pi} \mathrm{e}^{\mathrm{j}n\varphi} \mathrm{e}^{-\mathrm{j}m\varphi} \mathrm{d}\varphi = \begin{cases} 0, & m \neq n \\ 1, & m = n \end{cases} \tag{4-2-7}$$

则两个函数是正交函数。

如果计算两个函数的内积为 $\langle g_p^\alpha(\mathrm{e}^{-\mathrm{j}\varphi}), \mathrm{e}^{\mathrm{j}k\varphi} \rangle$，则可以发现

$$w_k = \frac{1}{2\pi} \int_0^{2\pi} g_p^\alpha(\mathrm{e}^{-\mathrm{j}\varphi}) \mathrm{e}^{\mathrm{j}k\varphi} \mathrm{d}\varphi \tag{4-2-8}$$

方程（4-2-8）表明，向量 $\boldsymbol{w}$ 为函数 $g_p^\alpha\left(\mathrm{e}^{-\mathrm{j}\varphi}\right)$ 的 Fourier 系数，这样，系数向量 $\boldsymbol{w}$ 可以通过 FFT 算法有效地计算出来。根据这样的想法，可以给出计算向量 $\boldsymbol{w}$ 的算法如下。

算法 4-1 ▶ 基于 FFT 的计算方法

（1）在计算步长 h 下得出原函数 $y = f(t)$ 各个数据点构成的向量 $\boldsymbol{f}$。

（2）选择 p，计算出分数阶生成函数 $g_p^\alpha(z)$。

（3）由式（4-2-8）通过 FFT 计算系数向量 w_k。

（4）由式（4-2-2）计算分数阶导数或积分。

根据上述算法可以编写出如下的 MATLAB 函数：

```
function dy=glfdiff_fft(y,t,gam,p)
    arguments
        y(:,1), t(:,1) double, gam(1,1) double
        p(1,1){mustBePositiveInteger}=5
    end
    [y,h,n]=fdiffcom(y,t); dy=zeros(n,1);
    g=double(genfunc(p)); T=2*pi/(n-1);
    if y(1)~=0 && gam>0, dy(1)=sign(y(1))*Inf; end
    tt=[0:T:2*pi]; F=g(1); f1=exp(1i*tt); f0=f1;
    for i=2:p+1, F=F+g(i)*f1; f1=f1.*f0; end
    w=real(fft(F.^gam))*T/2/pi;
    for k=2:n, dy(k)=w(1:k)*y(k:-1:1)/h^gam; end
end
```

因为算法 4-1 中采用了 FFT 计算，得出的 Fourier 系数并不是很精确，由此可能导致较大的计算误差，这里将通过例 4-2 演示这种现象。

例 4-2　试在 $[0,5]$ 内用数值方法计算 $y_1(t) = {}_0^{\mathrm{RL}}\mathscr{D}_t^{0.6}\mathrm{e}^{-t}$。

解　该分数阶微分的解析解为 $y_1(t) = t^{-0.6}\mathrm{E}_{1,0.4}(-t)$，其中，$\mathrm{E}(\cdot)$ 为双参数 Mittag-Leffler 函数。由下面的语句可以计算并绘制如图 4-1 所示的分数阶微分问题解析解与数值解。可以看出，解析解与数值解的差异过大，得出的分数阶导数出现错误的结果。

```
>> t=0:0.001:5; y0=t.^-0.6.*ml_func([1,0.4],-t,0,eps);
   h=0.01; t1=0:h:5; y1=exp(-t1); dy1=glfdiff_fft(y1,t1,0.6,6);
   h=0.001; t2=0:h:5; y2=exp(-t2); dy2=glfdiff_fft(y2,t2,0.6,6);
   plot(t,y0,t1,dy1,'--',t2,dy2,':'), ylim([-1 4])
```

可以看出，算法 4-1 足够快速，不过，如果选择不同的计算步长 $h = 0.01$ 与 $h = 0.001$，若设置 $p = 4$，则从初始时刻开始一直存在巨大误差，究其原因，是因为算法 4-1 计算向量 $\boldsymbol{w}$ 不够精确，导致式（4-2-2）中分数阶导数计算出现大误差。换

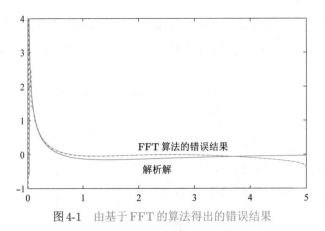

图 4-1　由基于 FFT 的算法得出的错误结果

句话说，基于 FFT 的算法不适于分数阶导数的高精度计算。

4.2.2　系数计算的递推公式

通过前面的分析可见，算法 4-1 的计算误差很大，所以需要一个能真正实现高精度分数阶微积分的高效数值算法，而算法的关键就是如何求出系数向量 $\boldsymbol{w}$。

考虑式（4-2-5）右侧的关于变量 z 的无穷级数。因为生成函数 $g_p^\alpha(z)$ 是可微函数，式（4-2-5）两端对 z 求一阶导数，则可以看出

$$\frac{\mathrm{d}}{\mathrm{d}z} g_p^\alpha(z) = \frac{\mathrm{d}}{\mathrm{d}z} \sum_{k=0}^{\infty} w_k z^k = \sum_{k=0}^{\infty} w_k \frac{\mathrm{d}}{\mathrm{d}z} z^k \tag{4-2-9}$$

对等号两边进行处理则得出

$$\alpha g_p^{\alpha-1}(z) \frac{\mathrm{d}g_p(z)}{\mathrm{d}z} = \sum_{k=1}^{\infty} k w_k z^{k-1} \tag{4-2-10}$$

式（4-2-10）等号两边同时乘以 $g_p(z)$，则有

$$\alpha g_p^\alpha(z) \frac{\mathrm{d}g_p(z)}{\mathrm{d}z} = g_p(z) \sum_{k=1}^{\infty} k w_k z^{k-1} \tag{4-2-11}$$

将 $g_p^\alpha(z) = \sum\limits_{k=0}^{\infty} w_k z^k$ 代入方程（4-2-11）的左侧，可以看出

$$\alpha \frac{\mathrm{d}g_p(z)}{\mathrm{d}z} \sum_{k=0}^{\infty} w_k z^k = g_p(z) \sum_{k=1}^{\infty} k w_k z^{k-1} \tag{4-2-12}$$

定理 4-6 ▶ 分数阶生成函数

如果生成函数 $g_p^\alpha(z)$ 的表达式为

$$g_p^\alpha(z) = \left(g_0 + g_1 z + \cdots + g_p z^p \right)^\alpha \tag{4-2-13}$$

则其 Taylor 级数展开可以写成

$$g_p^\alpha(z) = \sum_{k=0}^{\infty} w_k z^k \tag{4-2-14}$$

这样，当 $k = 0$ 时 $w_0 = g_0^\alpha$，而当 $k > 0$ 时，后续系数 w_k 可以由下式递推求出：

$$w_k = -\frac{1}{g_0} \sum_{i=1}^{p} g_i \left(1 - i\frac{1+\alpha}{k}\right) w_{k-i} \tag{4-2-15}$$

其中，$k < 0$ 时 $w_k = 0$。

证明 在式 (4-2-13) 中令 $z = 0$，可以证明 $w_0 = g_0^\alpha$。

改写式 (4-2-13)，将和式扩展到 $(-\infty, \infty)$ 范围，则

$$\left(g_0 + g_1 z + \cdots + g_p z^p\right)^\alpha = \sum_{k=-\infty}^{\infty} w_k z^k \tag{4-2-16}$$

显然，若 $k < 0$，则 $w_k = 0$。

式 (4-2-16) 两边对 z 求一阶导数，可以得出

$$\alpha\left(g_1 + 2g_2 z + \cdots + pg_p z^{p-1}\right)\left(g_0 + g_1 z + \cdots + g_p z^p\right)^{\alpha-1} = \sum_{k=-\infty}^{\infty} k w_k z^{k-1} \tag{4-2-17}$$

式 (4-2-17) 两边同时乘以 $\left(g_0 + g_1 z + \cdots + g_p z^p\right)$，可见

$$\alpha\left(g_1 + \cdots + pg_p z^{p-1}\right)\left(g_0 + \cdots + g_p z^p\right)^\alpha = \left(g_0 + \cdots + g_p z^p\right) \sum_{k=-\infty}^{\infty} k w_k z^{k-1} \tag{4-2-18}$$

将式 (4-2-16) 代入式 (4-2-18)，可以得出

$$\alpha\left(g_1 + \cdots + pg_p z^{p-1}\right) \sum_{k=-\infty}^{\infty} w_k z^k = \left(g_0 + \cdots + g_p z^p\right) \sum_{k=-\infty}^{\infty} k w_k z^{k-1} \tag{4-2-19}$$

利用 $z^d w_k = w_{k-d}$ 平移性质，式 (4-2-19) 的左端可以写成

$$\sum_{k=-\infty}^{\infty} \alpha\left(g_1 w_k + 2g_2 w_{k-1} + \cdots + pg_p w_{k-p+1}\right) z^k \tag{4-2-20}$$

而其右端可以写成

$$\sum_{k=-\infty}^{\infty} \left[(k+1)g_0 w_{k+1} + k g_1 w_k + \cdots + (k-p+1)g_p w_{k-p+1}\right] z^k \tag{4-2-21}$$

对比式 (4-2-20)、式 (4-2-21) 的 z 的同次方系数列出等式，可以得出

$$\alpha\left(g_1 w_k + \cdots + pg_p w_{k-p+1}\right) = (k+1)g_0 w_{k+1} + \cdots + (k-p+1)g_p w_{k-p+1} \tag{4-2-22}$$

将式 (4-2-22) 回移一步，即令 $k = k-1$，该式可以变成

$$g_0 k w_k + g_1(k-1-\alpha)w_{k-1} + \cdots + g_p(k-p-p\alpha)w_{k-p} = 0$$

如果 $k \neq 0$，可得

$$
w_k = -\frac{1}{g_0} \left[g_1 \left(1 - \frac{1+\alpha}{k} \right) w_{k-1} + g_2 \left(1 - 2\frac{1+\alpha}{k} \right) w_{k-2} + \cdots + \right.
$$
$$
\left. g_p \left(1 - p\frac{1+\alpha}{k} \right) w_{k-p} \right]
$$

式中，当 $k < 0$ 时，$w_k = 0$。上面得出的是递推公式，故定理得证。

在实际代码实现时，"当 $k < 0$ 时 $w_k = 0$"这样的条件可能导致负的下标，所以从数值实现角度看，应该基于下面的推论进行编程。

推论4-1 如果生成函数及其 Taylor 级数展开仍由式（4-2-13）和式（4-2-14）表示，则 Taylor 级数的系数 w_k 可以由下式递推求得：

$$
w_k = -\frac{1}{g_0} \sum_{i=1}^{p} g_i \left(1 - i\frac{1+\alpha}{k} \right) w_{k-i}, \ \text{如果} \ k = p, p+1, p+2, \cdots \quad (4\text{-}2\text{-}23)
$$

而 $m = 1, 2, \cdots, p-1$ 时，初始各项的系数如下求出：

$$
w_m = -\frac{1}{g_0} \sum_{i=1}^{m-1} g_i \left(1 - i\frac{1+\alpha}{m} \right) w_{m-i} \quad (4\text{-}2\text{-}24)
$$

且 $w_0 = g_0^{\alpha}$。

阶次 $p = 1, 2, \cdots, 6$ 的递推公式在表4-3中给出，而 $k < p$ 时的初始项在表4-4中给出。当然，通过编程可以由推论4-1的公式直接实现。

表4-3　不同阶次的递推公式

阶次 p	w_k 的递推公式，其中，$k = p, p+1, \cdots$
1	$w_k = \left(1 - \frac{1+\alpha}{k} \right) w_{k-1}$
2	$w_k = \frac{1}{3} \left[4 \left(1 - \frac{1+\alpha}{k} \right) w_{k-1} - \left(1 - 2\frac{1+\alpha}{k} \right) w_{k-2} \right]$
3	$w_k = \frac{1}{11} \left[18 \left(1 - \frac{1+\alpha}{k} \right) w_{k-1} - 9 \left(1 - 2\frac{1+\alpha}{k} \right) w_{k-2} + 2 \left(1 - 3\frac{1+\alpha}{k} \right) w_{k-3} \right]$
4	$w_k = \frac{1}{25} \left[48 \left(1 - \frac{1+\alpha}{k} \right) w_{k-1} - 36 \left(1 - 2\frac{1+\alpha}{k} \right) w_{k-2} + 16 \left(1 - 3\frac{1+\alpha}{k} \right) w_{k-3} - \left(1 - 4\frac{1+\alpha}{k} \right) w_{k-4} \right]$
5	$w_k = \frac{1}{137} \left[300 \left(1 - \frac{1+\alpha}{k} \right) w_{k-1} - 300 \left(1 - 2\frac{1+\alpha}{k} \right) w_{k-2} + 200 \left(1 - 3\frac{1+\alpha}{k} \right) w_{k-3} - 75 \left(1 - 4\frac{1+\alpha}{k} \right) w_{k-4} + 12 \left(1 - 5\frac{1+\alpha}{k} \right) w_{k-5} \right]$
6	$w_k = \frac{1}{147} \left[360 \left(1 - \frac{1+\alpha}{k} \right) w_{k-1} - 450 \left(1 - 2\frac{1+\alpha}{k} \right) w_{k-2} + 400 \left(1 - 3\frac{1+\alpha}{k} \right) w_{k-3} - 225 \left(1 - 4\frac{1+\alpha}{k} \right) w_{k-4} + 72 \left(1 - 5\frac{1+\alpha}{k} \right) w_{k-5} - 10 \left(1 - 6\frac{1+\alpha}{k} \right) w_{k-6} \right]$

表 4-4　$k < p$ 的初始项

阶次 p	初始项 w_k
1	$w_0 = 1$
2	$w_0 = (3/2)^\alpha$
	$w_1 = -4\alpha w_0/3$
3	$w_0 = (11/6)^\alpha$
	$w_1 = -18\alpha w_0/11$
	$w_2 = 9\alpha w_0/11 + 9(1-\alpha)w_1/11$
4	$w_0 = (25/12)^\alpha$
	$w_1 = -48\alpha w_0/25$
	$w_2 = (36\alpha w_0 + 24(1-\alpha)w_1)/25$
	$w_3 = (-16\alpha w_0 - 12(1-2\alpha)w_1 + 16(2-\alpha)w_2)/25$
5	$w_0 = (137/60)^\alpha$
	$w_1 = -300\alpha w_0/137$
	$w_2 = (300\alpha w_0 + 150(1-\alpha)w_1)/137$
	$w_3 = (-200\alpha w_0 - 100(1-2\alpha)w_1 + 100(2-\alpha)w_2)/137$
	$w_4 = (75\alpha w_0 + 50(1-3\alpha)w_1 - 75(2-2\alpha)w_2 + 75(3-\alpha)w_3)/137$
6	$w_0 = (49/20)^\alpha$
	$w_1 = -120\alpha w_0/49$
	$w_2 = (150\alpha w_0 + 60(1-\alpha)w_1)/49$
	$w_3 = (-400\alpha w_0 - 150(1-2\alpha)w_1 + 120(2-\alpha)w_2)/147$
	$w_4 = (225\alpha w_0 + 100(1-3\alpha)w_1 + 112.5(2-2\alpha)w_2 + 90(3-\alpha)w_3)/147$
	$w_5 = (-72\alpha w_0 - 45(1-4\alpha)w_1 + 80(2-3\alpha)w_2 - 90(3-2\alpha)w_3 + 72(4-\alpha)w_4)/147$

算法 4-2 ▶ 直接递推算法

（1）选择计算步长 h，由已知函数 $y = f(t)$ 计算出数据点向量 $\boldsymbol{f}$。

（2）选择阶次 p 并构造生成函数 $g_p^\alpha(z)$，由推论 4-1 计算向量 $\boldsymbol{w}$。

（3）由式（4-2-2）直接计算分数阶导数。

根据上述算法可以编写下面的 MATLAB 函数：

```
function dy=glfdiff2(y,t,gam,p)
   arguments
      y(:,1), t(:,1) double, gam(1,1) double
      p(1,1){mustBePositiveInteger}=5
   end
   g=double(genfunc(p)); [y,h,n]=fdiffcom(y,t);
   w=get_vecw(gam,n,g); dy=zeros(n,1);
   for i=1:n, dy(i)=w(1:i)*y(i:-1:1)/h^gam; end
end
```

作者编写了支持函数 get_vecw() 求取向量 $\boldsymbol{w}$，其中需要用户提供生成函数 $\boldsymbol{g}$

向量。以后还有很多函数会调用这个支持函数。

```
function w=get_vecw(gam,n,g)
    p=length(g)-1; b=1+gam; g0=g(1); w=zeros(1,n); w(1)=g(1)^gam;
    for m=2:p, M=m-1; A=b/M;
        w(m)=-[g(2:m).*((1-A):-A:(1-b))]*w(M:-1:1).'/g0;
    end
    for k=p+1:n, M=k-1; A=b/M;
        w(k)=-[g(2:(p+1)).*((1-A):-A:(1-p*A))]*w(M:-1:(k-p)).'/g0;
end, end
```

例4-3 试重新求解例4-2的问题，即求指数函数 e^{-t} 的0.6阶导数。

解 可以由下面语句尝试求出在 $p = 1, 5$ 和 6时原函数的0.6阶导数，如图4-2所示。可以看出，当 p 比较大时，在初始时刻存在很强的振荡现象，尽管 t 比较大时误差要小一些。显然，这里得出的计算结果是错的。究其原因，是因为在推论4-1中，强行假设 $k < 0$ 时 w_k 的值为零，从而导致非零初值对整体的影响。

```
>> t=[0:0.01:0.2]'; y=@(t)exp(-t);
   y0=t.^-0.6.*ml_func([1,0.4],-t,0,eps);
   y1=glfdiff2(y,t,0.6,1); y5=glfdiff2(y,t,0.6,5);
   y6=glfdiff2(y,t,0.6,6);
   plot(t,y0,t,y1,'--',t,y5,':',t,y6,'-')
```

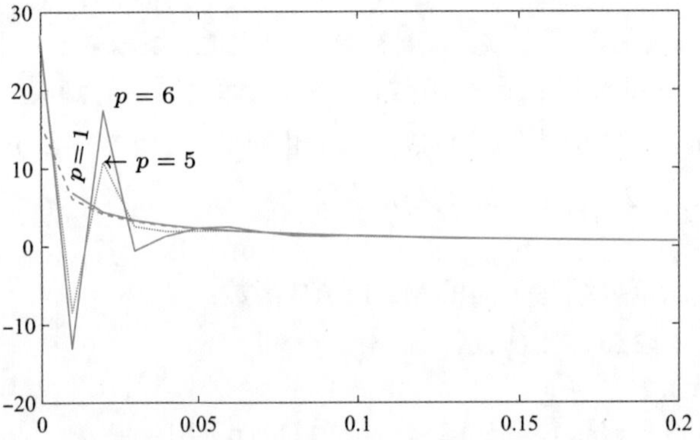

图4-2 不同阶次 p 下得出的函数0.6阶导数

事实上，这里给出的算法只适合于函数及各个整数阶导数初值为零的函数 $f(t)$，而对非零初值问题无能为力，需要进一步探讨非零初值问题的专门求解方法。此外，这里给出的 **glfdiff2()** 函数并不能求解分数阶积分问题，所以实际应用中不建议直接使用 **glfdiff2()** 函数。

4.3　高精度Grünwald–Letnikov算法与实现

前面尝试的所谓高精度算法有一个致命弱点,即,如果要研究的函数含有非零初值,或者其整数阶导数的初值非零,则可能导致极大的误差,使得结果远离理论值。本节将探讨非零初值函数的补偿方法,构建切实可行的高精度算法。

4.3.1　非零初值的分解与补偿

通过前面的例子可以看出,用现有的算法 4-2 可能导致初始时刻较大的误差。当 $k < p$ 时,若采用高阶算法,没有其他初值可以借鉴,这就是产生巨大误差的直接原因。为了解决这样的问题,作者定义了下面的辅助函数,并提出了一个改进的高精度算法。

定理 4-7 ▶ 辅助函数

在 ${}^{\mathrm{RL}}_{t_0}\mathscr{D}^\alpha_t y(t)$ 数值求解过程中,可以引入如下的辅助函数:

$$u(t) = \sum_{k=0}^{p} c_k (t - t_0)^k \tag{4-3-1}$$

为确保 $u(t)$ 和 $y(t)$ 信号前 $p+1$ 个点的初值完全一致,式(4-3-1)中的系数 c_k 应该满足下面的方程:

$$\begin{bmatrix} 1 & 0 & 0 & \cdots & 0 \\ 1 & h & h^2 & \cdots & h^p \\ 1 & 2h & (2h)^2 & \cdots & (2h)^p \\ \vdots & \vdots & \vdots & \ddots & \vdots \\ 1 & ph & (ph)^2 & \cdots & (ph)^p \end{bmatrix} \begin{bmatrix} c_0 \\ c_1 \\ c_2 \\ \vdots \\ c_p \end{bmatrix} = \begin{bmatrix} y(t_0) \\ y(t_0 + h) \\ y(t_0 + 2h) \\ \vdots \\ y(t_0 + ph) \end{bmatrix} \tag{4-3-2}$$

式中,h 为选择的计算步长。

这样,原始信号 $y(t)$ 可以分解成

$$y(t) = u(t) + v(t) \tag{4-3-3}$$

且

$$ {}^{\mathrm{RL}}_{t_0}\mathscr{D}^\alpha_t y(t) = {}^{\mathrm{RL}}_{t_0}\mathscr{D}^\alpha_t u(t) + {}^{\mathrm{RL}}_{t_0}\mathscr{D}^\alpha_t v(t) \tag{4-3-4}$$

式中,信号 $u(t)$ 为 Heaviside 与幂函数之和,其分数阶导数与积分的统一解析解表达式为

$$ {}^{\mathrm{RL}}_{t_0}\mathscr{D}^\alpha_t (t - t_0)^k = \frac{\Gamma(k+1)}{\Gamma(k+1-\alpha)} (t - t_0)^{k-\alpha}, \quad k = 0, 1, 2, \cdots \tag{4-3-5}$$

4.3.2　高精度算法与实现

因为 $u(t)$ 与 $y(t)$ 两个信号的前 $p+1$ 个初值是相同的，所以 $v(t)$ 的前 $p+1$ 个初值为零。这样，尽管在计算 ${}^{\mathrm{RL}}_{t_0}\mathscr{D}^\alpha_t v(t)$ 时表 4-4 的前 $p+1$ 个点的值缺失，当 $k<p$ 时，${}^{\mathrm{RL}}_{t_0}\mathscr{D}^\alpha_t v(t_0+kh)=0$ 这样的条件仍然成立，从而表 4-4 中前几个缺失项的影响就消除了。这样，可以直接用式（4-3-5）求取 ${}^{\mathrm{RL}}_{t_0}\mathscr{D}^\alpha_t v(t)$。综上所述，提出了算法 4-2 的改进形式[4]。

> **算法 4-3 ▶ 改进的高精度递推算法**
>
> （1）由式（4-3-1）构造一个辅助函数 $u(t)$，并计算 $v(t)=y(t)-u(t)$。
> （2）由式（4-3-5）计算 ${}^{\mathrm{RL}}_{t_0}\mathscr{D}^\alpha_t u(t)$ 的精确解。
> （3）由算法 4-2 计算 ${}^{\mathrm{RL}}_{t_0}\mathscr{D}^\alpha_t v(t)$ 的高精度数值解。
> （4）由式（4-3-4）计算出精确的分数阶微积分数值解。

根据上述的算法编写出下面的 MATLAB 函数，其中，在计算 $\boldsymbol{w}$ 向量时使用了前面介绍的支持函数 get_vecw()：

```
function dy=glfdiff9(y,t,gam,p)
  arguments
     y(:,1), t(:,1) double, gam(1,1) double
     p(1,1){mustBePositiveInteger}=5
  end
  [y,h,n]=fdiffcom(y,t); u=0; du=0; r=(0:p)*h;
  R=sym(fliplr(vander(r))); c=double(R\y(1:p+1));
  for i=1:p+1, u=u+c(i)*t.^(i-1);
     du=du+c(i)*t.^(i-1-gam)*gamma(i)/gamma(i-gam);
  end
  v=y-u; g=double(genfunc(p)); w=get_vecw(gam,n,g);
  for i=1:n, dv(i,1)=w(1:i)*v(i:-1:1)/h^gam; end
  dy=dv+du; if abs(y(1))<1e-10, dy(1)=0; end
end
```

说明 4-1　高精度数值微积分算法

（1）在实际的高精度运算中，因为所使用双精度数据结构的限制，对非常大的 p 值并不能保证 $o(h^{p+1})$ 的精度真正高于 $o(h^p)$，所以选择合适的 p 时应该采用验证的方法。

（2）对非零初值的函数，应分解成两个信号，由不同算法单独计算分数阶导数。

4.3.3　算法的测试与评价

本节给出一个已知导数解析解的测试函数，选择不同步长和 p 值求取分数阶导数，并评价计算精度等指标。

例 4-4　重新求解例 4-2 中的问题，并评价算法的精度。

解　从前面的例子可以看出，如果选择计算步长 $h = 0.01$，则基于 FFT 的算法失效，而算法 4-2 的算法在初始时刻有很强的振荡，得出错误的结果。这里采用同样的计算步长，尝试不同的 p 阶次，用新的算法结果与解析解 $y = t^{-0.6}\mathrm{E}_{1,0.4}(-t)$ 进行比较，其比较结果在表 4-5 中给出（得出的矩阵 T 即表格的全部数据）。

```
>> t10=[0.5:0.5:5]'; t=0:0.01:5;
   y10=t10.^-0.6.*ml_func([1,0.4],-t10,0,eps);
   f=@(t)exp(-t); ii=[51:50:length(t)]; T=t10;
   for p=1:6, y1=glfdiff9(f,t,0.6,p); T=[T, [y1(ii)-y10]]; end
```

表 4-5　不同阶次 p 选择下的计算误差

t	$p=1$	$p=2$	$p=3$	$p=4$	$p=5$	$p=6$
0.5	-0.00180	1.194×10^{-5}	-8.893×10^{-8}	7.066×10^{-10}	-5.85×10^{-12}	5.30×10^{-14}
1	-0.00172	1.148×10^{-5}	-8.586×10^{-8}	6.848×10^{-10}	-5.69×10^{-12}	4.98×10^{-14}
1.5	-0.00151	1.005×10^{-5}	-7.522×10^{-8}	6.005×10^{-10}	-4.99×10^{-12}	4.74×10^{-14}
2	-0.00129	8.613×10^{-6}	-6.446×10^{-8}	5.147×10^{-10}	-4.28×10^{-12}	5.52×10^{-14}
2.5	-0.00111	7.385×10^{-6}	-5.527×10^{-8}	4.413×10^{-10}	-3.70×10^{-12}	-6.74×10^{-15}
3	-0.00096	6.395×10^{-6}	-4.785×10^{-8}	3.820×10^{-10}	-3.23×10^{-12}	1.11×10^{-14}
3.5	-0.00084	5.611×10^{-6}	-4.197×10^{-8}	3.350×10^{-10}	-2.93×10^{-12}	1.18×10^{-14}
4	-0.00075	4.993×10^{-6}	-3.734×10^{-8}	2.980×10^{-10}	-2.83×10^{-12}	-5.71×10^{-14}
4.5	-0.00068	4.503×10^{-6}	-3.366×10^{-8}	2.688×10^{-10}	-3.03×10^{-12}	8.69×10^{-14}
5	-0.00062	4.110×10^{-6}	-3.072×10^{-8}	2.453×10^{-10}	-3.46×10^{-12}	-8.91×10^{-13}

可以看出，$p = 1$ 时的误差与 glfdiff() 的一致，在选择较大期望阶次 p 时，计算误差显著减小。此外，这里的算法效率也特别高，计算速度与 glfdiff() 相仿，尽管这里选择的计算步长 $h = 0.01$ 从传统角度看已经很大了，$p = 6$ 时本算法给出的最高精度仍可以低至 10^{-13}，其精度高于现有算法十多个数量级。

现在尝试一下更大的计算步长 $h = 0.1$，仍然可以测出不同 p 取值下高精度算法的计算误差，如表 4-6 所示。

```
>> t10=[0.5:0.5:5]';
   y10=t10.^-0.6.*ml_func([1,0.4],-t10,0,eps);
   t=0:0.1:5; y=exp(-t); ii=[6:5:51];
   for p=1:6, y1=glfdiff9(y,t,0.6,p); T=[T [y1(ii)-y10]]; end
```

可以看出，即使选择了这么大的计算步长，仍然能得到相当高的计算精度，这是当前其他算法根本没有办法做到的。

表4-6　大计算步长 $h = 0.1$ 下的误差比较

t	$p=1$	$p=2$	$p=3$	$p=4$	$p=5$	$p=6$
0.5	−0.017078	0.0010339	-6.9464×10^{-5}	4.5263×10^{-6}	-1.9794×10^{-7}	-3.0685×10^{-9}
1	−0.016764	0.0010808	-7.8225×10^{-5}	5.9813×10^{-6}	-4.7312×10^{-7}	3.7396×10^{-8}
1.5	−0.014743	0.0009625	-7.0585×10^{-5}	5.5076×10^{-6}	-4.4747×10^{-7}	3.7261×10^{-8}
2	−0.012641	0.0008275	-6.0864×10^{-5}	4.7719×10^{-6}	-3.9004×10^{-7}	3.2790×10^{-8}
2.5	−0.010832	0.0007085	-5.2080×10^{-5}	4.0837×10^{-6}	-3.3396×10^{-7}	2.8098×10^{-8}
3	−0.009366	0.0006113	-4.4842×10^{-5}	3.5100×10^{-6}	-2.8658×10^{-7}	2.4070×10^{-8}
3.5	−0.008205	0.0005340	-3.9073×10^{-5}	3.0507×10^{-6}	-2.4846×10^{-7}	2.0816×10^{-8}
4	−0.007290	0.0004731	-3.4522×10^{-5}	2.6881×10^{-6}	-2.1832×10^{-7}	1.8241×10^{-8}
4.5	−0.006565	0.0004249	-3.0926×10^{-5}	2.4019×10^{-6}	-1.9455×10^{-7}	1.6211×10^{-8}
5	−0.005985	0.0003864	-2.8063×10^{-5}	2.1744×10^{-6}	-1.7569×10^{-7}	1.4603×10^{-8}

　　进一步增加精度 p, 可以得出的误差比较如表4-7所示。由于双精度数据结构的限制, 并非 p 越大越好, 对本例而言, $p = 8$ 是最好选择。如果再增大 p 的选择, 最终的误差有可能增大。所以应该考虑适当增加 p 的值。对于未知解析解的情形, 用户可以考虑对比相邻两个 p 值之间的误差, 如果某个 p 处相邻两个 p 值对应的误差最小, 则可以接受这样的结果。

表4-7　更高阶次 p 下的误差比较

t	$p=7$	$p=8$	$p=9$	$p=10$	$p=11$
0.5	-8.1653×10^{-11}	-2.9697×10^{-12}	-1.3595×10^{-13}	-1.3572×10^{-14}	9.7140×10^{-17}
1	-2.9148×10^{-9}	2.4836×10^{-10}	-2.0282×10^{-11}	7.7977×10^{-13}	4.8572×10^{-15}
1.5	-3.1200×10^{-9}	2.4794×10^{-10}	-2.0988×10^{-11}	2.4357×10^{-12}	-2.0356×10^{-13}
2	-2.8470×10^{-9}	2.5309×10^{-10}	-1.6299×10^{-11}	-4.0665×10^{-13}	-1.5415×10^{-13}
2.5	-2.4454×10^{-9}	2.5010×10^{-10}	-4.5112×10^{-11}	6.7932×10^{-12}	5.3905×10^{-13}
3	-2.0587×10^{-9}	1.5191×10^{-10}	-6.3581×10^{-12}	3.1815×10^{-11}	-1.0038×10^{-11}
3.5	-1.7566×10^{-9}	4.4916×10^{-11}	2.3519×10^{-10}	-3.3692×10^{-10}	8.9195×10^{-11}
4	-1.5471×10^{-9}	2.2712×10^{-10}	-6.0421×10^{-11}	9.4240×10^{-10}	-3.9803×10^{-10}
4.5	-1.3943×10^{-9}	4.9411×10^{-10}	-1.9055×10^{-9}	7.2915×10^{-9}	-3.4967×10^{-9}
5	-1.2581×10^{-9}	-2.1665×10^{-10}	1.1419×10^{-8}	-8.3347×10^{-8}	9.9516×10^{-8}

```
>> t10=[0.5:0.5:5]';
   y10=t10.^-0.6.*ml_func([1,0.4],-t10,0,eps);
   t=0:0.1:5; y=exp(-t); ii=[6:5:51]; T=[];
   for p=7:11, y1=glfdiff9(y,t,0.6,p); T=[T [y1(ii)-y10]]; end
```

例4-5　试求指数函数 e^{-t} 在 $[0,5]$ 区间的 0.6 阶数值积分。

　　解　已知指数函数 0.6 阶积分的解析解为 $t^{0.6}\mathrm{E}_{1,1.6}(-t)$。现在选择计算步长 $h = 0.01$, 可以得到在不同 p 下数值积分与解析解之间的误差, 见表4-8。可以看出数值积分的误差和例4-4中数值微分的误差相仿。

表 4-8　不同阶次 p 时数值积分的误差比较

t	$p=1$	$p=2$	$p=3$	$p=4$	$p=5$	$p=6$
0.5	0.00057	-3.612×10^{-6}	2.620×10^{-8}	-2.024×10^{-10}	1.628×10^{-12}	-1.321×10^{-14}
1	0.00146	-9.514×10^{-6}	7.012×10^{-8}	-5.510×10^{-10}	4.509×10^{-12}	-3.764×10^{-14}
1.5	0.00240	-1.574×10^{-5}	1.166×10^{-7}	-9.209×10^{-10}	7.576×10^{-12}	-6.439×10^{-14}
2	0.00330	-2.175×10^{-5}	1.615×10^{-7}	-1.279×10^{-9}	1.055×10^{-11}	-8.971×10^{-14}
2.5	0.00415	-2.738×10^{-5}	2.036×10^{-7}	-1.614×10^{-9}	1.333×10^{-11}	-1.138×10^{-13}
3	0.00494	-3.261×10^{-5}	2.427×10^{-7}	-1.926×10^{-9}	1.592×10^{-11}	-1.372×10^{-13}
3.5	0.00567	-3.747×10^{-5}	2.790×10^{-7}	-2.215×10^{-9}	1.833×10^{-11}	-1.580×10^{-13}
4	0.00635	-4.201×10^{-5}	3.129×10^{-7}	-2.485×10^{-9}	2.059×10^{-11}	-1.800×10^{-13}
4.5	0.00699	-4.626×10^{-5}	3.446×10^{-7}	-2.739×10^{-9}	2.273×10^{-11}	-2.032×10^{-13}
5	0.00759	-5.027×10^{-5}	3.746×10^{-7}	-2.977×10^{-9}	2.479×10^{-11}	-2.191×10^{-13}

```
>> t10=[0.5:0.5:5]';
   y10=t10.^0.6.*ml_func([1,1.6],-t10,0,eps);
   t=0:0.01:5; y=exp(-t); ii=[51:50:501]; T=t10;
   for p=1:6
       y1=glfdiff9(y,t,-0.6,p); T=[T [y1(ii)-y10]];
   end
```

例 4-6　试用这里给出的新算法 glfdiff9() 求出指数函数 e^{-t} 的二阶导数。

解　从理论上已知指数函数 e^{-t} 的二阶导数是它自身,现在选择不同的 p 值进行数值微分运算,在计算步长 $h=0.01$ 下得到误差的结果如表 4-9 所示,可以看出,该算法同样可以用于高精度的整数阶数值微分,并仍然能得出极高的近似精度,且导数向量与函数向量的长度是一致的。

```
>> t10=[0.5:0.5:5]'; y10=exp(-t10); T=[];
   t=0:0.01:5; y=exp(-t); ii=[51:50:501];
   for p=1:6, y1=glfdiff9(y,t,2,p); T=[T [y1(ii)-y10]]; end
```

表 4-9　不同 p 值指数函数的二阶导数计算误差

t	$p=1$	$p=2$	$p=3$	$p=4$	$p=5$	$p=6$
0.5	0.006100	-4.07×10^{-5}	3.07×10^{-7}	-2.43×10^{-9}	1.71×10^{-10}	6.60×10^{-11}
1	0.003700	-2.47×10^{-5}	1.86×10^{-7}	-1.48×10^{-9}	1.23×10^{-11}	-1.18×10^{-10}
1.5	0.002244	-1.50×10^{-5}	1.13×10^{-7}	-9.19×10^{-10}	3.42×10^{-10}	-7.17×10^{-11}
2	0.001361	-9.09×10^{-6}	6.85×10^{-8}	-5.91×10^{-10}	2.96×10^{-10}	7.21×10^{-11}
2.5	0.000826	-5.51×10^{-6}	4.15×10^{-8}	-5.08×10^{-10}	-7.35×10^{-11}	-2.28×10^{-9}
3	0.000500	-3.34×10^{-6}	2.54×10^{-8}	-1.43×10^{-9}	1.37×10^{-10}	-3.10×10^{-9}
3.5	0.000304	-2.03×10^{-6}	1.51×10^{-8}	-1.13×10^{-9}	2.86×10^{-10}	-8.86×10^{-9}
4	0.000184	-1.23×10^{-6}	9.45×10^{-9}	-2.51×10^{-9}	6.92×10^{-10}	-2.25×10^{-8}
4.5	0.000112	-7.46×10^{-7}	5.97×10^{-9}	-4.27×10^{-9}	5.35×10^{-9}	-3.77×10^{-8}
5	6.78×10^{-5}	-4.52×10^{-7}	4.84×10^{-9}	-7.35×10^{-9}	1.40×10^{-8}	-1.02×10^{-7}

4.3.4 再论矩阵算法

因为存在初始时刻的补偿项，所以式（3-2-11）不能直接用于实现高精度算法，同样也需要引入式（4-3-1）所示的辅助信号 $u(t)$，其系数仍可由式（4-3-2）求出。这时，信号 $f(t)$ 的 Riemann–Liouville 分数阶微积分可以写成

$$
{}_{t_0}^{\mathrm{RL}}\mathscr{D}^\alpha f(t) = {}_{t_0}^{\mathrm{RL}}\mathscr{D}^\alpha u(t) + {}_{t_0}^{\mathrm{RL}}\mathscr{D}^\alpha v(t) \tag{4-3-6}
$$

直接计算公式可以写成高精度 Riemann–Liouville 分数阶微积分算法的矩阵形式

$$
{}_{t_0}^{\mathrm{RL}}\mathscr{D}^\alpha f(t) = \frac{1}{h^\alpha}\boldsymbol{W}\boldsymbol{v} + \sum_{k=0}^{p}\frac{\Gamma(k+1)c_k}{\Gamma(k+1-\alpha)}(t-t_0)^{k-\alpha} \tag{4-3-7}
$$

式中，$\boldsymbol{W}$ 为由高精度系数 w_k 构成的矩阵，其形式仍然如式（4-2-15）那样；$\boldsymbol{v}$ 为信号 $v(t)=y(t)-u(t)$ 构成的向量。可以看出，如果实现了矩阵算法，得出的结果将与算法 4-3 完全一致。

将 **glfdiff9()** 函数中的 `for i=1:n, dv(i,1)=w(1:i)*v(i:-1:1)/h^gam; end` 语句替换成 `dv=rot90(hankel(w(end:-1:1)))*v/h^gam`，就可以直接写出矩阵型高精度求解函数 **glfdiff9_mat()**，该函数的调用格式与 **glfdiff9()** 函数完全一致，结果也完全一致。该函数的内容如下：

```
function dy=glfdiff9_mat(y,t,gam,p)
    arguments
        y(:,1), t(:,1) double, gam(1,1) double
        p(1,1){mustBePositiveInteger}=5
    end
    [y,h,n]=fdiffcom(y,t); u=0; du=0; r=(0:p)*h;
    R=sym(fliplr(vander(r))); c=double(R\y(1:p+1));
    for i=1:p+1, u=u+c(i)*t.^(i-1);
        du=du+c(i)*t.^(i-1-gam)*gamma(i)/gamma(i-gam);
    end
    v=y-u; g=double(genfunc(p)); w=get_vecw(gam,n,g);
    dv=rot90(hankel(w(end:-1:1)))*v/h^gam;
    dy=dv+du; if abs(y(1))<1e-10, dy(1)=0; end
end
```

4.4 Caputo微分的高精度算法

Grünwald–Letnikov 定义和 Caputo 定义的最大区别是对初值的处理。本节分析该差别产生的根本原因，并给出信号分离的方法。

4.4.1　算法与实现

前面已经说明，Caputo 分数阶积分与 Riemann–Liouville 分数阶积分完全等效，故可以直接使用 `glfdiff9()` 计算高精度的 Caputo 分数阶积分。对于 Caputo 分数阶导数，则应该采用下面的算法计算 Caputo 分数阶导数。

算法 4-4 ▶ Caputo 分数阶导数高精度算法

（1）用 `glfdiff9()` 计算高精度 Grünwald–Letnikov 分数阶导数。

（2）计算出式（3-5-8）的补偿函数。

（3）将补偿函数与 Grünwald–Letnikov 分数阶导数相结合，可以得出高精度的 Caputo 分数阶导数。

基于上述想法，可以编写 MATLAB 函数 `caputo9()`，计算高精度 Caputo 分数阶微积分的数值解。

```
function dy=caputo9(y,t,gam,p)
    arguments, y(:,1), t(:,1) double, gam(1,1) double
        p(1,1) {mustBePositiveInteger}=5
    end
    if gam<0, dy=glfdiff9(y,t,gam,p); return; end
    h=t(2)-t(1); q=ceil(gam);
    r=max(p,q); R=sym(fliplr(vander((0:(r-1))'*h)));
    c=double(R\y(1:r)); u=0; du=0;
    for i=1:r, u=u+c(i)*t.^(i-1); end
    if q<r
        for i=(q+1):p, du=du+c(i)*t.^(i-1-gam)*gamma(i)/gamma(i-gam);
    end, end
    v=y-u; dv=glfdiff9(v,t,gam,p); dy=dv+du;
end
```

4.4.2　算法的测试与评价

和前面测试 Grünwald–Letnikov 高精度算法一样，这里仍然对已知解析解的函数进行 Caputo 导数的计算，并评价求解算法的实际精度。

例 4-7　试计算指数函数 e^{-t} 的 0.6 阶 Caputo 导数，并比较选择 $h = 0.01$ 和 $h = 0.1$ 为步长的计算精度。

解　由式（3-4-3）可见，因为 $\alpha = 0.6, \lambda = -1$，故有 $q = \lceil \alpha \rceil = 1$，且 $\gamma = q - \alpha = 0.4$，这样指数函数的 0.6 阶 Caputo 分数阶导数的解析解为

$$y_0(t) = {}_0^{\mathrm{C}}\mathscr{D}_t^{\alpha}\mathrm{e}^{-t} = \lambda^q t^{\gamma}\mathrm{E}_{1,\gamma+1}(\lambda t) = -t^{0.4}\mathrm{E}_{1,1.4}(-t)$$

选择计算步长 $h = 0.01$，可以由下面的语句求出不同 p 取值下的分数阶导数，并

与解析解相比得出相应的误差，如表4-10所示。可见，这样得出的结果最大误差可达 10^{-13}，高于现有算法很多个数量级。

表4-10　计算步长为 $h = 0.01$ 的计算误差

t	$p = 1$	$p = 2$	$p = 3$	$p = 4$	$p = 5$	$p = 6$
0.5	-0.00180	1.19×10^{-5}	-8.89×10^{-8}	7.07×10^{-10}	-5.85×10^{-12}	4.80×10^{-14}
1	-0.00172	1.15×10^{-5}	-8.59×10^{-8}	6.85×10^{-10}	-5.69×10^{-12}	4.85×10^{-14}
1.5	-0.00151	1.01×10^{-5}	-7.52×10^{-8}	6.00×10^{-10}	-4.99×10^{-12}	3.97×10^{-14}
2	-0.00129	8.61×10^{-6}	-6.45×10^{-8}	5.15×10^{-10}	-4.28×10^{-12}	4.26×10^{-14}
2.5	-0.00110	7.39×10^{-6}	-5.53×10^{-8}	4.41×10^{-10}	-3.70×10^{-12}	4.70×10^{-14}
3	-0.00096	6.40×10^{-6}	-4.78×10^{-8}	3.82×10^{-10}	-3.25×10^{-12}	1.18×10^{-14}
3.5	-0.00084	5.61×10^{-6}	-4.20×10^{-8}	3.35×10^{-10}	-2.96×10^{-12}	4.46×10^{-14}
4	-0.00075	4.99×10^{-6}	-3.73×10^{-8}	2.98×10^{-10}	-2.92×10^{-12}	3.52×10^{-14}
4.5	-0.00068	4.50×10^{-6}	-3.37×10^{-8}	2.68×10^{-10}	-2.72×10^{-12}	7.61×10^{-13}
5	-0.00062	4.11×10^{-6}	-3.07×10^{-8}	2.45×10^{-10}	-3.41×10^{-12}	-2.75×10^{-13}

```
>> t0=[0.5:0.5:5]'; q=1; gam=q-0.6;
   t=0:0.01:5; y=exp(-t); T=t0;
   y0=-t0.^0.4.*ml_func([1,1.4],-t0,0,eps); ii=[51:50:501];
   for p=1:6
       y1=caputo9(y,t,0.6,p); T=[T [y1(ii)-y0]];
   end
```

如果采用更大的计算步长 $h = 0.1$，则可以由下面的语句得出各个 p 阶次选择下的计算误差，见表4-11。

表4-11　计算步长为 $h = 0.1$ 时的计算误差

t	$p = 4$	$p = 5$	$p = 6$	$p = 7$	$p = 8$	$p = 9$
0.5	4.53×10^{-6}	-1.98×10^{-7}	-3.07×10^{-9}	-8.17×10^{-11}	-2.97×10^{-12}	-1.30×10^{-13}
1	5.98×10^{-6}	-4.73×10^{-7}	3.74×10^{-8}	-2.91×10^{-9}	2.48×10^{-10}	-2.03×10^{-11}
1.5	5.51×10^{-6}	-4.47×10^{-7}	3.73×10^{-8}	-3.12×10^{-9}	2.48×10^{-10}	-2.10×10^{-11}
2	4.77×10^{-6}	-3.90×10^{-7}	3.28×10^{-8}	-2.85×10^{-9}	2.53×10^{-10}	-1.63×10^{-11}
2.5	4.08×10^{-6}	-3.34×10^{-7}	2.81×10^{-8}	-2.45×10^{-9}	2.50×10^{-10}	-4.51×10^{-11}
3	3.51×10^{-6}	-2.87×10^{-7}	2.41×10^{-8}	-2.06×10^{-9}	1.52×10^{-10}	-6.34×10^{-12}
3.5	3.05×10^{-6}	-2.48×10^{-7}	2.08×10^{-8}	-1.76×10^{-9}	4.49×10^{-11}	2.35×10^{-10}
4	2.69×10^{-6}	-2.18×10^{-7}	1.82×10^{-8}	-1.55×10^{-9}	2.27×10^{-10}	-6.05×10^{-10}
4.5	2.40×10^{-6}	-1.95×10^{-7}	1.62×10^{-8}	-1.39×10^{-9}	4.94×10^{-10}	-1.91×10^{-9}
5	2.17×10^{-6}	-1.76×10^{-7}	1.46×10^{-8}	-1.26×10^{-9}	-2.17×10^{-10}	1.14×10^{-8}

```
>> t=[0:0.1:5]'; y=exp(-t); ii=[6:5:51]; T=t0;
   for p=4:9, y1=caputo9(y,t,0.6,p); T=[T [y1(ii)-y0]]; end
```

　　可以看出,尽管选择了大计算步长 $h = 0.1$,计算精度依然很高,所以这里给出的算法与实现是高效高精度的。

　　例 4-8　试重新求解例 3-12 中的问题。

　　解　从例 3-12 可见,由于前几个计算点出现很强的振荡,可以在 caputo() 函数中采用样条插值重新计算这几个点,这就不可避免地引入新的甚至未知的误差。可以用高精度函数得出可靠的数值解,如图 4-3 所示。

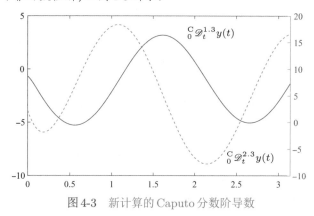

图 4-3　新计算的 Caputo 分数阶导数

```
>> t=0:0.01:pi; y=sin(3*t+1);
   y1=caputo9(y,t,1.3,5); y2=caputo9(y,t,2.3,5);
   yyaxis left, plot(t,y1), yyaxis right, plot(t,y2,'--')
```

　　可以看出,调用新的函数甚至不需要用户提供 $y(0)$, $y'(0)$ 与 $y''(0)$,所以这里给出的方法更可靠,也更方便。

4.4.3　基准测试问题求解

　　为评价数值算法的精度与速度,作者专门设计了一系列用于数值算法测试的比较苛刻的基准测试问题(benchmark problems)[5]。这些基准测试问题在附录 A 中列出。其中,第一个问题是用于测试 Caputo 数值积分问题的求解算法的。本节以该问题为例,给出基于本节求解方法的实际计算结果,并评价得出解的精度。

　　例 4-9　试求解下面分段函数的 Caputo 积分 $y(t) = {}_0^C\mathscr{D}_t^{-0.7} f(t) + y(0)$,其中

$$f(t) = \begin{cases} \dfrac{1}{\Gamma(1.3)} t^{0.3}, & 0 \leqslant t \leqslant 1 \\ \dfrac{1}{\Gamma(1.3)} t^{0.3} - \dfrac{2}{\Gamma(2.3)} (t-1)^{1.3}, & t > 1 \end{cases} \tag{4-4-1}$$

式中,$0 \leqslant t \leqslant 2$;初始条件为 $y(0) = 1$,已知该函数的解析解也是分段函数:

$$y(t) = \begin{cases} t + 1, & 0 \leqslant t \leqslant 1 \\ t + 1 - (t-1)^2, & t > 1 \end{cases} \tag{4-4-2}$$

　　解　下面语句可以用匿名函数描述原函数及其解函数,函数曲线如图 4-4 所示。

```
>> f=@(t)1/gamma(1.3)*t.^0.3-2/gamma(2.3)*(t-1).^1.3.*(t>1);
   y=@(t)t+1-(t-1).^2.*(t>1); fplot({f,y},[0,2])
```

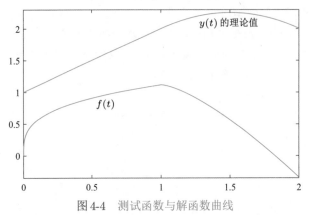

图 4-4　测试函数与解函数曲线

取计算步长 $h = 0.01$,可以由下面语句计算出分数阶积分的理论值,并得出 $p = 1, 5, 6, 7$ 时的数值积分结果,如图 4-5 所示。其中,实线为理论值,虚线为不同 p 值下的数值解。对这个具体例子而言,$p = 1$ 时的数值积分远离理论值,随着 p 的增大,数值积分逐渐趋近于理论值,$p = 7$ 时最接近理论值。如果继续增大 p 值,可能出现数值不稳定的现象。可以看出,对这个基本测试问题而言,传统的数值积分算法可能导致极大的计算误差,而高精度求解算法能得出比较精确的结果。

```
>> h=0.01; t=[0:h:2]'; p0=[1,5,6,7]; y0=f(t); fplot(y,[0,2])
   for p=p0, y1=caputo9(y0,t,-0.7,p)+1; line(t,y1); end
```

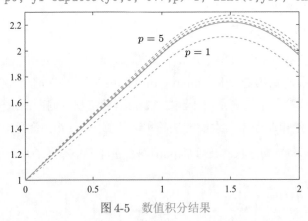

图 4-5　数值积分结果

为进一步测试计算参数对计算精度的影响,这里对不同的计算步长 h 和计算阶次 p 取不同的值,得出的误差范数在表 4-12 中给出。注意,为公平起见,这里定义的范数指标为误差的范数除以向量的长度。如果 $h = 0.001$,则 p 过大可能导致算法失效。

```
>> h=0.01; t=[0:h:2]'; T=h; y0=f(t); %可以将0.01换作其他值
```

```
for p=1:7
   y1=caputo9(y0,t,-0.7,p)+1; T=[T,norm(y1-y(t))/length(y1)];
end
```

表 4-12　不同步长、阶次 p 下的误差范数

步　长	$p=1$	$p=2$	$p=3$	$p=4$	$p=5$	$p=6$	$p=7$
0.001	0.0013	0.00065	0.00044	0.00032	0.00416	0.07026	4.7095×10^{10}
0.005	0.0046	0.00233	0.00159	0.00119	0.00096	0.00079	0.00371
0.01	0.0080	0.00400	0.00275	0.00203	0.00165	0.00134	0.00115
0.05	0.0288	0.01310	0.00939	0.00632	0.00545	0.00389	0.00370
0.1	0.0504	0.01981	0.01515	0.00901	0.00833	0.00503	0.00527

　　误差范数的值有时会受向量长度的影响，不一定能较好地刻画实际误差情况，例如，$h=0.01$ 时向量长度为 201，其范数指标往往高于 $h=0.1$（向量长度为 21）的计算结果，所以还需要测试其他重要指标，如最大误差指标。如果将上面的误差计算语句 $\mathrm{norm}(y_1-y(t))/\mathrm{length}(t)$ 替换成 $\mathrm{max}(\mathrm{abs}(y_1-y(t)))$，则可以得出各个步长下的最大误差，在表 4-13 中列出。综合考虑这两个误差指标，可以发现，图 4-5 中的参数组合 $(h=0.01, p=7)$ 能够得出这个测试问题的最好结果。

表 4-13　不同步长、阶次 p 下的最大误差

步　长	$p=1$	$p=2$	$p=3$	$p=4$	$p=5$	$p=6$	$p=7$
0.001	0.08815	0.04494	0.030568	0.021384	0.687540	14.009	2.6581×10^{13}
0.005	0.14418	0.07245	0.049399	0.037114	0.029971	0.025073	0.415880
0.01	0.17907	0.08861	0.060603	0.045222	0.036611	0.029983	0.026924
0.05	0.30488	0.13531	0.095335	0.067152	0.056391	0.042727	0.039269
0.1	0.39326	0.15229	0.112640	0.073125	0.064551	0.043361	0.041784

4.5　更高阶分数阶导数的计算

　　前面介绍的算法一般不支持较高的微分阶次，如一个已知函数的 3.6 阶导数。直接套用前面介绍的方法可能导致错误的结果。本节先给出高阶整数阶导数的高精度求解函数，再考虑与整数阶求导方法相结合，先计算整数阶数值微分，再对结果求取低阶分数阶导数。

4.5.1　整数阶高阶导数的高精度算法

　　如果追求更高精度 $o(h^p)$ 的整数阶数值微分结果，还可以使用文献 [6] 中给出的 $\mathbf{num\_diff()}$ 函数：$[z,t]=\mathrm{num\_diff}(y,h,n,p)$，其中，返回 $\boldsymbol{y}$ 的 n 阶数值微分，$\boldsymbol{t}$ 是相对的时间向量，实际时间向量应该为 $\boldsymbol{t}=t_0+\boldsymbol{t}$，$t_0$ 为初始时刻。限于本书的篇

幅，这里不给出具体算法与函数清单，有兴趣的读者自行参阅文献 [6] 的理论描述与代码实现，或参阅本书 FOTF 工具箱中函数的源程序。

例 4-10 用整数阶前向差分算法重新求解例 4-6 中的二阶导数问题。

解 如果用整数阶数值微分算法重新求解 $y(t) = e^{-t}$ 的二阶导数问题，得出的误差绝对值如表 4-14 所示。可以看出，这样的数值解精度比例 4-6 得出的精度高得多（对比表 4-9）。

```
>> t10=[0.5:0.5:4.5]'; y10=exp(-t10);
   t=0:0.01:5; y=exp(-t); ii=[51:50:500]; T=[];
   for p=1:6, y1=num_diff(y,0.01,2,p); T=[T abs(y1(ii)-y10)]; end
```

表 4-14　数值微分算法得出的二阶导数误差

t	$p=1$	$p=2$	$p=3$	$p=4$	$p=5$	$p=6$
0.5	0.00603	5.4996×10^{-5}	4.9749×10^{-7}	-4.5454×10^{-9}	1.1235×10^{-11}	2.3530×10^{-12}
1	0.00366	3.3357×10^{-5}	3.0174×10^{-7}	2.7505×10^{-9}	2.8194×10^{-11}	3.7690×10^{-12}
1.5	0.00222	2.0232×10^{-5}	1.8302×10^{-7}	1.6619×10^{-9}	2.1289×10^{-12}	1.1194×10^{-11}
2	0.00135	1.2271×10^{-5}	1.1100×10^{-7}	1.0046×10^{-9}	7.8849×10^{-12}	2.3428×10^{-11}
2.5	0.00082	7.4429×10^{-6}	6.7332×10^{-8}	6.1624×10^{-10}	1.2834×10^{-11}	2.0050×10^{-11}
3	0.00050	4.5144×10^{-6}	4.0838×10^{-8}	3.7345×10^{-10}	3.1933×10^{-11}	4.1777×10^{-13}
3.5	0.00030	2.7381×10^{-6}	2.4769×10^{-8}	2.2667×10^{-10}	1.5693×10^{-11}	1.2062×10^{-12}
4	0.00018	1.6607×10^{-6}	1.5022×10^{-8}	1.3503×10^{-10}	2.6410×10^{-12}	5.9717×10^{-12}
4.5	0.00011	1.0073×10^{-6}	9.1114×10^{-9}	8.2245×10^{-11}	1.2294×10^{-12}	3.5193×10^{-12}

例 4-11 若 $x \in (1.5, 3.5)$，步长为 $h = 0.02$，试由函数

$$f(x) = \frac{1}{2}\ln(x+1) - \frac{1}{4}\ln(x^2 - x + 1) + \frac{1}{\sqrt{3}}\arctan\frac{2x-1}{\sqrt{3}}$$

生成一组样本点数据，由数据求出该函数的 1～7 阶数值导数，并与解析解比较，找出数值算法的最大误差。

解 如果选择精度 p，由下面的语句可以直接生成样本点，然后根据样本点求出函数各阶数值微分的解。由于函数的数学表达式已知，还可以求出这些样本点处的理论值。这样，各阶数值微分的误差在表 4-15 中列出。可以看出，7 阶数值微分的结果远离理论值，不能使用，可以尝试更小的 h 值。6 阶导数如图 4-6 所示，从得出的曲线上仅能看到极微小的区别。如果想得到可用的 7 阶数值微分结果，可以考虑减小步长。

表 4-15　不同阶次数值导数的误差

导数阶次	1	2	3	4	5	6	7
误差范数	9.47×10^{-10}	2.94×10^{-8}	4.45×10^{-7}	6.58×10^{-6}	0.0011	0.216	29.4
最大误差	4.69×10^{-10}	1.28×10^{-8}	1.62×10^{-7}	1.93×10^{-6}	3.27×10^{-4}	0.049	7.32

```
>> syms x; h=0.02; x0=1.5:h:3.5;
   f(x)=log(1+x)/2-log(x^2-x+1)/4+atan((2*x-1)/sqrt(3))/sqrt(3);
   y0=double(f(x0));      % 生成已知样本点
   for n=1:7              % 由样本点求取不同阶次的数值导数
       [z,t]=num_diff(y0,h,n,6); t=1.5+t;      % 求数值微分
       f1=diff(f,n); y1=double(f1(t));          % MATLAB 求出的精确解
       norm(z-y1), max(abs(z-y1))               % 误差范数与最大误差
   end
   [z,t]=num_diff(y0,h,6,6); t=1.5+t;           % 重新计算 6 阶数值微分
   f1=diff(f,6); y1=double(f1(t)); plot(t,y1,t,z,'--')
```

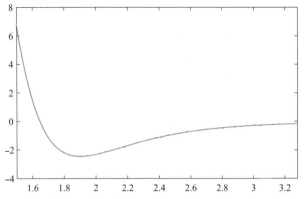

图 4-6　6 阶数值微分计算结果（实线为理论值，虚线为数值微分）

4.5.2　高阶分数阶导数计算

在介绍本节之前，先看一个演示高阶分数阶导数的求导例子，演示前面介绍的求导算法失败过程，分析原因，并给出可行的替代方法。

例 4-12　已知函数 $f(t) = \mathrm{e}^{-t}$，试求 ${}_0^{\mathrm{C}}\mathscr{D}_t^{3.6} f(t)$ 高阶导数。

解　利用定理 3-6 中的描述记 $m = \lceil \alpha \rceil = 4, \gamma = m - \alpha = 0.4$，指数函数 $f(t) = \mathrm{e}^{\lambda t}$ 的 Caputo 分数阶导数的求取公式为

$$
{}_0^{\mathrm{C}}\mathscr{D}_t^{3.6} \mathrm{e}^{-t} = t^{0.4} \mathrm{E}_{1,1.4}(-t) \tag{4-5-1}
$$

考虑利用 caputo9() 函数，直接求取感兴趣函数的 3.6 阶导数，并与理论值比较，得出如图 4-7 所示的结果。显然，虽然采用了高精度分数阶导数的求解算法，这样得出的数值导数与理论值有很大的偏差。

```
>> h=0.01; t=[0:h:1]'; f=@(t)exp(-t);
   y1=caputo9(f,t,3.6,4); y0=t.^0.4.*ml_func([1,1.4],-t);
   plot(t,y1,t,y0)
```

为什么在计算高阶分数阶导数时会出现如此大的偏差呢？前面介绍的高精度

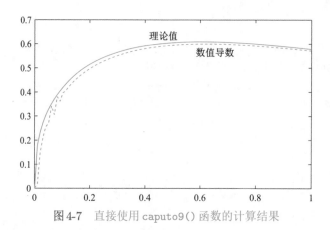

图 4-7　直接使用 caputo9() 函数的计算结果

求导算法的基础是表 4-1 和表 4-2 给出的生成函数，而这些生成函数是按一阶导数推出的。其实除了一阶导数，还有高阶导数的生成函数，见表 4-16[6]。

表 4-16　高精度后向差分算法系数

阶次	精度	y_k	y_{k-1}	y_{k-2}	y_{k-3}	y_{k-4}	y_{k-5}	y_{k-6}	y_{k-7}	y_{k-8}
1	$o(h)$	1	−1							
	$o(h^2)$	3/2	−2	1/2						
	$o(h^3)$	11/6	−3	3/2	−1/3					
	$o(h^4)$	25/12	−4	3	−4/3	1/4				
	$o(h^5)$	137/60	−5	5	−10/5	5/4	−1/5			
	$o(h^6)$	49/20	−6	15/2	−20/3	15/4	−6/5	1/6		
	$o(h^7)$	363/140	−7	21/2	−35/3	35/4	−21/5	7/6	−1/7	
	$o(h^8)$	761/280	−8	14	−56/3	35/2	−56/5	14/3	−8/7	1/8
2	$o(h)$	1	−2	1						
	$o(h^2)$	2	−5	4	−1					
	$o(h^3)$	35/12	−26/3	19/2	−14/3	11/12				
	$o(h^4)$	15/4	−77/6	107/6	−13	61/12	−5/6			
	$o(h^5)$	203/45	−87/5	117/4	−254/9	33/2	−27/5	137/180		
	$o(h^6)$	469/90	−223/10	879/20	−949/18	41	−201/10	1019/180	−7/10	
3	$o(h)$	1	−3	3	−1					
	$o(h^2)$	5/2	−9	12	−7	3/2				
	$o(h^3)$	17/4	−71/4	59/2	−49/2	41/4	−7/4			
	$o(h^4)$	49/8	−29	461/8	−62	307/8	−13	15/8		
	$o(h^5)$	967/120	−638/15	3929/40	−389/3	2545/24	−268/5	1849/120	−29/15	
4	$o(h)$	1	−4	6	−4	1				
	$o(h^2)$	3	−14	26	−24	11	−2			
	$o(h^3)$	35/6	−31	137/2	−242/3	107/2	−19	17/6		
	$o(h^4)$	28/3	−111/2	142	−1219/6	176	−185/2	82/3	−7/2	
5	$o(h^4)$	27/2	−575/6	895/3	−1065/2	1790/3	−2581/6	195	−305/6	35/6
6	$o(h^3)$	39/4	−73	239	−447	1045/2	−391	183	−49	23/4

很显然,前面给出的生成函数只是表 4-16 的一个特例。不同阶次导数的表格对应的生成函数只适合该阶导数的计算,不适合其他阶次导数的计算。例 4-10 的现象也是同样的原因,因为例 4-10 是由二阶数值导数公式直接计算的,而例 4-6 是由一阶导数扩展得到的公式计算的,所以前者更精确。

文献 [6] 给出了求取差分算法系数的函数 fdcoef(),其调用格式为 c=fdcoef$(n, n+p, \alpha)$,其中,n 为导数的阶次,p 为算法的阶次,α 为表 4-16 中 y 的下标向量。如果想使用后向差分算法,取 $\alpha = -(0:n+p)$,表示 $y_k, y_{k-1}, \cdots, y_{k-n-p}$。例如,表中阶次为 $n = 3$,算法为 $o(h^4)$ 的系数可以由下面语句直接求出:

```
>> n=3; p=4; c=fdcoef(n,n+p,-(0:n+p))
```

得出的结果为 $c = [49/8, -29, 461/8, -62, 307/8, -13, 15/8]$,与表中(深背景色行)给出的系数完全一致。该系数向量对应的计算公式为

$$y_k''' \approx \frac{1}{h^3} \left(\frac{49}{8} y_k - 29 y_{k-1} + \frac{461}{8} y_{k-2} - 62 y_{k-3} + \frac{307}{8} y_{k-4} - 13 y_{k-5} + \frac{15}{8} y_{k-6} \right)$$

算法的精度为 $o(h^4)$。

可见,利用该函数可以得出任意的 n、p 组合系数。

如果想求高阶分数阶导数,例如求 ${}_0^C\mathscr{D}_t^{3.6} y(t)$,则可以采用两种可行的方法:

(1) 根据高阶导数的生成函数,重建相应的高阶导数求取算法。例如,若想求某个信号的 3.6 阶导数,则需要根据表 4-16 中阶次为 3 或 4 的生成函数重建求解算法。不过这样做工作量比较大。

(2) 先求出相应的整数阶数值导数,例如,先求出 4 阶数值导数,再对结果调用函数 glfdiff9() 求 0.4 阶积分(见定理 3-18),得出所需的分数阶高阶导数;或先求出 3 阶数值导数,再对结果调用 caputo9() 函数求结果的 0.6 阶导数,得出所需的 3.6 阶 Caputo 导数。

下面通过例子实际检验高阶数值导数的求解效果。

例 4-13　考虑例 4-12 中的函数 $f(t) = e^{-t}$,试重新计算 ${}_0^C\mathscr{D}_t^{3.6} f(t)$。

解　前面由 caputo9() 函数直接计算的方法失败,所以这里可以再尝试两种方法求原函数的 3.6 阶 Caputo 导数:第一种方法是调用 num_diff() 函数先求出原函数的 4 阶导数,再利用定理 3-18 调用 glfdiff9() 函数求出 0.4 阶 Riemann–Liouville 积分;第二种方法是先求出 3 阶导数,再对结果求 0.6 阶 Caputo 导数。得出的两个结果与理论值曲线完全一致(从略),在图形上看不出区别。

```
>> h=0.01; t=[0:h:1]'; f=@(t)exp(-t);
   y0=t.^0.4.*ml_func([1,1.4],-t); p=6;
   [z1,t1]=num_diff(f(t),h,4,p); y1=glfdiff9(z1,t1,-0.4,p);
   [z2,t2]=num_diff(f(t),h,3,p); y2=caputo9(z2,t2,0.6,p);
```

```
plot(t,y0,t1,y1,t2,y2)
```

由于使用了 num_diff() 函数，得出的整数阶导数的数值向量比原函数向量短。将得出的结果与理论值进行比较，可以看出，两种方法得出最大的误差值分别为 4.0337×10^{-5} 和 3.4585×10^{-6}，后一种方法得出的误差稍小，这是因为求整数阶数值导数时求的阶次稍低所致，所以，这里建议使用后一种方法。

```
>> max(abs(y0(1:length(y1))-y1))    % 先求 4 阶导数，再对其求 0.4 阶积分
   max(abs(y0(1:length(y2))-y2))    % 先求 3 阶导数，再对其求 0.6 阶导数
```

本章习题

(1) 试写出表 4-16 中最后一项对应的后向差分公式，并利用 MATLAB 提供的符号运算功能证明该公式计算 6 阶导数的误差确实满足 $o(h^3)$。

(2) 试利用 MATLAB 的符号运算功能，计算下列差分算法的精度：
$$y'_k \approx \frac{1}{h}\left(y_k - y_{k-1}\right)$$
$$y'_k \approx \frac{1}{h}\left(\frac{3}{2}y_k - 2y_{k-1} + \frac{1}{2}y_{k-2}\right)$$
$$y'_k \approx \frac{1}{h}\left(\frac{11}{6}y_k - 3y_{k-1} + \frac{3}{2}y_{k-2} - \frac{1}{3}y_{k-3}\right)$$

(3) 试利用函数 genfunc() 设计一个计算一阶导数的函数，并列举计算实例，检验计算效果。

(4) 试利用 MATLAB 的符号运算功能证明下面的结论，其中 n、m 为非负整数：
$$\frac{1}{2\pi}\int_0^{2\pi} e^{jn\varphi}e^{-jm\varphi}d\varphi = \begin{cases} 0, & m\neq n \\ 1, & m=n \end{cases}$$

(5) 设函数 $y_1(t)=e^{-t}, y_2(t)=\sin t, y_3(t)=\cos t$，步长 $h=0.01$。试根据定理 4-7，构造这些函数的 p 阶辅助函数，这里的 p 分别取 $1,2,3,4,5$。编写 MATLAB 程序实现上述功能。

(6) 试利用函数 glfdiff9() 和第 2 章提供的函数 ml_func() 验证下面的等式。选择不同的步长和阶数，观察步长和阶数对计算误差的影响。
$$^{RL}_{\ 0}\mathscr{D}_t^{-0.5}e^{-t} = t^{0.5}E_{1,1.5}(-t)$$
$$^{RL}_{\ 0}\mathscr{D}_t^{0.5}e^{-t} = t^{-0.5}E_{1,0.5}(-t)$$

(7) 试用函数 glfdiff9() 和第 2 章提供的函数 ml_func() 验证下面的等式：
$$^{RL}_{\ 0}\mathscr{D}_t^{-0.7}\cosh\sqrt{2}t = t^{0.7}E_{2,1.7}(2t^2)$$
$$^{RL}_{\ 0}\mathscr{D}_t^{0.7}\cosh\sqrt{2}t = t^{-0.7}E_{2,0.3}(2t^2)$$

选择不同的步长和阶数，观察步长和阶数对计算误差的影响。

(8) 考虑函数 $f(t) = \sqrt{t \sin t} \sqrt{1 - \mathrm{e}^{-t}}$，定义域为 $t \in [0, \pi]$，试利用函数 caputo9() 计算 ${}_0^{\mathrm{C}}\mathscr{D}_t^{0.7} f(t)$，并用函数 glfdiff9() 计算 ${}_0^{\mathrm{RL}}\mathscr{D}_t^{0.7} f(t)$。比较两个计算结果是否相同，并说明原因。

(9) 试应用函数 glfdiff9() 和 glfdiff9_mat() 分别计算

$$ {}_0^{\mathrm{RL}}\mathscr{D}_t^{1.2} \cos\left(t^2 + \pi/3\right), \quad {}_0^{\mathrm{RL}}\mathscr{D}_t^{0.3} \sin\left(\sqrt{t} + \pi/4\right) $$

比较两个函数的计算结果是否一致，并比较不同步长下的求解效率。

(10) 使用函数 glfdiff9() 和 caputo9() 设计两种方法计算 ${}_0^{\mathrm{C}}\mathscr{D}_t^{1.5} \Gamma\left(\sin t + 2\right)$，试比较两种算法的计算结果是否一致。

(11) 试利用函数 glfdiff9() 验证下面的等式：

$$ {}_0^{\mathrm{RL}}\mathscr{D}_t^{-1.2} \mathrm{e}^{-t} = {}_0^{\mathrm{RL}}\mathscr{D}_t^{-0.5} \left({}_0^{\mathrm{RL}}\mathscr{D}_t^{-0.7} \mathrm{e}^{-t}\right) $$

(12) 已知函数 $f(t) = \sin t/(t^2 + 4t + 3)$，试计算 ${}_0^{\mathrm{C}}\mathscr{D}_t^{1.7} f(t)$。可以使用函数 caputo9() 直接计算，也可以由 MATLAB 的符号运算计算出 $f''(t)$ 的表达式，再应用函数 glfdiff9() 计算 ${}_0^{\mathrm{RL}}\mathscr{D}_t^{-0.3} f''(t)$。应用这两种方法计算该表达式，并检验计算结果是否一致。

(13) 附录 A 给出的原始问题是 ${}_0^{\mathrm{C}}\mathscr{D}_t^{0.7} y(t) = f(t)$，而例 4-9 中将其转换成求分数阶积分问题：$y(t) = {}_0^{\mathrm{C}}\mathscr{D}_t^{-0.7} f(t) + y(0)$，试证明这样的转换是正确的。

(14) 试利用函数 caputo9() 和第 2 章提供的函数 ml_func() 验证下面的等式，其中 $\alpha > 0, m = \lceil \alpha \rceil$。

$$ {}_0^{\mathrm{C}}\mathscr{D}_t^{\alpha} \sin \lambda t = \frac{t^{m-\alpha}}{2\mathrm{j}} \left[(\mathrm{j}\lambda)^m \mathrm{E}_{1,1+m-\alpha}(\mathrm{j}\lambda t) - (-\mathrm{j}\lambda)^m \mathrm{E}_{1,1+m-\alpha}(-\mathrm{j}\lambda t) \right] $$

$$ {}_0^{\mathrm{C}}\mathscr{D}_t^{\alpha} \cos \lambda t = \frac{t^{m-\alpha}}{2} \left[(\mathrm{j}\lambda)^m \mathrm{E}_{1,1+m-\alpha}(\mathrm{j}\lambda t) + (-\mathrm{j}\lambda)^m \mathrm{E}_{1,1+m-\alpha}(-\mathrm{j}\lambda t) \right] $$

(15) 已知函数 $f(t) = \sqrt{2} \sin(t + \pi/4)$，试证明 ${}_0^{\mathrm{C}}\mathscr{D}_t^{4-\sqrt{\pi}} f(t) + {}_0^{\mathrm{C}}\mathscr{D}_t^{2-\sqrt{\pi}} f(t) = 0$。

(16) 一个函数 $y = f(t)$ 在采样点上的取值如表 4-17 所示，试利用本章提供的 MATLAB 函数计算 ${}_0^{\mathrm{RL}}\mathscr{D}_t^{-2.3} f(t), {}_0^{\mathrm{RL}}\mathscr{D}_t^{0.5} f(t), {}_0^{\mathrm{C}}\mathscr{D}_t^{1.3} f(t)$ 在采样点上的取值。

表 4-17 习题（16）数据

t_i	0	0.1	0.2	0.3	0.4	0.5	0.6	0.7	0.8
y_i	0	2.2077	3.2058	3.4435	3.241	2.8164	2.3110	1.8101	1.3602

t_i	0.9	1.0	1.1	1.2
y_i	0.9817	0.6791	0.4473	0.2768

(17) 应用函数 caputo9() 计算下面的表达式：

$$ {}_0^{\mathrm{C}}\mathscr{D}_t^{\sqrt{2}} \mathrm{e}^{-0.1t} \sin(2t + \pi/3) $$

选择不同的步长和阶数，观察计算结果是否一致。

（18）根据 Riemann–Liouville 分数阶积分的定义可得

$$
{}_{0}^{\mathrm{RL}}\mathscr{D}_{t}^{-\pi}\mathrm{e}^{-t^{2}/2} = \frac{1}{\Gamma(\pi)}\int_{0}^{t}(t-\tau)^{\pi-1}\mathrm{e}^{-\tau^{2}/2}\mathrm{d}\tau
$$

由函数 `glfdiff9()` 计算左边的算式，然后应用数值积分算法计算右边的算式，比较二者是否相同。

参 考 文 献

[1] Podlubny I. Fractional differential equations[M]. San Diego：Academic Press，1999.

[2] Fornberg B. Generation of finite difference formulas on arbitrarily spaced grids[J]. Mathematics of Computation，1988，51（184）：699–706.

[3] Lubich C. Discretized fractional calculus[J]. SIAM Journal of Mathematical Analysis，1986，17（3）：704–719.

[4] 白鹭，薛定宇. 分数阶微积分的高精度递推算法 [J]. 东北大学学报（自然科学版），2018，39（4）：604–608.

[5] Xue D Y，Bai L. Benchmark problems for Caputo fractional-order ordinary differential equations[J]. Fractional Calculus and Applied Analysis，2017，20（5）：1305–1312.

[6] 薛定宇. 薛定宇教授大讲堂（卷Ⅱ）：MATLAB 微积分运算 [M]. 北京：清华大学出版社，2019.

第 5 章

分数阶微积分算子与系统的近似

动态系统是描述很多物理现象的数学模型基础。从系统分析与描述角度看,通常可以将系统分为线性系统和非线性系统。从本章开始将引入系统的概念。5.1 节首先介绍基于 MATLAB 控制系统工具箱的整数阶线性系统建模与分析工具,为以后将介绍的系统行为的比较奠定基础。

在前面章节介绍分数阶微分 $\mathscr{D}^\alpha y(t)$ 数值计算的时候,一直假设函数 $y(t)$ 或其采样值是已知的,这样先构造出采样值向量 $\boldsymbol{y}$,然后才能计算出其分数阶的导数与积分。如果分数阶算子 $\mathscr{D}^\alpha$ 被一个事先未知的信号驱动,就像在控制系统中分数阶受控对象被控制器驱动那样,则前面讨论的方法是不能计算这样的分数阶动作的。这时,通常需要建立起一个能模拟分数阶行为的装置完成这样的任务。有了这样的装置,就可以将信号馈入该装置,而该装置的输出就是所需的 α 阶微分信号。当然,这样的思想同样适用于分数阶积分信号的获得。

若想要设计这样一个装置,比较有效且常用的思路是设计一个整数阶的线性连续滤波器。如线性连续的传递函数模型 $G(s)$,使得其频域响应尽可能好地逼近原始的分数阶算子模型。

由理论分析可知,分数阶微分环节 s^α 的 Bode 幅频特性就是斜率是 $20\alpha\,\mathrm{dB/dec}$ 的斜线,而相频特性就是值为 $\alpha\pi/2$ 的水平直线,而整数阶连续传递函数模型的幅频特性的渐近线是斜率为 $20k\,\mathrm{dB/dec}$ 的斜线,且 k 只能为整数。所以不可能存在一个整数阶传递函数模型,使得在整个频率范围内都能对分数阶行为进行完全一致的逼近,所以只能退而求其次,得出在某个频率段内能逼近分数阶行为的滤波器。

在早期整数阶传递函数逼近的研究中,人们主要采用连分式类近似方法,包括低频与高频部分的连分式近似、Carlson 近似与 Matsuda–Fujii 近似等,5.2 节将给出这类近似与滤波器设计的一般介绍。以现在的观点来看,连分式类近似方法效果很差,不太适合实用,因为没有办法指定感兴趣的频率段,而频率段的选择在分数阶系统的数值仿真中是至关重要的。

法国学者Oustaloup教授及其同事提出的分数阶算子的滤波器近似开启了复杂分数阶系统仿真的新时代[1]。这类滤波器允许用户自行选择感兴趣的频率段与阶次，利用整数阶传递函数模型逼近分数阶微积分算子。这类滤波器的设计将在5.3节给出详细介绍，该节还介绍这类滤波器的改进形式。如果分数阶系统或传递函数中每个分数阶算子都被这类滤波器替代，则可以将整个分数阶系统用高阶整数阶传递函数逼近，也可以用低阶最优模型降阶技术对其逼近。5.4节将给出这些近似的具体实现方法。

对于那些不能由分数阶传递函数标准形式描述的无理系统，例如，如果系统中含有$p^\gamma(s)$项，其中$p(s)$为整数阶传递函数模型。5.5节将介绍三类近似方法：第一类是$1/(\tau s + 1)^\nu$隐式模型的时域近似；第二类是用频率响应拟合的方法设计滤波器；第三类是Charef滤波器设计技术。该节还将介绍最优Charef滤波器设计算法及其实现。

除了前面介绍的连续滤波器近似之外，5.6节还介绍用离散滤波器或离散化的滤波器对分数阶算子进行近似[2,3]。不过，从频域响应拟合角度看，拟合模型在高频时常伴有极高的增益，从而使这类滤波器对噪声信号放大效果严重，不一定适合实际应用。

本书将各种通过频域响应拟合得出的高阶整数阶传递函数统称为滤波器设计，因为其作用是让某个函数通过拟合模型后得出所期望的分数阶运算。

5.1 线性整数阶模型的表示与分析

MATLAB的控制系统工具箱对整数阶线性时不变系统的模型输入与分析提供了强大的支持。作为本章的底层支持，这里简要介绍在MATLAB环境下线性整数阶系统的建模与分析工具。

5.1.1 数学模型输入与处理

整数阶线性时不变（linear time invariant，LTI）连续系统一般由传递函数和状态方程表示。本节先介绍这两种模型的数学形式，再介绍利用MATLAB输入这些模型的方法。

定义 5-1 ▶ 整数阶传递函数

整数阶线性时不变系统的传递函数模型一般形式为

$$G(s) = \frac{b_1 s^m + b_2 s^{m-1} + \cdots + b_m s + b_{m+1}}{a_1 s^n + a_2 s^{n-1} + \cdots + a_n s + a_{n+1}} \tag{5-1-1}$$

其中，$m \leqslant n$。若$m > n$，则称为物理不可实现系统，本书不考虑这样的系统。

> **定义 5-2 ▶ 整数阶状态方程**
>
> 整数阶线性时不变系统的状态方程模型一般形式为
>
> $$\begin{cases} \boldsymbol{x}'(t) = \boldsymbol{A}\boldsymbol{x}(t) + \boldsymbol{B}\boldsymbol{u}(t) \\ \boldsymbol{y}(t) = \boldsymbol{C}\boldsymbol{x}(t) + \boldsymbol{D}\boldsymbol{u}(t) \end{cases} \tag{5-1-2}$$
>
> 其中，$\boldsymbol{x}(t)$、$\boldsymbol{u}(t)$ 和 $\boldsymbol{y}(t)$ 分别称为系统的状态变量、输入与输出向量。$\boldsymbol{A}$ 为 $n \times n$ 矩阵，$\boldsymbol{B}$、$\boldsymbol{C}$ 和 $\boldsymbol{D}$ 分别为 $n \times p$、$q \times n$ 和 $q \times p$ 矩阵；n 为状态变量的个数，又称为系统的阶次；p 和 q 分别为系统的输入、输出信号路数。

系统的传递函数模型有两种输入方法：

（1）先用 num$=[b_1, b_2, \cdots, b_{m+1}]$、den$=[a_1, a_2, \cdots, a_{n+1}]$ 命令输入传递函数的分子、分母多项式，然后用 G=tf(num,den) 命令构造传递函数模型。

（2）由 s=tf('s') 命令定义 Laplace 算子 s，然后在 MATLAB 下用表达式输入传递函数模型。

若已知状态方程模型，即已知 $\boldsymbol{A}$、$\boldsymbol{B}$、$\boldsymbol{C}$ 和 $\boldsymbol{D}$ 矩阵，则由 G=ss(A,B,C,D) 命令可以输入系统的状态方程模型。

如果已知 $G_1(s)$ 和 $G_2(s)$ 两个模块串联连接，且这两个模块分别用 G_1、G_2 两个变量表示，则串联系统总的模型可以由 $G=G_2*G_1$ 直接求出；如果这两个模块并联连接，则可以由 $G=G_1+G_2$ 直接求出总模型；如果这两个模块负反馈连接，其中前向通路为 G_1，反向通路为 G_2，则总系统可以由 G=feedback(G_1, G_2) 命令直接求出，而求正反馈总模型应该用 G=feedback(G_1, G_2,1) 命令。

5.1.2　时域与频域响应

若已知系统的模型变量 G，则不论是传递函数还是状态方程模型，均可以对该系统进行分析。例如，由 bode(G)、nyquist(G)、nichols(G) 函数可以分别绘制系统的 Bode 图、Nyquist 图和 Nichols 图；由 step(G)、impulse(G) 语句可以绘制系统的阶跃或冲激响应；若已知时间向量 $\boldsymbol{t}$ 和激励信号的采样点向量 $\boldsymbol{u}$，则可以调用 lsim(G,u,t) 直接绘制时域响应曲线，或由 y=lsim(G,u,t) 获得时域响应数据向量 $\boldsymbol{y}$。

5.1.3　分数阶线性系统的建模与分析

作者的 FOTF 工具箱是在仿照上面的建模与分析语句调用格式的基础上开发的，系统分析函数与调用格式尽量与上面介绍的函数保持一致，可以直接调用。后面还将专门介绍 FOTF 工具箱的使用方法。

5.2 基于连分式的几种近似方法

在早期的研究中,人们经常采用连分式展开的形式设计滤波器,而连分式技术也经常被认为是逼近某些非线性函数的有效工具。

定义 5-3 ▶ 连分式

给定函数 $f(x)$ 的连分式展开的一般形式为

$$f(x) = b_1 + \cfrac{(x-a)^{c_1}}{b_2 + \cfrac{(x-a)^{c_2}}{b_3 + \cfrac{(x-a)^{c_3}}{b_4 + \cfrac{(x-a)^{c_4}}{b_5 + \cfrac{(x-a)^{c_5}}{\cdots}}}}} \tag{5-2-1}$$

式中, b_i 为常数; c_i 为有理数; a 为连分式展开的参考点。对整数阶连分式逼近而言,通常令 $c_i = 1$。

5.2.1 连分式近似

从理论上看是不可能直接对分数阶算子 $s^{-\alpha}$ 进行连分式近似的,所以,研究者分别在高频和低频段对 $G_1(s) = 1/(1+Ts)^\alpha$ 和 $G_2(s) = (1+1/s)^\alpha$ 进行连分式近似。其中,当 $\omega T \gg 1$ 时用 $G_1(s)$ 逼近 $1/s^\alpha$;而 $\omega \ll 1$ 时,用 $G_2(s)$ 逼近该积分算子。

MATLAB 的符号运算引擎 MuPAD 提供了底层函数 contfrac(),作者编写了该函数的一个接口函数,对给定函数进行连分式近似。

```
function [F,r]=contfrac(f,s,n,a)
  arguments, f(1,1), s(1,1), n(1,1), a(1,1), end
  F=feval(symengine,'contfrac',f,[inputname(2) '=' num2str(a)],n);
  if nargout==2
    r=feval(symengine,'contfrac::rational',F);
end, end
```

该函数的调用格式为 $[f_1, r] = \text{contfrac}(f, s, n, a)$,其中, f 是被近似函数的符号表达式, s 为自变量, n 为连分式的级次, a 为参考点。返回的 f_1 为连分式的符号表达式, r 为有理式。

遗憾的是,由于近期版本 MuPAD 底层的 contfrac() 函数似乎不再支持求取函数的连分式表达式,这里给出的接口函数不能正常工作。如果想得出连分式可以尝试早期的版本,如 MATLAB 2018b,或改用 Padé 近似技术。

例 5-1 试分别在高频与低频段用连分式近似分数阶积分算子 $1/\sqrt{s}$,并评价其逼近效果。

解 选择参考点 $a = 2$，连分式级次为 $n = 9$，可以得出 4 阶高阶近似模型。

```
>> syms s; T1=1/(1+s)^0.5; [c1,G2]=contfrac(T1,s,9,2)
```

得出的连分式模型为

$$c_1(s) \approx \frac{\sqrt{3}}{3} + \cfrac{s-2}{-6\sqrt{3} + \cfrac{s-2}{-\cfrac{2\sqrt{3}}{9} + \cfrac{s-2}{-54\sqrt{3} + \cfrac{s-2}{-\cfrac{2\sqrt{3}}{45} + \cfrac{s-2}{-150\sqrt{3} + \cfrac{s-2}{-\cfrac{2\sqrt{3}}{105} + \cdots}}}}}}$$

对应的有理函数近似模型为

$$G_2(s) = \frac{s^4 + 112s^3 + 1464s^2 + 4864s + 4240}{9\sqrt{3}s^4 + 288\sqrt{3}s^3 + 1944\sqrt{3}s^2 + 4032\sqrt{3}s + 2448\sqrt{3}}$$

可以看出，这里得出的近似模型与下面显示的文献 [4] 中的模型不一致：

$$G_h(s) = \frac{0.3513s^4 + 1.405s^3 + 0.8433s^2 + 0.1574s + 0.008995}{s^4 + 1.333s^3 + 0.478s^2 + 0.064s + 0.002844}$$

$$G_1(s) = \frac{s^4 + 4s^3 + 2.4s^2 + 0.448s + 0.0256}{9s^4 + 12s^3 + 4.32s^2 + 0.576s + 0.0256}$$

一个可能的原因是选择的参考点不同。近似模型和原始模型 $1/\sqrt{s}$ 的 Bode 图比较可以由下面语句得出，如图 5-1 所示，其中，图中标记的英文字符是自动生成的，Bode Diagram 为 Bode 图，Magnitude（dB）为幅值，单位为分贝（dB），Phase（deg）为相位，单位为度，Frequency（rad/s）为频率，单位为 rad/s。

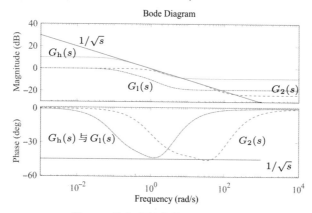

图 5-1　连分式拟合的 Bode 图比较

```
>> w=logspace(-3,3); s=fotf('s'); G0=s^-0.5; s=tf('s');
   G2=(s^4+112*s^3+1464*s^2+4864*s+4240)/(9*3^(1/2)*s^4+...
       288*3^(1/2)*s^3+1944*3^(1/2)*s^2+4032*3^(1/2)*s+2448*3^(1/2));
```

```
n=[0.3513 1.405 0.8433 0.1574 0.008995];
d=[1 1.333 0.478 0.064 0.002844]; Gh=tf(n,d);
n=[1 4 2.4 0.448 0.0256]; d=[9 12 4.32 0.576 0.0256];
Gl=tf(n,d); H=bode(G0,w); bode(H,G2,Gh,Gl)
bode(H,'-',G2,'--',Gh,':',Gl,'-.')
```

可以看出,模型 $G_2(s)$ 的拟合效果比 $G_h(s)$ 的稍有改善,但是在低频段较差,从整个频率段的拟合看并不是很好。

例 5-2 试比较几个滤波器对 $f(t) = \mathrm{e}^{-t}\sin(3t+1)$ 信号的 0.5 阶积分的近似效果,并与 Grünwald–Letnikov 分数阶积分的计算结果进行比较。

解 可以用下面的语句得出这几个滤波器的滤波结果,这些结果是由 MATLAB 控制系统工具箱 lsim() 函数计算出来的,滤波结果与理论值曲线如图 5-2 所示。可以看出,这样的滤波结果与理论值的差距太大,所以这种滤波器不能真正用于分数阶系统的仿真。

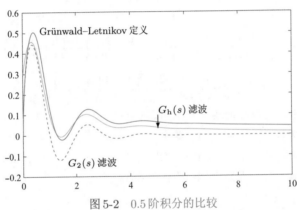

图 5-2 0.5 阶积分的比较

```
>> t=0:0.01:10; y=exp(-t).*sin(3*t+1);
   y0=glfdiff9(y,t,-0.5,5); y1=lsim(G2,y,t);
   y2=lsim(Gh,y,t); plot(t,y0,'-',t,y1,'--',t,y2,':')
```

5.2.2 Carlson 近似

另一个基于连分式的近似方法是 Carlson 方法[4]。Carlson 方法的目标是对给定整数阶基础模型 $G(s)$ 分数次幂的形式找到整数阶近似模型 $H(s)$,即

$$H(s) \approx G^{\alpha}(s) \tag{5-2-2}$$

算法 5-1 ▶ Carlson 滤波器设计算法

(1) 输入整数阶基础模型 $G(s)$ 与分数阶幂次 α。

(2) 记 $q = \alpha, m = q/2$,并令初始近似模型 $H_0(s) = 1$。

（3）选择递推次数为 n。

（4）在递推的每一步中，从已知的模型 $H_{i-1}(s)$ 得出下一个模型 $H_i(s)$。

$$H_i(s) = H_{i-1}(s)\frac{(q-m)H_{i-1}^2(s) + (q+m)G(s)}{(q+m)H_{i-1}^2(s) + (q-m)G(s)} \tag{5-2-3}$$

（5）直接迭代得出的近似模型阶次比较高，但该模型有可以对消的零极点，所以应该对得出的近似模型做最小实现处理。

基于上述的算法，可以编写出下面的 MATLAB 函数设计 Carlson 滤波器：

```
function H=carlson_fod(alpha,G,iter,epsx)
   arguments
      alpha(1,1) double, G(1,1)
      iter(1,1) {mustBePositiveInteger}=2, epsx(1,1)=1e-4;
   end
   q=alpha; m=q/2; H=1;
   for i=1:iter
      H=minreal(H*((q-m)*H^2+(q+m)*G)/((q+m)*H^2+(q-m)*G),epsx);
end, end
```

该函数的调用格式为 $H{=}\texttt{carlson\_fod}(\alpha,G,n,\epsilon)$，其中 G 为整数阶基础模型，α 是分数阶幂次，n 是递推的次数，H 为设计出的 Carlson 滤波器。请注意，滤波器的实际阶次随着递推次数的增加而迅速增加，一般情况下选择 $n=2$ 即可。用户还可以选择较大的误差容限 ϵ，例如，取 10^{-4}，对得出的近似模型做最小实现处理。

例 5-3 试用 Carlson 算法给 $1/\sqrt{s}$ 设计一个滤波器，并观察频域响应的拟合效果，另外，求给定函数 $f(t) = \mathrm{e}^{-t}\sin(3t+1)$ 的 0.5 阶积分，并评价其精度。

解 对这个具体的问题而言，基础模型为 $G(s) = 1/s$，幂次为 $\alpha = 0.5$，选择递推次数为 2，这样可以设计出 Carlson 滤波器：

```
>> s=tf('s'); G=1/s; alpha=0.5;
   H2=carlson_fod(alpha,G,2,1e-4)    %选择一个较大的误差容限
```

这里得出的模型如下，与文献 [4] 给出的是等效的：

$$H_2(s) = \frac{0.1111s^4 + 4s^3 + 14s^2 + 9.333s + 1}{s^4 + 9.333s^3 + 14s^2 + 4s + 0.1111}$$

可以由下面的语句绘制出频域响应拟合曲线，如图 5-3 所示。可以看出，如果选择感兴趣的频率区间 $(10^{-1}, 10^1)\,\mathrm{rad/s}$，则滤波器的逼近效果比较理想。

```
>> G3=tf([1 36 126 84 9],[9 84 126 36 1]); w=logspace(-3,3);
   s=fotf('s'); H=bode(s^-0.5,w); bode(H,'-',H2,'--')
```

如果用这些滤波器计算给定信号的 0.5 阶积分，得出的结果如图 5-4 所示。可见，得出的滤波效果与 Grünwald-Letnikov 定义得出的理论值几乎完全一致。

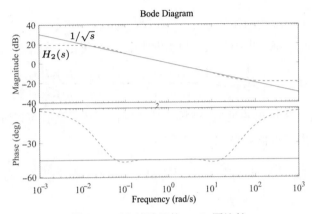

图 5-3　两个滤波器的 Bode 图比较

```
>> t=0:0.01:10;
   y=exp(-t).*sin(3*t+1); y0=glfdiff9(y,t,-0.5,5);
   y1=lsim(H2,y,t); plot(t,y0,'-',t,y1,'--')
```

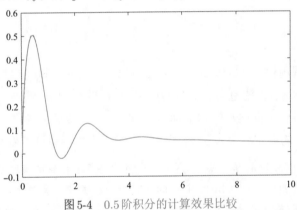

图 5-4　0.5 阶积分的计算效果比较

如果时间区间增加到 $t \in (0, 100)$，则可以得出滤波器与理论值的时域响应拟合比较，如图 5-5 所示。

```
>> t=0:0.01:100;
   y=exp(-t).*sin(3*t+1); y0=glfdiff9(y,t,-0.5,3);
   y1=lsim(H2,y,t); plot(t,y0,'-',t,y1,'--')
```

不过,这时的拟合效果在 t 较大时产生很大误差,而 t 很大对应于低频段,由此可知,误差产生的原因是低频处拟合不佳。结合图 5-3 中的频域响应拟合,可以看出,拟合区域下限选择为 10^{-1} rad/s 是不够的,应该扩展区间下限到 $\omega < 10^{-2}$ rad/s 甚至更低,但这样的要求在 Carlson 滤波器的设计中是做不到的,所以需要允许用户自行选择拟合区间的更好算法。

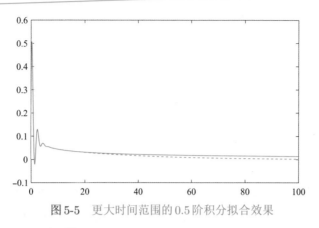

图 5-5　更大时间范围的 0.5 阶积分拟合效果

5.2.3　Matsuda–Fujii 近似

Matsuda 和 Fujii 提出了一种利用连分式技术近似无理传递函数 $G(s)$ 的整数阶传递函数的逼近方法[4,5]。遗憾的是,其原始算法的数学描述有误,这里只给出改正后的算法。

算法 5-2 ▶ 改正后的 Matsuda–Fujii 滤波器设计算法

（1）选择频率向量 $\omega_i\,(i=1,2,\cdots,n)$,并计算出原模型的频域响应数据 $G_0(\mathrm{j}\omega_i)$。

（2）选择一个初始序列 $v_1(\omega_k)=|G_0(\mathrm{j}\omega_k)|$, $k=1,2,\cdots,n$。

（3）对 k 进行循环,提取 $a_k=v_k(\omega_k)$,并由下式更新 $v_{k+1}(\omega)$:

$$v_{k+1}(\omega_j)=\frac{\omega_j-\omega_k}{v_k(\omega_j)-v_k(\omega_k)},\quad j=1,2,\cdots,n \tag{5-2-4}$$

（4）由得出的系数 $a_k(k=1,2,\cdots,n)$ 构造 Matsuda–Fujii 滤波器 $H(s)$。

$$H(s)=a_1+\cfrac{s-\omega_1}{a_2+\cfrac{s-\omega_2}{a_3+\cfrac{s-\omega_3}{a_4+\cfrac{s-\omega_4}{a_5+\cdots}}}} \tag{5-2-5}$$

下面给出 Matsuda–Fujii 滤波器算法的 MATLAB 实现:

```
function G=matsuda_fod(G0,n,wb,wh)
   arguments, G0,n,wb(1,1),wh(1,1){mustBeGreaterThan(wh,wb)}, end
   if nargin==2, f=G0; w=n; n=length(w);
   else
      if isa(G0,'double'), s=fotf('s'); G0=s^G0; end
      w=logspace(log10(wb),log10(wh),n); f=mfrd(G0,w);
```

```
end
v=abs(f(:).'); s=tf('s'); n=length(w);
for k=1:n, a(k)=v(k); v=(w-w(k))./(v-v(k)); end
G=a(n); for k=n-1:-1:1, G=a(k)+(s-w(k))/G; end
end
```

说明 5-1　Matsuda–Fujii 滤波器设计函数

（1）该函数有下面 3 种调用格式:

G=matsuda_fod(f,ω),其中需要给定原系统的频域响应数据。

G=matsuda_fod$(\gamma,n,\omega_{\rm b},\omega_{\rm h})$,在频率 $(\omega_{\rm b},\omega_{\rm h})$ 内对 s^γ 算子进行 n 点近似。

G=matsuda_fod$(G_0,n,\omega_{\rm b},\omega_{\rm h})$,在频率 $(\omega_{\rm b},\omega_{\rm h})$ 内对 G_0 进行 n 点近似。

（2）由于 $\omega_{\rm b}$ 与 $\omega_{\rm h}$ 是选择频率边界内的内点,所以实际拟合的频率段要比指定的 $(\omega_{\rm b},\omega_{\rm h})$ 稍大些。

（3）如果想得到较好的拟合,则应该选择奇数 n,这样,实际滤波器的阶次等于 $(n-1)/2$。

（4）虽然拟合的目标是频域响应的幅值拟合,但相位的拟合效果也比较好。

例 5-4　试为 $1/\sqrt{s}$ 设计一个 Matsuda–Fujii 滤波器,并评价其拟合效果。

解　如果选择频率段 $\left(10^{-1},10^1\right)$ rad/s 和 $\left(10^{-2},10^2\right)$ rad/s, 则可以直接设计出 Matsuda–Fujii 滤波器,得出的 Bode 图比较如图 5-6 所示。

```
>> s=fotf('s'); w=logspace(-3,3); G1=matsuda_fod(-0.5,9,1e-1,1e1)
   G2=matsuda_fod(-0.5,9,1e-2,1e2)     %更大频率段的滤波器设计
   H=bode(s^-0.5); bode(H,G1,'--',G2,':',{1e-3,1e3})
```

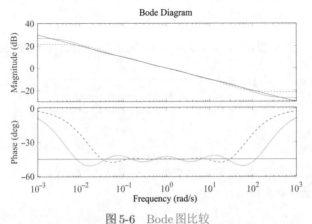

图 5-6　Bode 图比较

用两种调用格式设计出的滤波器是完全一致的,与文献 [4] 中给出的结果也是完全一致的。

$$G_1(s)=\frac{0.0855s^4+4.876s^3+20.84s^2+13s+1}{s^4+13s^3+20.84s^2+4.876s+0.0855}$$

$$G_2(s) = \frac{0.04401s^4 + 8.142s^3 + 58.85s^2 + 30.76s + 1}{s^4 + 30.76s^3 + 58.85s^2 + 8.142s + 0.04401}$$

从频域响应比较可见,低频拟合效果与 Carlson 滤波器接近,可以说,低频拟合的问题尚未解决。好在 Matsuda–Fujii 滤波器的频率段与阶次都是可以人为选定的,所以实际的频域响应拟合效果有很大的改善余地。例如,可以增加滤波器的阶次,并增大拟合的频率范围,则由下面语句直接设计 8 阶滤波器(取 $n = 17$),这时得出的 Bode 图如图 5-7 所示。可见,这样设计的滤波器的效果有明显的改善,其 Bode 图拟合的频率范围更宽,拟合效果也更好。

```
>> w=logspace(-3,3); G1=matsuda_fod(-0.5,9,1e-2,1e2);
   G2=matsuda_fod(-0.5,17,1e-2,1e2), H=bode(s^-0.5);
   bode(H,G1,'--',G2,':',{1e-3,1e3})
```

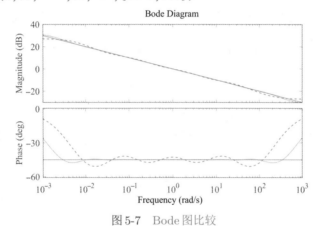

图 5-7　Bode 图比较

有了滤波器,就可以将已知信号馈入该滤波器,得出该信号的 0.5 阶积分,并和数值计算的精确解相比较,得出如图 5-8 所示的比较结果。可以看出,G_2 滤波器与数值计算所得的曲线几乎重合,而 G_1 滤波器的拟合效果(虚线)比较差。

```
>> t=0:0.01:100; y=exp(-t).*sin(3*t+1);
   y0=glfdiff9(y,t,-0.5,3); y1=lsim(G1,y,t); y2=lsim(G2,y,t);
   plot(t,y0,'-',t,y1,'--',t,y2,':')
```

5.2.4　拟合效果与滤波器参数选择的关系

前面介绍了各种滤波器的设计方法,也在时域响应角度比较了滤波器阶次与感兴趣频段对逼近效果的影响,得出了一些定性结论。这里将结合 Laplace 变换的性质,更准确地解释这些滤波器参数对时域响应拟合的影响。

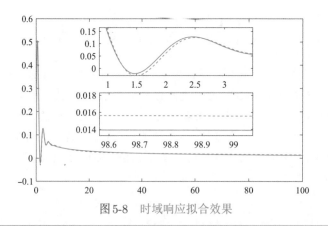

图 5-8 时域响应拟合效果

定理 5-1 ▶ **初值定理与终值定理**

如果 $F(s) = \mathscr{L}\big[f(t)\big]$，则 Laplace 变换的初值定理与终值定理为

$$\lim_{s \to \infty} sF(s) = f(0), \quad \lim_{s \to 0} sF(s) = f(\infty) \tag{5-2-6}$$

因为频率与 s 的关系为 $s = \mathrm{j}\omega$，所以，由定理 5-1 可知，若想在初始时刻（即 t 比较小时）得到很好的拟合效果，则应该改善高频段的拟合，即提高感兴趣频率区域的上限 ω_{h}；如果想得到更好的时域响应精度，则应该减小感兴趣频率区间的下限 ω_{b}；若想得到更好的整体的时域响应精度，则应该使中频段频域响应曲线更好地逼近理论值的斜线，而增加滤波器的阶次是一种有效的改善方法。增加滤波器的阶次当然会增大计算量，不过这里增加的计算量对当前的计算机软硬件系统而言并不会增加很大的负担。

5.3 Oustaloup滤波器近似

前面已经通过例子演示过，由于基于连分式的滤波器设计方法在频域响应拟合上不甚理想，尤其是连分式类方法不允许使用者自由选择合适的拟合频率段，使得这样的滤波器应用大打折扣。本节将介绍更实用的 Oustaloup 滤波器。

5.3.1 常规的Oustaloup近似

假设感兴趣的频率段为 $\big(\omega_{\mathrm{b}}, \omega_{\mathrm{h}}\big)$，可以考虑用图 5-9 中给出的一组折线逼近分数阶微积分算子幅频响应的直线特性。法国学者 Oustaloup 教授等基于这样的想法提出了滤波器设计的方法[6]，本书中称之为 Oustaloup 滤波器。所有这些折线都是由整数阶的零点与极点生成的，使得幅频特性渐近线的斜率在 $0\,\mathrm{dB/dec}$ 与 $-20\,\mathrm{dB/dec}$ 之间交替变化，这样频域响应本身会很好地逼近一条斜线。

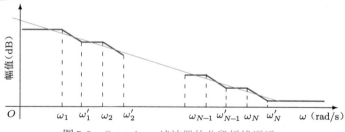

图 5-9　Oustaloup 滤波器的分段折线逼近

定义 5-4 ▶ Oustaloup 滤波器

Oustaloup 滤波器的标准形式为[6]

$$G(s) = K \prod_{k=1}^{N} \frac{s + \omega_k'}{s + \omega_k} \tag{5-3-1}$$

式中,若 $k = 1, 2, \cdots, N$,零点、极点和增益可以如下计算:

$$\omega_k' = \omega_b \omega_u^{(2k-1-\gamma)/N}, \quad \omega_k = \omega_u^{2\gamma/N} \omega_k', \quad K = \omega_h^{\gamma} \tag{5-3-2}$$

且

$$\omega_u = \sqrt{\omega_h / \omega_b} \tag{5-3-3}$$

根据上面的公式,可以总结出设计 Oustaloup 滤波器的算法。

算法 5-3 ▶ 标准 Oustaloup 滤波器设计

(1) 输入分数阶阶次 γ,选择频率段 ω_b、ω_h 与滤波器阶次 N。
(2) 由式 (5-3-3) 计算 ω_u,再通过向量点运算由式 (5-3-2) 计算 ω_k、ω_k' 与 K。
(3) 通过式 (5-3-1) 构造 Oustaloup 滤波器 $G(s)$。

基于上述算法可以直接编写出 Oustaloup 滤波器的 MATLAB 函数如下:

```
function G=ousta_fod(gam,N,wb,wh)
    arguments
        gam(1,1) double, N(1,1) {mustBePositiveInteger}=9
        wb(1,1)  double=1e-4;
        wh(1,1)  double {mustBeGreaterThan(wh,wb)}=1e4;
    end
    if round(gam)==gam, G=tf('s')^gam;
    else
        k=1:N; wu=sqrt(wh/wb);
        wkp=wb*wu.^((2*k-1-gam)/N); wk=wu^(2*gam/N)*wkp;
        G=zpk(-wkp,-wk,wh^gam);
end, end
```

该函数的调用格式为 G=ousta_fod$(\gamma, N, \omega_{\mathrm{b}}, \omega_{\mathrm{h}})$,其中,$\gamma$ 为分数阶算子的阶次,N 为滤波器的阶次,ω_{b} 与 ω_{h} 为用户选择的感兴趣频率段的下限与上限。一般情况下,所设计的滤波器 G 的 Bode 图在指定频段效果很好,但在该频率段之外效果不好。

说明 5-2　Oustaloup 滤波器

(1)这里给出的滤波器实现避免了 $\omega_{\mathrm{b}}\omega_{\mathrm{h}} = 1$ 限制,两端均可以独立选择。

(2)如果 γ 为整数,可以直接构造整数阶微积分器 $G(s) = s^\gamma$。

(3)这里的 γ 既可为正也可为负,分别表示微分与积分。

(4)γ 的绝对值允许大于 1,例如 $\gamma = 3.7$ 仍可以直接拟合,不过在实际应用中,建议将阶次范围限定在 $-1 < \gamma < 1$,其余的部分用整数阶微积分算子表示,例如,$s^{3.7} = s^3 s^{0.7}$,或 $s^{3.7} = s^4 s^{-0.3}$。

(5)尽管从图 5-9 上看近似的幅频特性像折线,这些折线实际上是 Bode 图的渐近线,如果参数选择合适,实际的 Bode 图本身应该很接近斜线。

将 $y(t)$ 信号馈入 Oustaloup 滤波器,则滤波器的输出信号为 ${}_{0}^{\mathrm{RL}}\mathscr{D}_t^\gamma y(t)$,即输入信号的 Riemann–Liouville 分数阶导数或积分。

例 5-5　假设感兴趣的频率段为 $\omega_{\mathrm{b}} = 0.01\,\mathrm{rad/s}$,$\omega_{\mathrm{h}} = 1000\,\mathrm{rad/s}$,可以选择不同的阶次设计 Oustaloup 滤波器。如果输入函数为 $f(t) = \mathrm{e}^{-t}\sin(3t + 1)$,试设计 0.5 阶积分的滤波器,并评价滤波器的近似效果。

解　可以用下面的语句直接设计 5 阶 Oustaloup 滤波器 $G_1(s)$ 和 Matsuda–Fujii 滤波器 $G_2(s)$:

```
>> G1=ousta_fod(-0.5,5,0.01,1000), G1a=zpk(G1)
   G2=matsuda_fod(-0.5,11,0.01,1000), G2a=zpk(G2)
   s=fotf('s'); G=s^-0.5; w=logspace(-4,5);
   H=bode(G,w); bode(H,'-',G1,'--',G2,':')
```

设计出来的两个滤波器的零极点形式分别为

$$G_{1a}(s) = \frac{0.031623(s + 562.3)(s + 56.23)(s + 5.623)(s + 0.5623)(s + 0.05623)}{(s + 177.8)(s + 17.78)(s + 1.778)(s + 0.1778)(s + 0.01778)}$$

$$G_{2a}(s) = \frac{0.013865(s + 1792)(s + 71.46)(s + 5.81)(s + 0.503)(s + 0.03427)}{(s + 291.8)(s + 19.88)(s + 1.721)(s + 0.1399)(s + 0.00558)}$$

可以绘制出该滤波器的 Bode 图,如图 5-10 所示,同时绘制出分数阶算子 $s^{-0.5}$ 的 Bode 图,分数阶算子由 fotf() 函数定义,该函数将在第 6 章详细讨论。可以看出,对本例而言,Matsuda–Fujii 滤波器的拟合带宽要宽一些。

还可以得出两个滤波器的滤波结果与 Grünwald–Letnikov 0.5 阶积分的数值解,如图 5-11 所示。可以看出,这样得出的分数阶积分不是很精确,两个滤波器的近似效果差不多。若想改善近似效果,建议增大感兴趣频域区间,并增加阶次。

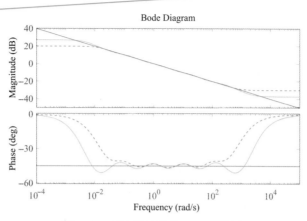

图 5-10　两个滤波器的 Bode 图拟合

```
>> t=0:0.001:pi; y=exp(-t).*sin(3*t+1);
   y1=lsim(G1,y,t); y2=lsim(G2,y,t);
   y0=glfdiff9(y,t,-0.5,3); plot(t,y0,t,y1,'--',t,y2,':')
```

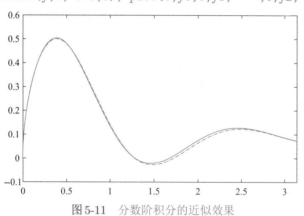

图 5-11　分数阶积分的近似效果

例 5-6　现在考虑为 Heaviside 函数设计 0.5 阶导数的 Oustaloup 滤波器,并假设时间范围很大,试观察 Oustaloup 滤波器参数对导数计算精度的影响。

解　Heaviside 函数的频率为零。现在选择感兴趣的频率段 $(0.01, 1000)\,\mathrm{rad/s}$,并假设仿真的时间区间为 $(0,20)\,\mathrm{s}$,就可以使用下面的语句设计 Oustaloup 滤波器。这样,用两种方法得出分数阶导数曲线,如图 5-12 所示。可以看出,当 $t = 2$ 或 t 很大时用滤波器的计算结果很不精确。

```
>> t=0:0.01:20;
   y=ones(size(t)); G=ousta_fod(0.5,5,0.01,1000),
   y1=lsim(G,y,t); y2=glfdiff9(y,t,0.5,3);
   plot(t,y1,t,y2,'--'), ylim([0,1])
```

选择考虑增加 Oustaloup 滤波器的阶次,则由下面的语句可以重新计算分数阶导

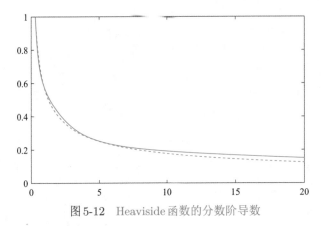

图 5-12　Heaviside 函数的分数阶导数

数，虽然在局部拟合上有所改进，在 t 较大时误差仍然很大。这意味着只改变滤波器的阶次并不能改进大时间区间的近似效果。

```
>> G=ousta_fod(0.5,9,0.01,1000); y1=lsim(G,y,t);
   plot(t,y1,t,y2,'--'), ylim([0,1])
```

因为时间 t 很大时存在大误差，这意味着低频段 Oustaloup 滤波器的拟合不好，所以应该降低 ω_b 的值，例如选择 $\omega_b = 0.001\,\mathrm{rad/s}$，这时在新滤波器下分数阶导数的计算结果如图 5-13 所示。可以看出已经得到了很好的计算精度。

```
>> G=ousta_fod(0.5,9,0.001,1000); y1=lsim(G,y,t);
   plot(t,y1,t,y2,'--'), ylim([0,1])
```

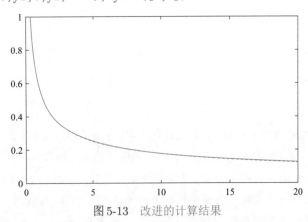

图 5-13　改进的计算结果

如果想进一步改进计算精度，则可以考虑选择更小的频率下限 ω_b，并选择更高的滤波器阶次。

例 5-7　从前面的例子可以看出，若想提高计算精度，则可以增大感兴趣的频率段，那么如何选择滤波器的阶次呢？

解　例 5-5 演示过，如果感兴趣的频率段为 $(10^{-2}, 10^3)\,\mathrm{rad/s}$，则 5 阶 Oustaloup 滤

波器效果已经很好了。一般情况下，如果频率段每增加 1 个十倍频程，则应该至少增加阶次 1 到 2 阶。例如，如果感兴趣频率段选择为 $(10^{-4}, 10^4)\,\mathrm{rad/s}$，即频率段增加了 3 个十倍频程，则需要设计一个 11 阶的滤波器。一般情况下，如果计算机资源允许，不妨选择一个更高的阶次。不同阶次滤波器的 Bode 图如图 5-14 所示。

```
>> s=fotf('s'); G1=s^0.5;
   w=logspace(-5,5); H=bode(G1,w);
   G=ousta_fod(0.5,5,1e-4,1e4);   G1=ousta_fod(0.5,7,1e-4,1e4);
   G2=ousta_fod(0.5,9,1e-4,1e4);  G3=ousta_fod(0.5,11,1e-4,1e4);
   bode(H,G,'--',G1,':',G2,'-.')
```

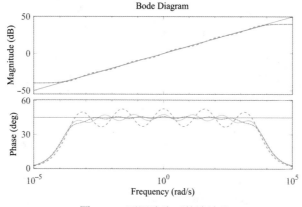

图 5-14　不同阶次下的滤波器

为了更好地演示 11 阶 Oustaloup 滤波器，给出如图 5-15 所示的拟合效果，对幅频特性曲线局部放大，可以看出，这时的频域响应曲线几乎处处都是直线，而不是折线。

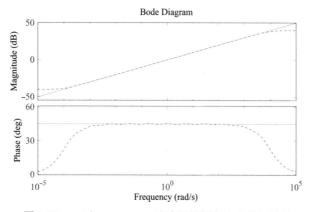

图 5-15　11 阶 Oustaloup 滤波器的频率响应近似效果

说明 5-3　滤波器设计参数选择的建议

（1）如果时间 t 较大时滤波近似效果不佳,则应该相应地减小低频下限 ω_{b},而初始时刻近似不佳时则应增大频率上限 ω_{h}。

（2）不要害怕使用很高的滤波器阶次和很宽的频段,例如 $(10^{-6}, 10^{6})$, $N = 30$ 并不会显著地增加运算时间。

5.3.2　一种改进的 Oustaloup 滤波器

从前面的例子可以看出,Oustaloup 滤波器的近似效果在选择的频率段边界 $\omega_{\mathrm{h}}, \omega_{\mathrm{b}}$ 处不太理想。另外,滤波器分子的阶次与分母的阶次相同,传递函数不是严格正则系统,所以可以考虑使用改进的滤波器模型。

定义 5-5 ► 改进的 Oustaloup 滤波器

改进的 Oustaloup 滤波器的数学模型[7] 为

$$s^{\gamma} \approx \left(\frac{d}{b}\right)^{\gamma} \left(\frac{ds^2 + b\omega_{\mathrm{h}}s}{d(1-\gamma)s^2 + b\omega_{\mathrm{h}}s + d\gamma}\right) K \prod_{k=1}^{N} \frac{s + \omega'_k}{s + \omega_k} \tag{5-3-4}$$

式中,

$$\omega'_k = \omega_{\mathrm{b}}\omega_{\mathrm{u}}^{(2k-1-\gamma)/N}, \ \omega_k = \omega_{\mathrm{u}}^{2\gamma/N}\omega'_k, \ K = \omega_{\mathrm{h}}^{\gamma}, \ \omega_{\mathrm{u}} = \sqrt{\omega_{\mathrm{h}}/\omega_{\mathrm{b}}} \tag{5-3-5}$$

这样,这一滤波器的阶次 γ 必须满足 $\gamma \in (0,1)$。正常情况下,加权参数可以选择为 $b = 10, d = 9$。对算法 5-3 稍加变化就可以设计出改进的 Oustaloup 滤波器。下面的 MATLAB 函数可以直接用于改进 Oustaloup 滤波器的设计:

```
function G=new_fod(r,N,wb,wh,b,d)
  arguments
    r(1,1) double, N(1,1){mustBePositiveInteger}=9
    wb(1,1)double=1e-4; wh(1,1){mustBeGreaterThan(wh,wb)}=1e4;
    b(1,1) double=10; d(1,1) double=9;
  end
  G=(d/b)^r*tf([d,b*wh,0],[d*(1-r),b*wh,d*r]);
  G=G*ousta_fod(r,N,wb,wh);
end
```

该函数的调用格式为 G=new_fod$(\gamma, N, \omega_{\mathrm{b}}, \omega_{\mathrm{h}}, b, d)$,其中,参数 b, d 可以省略,直接使用默认值。

例 5-8　考虑例 5-5 中的问题,选择 $\omega_{\mathrm{b}} = 0.01\,\mathrm{rad/s}$, $\omega_{\mathrm{h}} = 1000\,\mathrm{rad/s}$,试观测新滤波器的近似结果,并比较分数阶导数的近似效果。

解　由下面的语句可以设计这两个滤波器,并得出 Bode 图的近似效果,如图 5-16 所示。可见改进算法的拟合带宽更宽。

```
>> G1=ousta_fod(0.5,5,0.01,1000);
   G2=new_fod(0.5,5,0.01,1000); zpk(G2)
   s=fotf('s'); G0=s^0.5; w=logspace(-5,5,100);
   H=bode(G0,w); bode(G1,'-',G2,'--',H,':')
```

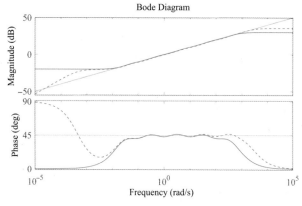

图 5-16　Bode 图比较

得出滤波器 $G_2(s)$ 的零极点表达式为

$$G_2(s)=\frac{60s(s+0.01778)(s+0.1778)(s+1.778)(s+17.78)(s+177.8)(s+1111)}{(s+0.056)(s+0.56)(s+5.623)(s+56.23)(s+562.3)(s+2222)(s+0.00045)}$$

计算得出的分数阶导数曲线如图 5-17 所示。可以看出，改进的滤波器得出的拟合结果稍有改善。

```
>> t=0:0.001:pi; y=exp(-t).*sin(3*t+1);
   y1=lsim(G1,y,t); y2=lsim(G2,y,t);
   y0=glfdiff9(y,t,0.5,3);
   plot(t,y1,t,y2,'--',t,y0,':'), axis([0,pi,-2 8])
```

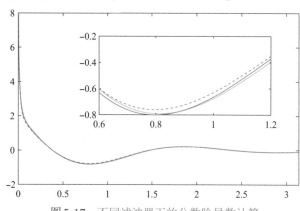

图 5-17　不同滤波器下的分数阶导数计算

例5-9 考虑下面的分数阶传递函数模型:

$$G(s) = \frac{s+1}{10s^{3.2} + 185s^{2.5} + 288s^{0.7} + 1}$$

试比较两个滤波器对分数阶传递函数模型的拟合效果。

解 如果设计 0.2 阶导数的滤波器, 则得出的两个滤波器的 Bode 图如图 5-18 所示。可以由 FOTF 工具箱中提供的 **bode()** 重载函数直接绘制分数阶传递函数的 Bode 图。还可以由下面的代码绘制出两个滤波器的 Bode 图, 如图 5-19 所示。可以看出, 改进滤波器得出的拟合结果明显好于 Oustaloup 滤波器。

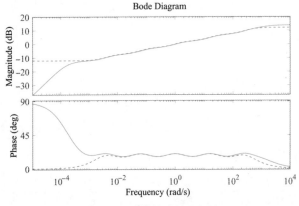

图 5-18 $s^{0.2}$ 的滤波器拟合

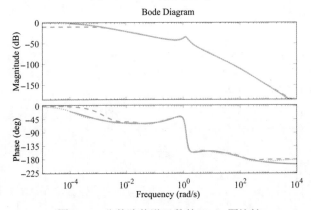

图 5-19 分数阶传递函数的 Bode 图比较

```
>> b=[1 1]; a=[10,185,288,1]; nb=[1 0]; na=[3.2,2.5,0.7,0];
   G0=fotf(a,na,b,nb); w=logspace(-4,4,200); H=bode(G0,w);
   s=zpk('s'); N=5; w1=1e-3; w2=1e3; b=10; d=9;
   g1=ousta_fod(0.2,N,w1,w2); a1=g1;
   g2=ousta_fod(0.5,N,w1,w2); g3=ousta_fod(0.7,N,w1,w2);
   G1=(s+1)/(10*s^3*g1+185*s^2*g2+288*g3+1);
```

```
g1=new_fod(0.2,N,w1,w2); g2=new_fod(0.5,N,w1,w2);
g3=new_fod(0.7,N,w1,w2); bode(g1,a1,'--');
figure, G2=(s+1)/(10*s^3*g1+185*s^2*g2+288*g3+1);
bode(H,G1,'--',G2,':',w)
```

5.4　分数阶传递函数的整数阶近似

5.4.1　分数阶传递函数的高阶近似

如果遇到例 5-9 中给出的分数阶传递函数模型,可以用该例中给出的方法得出高阶整数阶近似模型。但是,如果每次都这样用底层命令建立高阶模型是很烦琐的,所以可以编写一个 MATLAB 函数进行这样的自动转换,得出高阶整数阶传递函数模型。

> **算法 5-4 ▶ 分数阶传递函数的整数阶近似**
>
> （1）编写子函数处理伪多项式,将每个 s^γ 因子分解成 $s^m s^\alpha$,其中 $m = \lfloor \gamma \rfloor$, $\alpha = \gamma - m$,将 s^α 替换成滤波器模型。
> （2）分别处理分子和分母,从伪多项式得出高阶传递函数表示。
> （3）对得出的高阶整数阶传递函数求最小实现,得出最简的传递函数模型。

基于上述的算法编写出 MATLAB 函数进行所期望的转换,其中用到了很多 FOTF 工具箱的函数,该函数应该置于 **@fotf** 文件夹,其清单如下:

```
function Ga=high_order(G0,filter,wb,wh,N)
   arguments
      G0, filter='ousta_fod', wb(1,1) double=1e-3
      wh(1,1) double {mustBeGreaterThan(wh,wb)}=1e3
      N(1,1) {mustBePositiveInteger}=5
   end
   [n,m]=size(G0); F=filter;
   for i=1:n, for j=1:m
      if G0(i,j)==fotf(0), Ga(i,j)=tf(0);
      else, G=simplify(G0(i,j)); [a na b nb]=fotfdata(G);
         G1=pseudo_poly(b,nb,F,wb,wh,N)/pseudo_poly(a,na,F,wb,wh,N);
         Ga(i,j)=minreal(G1);
end, end, end, end
%伪多项式的近似
function G1=pseudo_poly(a,na,filter,wb,wh,N)
   G1=0; s=tf('s');
   for i=1:length(a), na0=na(i); n1=floor(na0);
```

```
        if na0>n1, g1=eval([filter '(na0-n1,N,wb,wh)']);
        else, g1=1; end
        G1=G1+a(i)*s^n1*g1;
end, end
```

函数的调用格式为 G_a=high_order(G_0,filter,ω_b,ω_h,N)，其中，G_0 为分数阶传递函数矩阵对象（FOTF对象），可以直接处理多变量的问题；输入变量 filter 可以为'ousta_fod'，'new_fod' 或'matsuda_fod'；ω_b 与 ω_h 用于描述感兴趣频率段；N 为每个分数阶算子的近似阶次。可以看出，该函数的结构是开放的，如果有其他滤波器设计函数，也可以仿照这样的结构直接嵌入。

例5-10 考虑例5-9中给出的FOTF对象，试得出整数阶的传递函数近似模型。

解 可以用下面的语句直接输入FOTF对象模型，并求出用Oustaloup滤波器或改进Oustaloup滤波器替代分数阶算子后的高阶传递函数近似模型，它们的频域响应拟合结果与图5-19中给出的完全一致。

```
>> b=[1 1]; a=[10,185,288,1]; nb=[1 0]; na=[3.2,2.5,0.7,0];
   G0=fotf(a,na,b,nb); N=4; w1=1e-3; w2=1e3; b=10; d=9;
   G10=high_order(G0,'ousta_fod',w1,w2,N)
   G20=high_order(G0,'new_fod',w1,w2,N)
   w=logspace(-3,3); bode(G0), hold on; bode(G10,'--',G20,':')
```

这样得出的近似模型分别为

$$G_{10}(s) = \frac{\begin{array}{c}0.025119(s+595.7)(s+421.7)(s+251.2)(s+18.84)\times\\(s+13.34)(s+7.943)(s+1)(s+0.5957)(s+0.4217)\times\\(s+0.2512)(s+0.01884)(s+0.01334)\end{array}}{\begin{array}{c}(s+595.7)(s+507)(s+154.7)(s+40.89)(s+18.78)(s+7.377)\times\\(s+2.041)(s+0.4418)(s+0.2511)(s+0.05445)(s+0.01334)\times\\(s+0.002349)(s^2+0.3824s+1.613)\end{array}}$$

$$G_{20}(s) = \frac{\begin{array}{c}0.020523(s+1)(s+0.5957)(s+0.4217)(s+0.2512)(s+7.943)\times\\(s+13.34)(s+18.84)(s+251.2)(s+421.7)(s+595.7)(s+1389)\times\\(s+2222)(s+3704)(s+0.01884)(s+0.01334)(s+0.007943)\times\\(s+0.00063)(s+0.00045)(s+0.00018)\end{array}}{\begin{array}{c}(s+3704)(s+2325)(s+1111)(s+595.7)(s+488.2)(s+152.6)\times\\(s+40.07)(s+18.78)(s+7.358)(s+2.041)(s+0.4422)(s+0.2511)\times\\(s+0.05453)(s+0.01334)(s+0.007943)(s+0.002197)(s+0.00045)\times\\(s+0.0002201)(s+0.00018)(s^2+0.3762s+1.574)\end{array}}$$

这两个滤波器模型得出的阶跃响应曲线可以由下面的语句得出，如图5-20所示。可以看出，两个滤波器的近似效果都不理想，原因还是低频段拟合不好。

```
>> t=0:0.01:20; y=step(G0,t); y1=step(G10,t);
   plot(t,y,t,y1,'--')
```

对这样的问题仍然需要降低 ω_b 的值，比如令其为 $10^{-4}\,\mathrm{rad/s}$，并适当提高滤波器的阶次，这样可以得出如图5-21所示的阶跃响应曲线。可以看出，即使这里采用了更大的时间响应区域,计算精度仍然是令人满意的。

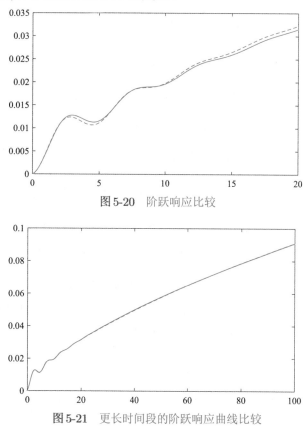

图 5-20 阶跃响应比较

图 5-21 更长时间段的阶跃响应曲线比较

```
>> N=7; w1=1e-4; w2=1e3; G10=high_order(G0,'ousta_fod',w1,w2,N)
   t=0:0.01:100; y=step(G0,t); y1=step(G10,t);
   plot(t,y,t,y1,'--')
```

5.4.2 基于模型降阶技术的低阶近似方法

顾名思义,模型降阶就是用一个低阶模型逼近高阶模型的行为。由于使用滤波器逼近分数阶算子,经常会得到阶次特别高的整数阶模型,所以,这里主要研究用一个低阶整数阶模型逼近分数阶系统的行为。

定义 5-6 ▶ 降阶模型

整数阶降阶模型的一般形式为

$$G_{r/m,\tau}(s) = \frac{\beta_1 s^r + \beta_2 s^{r-1} + \cdots + \beta_{r+1}}{s^m + \alpha_1 s^{m-1} + \cdots + \alpha_{m-1} s + \alpha_m} e^{-\tau s} \qquad (5\text{-}4\text{-}1)$$

若想得到一个较好的降阶模型,则应该定义一个最优准则。比如,如果原始模型和降阶模型用同样的信号激励，则由两个模型的输出之差可以定义误差信号，由这个误差信号再定义目标函数。根据这样的目标函数将要求解的问题转换成数值最优化问题。

定义 5-7 ▶ 模型降阶最优指标

模型的最优降阶问题可以由下面的数值最优化问题描述：

$$J = \min_{\boldsymbol{\theta}} \left\| \widehat{G}(s) - G_{r/m,\tau}(s) \right\|_2 \tag{5-4-2}$$

式中，$\boldsymbol{\theta}$ 为降阶模型参数构成的决策向量，即

$$\boldsymbol{\theta} = \left[\beta_1, \beta_2, \cdots, \beta_r, \beta_{r+1}, \alpha_1, \alpha_2, \cdots, \alpha_m, \tau \right]^{\mathrm{T}} \tag{5-4-3}$$

由于式 (5-4-2) 存在延迟项，可以考虑用 Padé 近似逼近延迟项。这样目标函数可以变成下面的范数求解形式，而最优化问题变换成

$$J = \min_{\boldsymbol{\theta}} \left\| \widehat{G}(s) - \widehat{G}_{r/m}(s) \right\|_2 \tag{5-4-4}$$

上述问题是没有解析解的，只能用数值最优化技术求解原始问题。由参考文献 [8] 给出的思路，可以引出模型最优降阶算法。

算法 5-5 ▶ 模型最优降阶算法

（1）输入高阶整数阶模型 $\widehat{G}(s)$。
（2）选择合适的降阶模型分子与分母阶次 r, m。
（3）用 MATLAB 编写出式 (5-4-2) 中描述最优化目标函数的程序。
（4）用最优化求解的 **fminsearch()** 函数直接得出最优降阶模型 $G_{r/m,\tau}(s)$。

可以看出，从原来分数阶传递函数模型得到的整数阶近似模型阶次非常高，所以可以用最优降阶的方法得出效果满意的低阶模型[8,9]。最优模型降阶计算的 MATLAB 函数可以写成

```
function Gr=opt_app(G,r,k,key,G0)
   arguments
      G, r(1,1) {mustBePositiveInteger}
      k(1,1) {mustBePositiveInteger}
      key(1,1){mustBeMember(key,[0,1])}=0, G0=0
   end
   GS=tf(G); Td=totaldelay(GS);
   GS.ioDelay=0; s=tf('s'); GS.InputDelay=0; GS.OutputDelay=0;
   if nargin<5, G0=(s+1)^r/(s+1)^k; end
```

```
    beta=G0.num{1}(k+1-r:k+1); alph=G0.den{1};
    Tau=1.5*Td; x=[beta(1:r),alph(2:k+1)];
    if abs(Tau)<1e-5, Tau=0.5; end
    dc=dcgain(GS); if key==1, x=[x,Tau]; end
    y=opt_fun(x,GS,key,r,k,dc);
    x=fminsearch(@opt_fun,x,[],GS,key,r,k,dc);
    alph=[1,x(r+1:r+k)]; beta=x(1:r+1); beta(r+1)=alph(end)*dc;
    if key==0, Td=0; end
    if key==1, Tau=x(end)+Td; else, Tau=0; end
    Gr=tf(beta,alph,'ioDelay',Tau);
end
```

% 目标函数计算

```
function y=opt_fun(x,G,key,r,k,dc)
    ff0=1e10; a=[1,x(r+1:r+k)]; b=x(1:r+1); b(end)=a(end)*dc;
    if key==1, tau=x(end);
        if tau<=0, tau=eps; end, [n,d]=pade(tau,3); gP=tf(n,d);
    else, gP=1; end
    Ge=G-tf(b,a)*gP;
    Ge.num{1}=[0,Ge.num{1}(1:end-1)]; [y,ierr]=geth2(Ge);
    if ierr==1, y=10*ff0; else, ff0=y; end
end
```

% 计算 $\mathcal{H}_2$ 范数

```
function [v,iE]=geth2(G)
    G=tf(G); num=G.num{1}; den=G.den{1}; iE=0; v=0; n=length(den);
    if abs(num(1))>eps
        disp('System not strictly proper'); iE=1; return
    else, a1=den; b1=num(2:length(num)); end
    for k=1:n-1
        if (a1(k+1)<=eps), ierr=1; return
        else
            aa=a1(k)/a1(k+1); bb=b1(k)/a1(k+1); v=v+bb*bb/aa; k1=k+2;
            for i=k1:2:n-1,
                a1(i)=a1(i)-aa*a1(i+1); b1(i)=b1(i)-bb*a1(i+1);
    end, end, end, v=sqrt(0.5*v);
end
```

该函数的调用格式为 G_r=opt_app(G,r,m,key,G_0)，其中 r 和 m 为用户指定的降阶模型分子与分母多项式的阶次；key 表示在降阶模型中是否需要延迟项；如果有必要，用户也可以提供自己的初始模型 G_0。

例5-11 考虑如下给出的分数阶传递函数模型

$$G(s) = \frac{-2s^{0.63} - 4}{2s^{3.501} + 3.8s^{2.42} + 2.6s^{1.798} + 2.5s^{1.31} + 1.5}$$

试找出其最优降阶模型并评价降阶模型与原模型的匹配程度。

解 可以用下面的语句直接得出高阶近似模型:

```
>> b=[-2 -4]; nb=[0.63 0]; a=[2 3.8 2.6 2.5 1.5];
   na=[3.501 2.42 1.798 1.31 0]; G=fotf(a,na,b,nb);
   G1=high_order(G,'ousta_fod',1e-3,1e3,5); order(G1)
```

可以看出,这样得出的模型为45阶的整数阶模型。现在考虑找到一个降阶模型,例如选择 $r = 4, m = 5$,则可以直接得出降阶模型,并得出高阶与降阶模型的Bode图,如图5-22所示。这里的相位图看似有很大差异,不过相位图是平行的相差360°,所以,可以认为它们是一致的。

```
>> G2=opt_app(G1,4,5,0), zpk(G2)
   w=logspace(-4,4); H=bode(G,w); bode(H,G1,'--',G2,':')
```

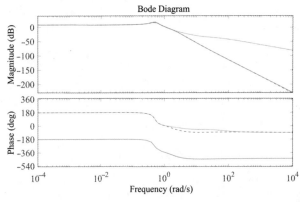

图 5-22 Bode图比较

这样得出的低阶近似模型为

$$G_2(s) = \frac{-4.7911(s + 0.2452)(s + 0.01657)(s^2 - 8.983s + 31.65)}{(s + 140.9)(s + 0.3799)(s + 0.0173)(s^2 + 0.2303s + 0.2479)}$$

可以看出,这样得出的降阶模型的频域响应还是很接近原始模型的,而高频部分的拟合看起来和原始模型有很大的误差。不过不必太担心,因为这里的Bode幅频特性使用的单位是dB(分贝),当增益小于 $-20\,\mathrm{dB}$ 时,其实际的倍数小于 $-20\,\mathrm{dB}$,即 10^{-1},而 $-50\,\mathrm{dB}$ 大约为 $10^{-2.5}$,故二者都是很小的增益,并没有太显著的差异,至少没有图5-22中看起来那么大的差异。相频特性拟合中,几条曲线基本上相差的是360°和720°,这里给出的是手工修改后的相频曲线。可见,实际分数阶系统的频域响应曲线与高阶整数阶拟合模型几乎完全一致。

还可以求出各个模型的阶跃响应,如图5-23所示。可见,降阶模型和原始模型还是很接近的。

```
>> t=0:0.01:10; y=step(G,t); y1=step(G1,t); y2=step(G2,t);
   plot(t,y,t,y1,'--',t,y2,':')
```

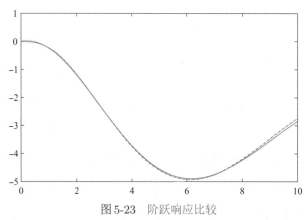

图 5-23 阶跃响应比较

例 5-12 考虑下面的分数阶传递函数模型,试得出降阶模型并比较其效果。

$$G(s) = \frac{5}{s^{2.3} + 1.3s^{0.9} + 1.25}$$

解 首先得出原始模型的高阶整数阶近似模型,然后采用不同的降阶方法,可以得出如图 5-24 所示的阶跃响应比较。这里的阶跃响应曲线是 step() 函数自动绘制的。

```
>> w1=1e-3; w2=1e3; N=9;
   s=fotf('s'); G=5/(s^2.3+1.3*s^0.9+1.25);
   G0=high_order(G,'ousta_fod',w1,w2,N); zpk(G0)
   G1=opt_app(G0,1,2,0), G2=opt_app(G0,2,3,0)
   G3=opt_app(G0,3,4,0), step(G0,G1,'--',G2,':',G3,'-.')
```

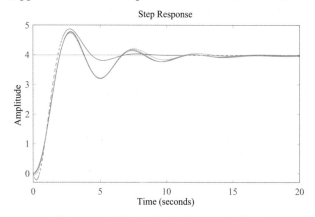

图 5-24 分数阶传递函数的阶跃响应比较

上面的语句首先得出一个 19 阶的高阶近似模型(其数学形式从略),还可以得出最

优降阶模型为

$$G_1(s) = \frac{-2.045s + 7.654}{s^2 + 1.159s + 1.917}, \quad G_2(s) = \frac{-0.5414s^2 + 4.061s + 2.945}{s^3 + 0.9677s^2 + 1.989s + 0.7378}$$

$$G_3(s) = \frac{-0.2592s^3 + 3.365s^2 + 4.9s + 0.3911}{s^4 + 1.264s^3 + 2.25s^2 + 1.379s + 0.09797}$$

可以看出，二阶模型 $G_1(s)$ 与 3 阶模型 $G_2(s)$ 的拟合效果不甚理想，4 阶与 5 阶近似模型的响应很接近分数阶模型。

在一些特定的例子中，比如在例 5-9 的问题中，如果降阶模型的阶次选择得过低，则逼近效果会很差，所以得到降阶模型后应该检验一下才能真正使用。

5.5 无理分数阶模型的近似

在分数阶控制系统中，有的时候系统的某个组成部分不能很好地用有理分数阶传递函数直接描述。例如，若传递函数存在 $[(as+b)/(cs+d)]^\alpha$ 这样的项，而 α 不是整数，则该项只能展开成无穷项的级数。如果存在 $(as^\beta + b)^\alpha$ 形式的项则更难以处理。本节将介绍这类无理传递函数的近似方法。

5.5.1 隐式无理模型的近似

考虑一种简单的无理传递函数

$$G(s) = \frac{1}{(\tau s + 1)^\nu} = \tau^{-\nu} \frac{1}{(s + 1/\tau)^\nu} \tag{5-5-1}$$

定理 5-2 ▶ 无理模型的时域表示

如果系统的传递函数由式（5-5-1）给出，则其输入信号 $u(t)$ 与输出信号 $y(t)$ 之间的关系满足[10]

$$y(t) = \tau^{-\nu} \mathrm{e}^{-t/\tau} \mathscr{D}^{-\nu} \left[\mathrm{e}^{t/\tau} u(t) \right] \tag{5-5-2}$$

证明 由传递函数模型可得 $Y(s) = G(s)U(s) = G(s + 1/\tau)U(s)$，则 $Y(s - 1/\tau) = G(s - 1/\tau)U(s - 1/\tau) = \tau^{-\nu} U(s - 1/\tau)/s^\nu$。取 Laplace 反变换，则利用 Laplace 变换的平移性质 $\mathscr{L}[\mathrm{e}^{-at}f(t)] = F(s+a)$，取 $a = -1/\tau$，得出

$$\mathscr{L}[Y(s - 1/\tau)] = \tau^{-\nu} \mathscr{D}^{-\nu}\left[\mathrm{e}^{t/\tau} u(t)\right] \tag{5-5-3}$$

再利用平移性质，则得出下式，定理得证。

$$\mathrm{e}^{t/\tau} y(t) = \tau^{-\nu} \mathscr{D}^{-\nu}\left[\mathrm{e}^{t/\tau} u(t)\right] \tag{5-5-4}$$

定理 5-3 ▶ 隐式无理微分方程

选择状态变量 $x(t) = \mathscr{D}^{-\nu}\big[\mathrm{e}^{t/\tau}u(t)\big]$，则无理系统（5-5-1）对应的分数阶状态方程模型如下[10]，该模型又称为隐式分数阶模型。

$$\begin{cases} \mathscr{D}^{\nu}x(t) = \mathrm{e}^{t/\tau}u(t) \\ y(t) = \tau^{-\nu}\mathrm{e}^{-t/\tau}x(t) \end{cases} \tag{5-5-5}$$

说明 5-4　隐式无理微分方程

（1）这里给出了一种近似方法，但该方法不能得出传递函数近似模型，无法比较频域响应拟合效果。

（2）利用这里介绍的方法，可以用如图 5-25（a）所示的框图描述近似方法。基于这里给出的框图，可以直接建立 Simulink 仿真模型，如图 5-25（b）所示。其中，$1/s^{\nu}$ 模块可以由 Oustaloup 滤波器实现。

（3）由于 Simulink 模型中存在 $t^{-\nu}$ 项，所以若 $\nu > 0$，仿真过程中不宜将 t 的初值设置为 0，可以将其设置成微小的值，如 0.0001。

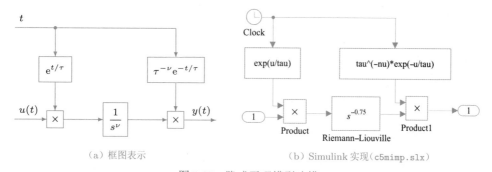

（a）框图表示　　　　　（b）Simulink 实现（c5mimp.slx）

图 5-25　隐式无理模型建模

5.5.2　频域响应近似方法

当然，并不是所有的无理分数阶模型都能用式（5-5-1）的简单形式表示，所以需要探讨一般无理传递函数模型的近似方法。

如果测得或计算出某个模型的一些频率响应点的数据，则可以由 MATLAB 提供的 `invfreqs()` 函数获得整数阶近似模型。一般情况下，这样的模型可以很好地逼近给出的频域响应数据。该函数的调用格式为 G=`invfreqs`(H, w, m, n)，其中，H 为频域响应数据，w 为频率点向量，m 和 n 分别为预期的分子与分母的阶次。

算法 5-6 ▶ 无理传递函数模型的有理拟合与近似

（1）由无理传递函数模型产生一组频域响应数据。

（2）选择合适的拟合模型分子与分母的阶次。

（3）调用 `invfreqs()` 函数直接获得频域响应数据的拟合模型。

（4）验证得到的模型，若拟合效果不满意，则增加预期模型的阶次然后转到（2）重新拟合，或重新生成一组频域响应数据转到（1），直到得到满意的模型。

例 5-13　考虑文献 [11] 给出的分数阶定量反馈理论（quantitative feedback theory, QFT）控制器模型

$$G_c(s) = 1.8393 \left(\frac{s+0.011}{s}\right)^{0.96} \left(\frac{8.8\times10^{-5}s+1}{8.096\times10^{-5}s+1}\right)^{1.76} \frac{1}{(1+s/0.29)^2}$$

试找出较好的有理近似模型。

解　这样的控制器结构很复杂，只能借助于比较好的有理传递函数模型逼近。由于 MATLAB 控制系统工具箱中的 `frd()` 函数只能处理整数阶模型，该函数返回一个结构体变量，可以对其成员变量 `ResponseData` 进行处理，获得其非整数次幂，最终得出无理传递函数的精确频域响应数据。有了频域响应数据，就可以调用 `invfreqs()` 函数获得拟合模型。对本例而言，可以先选择感兴趣的频域段 $\omega \in (10^{-4}, 10^2)$ rad/s，再输入下面的 MATLAB 命令：

```
>> w=logspace(-4,2); G1=tf([1 0.011],[1 0]); F1=frd(G1,w);
   G2=tf([8.8e-5 1],[8.096e-5 1]); F2=frd(G2,w);
   s=tf('s'); G3=1/(1+s/0.29)^2; F3=frd(G3,w); F=F1;
   h1=F1.ResponseData; h2=F2.ResponseData; h3=F3.ResponseData;
   h=1.8393*h1.^0.96.*h2.^1.76.*h3; F.ResponseData=h;
   [n,d]=invfreqs(h(:),w,4,4); H1=zpk(tf(n,d))
```

这样得出的近似控制器为

$$H_1(s) = \frac{-1.5\times10^{-10}(s-3.913\times10^4)(s+2.635\times10^4)(s+0.01071)(s+0.0006019)}{(s+0.2922)(s+0.2878)(s+0.0007664)(s+1.284\times10^{-7})}$$

从结果可以看出，有的稳定零极点对相距很近，所以可以通过最小实现技术将它们对消，得到更低阶次的模型：

```
>> H1a=minreal(H1,1e-3), H1b=minreal(H1,1e-2)
```

这样得出的更低阶近似为

$$H_{1a}(s) = \frac{-1.5002\times10^{-10}(s-3.913\times10^4)(s+2.635\times10^4)(s+0.01071)}{(s+0.2922)(s+0.2878)(s+1.284\times10^{-7})}$$

$$H_{1b}(s) = \frac{-1.5002\times10^{-10}(s-3.913\times10^4)(s+2.635\times10^4)}{(s+0.2922)(s+0.2878)}$$

对于无理系统拟合的问题还可以尝试使用 Matsuda–Fujii 滤波器。用下面语句直接设计这样的滤波器，不过该滤波器 $H_2(s)$ 是不稳定的模型，说明 Matsuda–Fujii 设计方法并不能保证滤波器的稳定性，使用时需要慎重。

```
>> w=logspace(-4,2,11); F1=frd(G1,w); F2=frd(G2,w); F3=frd(G3,w);
```

```
h1=F1.ResponseData; h2=F2.ResponseData; h3=F3.ResponseData;
h=1.8393*h1.^0.96.*h2.^1.76.*h3; H2=zpk(matsuda_fod(h,w))
```

选择更大一些的频率段 $(10^{-6},10^4)\,\mathrm{rad/s}$ 验证得出的模型，就可以得出原控制器
与各个低阶近似模型的 Bode 图，如图 5-26 所示。理论值用点线表示，可见各个幅频特
性的逼近很理想，相频特性相差 $360°$（这里做了手工平移），也是比较理想的。

```
>> w=logspace(-6,4,200); F1=frd(G1,w); h1=F1.ResponseData;
   F2=frd(G2,w); h2=F2.ResponseData; F3=frd(G3,w);
   h3=F3.ResponseData; h=1.8393*h1.^0.96.*h2.^1.76.*h3;
   F=F1; F.ResponseData=h; bode(H1a,'--',H1b,F,':',H1,'-.',w)
```

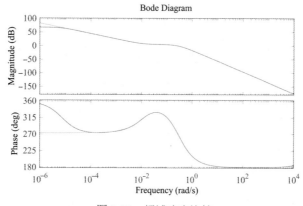

图 5-26　频域响应比较

从比较结果看，最小实现模型 $H_{1a}(s)$ 与 4 阶控制器 $H_1(s)$ 甚至与原无理传递函数
模型很接近，而二阶近似模型 $H_{1b}(s)$ 的效果很差，这意味着原来的无理传递函数模型
至少需要 3 阶传递函数近似。上面得出的 $H_{1a}(s)$ 是通过最小实现得出的，其实更应该
由 invfreqs() 函数直接得出：

```
>> w=logspace(-4,2); F1=frd(G1,w); F2=frd(G2,w); F3=frd(G3,w);
   h1=F1.ResponseData; h2=F2.ResponseData; h3=F3.ResponseData;
   h=1.8393*h1.^0.96.*h2.^1.76.*h3; [n,d]=invfreqs(h(:),w,3,3);
   H3=zpk(tf(n,d))
```

直接得出的 3 阶模型为

$$H_3(s) = \frac{-1.4886\times10^{-10}(s-3.93\times10^4)(s+2.644\times10^4)(s+0.01009)}{(s+0.3028)(s+0.2768)(s+1.103\times10^{-5})}$$

例 5-14　试用隐式模块逼近例 5-13 中给出的 QFT 控制器。

解　对 QFT 控制器传递函数进行重组，可以写成如下形式：

$$G_c(s) = \frac{1.8393/0.011^{0.96}}{s^{0.95}(1+s/0.29)^2}\left(\frac{s}{0.011}+1\right)^{0.96}(8.8\times10^{-5}s+1)^{1.76}(8.096\times10^{-5}s+1)^{-1.76}$$

由这个数学形式可以直接构造出如图 5-27 所示的 Simulink 仿真模型，其整数阶部
分由传递函数模型给出，其中，分子编辑框 num 填写 `1.8393/0.011^0.96`，分母编辑框

den 填写 conv([1/0.29 1],[1/0.29 1])。

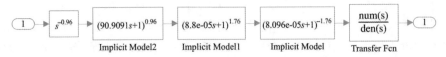

图 5-27　QFT 控制器的 Simulink 模型（c5mqft.slx）

5.5.3　Charef 近似

Charef 近似技术是对下面无理传递函数模型的一种有效的近似方法[4, 12]：

$$H(s) = \frac{1}{(1+s/p_{\mathrm{T}})^{\alpha}} \tag{5-5-6}$$

定义 5-8 ▶ Charef 滤波器

　　Charef 滤波器技术类似于 Oustaloup 滤波器的设计方法，它采用分段的渐近线在 $(0, \omega_{\mathrm{M}}) \, \mathrm{rad/s}$ 频率段内逼近无理传递函数，得出

$$H_1(s) = \frac{(1+s/z_0)(1+s/z_1)\cdots(1+s/z_{n-1})}{(1+s/p_0)(1+s/p_1)\cdots(1+s/p_n)} \tag{5-5-7}$$

式中，先得出以下几个关键量：

$$p_0 = p_{\mathrm{T}} 10^{\delta/(20\alpha)}, \quad a = 10^{\delta/[10(1-\alpha)]}, \quad b = 10^{\delta/(10\alpha)} \tag{5-5-8}$$

然后由下面的式子计算出滤波器的零极点：

$$p_{i+1} = p_0(ab)^{i+1}, \quad z_i = ap_i, \quad i = 0, 1, \cdots, n-1 \tag{5-5-9}$$

零极点对的个数可以由下式直接确定：

$$n = \left\lceil \frac{\ln(\omega_{\mathrm{M}}/p_0)}{\ln(ab)} \right\rceil \tag{5-5-10}$$

式中，变量 δ 是频域响应拟合的误差容限，正常情况下其取值可以为 $\delta = 1 \, \mathrm{dB}$。这里的容限是针对渐近线而言的，实际的拟合误差要小于该值。

可以建立起下面的算法设计 Charef 滤波器。

算法 5-7 ▶ Charef 滤波器的设计

　（1）输入需要拟合的无理传递函数模型的参数 p_{T} 与 α。
　（2）选择指标 $\delta, \omega_{\mathrm{M}}$ 设计滤波器。
　（3）由式（5-5-8）与式（5-5-10）直接计算关键参数 a, b, p_0 与 n。
　（4）由式（5-5-9）计算滤波器的零极点与增益，构造出 Charef 滤波器模型。

根据上面的算法可以编写出 Charef 滤波器设计的 MATLAB 函数:

```
function G=charef_fod(alpha,pT,delta,wM)
    arguments
        alpha(1,1) double, pT(1,1) double
        delta(1,1) double, wM(1,1) double
    end
    p0=pT*10^(delta/20/alpha);
    a=10^(delta/10/(1-alpha)); b=10^(delta/10/alpha);
    n=ceil(log(wM/p0)/log(a*b)); ii=1:n; p=p0*(a*b).^ii;
    p=[p0 p]; z=a*p(1:n); K=prod(p)/prod(z); G=zpk(-z,-p,K);
end
```

该函数的调用格式为 $G=\text{charef\_fod}(\alpha, p_\text{T}, \delta, \omega_\text{M})$,该函数的输入变量与对应的数学公式是一致的,返回变量则是设计出来的 Charef 滤波器。

例 5-15　试设计无理传递函数 $G(s) = 1/(1+0.2s)^{0.5}$ 的 Charef 滤波器。

解　可以选择误差容限 $\delta = 1\,\text{dB}$ 与频率段上限 $\omega_\text{M} = 1000\,\text{rad/s}$。这样可以由下面的语句直接设计出 Charef 滤波器:

```
>> G1=charef_fod(0.5,1/0.2,1,1000)
```

设计出来的 Charef 滤波器为

$$G_1(s) = \frac{99.763(s+9.976)(s+25.06)(s+62.95)(s+158.1)(s+397.2)(s+997.6)}{(s+6.295)(s+15.81)(s+39.72)(s+99.76)(s+250.6)(s+629.5)(s+1581)}$$

此外,由前面介绍的频域响应拟合方法也可以求取原模型的整数阶近似模型:

```
>> w=logspace(-2,3); G0=tf(1,[0.2 1]);
   H=frd(G0,w); h=H.ResponseData; h=h.^0.5;
   [n,d]=invfreqs(h(:),w,5,5); G2=zpk(tf(n,d))
```

得到的近似模型为

$$G_2(s) = \frac{0.01541(s+8899)(s+1121)(s+340.2)(s+91.78)(s+17.16)}{(s+2412)(s+609.2)(s+183.6)(s+41.34)(s+7.41)}$$

事实上,前面介绍的 Carlson 滤波器也适合于近似无理传递函数模型,可以通过下面的语句直接设计该滤波器:

```
>> s=tf('s'); G=1/(1+0.2*s); H1=carlson_fod(0.5,G,2); zpk(H1)
```

设计出的滤波器模型为

$$H_1(s) = \frac{0.11111(s+165.8)(s+20)(s+8.52)(s+6.667)(s+6.666)(s+5.662)(s+5)^6}{\begin{matrix}(s+42.74)(s+12.1)(s+6.678)(s+4.887)(s^2+13.32s+44.37)\times \\ (s^2+10.33s+26.67)(s^2+9.859s+24.31)(s^2+10.08s+25.42)\end{matrix}}$$

无理传递函数与 Charef 滤波器的 Bode 图比较如图 5-28 所示。可以看出,Charef 滤波器的频域响应也很令人满意。

```
>> w=logspace(-3,5); M=tf(1,[0.2 1]); H=frd(M,w);
   h=H.ResponseData; H.ResponseData=h.^0.5;
```

```
bode(H,G1,'--',G2,':',H1,'-.'), xlim([1e-3 1e5])
```

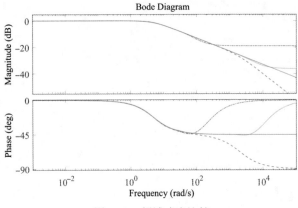

图 5-28 频域响应比较

无理传递函数 $G(s)$ 的阶跃响应可以通过数值 Laplace 反变换的方法求出,该阶跃响应与 Charef 滤波器和频率响应拟合模型阶跃响应的比较如图 5-29 所示,其中,函数 **INVLAP_new()** 是基于数值 Laplace 变换的求解函数,第 6 章将详细介绍。

```
>> [t,y]=INVLAP_new('1/(1+0.2*s)^0.5',0,3,1001,0,'1/s');
   y1=step(G1,t); y2=step(G2,t); y3=step(H1,t);
   plot(t,y,t,y1,'--',t,y2,':',t,y3,'-.')
```

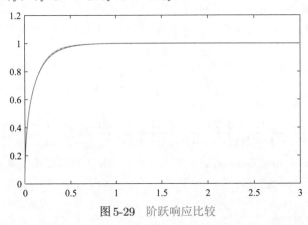

图 5-29 阶跃响应比较

例 5-16 考虑下面带有两个无理因子的模型,试得出较好的 Charef 滤波器:

$$G(s) = \frac{1}{(1+s/1.6)^{0.6}(1+s/6.2)^{0.3}}$$

解 原始模型可以认为是两个无理传递函数的乘积,可以得出 Charef 滤波器。

```
>> G11=charef_fod(0.6,1.6,1,1000);
   G12=charef_fod(0.3,6.2,1,1000); G1=G11*G12; zpk(G1)
```

这样得出的近似模型为

$$G_1(s) = \frac{\begin{array}{c}12018(s+3.447)(s+8.997)(s+12.64)(s+23.48)\times\\(s+37.85)(s+61.3)(s+113.3)(s+160)(s+339.2)\times\\(s+417.6)(s+1015)(s+1090)\end{array}}{\begin{array}{c}(s+1.938)(s+5.06)(s+9.1)(s+13.21)(s+27.24)\times\\(s+34.47)(s+81.55)(s+89.97)(s+234.8)(s+244.1)\times\\(s+613)(s+730.8)(s+1600)(s+2188)\end{array}}$$

选择感兴趣频率段为 $\omega \in (10^{-2}, 10^3)$ rad/s，还可以得出频域响应近似模型：

```
>> G01=tf(1,[1/1.6 1]); G02=tf(1,[1/6.2 1]);
   w=logspace(-2,3); H1=frd(G01,w); h1=H1.ResponseData;
   H2=frd(G02,w); h2=H2.ResponseData; H=H1;
   h=h1.^0.6.*h2.^0.3; [n,d]=invfreqs(h(:),w,5,5);
   H.ResponseData=h; G2=zpk(tf(n,d))
```

这样得出的模型为

$$G_2(s) = \frac{0.00011629(s+4.456\times10^4)(s+1348)(s+358.2)(s+81.78)(s+7.508)}{(s+1579)(s+407.5)(s+97.05)(s+10.91)(s+2.266)}$$

如果用两个频域响应拟合模型串联的形式逼近原始模型，则可以得出第 3 个整数阶传递函数的近似模型：

```
>> h1=h1.^0.6; h2=h2.^0.3; [n,d]=invfreqs(h1(:),w,5,5);
   g=tf(n,d); [n,d]=invfreqs(h2(:),w,5,5); G3=zpk(tf(n,d)*g)
```

这样得出的模型为

$$G_3(s) = \frac{\begin{array}{c}0.00029552(s+1.066\times10^4)(s+6244)(s+1122)(s+1016)\times\\(s+321.9)(s+319.3)(s+87.85)(s+76.86)(s+17.36)(s+9.993)\end{array}}{\begin{array}{c}(s+2975)(s+2079)(s+709.9)(s+526.2)(s+223.3)(s+143.8)\times\\(s+55.69)(s+24.43)(s+10.66)(s+2.536)\end{array}}$$

这 3 个模型与原始无理传递函数模型的 Bode 图比较如图 5-30 所示。可以看出，分段拟合模型 $G_1(s)$ 的效果最差。

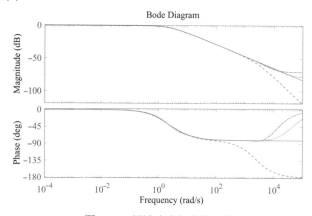

图 5-30　频域响应拟合的比较

```
>> w=logspace(-4,5); H1=frd(G01,w); h1=H1.ResponseData;
```

```
H2=frd(G02,w); h2=H2.ResponseData; H-H1;
h=h1.^0.6.*h2.^0.3; H.ResponseData=h;
bode(H,G1,'--',G2,':',G3,'-.',w)
```

各个模型的阶跃响应曲线如图 5-31 所示。可以看出，3 个近似模型的效果都比较好。当然，Oustaloup 滤波器方法效果最好，且有进一步改进的余地。

```
>> sys='1/(1+s/1.6)^0.6/(1+s/6.2)^0.3';
   [t,y]=INVLAP_new(sys,0,3,1001,0,'1/s');
   y1=step(G1,t); y2=step(G2,t); y3=step(G3,t);
   plot(t,y,t,y1,'--',t,y2,':',t,y3,'-.')
```

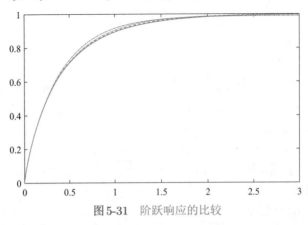

图 5-31　阶跃响应的比较

例 5-17　重新考虑例 5-16 中的无理模型，试利用 Simulink 近似该模型。

解　显然，原模型可以由两个隐式模型串联搭建，由此可以构造如图 5-32 所示的 Simulink 模型。在该模型下可以得出如图 5-33 所示的阶跃响应曲线，从曲线看不出与数值 Laplace 变换结果的区别。

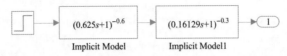

图 5-32　Simulink 仿真模型（c5msim1.slx）

```
>> sys='1/(1+s/1.6)^0.6/(1+s/6.2)^0.3';
   [t,y]=INVLAP_new(sys,0,3,1001,0,'1/s'); N=15;
   ww=[1e-4 1e4]; [t1,~,y1]=sim('c4msim1',3);
   plot(t,y,t1,y1,'--')
```

5.5.4　复杂无理模型的最优 Charef 滤波器设计

现在回顾一下定义 5-8 中的 Charef 滤波器，该滤波器中的比值为 $z_i/p_i = a$ 与 $p_{i+1}/z_i = b, i = 0, 1, \cdots, n-1$，其中 a 与 b 为固定的数值。如果比值不再固定，则它

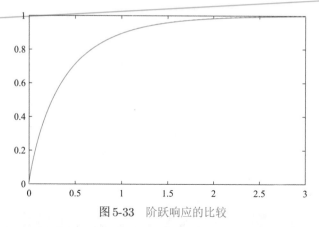

图 5-33　阶跃响应的比较

们可以在某种性能指标下寻优,引入最优的 Charef 滤波器[13] 的概念。

定义 5-9 ▶ Charef 滤波器格式

复杂的无理传递函数模型 $G(s)$ 可以在频率段 $(\omega_{\mathrm{m}}, \omega_{\mathrm{M}})\,\mathrm{rad/s}$ 内由 Charef 类滤波器拟合,模型的参数可以通过最优化得出。

$$H(s) = K\frac{(1 + s/z_0)\cdots(1 + s/z_{n-1})}{(1 + s/p_0)(1 + s/p_1)\cdots(1 + s/p_n)} \tag{5-5-11}$$

对感兴趣频率段 $(\omega_{\mathrm{m}}, \omega_{\mathrm{M}})$ 而言,可以选择一系列零极点对 (z_i, p_i) 的中心点频率 ω_{u_i},使得

$$\frac{\omega_{u_{i+1}}}{\omega_{u_i}} = c, \quad \omega_{u_{i+1}} = c\omega_{u_i}, \ i = 0, 1, 2, \cdots, n \tag{5-5-12}$$

这样,滤波器的零极点可以直接得出

$$p_i = 10^{y_i\omega_{u_i}}, i = 0, 1, \cdots, n; \ z_i = 10^{\omega_{u_i}/y_i}, \ i = 0, 1, \cdots, n-1 \tag{5-5-13}$$

式中,y_i 为可优化的参数。

选择一组频率点 $\omega_1, \omega_2, \cdots, \omega_N$,并计算出无理传递函数的频域响应数据 $\boldsymbol{h}_a$,最优化的目标是得到一组决策变量 $\boldsymbol{x} = \begin{bmatrix} c, w_{u_0}, k, y_0, y_1, \cdots, y_n \end{bmatrix}$ 的值,使得选定的目标函数最小化。这里最优化的目标函数为

$$f(\boldsymbol{x}) = w_1||\Delta\hat{\boldsymbol{h}}(\mathrm{j}\omega_i)||_\infty + \frac{w_2}{N}\sum_{i=1}^N \Delta\hat{\boldsymbol{h}}(\mathrm{j}\omega_i) +$$

$$w_3||\Delta\angle\hat{\boldsymbol{h}}(\mathrm{j}\omega_i)||_\infty + \frac{w_4}{N}\sum_{i=1}^N \Delta\angle\hat{\boldsymbol{h}}(\mathrm{j}\omega_i) \tag{5-5-14}$$

式中,w_i 为加权系数;$\boldsymbol{h}(\mathrm{j}\omega)$ 为滤波器模型的频域响应,且

$$\Delta\hat{\boldsymbol{h}}(\mathrm{j}\omega_i) = \left|\,|\boldsymbol{h}(\mathrm{j}\omega_i)| - |\boldsymbol{h}_a(\mathrm{j}\omega_i)|\,\right| \tag{5-5-15}$$

$$\Delta\angle\hat{\boldsymbol{h}}(\mathrm{j}\omega_i) = \left|\angle h(\mathrm{j}\omega_i) - \angle h_a(\mathrm{j}\omega_i)\right| \tag{5-5-16}$$

如果选择无穷范数,则表示求向量所有元素绝对值的最大值。

定义 5-10 ► 最优化模型

文献 [13] 中给出了 Charef 滤波器设计的有约束最优化模型:

$$\min\quad f(\boldsymbol{x}) \tag{5-5-17}$$
$$\boldsymbol{x}\ \text{s.t.}\ \begin{cases} c>1 \\ \omega_{u_0}>0 \\ 0<y_i<1, i=0,1,\cdots,n \end{cases}$$

算法 5-8 ► 最优 Charef 滤波器设计

（1）选择频率向量 $\boldsymbol{\omega}_{\mathrm{r}}$,并计算无理传递函数的频域响应。

（2）基于式（5-5-14）写出最优化问题的目标函数。

（3）生成一个初始搜索点 $\boldsymbol{x}_0$ 并开始非线性最优化问题的求解。

（4）由最优化的结果构造出最优 Charef 滤波器。

基于上述的算法,可以编写出最优 Charef 滤波器设计的 MATLAB 函数:

```
function Ga=charef_opt(wr,n,G,wt,a,wc)
   arguments, wr(:,1), n(1,1){mustBePositiveInteger}
      G(:,1), w(1,4)=[1 1 1 1], a(1,1)=0.5, wc(1,1)=1
   end
   e=1; x0(1)=10^(e/(10*a*(1-a)));
   x0(2)=10^(e/(20*(1-a)))*wc*10^(e/(20*a));
   x0(3:n+3)=ones(1,n+1)/10^(e/(20*(1-a)));
   ff=optimset; ff.Display='iter'; A=[];B=[];Aeq=[];Beq=[];CF=[];
   xm=[1 0 zeros(1,n+1)]; xM=[3 10 ones(1,n+1)];
   x1=fmincon(@charef_obj,x0,A,B,Aeq,Beq,xm,xM,CF,ff,wr,G,wt);
   c=x1(1); wu0=x1(2); wu=wu0*c.^[0:n]; p=wu.*x1(3:end);
   z=wu.^2./p; k=prod(p)/prod(z); Ga=zpk(-z',-p',k);
end
% 计算目标函数值的子函数
function f=charef_obj(x,wr,G,wt)
   n=length(x)-2;
   c=x(1); wu0=x(2); wu=wu0*c.^(0:(n-1)); p=wu.*x(3:end);
   z=wu.^2./p; k=prod(p)/prod(z); Ga=zpk(-z',-p',k);
   Ga1=frd(Ga,wr); h=Ga1.ResponseData; Ga_fr=h(:);
   f=wt(1)*norm(abs(angle(Ga_fr)-angle(G)),inf)+...
      wt(2)*sum(abs(angle(Ga_fr)-angle(G)))/length(wr)+...
```

```
      wt(3)*norm(abs(abs(Ga_fr)-abs(G)),inf)+...
      wt(4)*sum(abs(abs(Ga_fr)-abs(G)))/length(wr);
end
```

其中,这样的最优化目标函数可以用 MATLAB 子函数描述出来,x 为决策变量向量。除了 x 之外,其他变量都是附加变量,都应该以附加变量的形式传递给求解函数 fmincon()。这里的附加变量包括:a 为阶次的初值;ω_c 为一阶系统时间常数 ω_T 的初值;ω_r 为频率点构成的向量;G 为频率点 ω_r 处原无理传递函数的频域响应数据;w_t 为加权系数 w_1, w_2, w_3 与 w_4 构成的向量,这些加权值的默认值都是 1。可以看出,在实际寻优过程中 ω_c 和 a 的值并不是很重要,它们就是数值最优化的初值,使用默认值就可以了。该函数调用了 MATLAB 函数 fmincon() 求最优化问题的数值解。

该函数调用格式为 G_a=charef_opt$(\omega_r, n, G, w_t, a, \omega_c)$,其中,$\omega_r$ 与 G 提供无理传递函数的频域响应信息,n 为期待的最优 Charef 滤波器的阶次。

说明 5-5　最优 Charef 滤波器

(1)感兴趣频率段由频率向量 ω_r 给出,本算法兼顾幅值与相位数据的拟合。

(2)频率 ω_m 的选择对最终结果并没有太大影响,实际的频率下界由受控对象模型的转折点确定。

(3)原始模型的静态增益必须为 1,否则应该事先提取出来。

(4)在实际应用中,最好将 c 的上限设置为 3,这样零极点对 (z_i, p_i) 可能不会交叉重叠。

(5)选择阶次 n 的建议:首先选择一个初始整数 n_0,得出最优 Charef 滤波器并显示拟合误差,再选择阶次 $n_0 + 1$,如果拟合误差显著降低则进一步选择更高的阶次,否则接受 n_0。

例 5-18　试为例 5-16 的模型设计最优的 Charef 滤波器。

解　选择一个感兴趣的频率段 $\omega = (10^{-2}, 10^3)\,\mathrm{rad/s}$,就可以计算出无理传递函数的频域响应数据;再选择最优 Charef 滤波器的预期阶次为 6,就可以由下面语句设计出最优 Charef 滤波器:

```
>> G01=tf(1,[1/1.6 1]); G02=tf(1,[1/6.2 1]);
   w=logspace(-2,3); H1=frd(G01,w); h1=H1.ResponseData;
   H2=frd(G02,w); h2=H2.ResponseData; H=H1;
   h=h1.^0.6.*h2.^0.3; h=h(:); G1=charef_opt(w,6,h)
```

得出的最优 Charef 滤波器模型为

$$G_1(s) = \cfrac{\begin{aligned}&0.00096744(s+6.692)(s+14.16)(s+46.48)(s+126.5)\times\\&\qquad\qquad(s+299.6)(s+929)(s+3537)\end{aligned}}{(s+2.274)(s+7.892)(s+17.67)(s+47.71)(s+148)(s+350.5)(s+676.4)}$$

两个模型的Bode图比较如图5-34所示。可以看出，这时得出的6阶滤波器模型的逼近效果与例5-16得出的17阶滤波器的效果相仿。

```
>> H.ResponseData=h; bode(H,G1,'--',w)
```

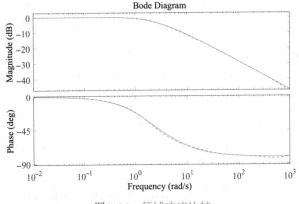

图 5-34　频域响应比较

还可以指定一个更大的频率段 $(10^{-2},10^6)\,\mathrm{rad/s}$，从而设计出一个16阶的最优Charef滤波器，可以得到指定范围的完美拟合，如图5-35所示，在拟合结果上几乎看不出任何区别。

```
>> w=logspace(-2,7,100); H1=frd(G01,w); h1=H1.ResponseData;
   H2=frd(G02,w); h2=H2.ResponseData; H=H1;
   h=h1.^0.6.*h2.^0.3; h=h(:); H1.ResponseData=h;
   G2=charef_opt(w,15,h), bode(H1,G2,'--',w)
```

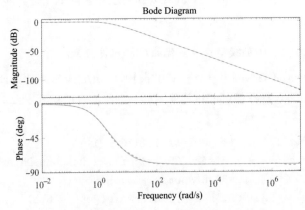

图 5-35　更大区间的频域响应拟合比较

原始无理传递函数与滤波器模型的阶跃响应曲线如图 5-36 所示,两个滤波器的响应很接近,但与原始模型之间稍有差异。

```
>> f='1/(1+s/1.6)^0.6/(1+s/6.2)^0.3/s';
   [t,y]=INVLAP_new(f,0,3,1001);
   step(G1,G2,'--',t); hold on, plot(t,y,':'), hold off
```

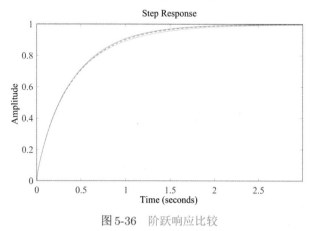

图 5-36　阶跃响应比较

例 5-19　现在考虑一个更复杂的无理传递函数模型:

$$G(s) = \frac{(1 + s/6.2)^{0.3}}{(1 + s/1.6)^{0.6} \, (s^{0.7}/3 + 1)^{0.2}}$$

试设计最优 Charef 滤波器并分析其效果。

解　在频率段 $(10^{-4}, 10^5)\,\mathrm{rad/s}$ 内产生一个向量,计算原始无理传递函数的频域响应,然后设计出最优 Charef 滤波器:

```
>> G01=tf(1,[1/1.6 1]); G02=tf([1/6.2 1],1);
   w=logspace(-4,5,200); H1=frd(G01,w); h1=H1.ResponseData;
   H2=frd(G02,w); h2=H2.ResponseData; H=H1;
   G3=fotf([1/3 1],[0.7 0],1,0); H3=bode(G3,w);
   h3=H3.ResponseData; h=h1.^0.6.*h2.^0.3.*h3.^0.2;
   H1.ResponseData=h; G1=charef_opt(w,11,h(:));
   bode(H1,G1,{1e-4,1e5})
```

原无理传递函数与整数阶拟合模型的 Bode 图如图 5-37 所示。可以看出,拟合效果还是很理想的。

利用数值 Laplace 反变换技术可得出无理系统的阶跃响应曲线,同时也可绘制近似模型 $G_1(s)$ 的阶跃响应曲线,如图 5-38 所示。可以看出,两个系统的响应是很接近的。

```
>> f='(1+s/6.2)^0.3/(1+s/1.6)^0.6/(s^0.7/3+1)^0.2';
   [t,y]=INVLAP_new(f,0,3,1000,0,'1/s'); step(G1,t); line(t,y)
```

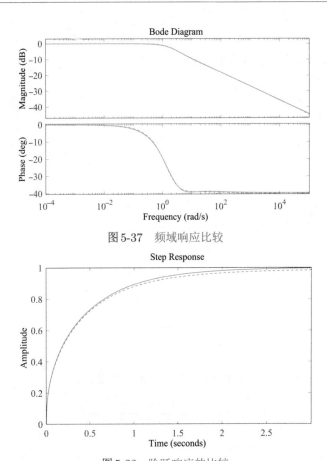

图 5-37　频域响应比较

图 5-38　阶跃响应的比较

设计出来的12阶最优Charef滤波器为

$$G_1(s) = \frac{\begin{array}{c}0.0027751(s+3.591)(s+8.44)(s+23.97)(s+64.13)\times\\(s+179.1)(s+488.1)(s+1351)(s+3681)(s+1.019\times10^4)\times\\(s+2.772\times10^4)(s+7.561\times10^4)(s+2.515\times10^5)\end{array}}{\begin{array}{c}(s+1.757)(s+5.638)(s+14.97)(s+42.22)(s+114)\times\\(s+315.6)(s+860.2)(s+2380)(s+6487)\times\\(s+1.799\times10^4)(s+4.973\times10^4)(s+1.128\times10^5)\end{array}}$$

5.6　离散滤波器近似

前面介绍的是分数阶与无理系统的连续滤波器逼近。本节将介绍这些环节的离散滤波器近似方法。

定义 5-11 ► 离散滤波器

离散滤波器的数学形式为

$$H(z) = \frac{b_1 + b_2 z^{-1} + b_3 z^{-2} + \cdots + b_{n+1} z^{-n}}{1 + a_1 z^{-1} + a_2 z^{-2} + \cdots + a_m z^{-m}} \tag{5-6-1}$$

假设输入信号为 $u(n)$，则经过滤波器后的输出信号可以由差分方程表示为

$$\begin{aligned} y(k) = &-a_1 y(k-1) - a_2 y(k-1) - \cdots - a_m y(k-m) + \\ &b_1 u(k) + b_2 u(k-1) + \cdots + b_{n+1} u(k-n) \end{aligned} \tag{5-6-2}$$

在实际应用中，经常使用的离散滤波器有下面两种特殊形式：

定义 5-12 ▶ FIR 滤波器

有限长冲激响应（finite impulse response，FIR）滤波器，需要将式（5-6-1）中的 m 值设置成 $m = 0$，这时 a 为标量，在控制领域也称移动平均模型（moving average，MA），这时用向量 b 就可以表示该滤波器。

定义 5-13 ▶ IIR 滤波器

全极点无限长冲激响应（infinite impulse response，IIR）滤波器，也称为自回归（auto-regressive，AR）模型，这时 $n = 0$，即 b 为标量，这样用 a 即可以表示该滤波器。和全极点 IIR 滤波器相比，FIR 滤波器达到同样要求所需的滤波器阶数一般较高，但其优势是总可以设计出稳定的滤波器[14]。

5.6.1　FIR 滤波器逼近

对可以近似分数阶系统的离散滤波器来说，也可以考虑引入 FIR 滤波器[15] 或 IIR 滤波器[16] 的形式对其近似。利用 MATLAB 滤波器设计工具箱中的 `filt()` 函数，由 Ivo Petráš 教授开发的分数阶微积分器的 FIR 滤波器设计函数[17]。其核心部分清单（经过与本书风格一致的改写）如下：

```
function H=dfod2(n,T,r)    % 这里根据需要对程序结构进行了修改
   arguments
      n(1,1) {mustBePositiveInteger}
      T(1,1) {mustBePositive}, r(1,1) double
   end
   if r>0
      bc=cumprod([1,1-((r+1)./[1:n])]); H=filt(bc,T^r,T);
   elseif r<0
      bc=cumprod([1,1-((-r+1)./[1:n])]); H=filt(T^(-r),bc,T);
end, end
```

其中，n 为期望的滤波器阶次，T 为滤波器的采样周期，r 为所需的导数阶次，用该函

数可以直接设计出滤波器 H。若某信号经过滤波器 H,则可以得出该信号的 r 阶导数,经过滤波器得出的输出信号可以由 lsim() 函数计算出来。

例 5-20 试用离散 FIR 滤波器对例 5-5 中给出的信号求取分数阶微分。

解 用下面的语句可以直接设计出滤波器,并绘制出 Bode 图,如图 5-39 所示。由得出的频域响应看,$n = 100$ 明显优于 $n = 50$ 时的滤波器,但显然远不如前面介绍的用 Oustaloup 算法设计的连续滤波器。

```
>> t=0:0.001:pi;
   y=exp(-t).*sin(3*t+1); y3=glfdiff(y,t,0.5);
   G1=dfod2(50,0.001,0.5); G2=dfod2(100,0.001,0.5);
   bode(G1,G2,'--')
```

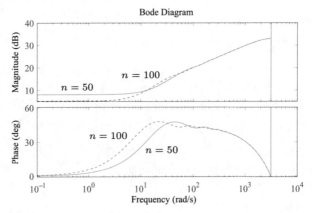

图 5-39 不同 (n,a) 组合下的数值微分器频域响应比较

在这些滤波器下还可以得出给定信号的分数阶微分,如图 5-40 所示,然而计算精度都很不理想,不能真正使用。

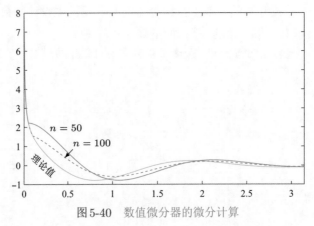

图 5-40 数值微分器的微分计算

```
>> y1=lsim(G1,y,t); y2=lsim(G2,y,t);
```

```
plot(t,y1,t,y2,'--',t,y3,':'), ylim([-1 8])
```

5.6.2　IIR 滤波器逼近

FIR 滤波器的阶次较高，所以可以考虑采用 IIR 滤波器生成分数阶微积分信号。从连续系统角度看，分数阶微积分可以用 Laplace 变换写成 $s^{\pm\gamma}$。对其进行离散化，就可以引入变换函数 $s = w\left(z^{-1}\right)$ 近似分数阶微分或积分运算。

文献 [16] 给出了一种选择变换函数的新方法，该方法兼顾了 Simpson 积分算法和梯形积分算法，可以比较好地实现离散分数阶算子滤波器。

算法 5-9 ▶ IIR 滤波器设计

引入了加权系数 a，使得滤波器可以表示为

$$H(z) = aH_S(z) + (1-a)H_T(s), \quad a \in [0,1] \tag{5-6-3}$$

这样可以推导出 IIR 滤波器

$$G\left(z^{-1}\right) = k_0^{\pm\gamma}\left[\frac{1-z^{-2}}{(1+bz^{-1})^2}\right]^{\pm\gamma} \tag{5-6-4}$$

其中，$b = (3 + a - 2\sqrt{3a})/(3-a)$，$k_0 = 6b/[T(3-a)]$，且 $\gamma \in (0,1)$，T 为离散化的采样周期。

对高阶微积分来说，可以先进行整数阶微积分，对其结果再利用各种滤波器进行分数阶微积分。文献 [16] 还给出了基于连分式的滤波器设计方法和求解函数。不过，该函数是基于 Maple 的连分式函数计算的，在当前版本 MATLAB 下已经不能使用；最新 MATLAB 版本下的 MuPAD 对连分式的支持也不正常，所以这里将其核心部分用 Padé 近似取代，修改后的函数如下：

```
function H=iir_pade(r,a,n,T)
    arguments, r(1,1) double, a(1,1){mustBeInRange(a,0,1)}=0
        n(1,1){mustBePositiveInteger}=3
        T(1,1){mustBePositive}=0.01
    end
    syms x, b=(3+a-2*sqrt(3*a))/(3-a);
    k0=6*b/T/(3-a); f=((1-x^2)/(1+b*x)^2)^r;
    c=taylor(f,x,'Order',2*n); c=sym2poly(c);
    c=c(end:-1:1); [N,D]=padefcn(c,n-1,n);
    H=k0^r*tf(N(end:-1:1),D(end:-1:1),'Variable','z^-1','Ts',T);
end
```

其中，r_0 为阶次，$a \in [0,1]$ 为加权系数，n 为滤波器阶次，T 为采样周期，这样可以由

该函数直接设计出离散的滤波器模型 H。下面将通过例子演示 IIR 滤波器的设计及分数阶微积分近似解法。

例 5-21　试用不同的 n, a 组合构造出 $s^{0.5}$ 阶滤波器,并比较其频域响应效果。

解　用前面给出的程序可以立即设计出如下的滤波器,并绘制出滤波器的 Bode 图,如图 5-41 所示。从得出的频率响应曲线看,若选择 $a = 0.5$ 则相位曲线在给定的区域内不为恒值,所以拟合效果将不理想,但高频处赋值将有下降趋势,对噪声将有抑制作用。

```
>> H1=iir_pade(0.5,0,3,0.01); H2=iir_pade(0.5,0.5,3,0.01);
   H3=iir_pade(0.5,0,4,0.01); H4=iir_pade(0.5,0,5,0.01);
   bode(H1,'-',H2,'--',H3,':',H4,'-.')
```

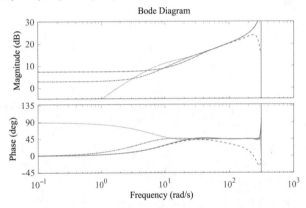

图 5-41　不同 (n, a) 组合下的频域频域响应拟合

用 $H_{4,a}\left(z^{-1}\right)$ 表示滤波器,可以得出设计出的各类滤波器。例如,

$$H_{4,0}\left(z^{-1}\right) = \frac{113.1 - 113.1z^{-1} - 56.57z^{-2} + 56.57z^{-3}}{8 - 8z^{-2} + z^{-4}}$$

如果提高滤波器的阶次,选择 $n = 10$,且 a 分别选择为 0 和 0.5,就可以设计离散滤波器,得出的时域拟合结果如图 5-42 所示(由于 H_1 在高频增益过大,对噪声的放大很大,故在图中没有绘制)。可见,即使选取的 $a = 0.5$ 已经抑制了高频增益,总体时域响应曲线仍然不是很理想。

```
>> H1=iir_pade(0.5,0,10,0.01); H2=iir_pade(0.5,0.5,10,0.01);
   t=0:0.01:pi; y=exp(-t).*sin(3*t+1); y0=glfdiff(y,t,0.5);
   y1=lsim(H1,y,t); y2=lsim(H2,y,t); plot(t,y0,t,y2,'--')
```

和前面介绍的连续滤波器(尤其是 Oustaloup 滤波器)相比,离散滤波器拟合的频段远比连续滤波器窄,且往往伴随高频处的超高增益,不适合用于信号的分数阶导数的求取,不建议使用。

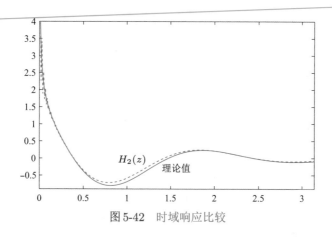

图 5-42　时域响应比较

5.6.3　基于阶跃或冲激响应不变性的离散滤波器

表 5-1 中列出了一组 MATLAB 函数,可以对分数阶微积分算子甚至分数阶无理传递函数设计离散滤波器。这些滤波器是在阶跃或冲激响应不变性基础上设计的[18],FOTF 工具箱也提供了这 3 个函数,可以直接调用。

表 5-1　分数阶环节的离散滤波器

函数名	调用格式	函数说明
irid_fod()	$G=\text{irid\_fod}(\alpha,T,N)$	基于冲激响应不变性的 s^{α} 算子的滤波器
srid_fod()	$G=\text{srid\_fod}(\alpha,T,N)$	基于阶跃响应不变性的 s^{α} 算子的滤波器
irid_folpf()	$G=\text{irid\_folpf}(\tau,\alpha,T,N)$	基于冲激响应不变性的 $(\tau s+1)^{-\alpha}$ 环节的滤波器

例 5-22　选择采样周期 $T=0.01\text{s}$,并令滤波器阶次为 5,使利用前两个函数设计 0.5 阶积分器的离散滤波器,并比较其效果。

解　由下面的命令可以直接设计这两个滤波器,滤波器的 Bode 图如图 5-43 所示。

```
>> G1=irid_fod(-0.5,0.01,5); G2=srid_fod(-0.5,0.01,5);
   s=fotf('s'); H=bode(s^(-0.5),logspace(-3,3));
   bode(H), hold on, bode(G1,'--',G2,':'), hold off
```

由上面语句设计的离散滤波器如下:

$$G_1(z)=\frac{0.09354z^5-0.2395z^4+0.2094z^3-0.06764z^2+0.003523z+0.0008224}{z^5-3.163z^4+3.72z^3-1.966z^2+0.4369z-0.02738}$$

$$G_2(z)=\frac{2.38\times10^{-6}z^5+0.1128z^4-0.367z^3+0.4387z^2-0.2269z+0.04241}{z^5-3.671z^4+5.107z^3-3.259z^2+0.882z-0.05885}$$

可以将已知的 $y(t)=\mathrm{e}^{-t}\sin(3t+1)$ 信号馈入这两个滤波器,可以得出函数的积分曲线,如图 5-44 所示。从得出的效果看,$G_1(z)$ 滤波器的效果不佳,$G_2(z)$ 滤波器(即基于阶跃响应不变性设计的滤波器)对积分行为有比较好的逼近,如果提高滤波器的阶次,

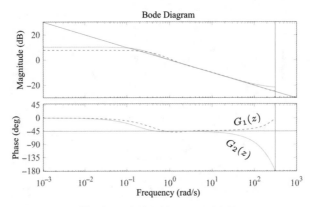

图 5-43　滤波器的 Bode 图比较

可能得到更好的效果。

```
>> t=0:0.01:pi; y=exp(-t).*sin(3*t+1);
   y0=glfdiff9(y,t,-0.5,5);
   y1=lsim(G1,y,t); y2=lsim(G2,y,t);
   plot(t,y0,t,y1,'--',t,y2,':')
```

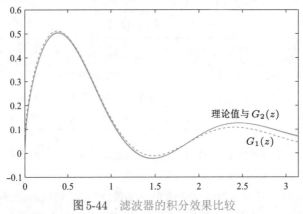

图 5-44　滤波器的积分效果比较

例 5-23　现在考虑例 4-9 的基准测试问题。试设计一个积分算子的离散滤波器,并和 Oustaloup 滤波器进行比较,评价其近似精度。

解　选择采样周期 $T = 0.005\,\mathrm{s}$,可以设计两种离散滤波器,在这些滤波器下获得的分数阶积分效果与理论值的比较在图 5-45 所示。图中还给出了由 caputo9() 函数得出的计算结果,其最大误差为 0.0358,得出的曲线由点线表示,误差比较大;由阶跃响应不变性离散滤波器得出的最大误差为 0.0092,图中的虚线比较接近理论值;冲激响应不变性离散滤波器的最大误差为 0.0496,图中的点画线也存在较大的误差;而 Oustaloup 滤波器得出的最大误差为 0.0010,且不能在曲线上分辨出来,该曲线与理论值完全重合。可见,离散滤波器的效果比 Oustaloup 滤波器差很多。

```
>> f=@(t)1/gamma(1.3)*t.^0.3-2/gamma(2.3)*(t-1).^1.3.*(t>1);
```

```
y=@(t)t+1-(t-1).^2.*(t>1); T=0.005; t=[0:T:2]'; y0=f(t);
N=5; G=srid_fod(-0.7,T,N); ya=y(t); y1=lsim(G,y0,t)+1;
G=irid_fod(-0.7,T,N); ya=y(t); y4=lsim(G,y0,t)+1;
G1=ousta_fod(-0.7,15,1e-4,1e3); y3=lsim(G1,y0,t)+1;
t1=0:0.02:2; y01=f(t1); ya1=y(t1); y2=caputo9(y01,t1,-0.7,6)+1;
plot(t,ya,t,y1,'--',t1,y2,':',t,y4,'-.',t,y3)
max(abs(y1-ya)), max(abs(y2-ya1(:)))
max(abs(y3-ya)), max(abs(y4-ya))
```

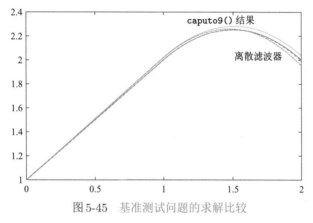

图 5-45　基准测试问题的求解比较

　　必须指出的是, 在设计离散滤波器和控制器时, 如果阶次取得过高, 可能得出不稳定的结果。

本章习题

(1) 试用函数 contfrac() 近似分数阶积分算子 $1/s^{0.8}$, 应用 Bode 图评价近似效果。

(2) 试用函数 carlson_fod() 近似分数阶积分算子 $1/s^{0.51}$, 用得到的传递函数和前面介绍的函数 glfdiff9() 计算 ${}_0^{\text{RL}}\mathscr{D}_t^{-0.51}\sin t^2$, 检验得到的结果是否一致。

(3) 试用函数 matsuda_fod() 近似分数阶积分算子 $1/s^{0.6}$, 设置不同的参数可以得到不同的传递函数。用这些传递函数计算 ${}_0^{\text{RL}}\mathscr{D}_t^{-0.6}\mathrm{e}^{-t}$, 应用第 2 章提供的函数 ml_func() 检验哪种参数下的计算结果更精确。

(4) 试用函数 ousta_fod() 近似分数阶积分算子 $1/s^{0.7}$, 并计算 ${}_0^{\text{RL}}\mathscr{D}_t^{-0.7}\sqrt{\sin t+3}$, 设计数值算法检验之前的结果是否正确。

(5) 试用函数 ousta_fod() 近似分数阶微分算子 $s^{0.3}$, 设置不同的参数可以得到不同的传递函数。用设计的这些传递函数计算 ${}_0^{\text{RL}}\mathscr{D}_t^{0.3}\sqrt{\cosh t}$, 应用第 4 章提供的函数 glfdiff9() 检验哪种参数下计算结果更精确。

(6) 试用函数 new_fod() 近似分数阶微分算子 $s^{0.2}$, 并计算 ${}_0^{\text{RL}}\mathscr{D}_t^{0.2}(1/\Gamma(t))$。另外设

计一种计算 $^{\mathrm{RL}}_0\mathscr{D}_t^{0.2}\left(1/\Gamma(t)\right)$ 的方法,检验之前的计算是否正确。

（7） 本章介绍了多种连续滤波器的设计方法,包括连分式方法、Matsuda–Fujii 方法、Carlson 方法、Oustaloup 方法及 Charef 方法等。同样选择 $\alpha=1/2$ 和 $\alpha=-1/2$,试通过调节设计参数的方法,找出能够在 $\omega\in[10^{-4},10^4]$ 频率段内得到的尽可能好的拟合效果。同时,利用设计的滤波器评价分数阶导数与积分计算的精度。

（8） 考虑例5-6的问题,试找出合适的频率段与阶次,使得 Oustaloup 滤波器可以在 $t\in[0,5000]\,\mathrm{s}$ 区间很好地拟合 $s^{-0.5}$ 分数阶算子的行为。

（9） 试将分数阶传递函数输入 MATLAB 工作空间[8]。

$$G(s)=\frac{\left(s^{0.3}+3\right)^2}{\left(s^{0.2}+3\right)\left(s^{0.4}+4\right)\left(s^{0.4}+3\right)}$$

（10） 假设典型单位负反馈控制系统的模型为

$$G(s)=\frac{0.8s^{1.2}+2}{1.1s^{1.8}+0.8s^{1.3}+1.9s^{0.5}+0.4},\ G_{\mathrm{c}}(s)=\frac{1.2s^{0.72}+1.5s^{0.33}}{3s^{0.8}}$$

试将此模型输入 MATLAB 工作空间[8]。

（11） 将下面的分数阶传递函数模型输入 MATLAB 工作空间,并利用函数 ousta_fod() 和 new_fod() 对此模型进行拟合。

$$G(s)=\frac{0.5s^{0.9}+1}{s^3+23s^{2.5}+19s^{0.7}+1}$$

（12） 已知多变量系统的分数阶传递函数矩阵模型为

$$\boldsymbol{G}(s)=\begin{bmatrix}\dfrac{1}{1.35s^{1.2}+2.3s^{0.9}+1}&\dfrac{2}{4.13s^{0.7}+1}\\[3mm]\dfrac{1}{0.52s^{1.5}+2.03s^{0.7}+1}&-\dfrac{1}{3.8s^{0.8}+1}\end{bmatrix}$$

试将其输入 MATLAB 工作空间。

（13） 考虑下面的无理分数阶模型,应用频域响应近似方法找出它的有理近似模型。

$$G(s)=\frac{1}{\sqrt{s^2+s+1}}$$

（14） 考虑无理分数阶模型 $G(s)=1/\sqrt{s+1}$,试用函数 charef_fod() 找出其有理近似模型。

（15） 考虑无理模型 $G(s)=\mathrm{e}^{-\sqrt{s}}/(\sqrt{s}+1)$,试绘制阶跃响应曲线。已知系统阶跃响应的解析解如下,试评价不同计算步长下阶跃响应的计算精度。

$$y(t)=\mathrm{erfc}\left(\frac{1}{2\sqrt{t}}\right)-\mathrm{e}^{t+1}\mathrm{erfc}\left(\sqrt{t}+\frac{1}{2\sqrt{t}}\right)$$

（16） 考虑隐式无理系统模型 $G(s)=1/(5s+1)^{0.8}$。可以推导出其阶跃响应的解析解为 $y(t)=(t/5)^{0.8}\mathrm{E}_{1,1.8}^{0.8}(-t/5)$,试比较数值 Laplace 反变换、连续和离散滤波器,评价参数对求解精度的影响。

（17）下面是离子交换聚合金属材料的辨识模型[19]：

$$G(s) = \frac{340}{s^{0.756}(s^2 + 3.85s + 5880)^{1.15}}$$

试用本章提供的各种方法找出它的有理近似模型，并比较这些有理近似模型的频域特性。

（18）考虑下面的无理分数阶模型，试用 Implicit model 模块搭建 Simulink 框图。设输入信号为 $u(t) = \cos t/\Gamma(t)$，利用搭建的 Simulink 框图计算模型的输出，并设法验证输出是否正确。

$$G(s) = \frac{1}{(1 + 2s)^{0.4}(1 + 4s)^{0.2}}$$

（19）选择采样周期 $T = 0.01\,\mathrm{s}$，滤波器阶次为 5，试用函数 irid_fod() 和 srid_fod() 设计 0.7 阶积分器的离散滤波器。应用得到的滤波器计算 ${}_0^{\mathrm{RL}}\mathscr{D}_t^{-0.7}\big(\cosh t/\Gamma(t)\big)$，并应用 glfdiff9() 函数检验计算结果。

（20）试选择合适的整数阶传递函数，近似下面的分数阶模型，并比较频域响应拟合的效果[8]。

$$G(s) = \frac{25}{(s^2 + 8.5s + 25)^{0.2}}, \quad G(s) = \frac{562920(s + 1.0118)^{0.6774}}{(s^2 + 54.7160s + 590570)^{0.8387}}$$

（21）已知分数阶模型[8]

$$G_1(s) = \frac{5}{s^{2.3} + 1.3s^{0.9} + 1.25}, \quad G_2(s) = \frac{5s^{0.6} + 2}{s^{3.3} + 3.1s^{2.6} + 2.89s^{1.9} + 2.5s^{1.4} + 1.2}$$

试求出能够较好拟合原始模型的整数阶模型，讨论采用何种阶次组合能得出较好的效果。试从频域响应和阶跃响应角度比较系统降阶模型。

参 考 文 献

[1] Oustaloup A. La dérivation non entière: Théorie, synthèse et applications[M]. Paris: Hermès, 1995.

[2] Petráš I. Fractional-order nonlinear systems: Modelling, analysis and simulation[M]. Beijing: Higher Education Press, 2011.

[3] Chen Y Q, Vinagre B M. A new IIR-type digital fractional order differentiator[J]. Signal Processing, 2003, 83(11): 2359–2365.

[4] Petráš I, Podlubny I, O'Leary P. Analogue realization of fractional order controllers [R]. TU Košice: Fakulta BERG, 2002.

[5] Matsuda K, Fujii H. $\mathcal{H}_\infty$-optimized wave-absorbing control: analytical and experimental results[J]. Journal of Guidance, Control and Dynamics, 1993, 16(6): 1146–1153.

[6] Oustaloup A, Levron F, Nanot F, et al. Frequency band complex non integer differentiator: characterization and synthesis[J]. IEEE Transactions on Circuits and Systems I: Fundamental Theory and Applications, 2000, 47(1): 25–40.

[7] Xue D Y, Zhao C N, Chen Y Q. A modified approximation method of fractional order system[C]. Proceedings of IEEE Conference on Mechatronics and Automation. Luoyang, China, 2006, 1043–1048.

[8] 薛定宇. 控制系统计算机辅助设计——MATLAB 语言与应用 [M]. 4 版. 北京：清华大学出版社, 2022.

[9] Xue D Y, Chen Y Q. Suboptimum $\mathcal{H}_2$ pseudo-rational approximations to fractional-order linear time invariant systems. // Sabatier J, Agrawal O P, Machado J A T. Advances in fractional calculus—Theoretical developments and applications in physics and engineering[M]. Dordrecht: Springer, 2007.

[10] Sabatier J, Farges C. Analysis of fractional models physical consistency[J]. Journal of Vibration and Control, 2015, 23(6): 895–908.

[11] Monje C A, Chen Y Q, Vinagre B M, et al. Fractional-order systems and controls: Fundamentals and applications[M]. London: Springer, 2010.

[12] Charef A, Sun H H, Tsao Y Y, et al. Fractal system as represented by singularity function[J]. IEEE Transaction on Automatic Control, 1992, 37(9): 1465–1470.

[13] Meng L, Xue D Y. A new approximation algorithm of fractional order system models based optimization[J]. Journal of Dynamic Systems, Measurement and Control, 2012, 134(4): 504–511.

[14] MathWorks. Signal processing toolbox user's guide [Z], 2007.

[15] Tseng C-C, Pei S-C, Hsia S-C. Computation of fractional derivatives using Fourier transform and digital FIR differentiator[J]. Signal Processing, 2000, 80(1): 151–159.

[16] Chen Y Q, Vinagre B M. A new IIR-type digital fractional order differentiator[J]. Signal Processing, 2003, 83: 2359–2365.

[17] Petráš I. Digital fractional order differentiator/integrator—FIR type[OL]. [2023-3-13]. https://www.mathworks.com/matlabcentral/fileexchange/3672-digital-fractional-order-differentiator-integrator-iir-type.

[18] Chen Y Q. Impulse response invariant discretization of fractional order integrators/differentiators[OL]. [2023-3-13]. http://www.mathworks.cn/matlabcentral/fileexchange/21342-impulse-response-invariant-discretization-of-fractional-order-integrators-differentiators.

[19] Caponetto R, Dongola G, Fortuna L, et al. Fractional order systems: Modeling and control applications[M]. Singapore: World Scientific, 2010.

第 6 章

线性分数阶微分方程的
解析解与数值解

以前人们熟悉的动态系统是由整数阶微分方程描述的,相应地,分数阶动态系统也是由分数阶微分方程描述的,所以,在分数阶系统的分析与设计中,分数阶微分方程的求解是很关键的一环。

在本章中主要探讨线性分数阶微分方程的求解问题。6.1节给出线性分数阶微分方程的一般形式,然后列出一些常用的Laplace变换公式,并说明Caputo微分方程的描述更适合非零初值问题,还给出一个重要的Laplace变换的公式,从该公式可以求得很多分数阶微分方程的解析解。6.2节探讨一些线性分数阶微分方程的解析解问题。6.3节介绍基于部分分式展开与Laplace变换的线性同元次微分方程的解析解方法,对解析解不存在的微分方程,探讨其数值解方法。6.4节给出一般零初值线性分数阶微分方程的闭式解,并给出一种高精度的数值解算法,还进一步探讨数值解的矩阵方法。6.5节给出非零初值Caputo微分方程的数值解算法,并引入等效初始条件估计方法,给出高精度Caputo微分方程的闭式解方法。6.6节介绍线性分数阶系统的状态方程描述方法,并介绍状态转移矩阵的求解方法。无理传递函数的数值解可以通过数值Laplace变换与Laplace反变换工具直接求出,这部分内容在6.7节进行探讨,给出难以用微分方程描述系统的时域响应。6.8节介绍各类分数阶线性系统的稳定性判定方法,首先介绍同元次系统的稳定性判据,然后介绍非同元次系统甚至无理系统的稳定性判定。

非线性分数阶微分方程的数值解问题的命令式求解方法将在本书第7章中详细介绍。第8章将介绍微分方程的框图式求解方法,并在第9章探讨其他微分方程的数值求解方法。

6.1 线性分数阶微分方程简介

这一节首先给出线性分数阶微分方程的标准形式,导出分数阶传递函数模型,给出非零初值的微分方程模型,探讨不同分数阶微积分定义下的Laplace变换性质，并给出一个常用的 Laplace 变换公式。

6.1.1 线性分数阶微分方程的一般形式

定义 6-1 ▶ 线性时不变分数阶微分方程

一类线性时不变（linear time invariant，LTI）分数阶微分方程[1]为

$$a_1 \mathscr{D}_t^{\eta_1} y(t) + a_2 \mathscr{D}_t^{\eta_2} y(t) + \cdots + a_{n-1} \mathscr{D}_t^{\eta_{n-1}} y(t) + a_n \mathscr{D}_t^{\eta_n} y(t)$$
$$= b_1 \mathscr{D}_t^{\gamma_1} u(t) + b_2 \mathscr{D}_t^{\gamma_2} u(t) + \cdots + b_m \mathscr{D}_t^{\gamma_m} u(t) \tag{6-1-1}$$

式中，b_i 和 a_i 为实系数；γ_i 与 η_i 为阶次；信号 $u(t)$ 可以认为是该方程描述系统的输入信号；$y(t)$ 为输出信号。

如果函数 $y(t)$ 及其各阶导数的初值均为零，则称该分数阶微分方程为零初值微分方程，这种情况下，各种分数阶微积分定义均是等效的。

正如整数阶线性系统可以将输出信号与输入信号 Laplace 变换的比值定义成传递函数形式，由分数阶微分方程也可以定义出分数阶传递函数（fractional-order transfer function，FOTF）模型。事实上，分数阶传递函数模型就是分数阶线性微分方程描述的系统在 s 域上的增益。

定义 6-2 ▶ 分数阶传递函数

分数阶传递函数 $G(s)$ 的一般形式为

$$G(s) = \frac{b_1 s^{\gamma_1} + b_2 s^{\gamma_2} + \cdots + b_m s^{\gamma_m}}{a_1 s^{\eta_1} + a_2 s^{\eta_2} + \cdots + a_{n-1} s^{\eta_{n-1}} + a_n s^{\eta_n}} \tag{6-1-2}$$

定义 6-3 ▶ 伪多项式

伪多项式（pseudo-polynomial）可以由两个向量 $(\boldsymbol{c}, \boldsymbol{\alpha})$ 直接描述：

$$p(s) = c_1 s^{\alpha_1} + c_2 s^{\alpha_2} + \cdots + c_{n-1} s^{\alpha_{n-1}} + c_n s^{\alpha_n} \tag{6-1-3}$$

分数阶传递函数就是两个伪多项式的比值。分数阶传递函数模型不仅是求解线性分数阶微分方程的一种有效的方法，还是线性分数阶系统分析与设计的有效工具。本书配套的 FOTF 工具箱就是在分数阶传递函数模型基础上开发的。

6.1.2 不同定义下的分数阶导数初值问题

若某函数 $f(t)$ 及其各阶导数的初值非零，则该函数整数阶导数的 Laplace 变换可以如下求出：

$$\mathscr{L}\left[\frac{\mathrm{d}^n}{\mathrm{d}t^n} f(t)\right] = s^n F(s) - \sum_{k=0}^{n-1} s^{n-k-1} f^{(k)}(t_0) \tag{6-1-4}$$

现在探讨在 Riemann–Liouville 定义下某函数的分数阶导数与积分的 Laplace 变换如何计算的问题。记 $F(s) = \mathscr{L}\big[f(t)\big]$，则函数 $f(t)$ 分数阶微积分的 Laplace 变换满足下面的定理。

定理 6-1 ▶ Riemann–Liouville 导数的 Laplace 变换

若 $n = \lceil \gamma \rceil$，函数 $f(t)$ 分数阶积分和导数的 Laplace 变换分别满足[1]

$$\mathscr{L}\left[{}^{\mathrm{RL}}_{t_0}\mathscr{D}_t^{-\beta} f(t)\right] = s^{-\beta} F(s) \tag{6-1-5}$$

$$\mathscr{L}\left[{}^{\mathrm{RL}}_{t_0}\mathscr{D}_t^{\gamma} f(t)\right] = s^{\gamma} F(s) - \sum_{k=0}^{n-1} s^k \, {}^{\mathrm{RL}}_{t_0}\mathscr{D}_t^{\gamma-k-1} f(t)\Big|_{t=t_0} \tag{6-1-6}$$

证明 首先看一下积分公式。卷积函数的 Laplace 变换可以写成

$$\mathscr{L}[f(t) * g(t)] = F(s)G(s)$$

令 $g(t) = t^{\beta-1}$，则

$${}^{\mathrm{RL}}_{t_0}\mathscr{D}_t^{-\beta} f(t) = \frac{1}{\Gamma(\beta)} \int_0^t \frac{f(\tau)}{(t-\tau)^{1-\beta}} \mathrm{d}\tau = t^{\beta-1} * f(t)$$

可以看出，$G(s) = \Gamma(\beta)s^{-\beta}$，这样就可以证明积分公式。

$$\mathscr{L}\left[{}^{\mathrm{RL}}_{t_0}\mathscr{D}_t^{-\beta} f(t)\right] = s^{-\beta} F(s) \tag{6-1-7}$$

现在探讨分数阶导数的 Laplace 变换公式。记 ${}^{\mathrm{RL}}_{t_0}\mathscr{D}_t^{\gamma} f(t) = g^{(n)}(t)$，其中

$$g(t) = \frac{1}{\Gamma(n-\gamma)} \, {}^{\mathrm{RL}}_{t_0}\mathscr{D}_t^{-(n-\gamma)} f(t) = \int_0^t \frac{f(\tau)}{(t-\tau)^{\gamma+1-n}} \mathrm{d}\tau$$

由式（6-1-7）可以直接看出

$$g^{(n-k-1)}(t) = \frac{\mathrm{d}^{n-k-1}}{\mathrm{d}t^{n-k-1}} \, {}^{\mathrm{RL}}_{t_0}\mathscr{D}_t^{-(n-\gamma)} f(t) = {}^{\mathrm{RL}}_{t_0}\mathscr{D}_t^{\gamma-k-1} f(t) \tag{6-1-8}$$

将式（6-1-7）与式（6-1-8）代入式（6-1-4），就可以发现式（6-1-6）是满足的，由此证明微分公式。

从上面的微分公式可以看出，Riemann–Liouville 分数阶导数的 Laplace 变换涉及函数分数阶导数的初值，这在实际应用中是很苛刻的，因为这些信号的初值通常是很难获得的。现在探讨一下 Caputo 分数阶微积分的性质。

定理 6-2 ▶ Caputo 导数的 Laplace 变换

若 $n = \lceil \gamma \rceil$，Caputo 导数的 Laplace 变换可以由下面的式子直接求出[2]：

$$\mathscr{L}\left[{}^{\mathrm{C}}_{t_0}\mathscr{D}_t^{\gamma} f(t)\right] = s^{\gamma} F(s) - \sum_{k=0}^{n-1} s^{\gamma-k-1} f^{(k)}(t_0) \tag{6-1-9}$$

可以看出，该式只涉及函数 $f(t)$ 及其整数阶导数的初值，所以，Caputo 微分方程更适合于描述具有非零初值的分数阶微分方程与分数阶系统。

从式（6-1-1）可以看出，如果 $q = \lceil \max(\eta_i) \rceil$，则分数阶微分方程有唯一解的条件是需要 q 个独立的初始值。

定理 6-3 ▶ 分数阶积分的 Laplace 变换

Grünwald–Letnikov 和 Caputo 分数阶积分的 Laplace 变换都满足

$$\mathscr{L}\left[{}^{\mathrm{GL}}_{t_0}\mathscr{D}_t^{\gamma}f(t)\right] = \mathscr{L}\left[{}^{\mathrm{C}}_{t_0}\mathscr{D}_t^{\gamma}f(t)\right] = s^{\gamma}F(s), \quad \gamma \leqslant 0 \qquad (6\text{-}1\text{-}10)$$

因为两个分数阶积分定义是等效的，所以由定理 6-1 可以直接证明这个定理。另外，因为本书不是严格的数学著作，所以一些定理的证明并没有给出，有兴趣的读者可以参考其他著作，如文献 [1]。

综上所述，Caputo 分数阶微分方程适合于描述带有非零初值的实际系统模型，而 Grünwald–Letnikov 与 Riemann–Liouville 分数阶微分方程更适合于描述初始处于静止状态的分数阶系统。

6.1.3 一个重要的 Laplace 变换公式

类似于线性整数阶微分方程，Laplace 变换也是处理线性分数阶微分方程的有效工具。下面直接给出一个非常有用的 Laplace 变换公式。

引理 6-1 若 $\mathrm{Re}(\gamma) > 0, \mathrm{Re}(\beta) > 0$ 且 $|z| < 1$，则存在 [3]

$$\frac{1}{(1+z)^{\gamma}} = \int_0^{\infty} \mathrm{e}^{-x}x^{\beta-1}\mathrm{E}_{\alpha,\beta}^{\gamma}\left(-x^{\alpha}z\right)\mathrm{d}x \qquad (6\text{-}1\text{-}11)$$

定理 6-4 ▶ 重要的 Laplace 变换公式

一个非常重要的 Laplace 变换公式 [3] 如下：

$$\mathscr{L}^{-1}\left[\frac{s^{\alpha\gamma-\beta}}{(s^{\alpha}+a)^{\gamma}}\right] = t^{\beta-1}\mathrm{E}_{\alpha,\beta}^{\gamma}\left(-at^{\alpha}\right) \qquad (6\text{-}1\text{-}12)$$

证明 可以从引理 6-1 看出，若将 $z = as^{-\alpha}$，$x = st$ 代入式（6-1-11）的积分表达式，则可证明本定理。

$$\frac{1}{(1+as^{-\alpha})^{\gamma}} = \frac{s^{\alpha\gamma}}{(s^{\alpha}+a)^{\gamma}} = \int_0^{\infty}\mathrm{e}^{-st}(st)^{\beta-1}\mathrm{E}_{\alpha,\beta}^{\gamma}\left(-(st)^{\alpha}as^{-\alpha}\right)s\,\mathrm{d}t$$
$$= s^{\beta}\mathscr{L}\left[t^{\beta-1}\mathrm{E}_{\alpha,\beta}^{\gamma}\left(-at^{\alpha}\right)\right] \qquad (6\text{-}1\text{-}13)$$

6.2　一些线性分数阶微分方程的解析解方法

典型的线性 n 项分数阶微分方程指的是方程中有 n 个输出信号及其分数阶导数加权和的微分方程,式（6-1-1）就是这样的一个例子。本节将探讨单项、双项、三项及一般 n 项分数阶微分方程的解析解方法。

6.2.1　线性单项分数阶微分方程

> **定义 6-4 ▶ 线性单项分数阶微分方程**
>
> 线性单项分数阶微分方程的一般形式为
>
> $$a\,\mathscr{D}_t^{\eta}y(t) = u(t) \tag{6-2-1}$$

可以看出,零初值单项分数阶微分方程的解可以直接写成

$$y(t) = \frac{1}{a}\,\mathscr{D}_t^{-\eta}u(t) \tag{6-2-2}$$

即该微分方程的解事实上就是输入信号 $u(t)$ 的分数阶积分,可以采用第 4 章介绍的数值方法得出该微分方程的高精度数值解。

6.2.2　双项分数阶微分方程

> **定义 6-5 ▶ 双项分数阶微分方程**
>
> 线性双项分数阶微分方程的数学表达式为
>
> $$a\,\mathscr{D}_t^{\eta}y(t) + by(t) = u(t) \tag{6-2-3}$$

方程等号两端同时取 Laplace 变换,可以直接得出该微分方程的输出信号的 Laplace 变换为

$$Y(s) = \frac{1}{as^{\eta}+b}\mathscr{L}\big[u(t)\big]$$

> **定理 6-5 ▶ 双项分数阶微分方程的阶跃响应与冲激响应**
>
> 对简单输入信号 $u(t) = \delta(t)$ 或 $u(t) = H(t)$ 而言,即输入信号为单位冲激或单位阶跃信号时,其 Laplace 变换式分别为 $\mathscr{L}\big[\delta(t)\big] = 1$ 或 $\mathscr{L}\big[H(t)\big] = 1/s$。这样方程的解析解可以写成
>
> $$y_{\delta}(t) = \frac{t^{\eta-1}}{a}\mathrm{E}_{\eta,\eta}\left(-\frac{b}{a}\,t^{\eta}\right) \tag{6-2-4}$$
>
> $$y_{\mathrm{H}}(t) = \frac{t^{\eta}}{a}\mathrm{E}_{\eta,\eta+1}\left(-\frac{b}{a}\,t^{\eta}\right) \tag{6-2-5}$$

证明 假设输入信号为单位冲激信号,$u(t) = \delta(t)$,可以直接推导出输出信号的 Laplace 变换表达式 $Y(s)$ 为

$$Y(s) = \frac{1}{as^\eta + b} = \frac{1}{a}\frac{1}{s^\eta + b/a}$$

回顾式(6-1-12)中的 Laplace 变换公式,如果选择 $\gamma = 1, \alpha = \eta$ 且 $\beta = \eta$,则可以得出式(6-2-4)中的输出信号。

若输入信号为 Heaviside 函数,$u(t) = H(t)$,则输出信号的 Laplace 变换为

$$Y(s) = \frac{1}{as^\eta + b}\frac{1}{s} = \frac{1}{a}\frac{1}{s(s^\eta + b/a)}$$

所以,若选择 $\gamma = 1, \alpha = \eta$ 且 $\beta = \eta + 1$,则可以得出式(6-2-5)中的结果,由此定理得证。

因为这样的分数阶微分方程过于简单,它只是 6.3 节将介绍内容的一个特例,所以这里暂时不再深入讨论其解法。

6.2.3 三项分数阶微分方程

定义 6-6 ▶ 三项分数阶微分方程

线性三项微分方程的一般形式为

$$a_1\mathscr{D}_t^{\eta_1}y(t) + a_2\mathscr{D}_t^{\eta_2}y(t) + a_3y(t) = u(t) \tag{6-2-6}$$

式中,信号 $y(t)$ 及其导数具有零初值。

定理 6-6 ▶ 三项分数阶微分方程的阶跃响应

如果 $u(t)$ 为单位阶跃函数,则方程的解析解[4] 可以写成

$$y(t) = \frac{1}{a_1}\sum_{k=0}^{\infty}\frac{(-1)^k\hat{a}_3^k t^{-\hat{a}_2+(k+1)\eta_1}}{k!}\frac{\mathrm{d}^k}{\mathrm{d}t^k}\mathrm{E}_{\eta_1-\eta_2,\eta_1+\eta_2 k+1}\left(-\hat{a}_2 t^{\eta_1-\eta_2}\right) \tag{6-2-7}$$

式中,$\hat{a}_3 = a_3/a_1, \hat{a}_2 = a_2/a_1$。

如果考虑到数值实现,可以用截断算法求解输出信号 $y(t)$,而其中的 Mittag-Leffler 函数及其导数则直接由 `ml_func()` 函数计算,这样可以编写出 `ml_step3()` 函数求解线性三项分数阶微分方程的阶跃响应数值解:

```
function y=ml_step3(a,b,t,eps0)
    arguments, a(1,3), b(1,2), t(:,1), eps0(1,1)=eps; end
    y=0; k=0; ya=1;
    a1=a(1); a2=a(2)/a1; a3=a(3)/a1; b1=b(1); b2=b(2);
    while max(abs(ya))>=eps0
```

```
        ya=(-1)^k/gamma(k+1)*a3^k*t.^((k+1)*b1).*...
            ml_func([b1-b2,b1+b2*k+1],-a2*t.^(b1-b2),k,eps0);
        y=y+ya; k=k+1;
    end, y=y/a1;
end
```

函数的调用格式为 y=ml_step3($\boldsymbol{a},\boldsymbol{b},t,\epsilon_0$)，其中，$\boldsymbol{a}=[a_1,a_2,a_3]$，$\boldsymbol{b}=[\eta_1,\eta_2]$，$\epsilon_0$ 为误差容限，可以忽略，其默认值为 eps。

例 6-1　试求出线性三项分数阶微分方程阶跃响应的解析解与数值解。

$$\mathscr{D}_t^{0.8}y(t) + 0.75\mathscr{D}_t^{0.4}y(t) + 0.9y(t) = 5u(t)$$

解　很显然 $a_1=1,a_2=0.75,a_3=0.9,\eta_1=0.8$ 且 $\eta_2=0.4$，所以可以直接得出该微分方程阶跃响应的解析解为

$$y(t) = \sum_{k=0}^{\infty} \frac{(-1)^k 0.9^k t^{-0.75+0.8(k+1)}}{k!} \frac{\mathrm{d}^k}{\mathrm{d}t^k} \mathrm{E}_{0.4,1.8+0.4k}\left(-0.75t^{0.4}\right) \qquad (6\text{-}2\text{-}8)$$

该方程数值解可以由下面的语句直接求出，如图 6-1 所示。

```
>> t=0:0.001:5;
   y=ml_step3([1,0.75,0.9],[0.8,0.4],t); plot(t,5*y)
```

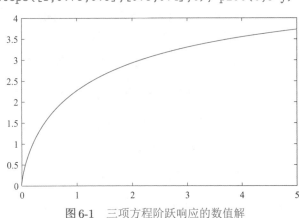

图 6-1　三项方程阶跃响应的数值解

6.2.4　一般 n 项分数阶微分方程

定义 6-7 ▶ 一般 n 项分数阶微分方程

　　线性 n 项分数阶微分方程的一般形式为

$$a_1\mathscr{D}_t^{\eta_1}y(t) + a_2\mathscr{D}_t^{\eta_2}y(t) + \cdots + a_{n-1}\mathscr{D}_t^{\eta_{n-1}}y(t) + a_n\mathscr{D}_t^{\eta_n}y(t) = u(t) \qquad (6\text{-}2\text{-}9)$$

定义 6-8 ▶ 多项系数

多项系数（multinomial coefficients）的定义为

$$(m; k_2, k_3, \cdots, k_n) = \frac{m!}{k_2! k_3! \cdots k_n!} \tag{6-2-10}$$

定理 6-7 ▶ n 项微分方程解析解的一般形式

如果输入信号 $u(t)$ 为阶跃信号，线性 n 项分数阶微分方程的解析解[1]为

$$y(t) = \frac{1}{a_1} \sum_{m=0}^{\infty} \frac{(-1)^m}{m!} \sum_{\substack{k_2 + \cdots + k_n = m \\ k_2 \geqslant 0, \ \cdots, \ k_n \geqslant 0}} (m; k_2, k_3, \cdots, k_n) \times$$

$$\prod_{i=2}^{n} \left(\frac{a_i}{a_1}\right)^{k_i} t^{(\eta_1 - \eta_2)m + \eta_1 + \sum\limits_{j=2}^{n}(\eta_2 - \eta_j)k_j - 1} \times$$

$$\frac{\mathrm{d}^m}{\mathrm{d}t^m} \mathrm{E}_{\eta_1 - \eta_2, -\eta_2 + \sum\limits_{j=2}^{n}(\eta_2 - \eta_j)k_j} \left(-\frac{a_2}{a_1} t^{\eta_1 - \eta_2}\right) \tag{6-2-11}$$

式中，$(m; k_2, k_3, \cdots, k_n)$ 为多项系数。

从前面的解析解表达式可见，对于一般的多项微分方程，要想真正写出其解析解是极其困难的，且其解只局限为阶跃响应的解，所以这样的解没有太大的实用价值。这种方法最多能用于解决三项微分方程的阶跃响应解析解，所以，需要更好的算法与工具求解任意阶次任意输入信号的线性分数阶微分方程。

6.3　同元次线性微分方程的解析求解

方程（6-1-12）中给出了一个特别重要的 Laplace 变换的性质，现在想利用这一条性质推导出线性同元次微分方程的阶跃响应与冲激响应解析解。

6.3.1　同元次微分方程的一般形式

考虑式（6-1-1）分数阶微分方程的阶次，如果所有的阶次都是有理分数，则这些阶次项可以写成

$$(\eta_1, \eta_2, \cdots, \eta_n, \gamma_1, \gamma_2, \cdots, \gamma_m) = (c_1/d_1, c_2/d_2, \cdots, c_M/d_M) \tag{6-3-1}$$

式中，$M \leqslant n + m$ 是剔除了重复项之后的项数。假设 (c_i, d_i) 对为互质整数，则可以分别求出 d_i 的最小公倍数（least common multiple, LCM）与 c_i 的最大公约数（greatest common divisor, GCD）：

$$d = \mathrm{lcm}(d_1, d_2, \cdots, d_M), \quad c = \gcd(c_1, c_2, \cdots, c_M) \tag{6-3-2}$$

这样得出的阶次 $\alpha = c/d$ 称为方程的基阶（base-order）。记 $\lambda = s^\alpha$，则原始的分数阶传递函数可以映射成关于 λ 的整数阶传递函数。如果仅用于系统稳定性的分析，则对分母的阶次提取基阶就可以了。

定义 6-9 ▶ 同元次微分方程

一般情况下，如果有了基阶 α，则同元次（commensurate-order，又称成比例阶）微分方程可以写成

$$
\begin{aligned}
&a_1 \mathscr{D}_t^{n\alpha} y(t) + a_2 \mathscr{D}_t^{(n-1)\alpha} y(t) + \cdots + a_n \mathscr{D}_t^{\alpha} y(t) + a_{n+1} y(t) \\
&= b_1 \mathscr{D}_t^{m\alpha} u(t) + b_2 \mathscr{D}_t^{(m-1)\alpha} u(t) + \cdots + b_m \mathscr{D}_t^{\alpha} u(t) + b_{m+1} u(t)
\end{aligned}
\tag{6-3-3}
$$

注意，这里的系数 a_i 与 b_i 可能与式（6-1-1）中的不同。

定义 6-10 ▶ 同元次传递函数

同元次传递函数一般可以用 $\lambda = s^\alpha$ 的整数阶传递函数与基阶 α 直接表示：

$$
G(\lambda) = \frac{b_1 \lambda^m + b_2 \lambda^{m-1} + \cdots + b_m \lambda + b_{m+1}}{a_1 \lambda^n + a_2 \lambda^{n-1} + \cdots + a_n \lambda + a_{n+1}}
\tag{6-3-4}
$$

定理 6-8 ▶ 特殊部分分式展开

如果同元次系统对 λ 来说只有一组互异的极点 $-p_i$，则整数阶传递函数可以表示成部分分式展开（partial fraction expansion）的形式：

$$
G(\lambda) = \sum_{i=1}^{n} \frac{r_i}{\lambda + p_i} = \sum_{i=1}^{n} \frac{r_i}{s^\alpha + p_i}
\tag{6-3-5}
$$

如果存在重极点 $-p_i$ 且其重数为 k，则相应部分的部分分式展开将变成

$$
\frac{r_{i1}}{s^\alpha + p_i} + \frac{r_{i2}}{(s^\alpha + p_i)^2} + \cdots + \frac{r_{ik}}{(s^\alpha + p_i)^k} = \sum_{j=1}^{k} \frac{r_{ij}}{(s^\alpha + p_i)^j}
\tag{6-3-6}
$$

定义 6-11 ▶ 同元次系统的部分分式展开

对基阶为 α 的同元次系统而言，其部分分式展开表达式为

$$
G(s) = \sum_{i=1}^{N} \sum_{j=1}^{m_i} \frac{r_{ij}}{(s^\alpha + p_i)^j}
\tag{6-3-7}
$$

式中，p_i 与 r_{ij} 为复数；第 i 极点 p_i 的重数 m_i 为正整数，且 $m_1 + m_2 + \cdots + m_N = n$。

可以利用 MATLAB 的 `residue()` 函数直接获得同元次系统的部分分式展开，如果使用符号运算，也可以通过 `partfrac()` 函数进行展开。

例6-2 试用数值法和解析法分别对下面的分数阶传递函数进行部分分式展开。

$$G(s) = \frac{1}{s^{2.4} + 10s^2 + 40s^{1.6} + 82s^{1.2} + 91s^{0.8} + 52s^{0.4} + 12}$$

解 由现有的阶次可见，基阶为 $\alpha = 0.4$。令 $\lambda = s^{0.4}$，可以将传递函数输入 MATLAB 环境，并利用变量替换的方法，将 $s^{0.4}$ 替换成 λ。为避免不必要的麻烦，需要将 s 和 λ 暂时设为正数。对 λ 表达式做部分分式展开，再将 t 替换成 $s^{0.4}$，就可以得出所需的部分分式表达式。

```
>> syms s lam positive
   G=1/(s^2.4+10*s^2+40*s^1.6+82*s^1.2+91*s^0.8+52*s^0.4+12);
   G1=subs(G,s^0.4,lam), G2=subs(partfrac(G1),lam,s^0.4)
```

得出部分分式展开表达式。

$$G_2(s) = \frac{17}{8(s^{0.4}+1)} - \frac{5}{4(s^{0.4}+1)^2} - \frac{2}{s^{0.4}+2} + \frac{1}{2(s^{0.4}+1)^3} - \frac{1}{(s^{0.4}+2)^2} - \frac{1}{8(s^{0.4}+3)}$$

同时，还可以得出关于 λ 的整数阶表达式。

$$G_1(\lambda) = \frac{1}{\lambda^6 + 10\lambda^5 + 40\lambda^4 + 82\lambda^3 + 91\lambda^2 + 52\lambda + 12}$$

将该系统的分子、分母多项式系数输入 MATLAB 环境，也可以用数值方法得出部分分式展开的信息 $\boldsymbol{r} = [-0.125, -2, -1, 2.125, -1.25, 0.5]$，$\boldsymbol{p} = [-3, -2, -2, -1, -1, -1]$，与上面得出的 $G_2(s)$ 基本一致。必须指出的是，由于采用了数值方法，且分母多项式有重根，所以，数值解不是很精确，建议使用解析推导方法。

```
>> num=1; den=[1 10 40 82 91 52 12]; [r,p,K]=residue(num,den)
```

6.3.2 线性分数阶微分方程求解的一些常用 Laplace 变换公式

回顾式（6-1-12）中重要的 Laplace 变换性质，重写如下：

$$\mathscr{L}^{-1}\left[\frac{s^{\alpha\gamma-\beta}}{(s^\alpha+a)^\gamma}\right] = t^{\beta-1}\mathrm{E}_{\alpha,\beta}^\gamma\big(-at^\alpha\big) \tag{6-3-8}$$

对不同的参数组合，可以推导出如下的派生形式，见下面的各个推论。

推论6-1 如果 $\gamma = 1$ 且 $\alpha\gamma = \beta$，即 $\beta = \alpha$，式（6-3-8）可以写成

$$\mathscr{L}^{-1}\left[\frac{1}{s^\alpha+a}\right] = t^{\alpha-1}\mathrm{E}_{\alpha,\alpha}\big(-at^\alpha\big) \tag{6-3-9}$$

从控制系统角度看，因为冲激信号的 Laplace 变换为 1，所以可以将上式理解成分数阶传递函数 $1/(s^\alpha+a)$ 在单位冲激信号激励下的时域响应解析解。可以看出，Mittag-Leffler 函数在分数阶系统中的作用类似于整数阶系统下指数函数 $\mathrm{e}^{-\lambda t}$。有了这个公式，结合部分分式展开技术，就可以得出一类线性分数阶系统的冲激响应解析解。

推论6-2 如果 $\gamma = 1$ 且 $\alpha\gamma - \beta = -1$，即 $\beta = \alpha + 1$，式（6-3-8）可以写成

$$\mathscr{L}^{-1}\left[\frac{1}{s(s^\alpha+a)}\right] = t^\alpha\mathrm{E}_{\alpha,\alpha+1}\big(-at^\alpha\big) \tag{6-3-10}$$

这个式子可以理解成分数阶传递函数模型 $1/(s^\alpha+a)$ 的阶跃响应解析解。

定理 6-9 ▶ 阶跃响应解析解

分数阶传递函数模型 $1/(s^\alpha+a)$ 的阶跃响应解析解还可以写成

$$\mathscr{L}^{-1}\left[\frac{1}{s(s^\alpha+a)}\right]=\frac{1}{a}\left[1-\mathrm{E}_\alpha\left(-at^\alpha\right)\right] \tag{6-3-11}$$

证明　从 Mittag-Leffler 函数的定义可以容易地证明该定理：

$$at^\alpha\mathrm{E}_{\alpha,\alpha+1}\left(-at^\alpha\right)=-\sum_{k=0}^{\infty}\frac{\left(-at^\alpha\right)^{k+1}}{\Gamma(\alpha k+\alpha+1)}$$

$$=1-\sum_{(k+1)=0}^{\infty}\frac{\left(-at^\alpha\right)^{k+1}}{\Gamma(\alpha(k+1)+1)}=1-\mathrm{E}_\alpha\left(-at^\alpha\right)$$

推论 6-3　如果 $\gamma=k$ 为整数且 $\alpha\gamma=\beta$，即 $\beta=\alpha k$，则式（6-3-8）可以写成

$$\mathscr{L}^{-1}\left[\frac{1}{(s^\alpha+a)^k}\right]=t^{\alpha k-1}\mathrm{E}_{\alpha,\alpha k}^k\left(-at^\alpha\right) \tag{6-3-12}$$

这可以看成是分数阶传递函数 $1/(s^\alpha+a)^k$ 的冲激响应解析解。

推论 6-4　如果 $\gamma=k$ 为整数且 $\alpha\gamma-\beta=-1$，即 $\beta=\alpha k+1$，则式（6-3-8）可以写成

$$\mathscr{L}^{-1}\left[\frac{1}{s(s^\alpha+a)^k}\right]=t^{\alpha k}\mathrm{E}_{\alpha,\alpha k+1}^k\left(-at^\alpha\right) \tag{6-3-13}$$

这可以看成是分数阶传递函数 $1/(s^\alpha+a)^k$ 的阶跃响应解析解。

6.3.3　同元次微分方程的解析解

前面介绍过，基阶为 α 的线性同元次传递函数可以写成式（6-3-5）给出的部分分式展开的形式。如果没有重极点，则由式（6-3-9）和式（6-3-10）中的 Laplace 变换公式，可以分别得出系统冲激响应与阶跃响应的解析解。

$$\mathscr{L}^{-1}\left[\sum_{i=1}^{n}\frac{r_i}{s^\alpha+p_i}\right]=\sum_{i=1}^{n}r_it^{\alpha-1}\mathrm{E}_{\alpha,\alpha}\left(-p_it^\alpha\right) \tag{6-3-14}$$

$$\mathscr{L}^{-1}\left[\sum_{i=1}^{n}\frac{r_i}{s(s^\alpha+p_i)}\right]=\sum_{i=1}^{n}r_it^\alpha\mathrm{E}_{\alpha,\alpha+1}\left(-p_it^\alpha\right) \tag{6-3-15}$$

后者还可以等效地写成

$$\mathscr{L}^{-1}\left[\sum_{i=1}^{n}\frac{r_i}{s(s^\alpha+p_i)}\right]=\sum_{i=1}^{n}\frac{r_i}{p_i}\left[1-\mathrm{E}_\alpha\left(-p_it^\alpha\right)\right] \tag{6-3-16}$$

定理 6-10 ▶ 同元次方程的解析解

更一般地,因为线性同元次传递函数可以写成定义 6-11 的部分分式展开形式,所以,系统冲激响应的解析解为

$$y_\delta(t) = \mathscr{L}^{-1}\left[\sum_{i=1}^{N}\sum_{j=1}^{m_i}\frac{r_{ij}}{(s^\alpha + p_i)^j}\right] = \sum_{i=1}^{N}\sum_{j=1}^{m_i} r_{ij}\,t^{\alpha j - 1}\mathrm{E}_{\alpha,\alpha j}^{j}\left(-p_i t^\alpha\right) \quad (6\text{-}3\text{-}17)$$

而阶跃响应的解析解为

$$y_u(t) = \mathscr{L}^{-1}\left[\sum_{i=1}^{N}\sum_{j=1}^{m_i}\frac{r_{ij}}{s(s^\alpha + p_i)^j}\right] = \sum_{i=1}^{N}\sum_{j=1}^{m_i} r_{ij}\,t^{\alpha j}\mathrm{E}_{\alpha,\alpha j+1}^{j}\left(-p_i t^\alpha\right)$$

$$(6\text{-}3\text{-}18)$$

例 6-3 试得出例 6-1 中系统的阶跃响应解析解与数值解。

$$\mathscr{D}_t^{0.8}y(t) + 0.75\,\mathscr{D}_t^{0.4}y(t) + 0.9y(t) = 5u(t)$$

解 可以看出,系统的基阶为 $\alpha = 0.4$,记 $\lambda = s^{0.4}$,可以得出原方程对应的同元次传递函数模型,将原系统写成关于 λ 的整数阶传递函数模型:

$$G(s) = \frac{5}{s^{0.8} + 0.75s^{0.4} + 0.9} \quad \Rightarrow \quad G(\lambda) = \frac{5}{\lambda^2 + 0.75\lambda + 0.9}$$

由语句

```
>> [r,p,k]=residue(5,[1 0.75 0.9])
```

可以得出系统 $G(\lambda)$ 的部分分式展开模型为

$$G(s) = \frac{-2.8689\mathrm{j}}{s^{0.4} + 0.3750 - 0.8714\mathrm{j}} + \frac{2.8689\mathrm{j}}{s^{0.4} + 0.3750 + 0.8714\mathrm{j}}$$

这样可以立即看出,原系统的阶跃响应解析解可以写成

$$y(t) = -2.87\mathrm{j}\,t^{0.4}\mathrm{E}_{0.4,1.4}\left((-0.38+0.87\mathrm{j})t^{0.4}\right) + 2.87\mathrm{j}\,t^{0.4}\mathrm{E}_{0.4,1.4}\left((-0.38-0.87\mathrm{j})t^{0.4}\right)$$

下面的语句还可以得出原微分方程的数值解,该曲线与例 6-1 的完全一致。

```
>> t=0:0.001:5; t1=t.^0.4;
   y=r(1)*t1.*ml_func([0.4,1.4],p(1)*t1)+...
     r(2)*t1.*ml_func([0.4,1.4],p(2)*t1);
   y1=ml_step3([1,0.75,0.9],[0.8,0.4],t); plot(t,y,t,5*y1,'--')
```

例 6-4 试求出下面分数阶系统冲激响应的解析解与数值解。

$$G(s) = \frac{s^{1.2} + 3s^{0.4} + 5}{s^{1.6} + 10s^{1.2} + 35s^{0.8} + 50s^{0.4} + 24}$$

解 令 $\lambda = s^{0.4}$,原系统可以表示成

$$G(\lambda) = \frac{\lambda^3 + 3\lambda + 5}{\lambda^4 + 10\lambda^3 + 35\lambda^2 + 50\lambda + 24}$$

调用 MATLAB 函数 residue()

```
>> n=[1 0 3 5]; d=[1 10 35 50 24]; [r,p,K]=residue(n,d)
```

可以得出系统的部分分式展开表达式为

$$G(s) = \frac{71/6}{s^{0.4}+4} + \frac{-31/2}{s^{0.4}+3} + \frac{9/2}{s^{0.4}+2} + \frac{1/6}{s^{0.4}+1}$$

利用式（6-3-9）中的性质可以得出原系统冲激响应的解析解为

$$y(t) = 71t^{-0.6}\mathrm{E}_{0.4,0.4}(-4t^{0.4})/6 - 31t^{-0.6}\mathrm{E}_{0.4,0.4}(-3t^{0.4})/2+$$
$$9t^{-0.6}\mathrm{E}_{0.4,0.4}(-2t^{0.4})/2 + t^{-0.6}\mathrm{E}_{0.4,0.4}(-t^{0.4})/6$$

根据上述的解析解公式，可以由下面的 MATLAB 命令绘制出系统冲激响应的数值解，如图 6-2 所示。

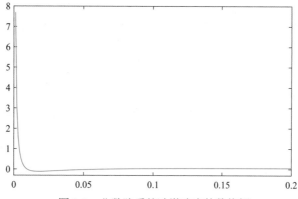

图 6-2　分数阶系统冲激响应的数值解

```
>> t=[0:0.001:0.2]'; t1=t.^(0.4);
   y=71/6*t.^(-0.6).*ml_func([0.4,0.4],-4*t1)-...
     31/2*t.^(-0.6).*ml_func([0.4,0.4],-3*t1)+...
     9/2*t.^(-0.6).*ml_func([0.4,0.4],-2*t1)+...
     1/6*t.^(-0.6).*ml_func([0.4,0.4],-t1);
   plot(t,y)
```

例 6-5　试求解下面的零初值分数阶微分方程：

$$\mathscr{D}_t^{1.2}y(t) + 5\mathscr{D}_t^{0.9}y(t) + 9\mathscr{D}_t^{0.6}y(t) + 7\mathscr{D}_t^{0.3}y(t) + 2y(t) = u(t)$$

式中，$u(t)$ 为单位阶跃输入或单位冲激输入。

解　选择系统的基阶为 0.3，则令 $\lambda = s^{0.3}$，可以得出关于 λ 的整数阶微分方程模型。

$$G(\lambda) = \frac{1}{\lambda^4 + 5\lambda^3 + 9\lambda^2 + 7\lambda + 2}$$

由下面的 MATLAB 命令对其进行部分分式展开：

```
>> num=1; den=[1 5 9 7 2]; [r,p]=residue(num,den)
```

得出的展开式为

$$G(\lambda) = -\frac{1}{\lambda+2} + \frac{1}{\lambda+1} - \frac{1}{(\lambda+1)^2} + \frac{1}{(\lambda+1)^3}$$

如果输入信号 $u(t)$ 为单位冲激信号, 则输出信号的 Laplace 变换表达式为

$$Y(s) = G(s) = -\frac{1}{s^{0.3}+2} + \frac{1}{s^{0.3}+1} - \frac{1}{(s^{0.3}+1)^2} + \frac{1}{(s^{0.3}+1)^3}$$

由式 (6-3-9) 与式 (6-3-12) 可以看出, 系统冲激响应的解析解为

$$y_1(t) = -t^{-0.7}\mathrm{E}_{0.3,0.3}\left(-2t^{0.3}\right) + t^{-0.7}\mathrm{E}_{0.3,0.3}\left(-t^{0.3}\right) -$$
$$t^{-0.4}\mathrm{E}_{0.3,0.6}^2\left(-t^{0.3}\right) + t^{-0.1}\mathrm{E}_{0.3,0.9}^3\left(-t^{0.3}\right)$$

如果输入 $u(t)$ 为单位阶跃信号, 则输出信号的 Laplace 变换为

$$Y(s) = \frac{1}{s}G(s) = -\frac{1}{s(s^{0.3}+2)} + \frac{1}{s(s^{0.3}+1)} - \frac{1}{s(s^{0.3}+1)^2} + \frac{1}{s(s^{0.3}+1)^3}$$

这样系统阶跃响应的解析解为

$$y_2(t) = -t^{0.3}\mathrm{E}_{0.3,1.3}\left(-2t^{0.3}\right) + t^{0.3}\mathrm{E}_{0.3,1.3}\left(-t^{0.3}\right) -$$
$$t^{0.6}\mathrm{E}_{0.3,1.6}^2\left(-t^{0.3}\right) + t^{0.9}\mathrm{E}_{0.3,1.9}^3\left(-t^{0.3}\right)$$

此外, 由式 (6-3-11) 还可以写出阶跃响应解析解的另一个表达式

$$y_3(t) = \frac{1}{2} + \frac{1}{2}\mathrm{E}_{0.3}(-2t^{0.3}) - \mathrm{E}_{0.3}\left(-t^{0.3}\right) - t^{0.6}\mathrm{E}_{0.3,1.6}^2\left(-t^{0.3}\right) + t^{0.9}\mathrm{E}_{0.3,1.9}^3\left(-t^{0.3}\right)$$

可以由下面的命令直接绘制系统阶跃响应与冲激响应的数值解曲线, 如图6-3所示。可见, 由两种方法得出的阶跃响应曲线 $y_2(t)$ 与 $y_3(t)$ 完全一致。

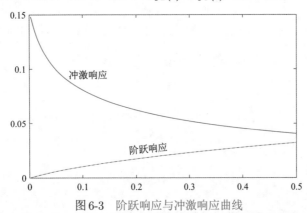

图 6-3 阶跃响应与冲激响应曲线

```
>> t=[0:0.002:0.5]'; T=t.^0.3; T1=t.^0.6; T2=t.^0.9;
   y1=-t.^-0.7.*ml_func([0.3,0.3],-2*T)...
       +t.^-0.7.*ml_func([0.3,0.3],-T)...
       -t.^-0.4.*ml_func([0.3,0.6,2],-T)...
       +t.^-0.1.*ml_func([0.3,0.9,3],-T);
   y2=-T.*ml_func([0.3,1.3],-2*T)+T.*ml_func([0.3,1.3],-T)...
       -T1.*ml_func([0.3,1.6,2],-T)+T2.*ml_func([0.3,1.9,3],-T);
   y3=1/2+0.5*ml_func(0.3,-2*T)-ml_func(0.3,-T)...
       -T1.*ml_func([0.3,1.6,2],-T)+T2.*ml_func([0.3,1.9,3],-T);
   plot(t,y1,t,y2,'--',t,y3,':')
```

必须指出的是,这里的数值解是基于 Mittag-Leffler 函数的,由于 `ml_func()` 函数本身的局限性,并不能处理较大 t 值的取值问题,如果 $t = 50$,该函数的截断算法将失效,而嵌入的 `mlf()` 函数也不能求解这样的问题,所以还需要其他高效数值方法。

6.4　零初值线性分数阶微分方程的闭式解算法

可以看出,迄今为止讨论的线性分数阶微分方程都有很大的局限性,比如要求系统是同元次的,而系统的输入是冲激或阶跃信号。所以,本节将探讨任意输入下一般零初值线性分数阶微分方程的数值解方法,提出一种微分方程闭式解(closed-form solution)方法,并将探讨高精度算法与矩阵算法。

6.4.1　闭式解算法

如果一个线性分数阶微分方程的输入信号 $u(t)$ 与输出信号 $y(t)$ 及其各阶导数在 $t = 0$ 时刻的值均为零,而微分方程右端的激励可以等效成 $\hat{u}(t)$,原微分方程可以简化成

$$a_1 \mathscr{D}_t^{\gamma_1} y(t) + a_2 \mathscr{D}_t^{\gamma_2} y(t) + \cdots + a_{n-1} \mathscr{D}_t^{\gamma_{n-1}} y(t) + a_n \mathscr{D}_t^{\gamma_n} y(t) = \hat{u}(t) \qquad (6\text{-}4\text{-}1)$$

式中,$\hat{u}(t)$ 为输入信号 $u(t)$ 与其分数阶导数的线性组合,可以独立地计算出来:

$$\hat{u}(t) = b_1 \mathscr{D}_t^{\eta_1} u(t) + b_2 \mathscr{D}_t^{\eta_2} u(t) + \cdots + b_m \mathscr{D}_t^{\eta_m} u(t) \qquad (6\text{-}4\text{-}2)$$

简单起见,不妨假设 $\gamma_1 > \gamma_2 > \cdots > \gamma_{n-1} > \gamma_n > 0$。如果下面两种特殊情况出现,则应该先做变换然后求解。

说明 6-1　特殊情况

(1)如果方程的阶次不满足上述的表达式,则应该对它们先排序;

(2)如果方程存在负阶次 γ_i,则涉及分数阶微积分方程,这是不易求解的,应该引入新的变量 $z(t) = \mathscr{D}_t^{\gamma_n} y(t)$,将原方程变换为 $z(t)$ 的方程进行求解,得出解后再进行数值积分,得出输出信号 $y(t)$。

定理 6-11 ▶ 分数阶线性微分方程闭式解

零初值线性分数阶微分方程的闭式解[5] 为

$$y_t = \frac{1}{\displaystyle\sum_{i=1}^{n} \frac{a_i}{h^{\gamma_i}}} \left[\hat{u}_t - \sum_{i=1}^{n} \frac{a_i}{h^{\gamma_i}} \sum_{j=1}^{[(t-t_0)/h]} w_j^{(\gamma_i)} y_{t-jh} \right] \qquad (6\text{-}4\text{-}3)$$

证明 考虑式(3-2-9)中的 Grünwald–Letnikov 定义,其改进的离散形式为

$$\mathscr{D}_t^{\gamma_i} y(t) \approx \frac{1}{h^{\gamma_i}} \sum_{j=0}^{[(t-t_0)/h]} w_j^{(\gamma_i)} y_{t-jh} = \frac{1}{h^{\gamma_i}} \left[y_t + \sum_{j=1}^{[(t-t_0)/h]} w_j^{(\gamma_i)} y_{t-jh} \right] \quad (6\text{-}4\text{-}4)$$

式中,$w_j^{(\gamma_i)}$ 仍然可以用下式递推求出:

$$w_0^{(\gamma_i)} = 1, \quad w_j^{(\gamma_i)} = \left(1 - \frac{\gamma_i + 1}{j} \right) w_{j-1}^{(\gamma_i)}, \ j = 1, 2, \cdots \quad (6\text{-}4\text{-}5)$$

将上述公式代入式(6-4-1),可以证明原方程的闭式解为式(6-4-3)。

现在考虑式(6-1-1)给出的线性分数阶微分方程的一般形式。这里介绍的算法看似应该先计算出等号右边的信号 $\hat{u}(t)$,将微分方程变换成式(6-4-1)的形式再求解,这种思路如图6-4(a)所示。不过这样的方法有时是不可行的,比如,若输入信号为常数,而等号右边碰巧又有整数阶导数,则该项的贡献就被完全忽略了,这样可能得出错误的结果,所以应该尝试新的思路。

在实际编程中可以考虑不同的思路。比如,原始的线性问题可以等效成先用 $u(t)$ 激励等号左边方程得出输出信号 $\hat{y}(t)$,再对 $\hat{y}(t)$ 按等号右边进行分数阶导数的加权和,即可得出原系统的时域响应闭式解,这个思路如图6-4(b)所示。因为原系统是线性的,所以可以将其分解成两个部分,即 $N(s)$ 与 $1/D(s)$,其中 $N(s)$ 和 $D(s)$ 都是伪多项式。在线性系统的框架下,它们的次序是可以交换的,得出的 $y(t)$ 是一致的。这样,可以提出下面的新算法。

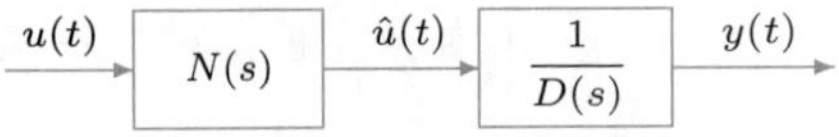

（a）常规顺序 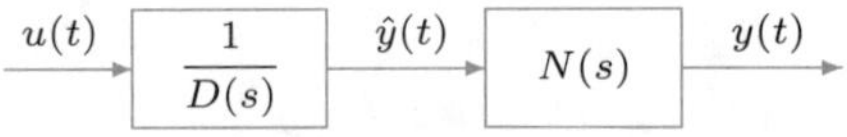 　　　　　　　　　　　　　　（b）计算次序交换

图6-4　计算次序交换示意图

算法 6-1 ▶ 线性微分方程闭式解算法

（1）先通过式(6-4-5)对所有的阶次递推求出系数 w_j。

（2）记 $\hat{u}(t) = u(t)$,由式(6-4-3)计算出方程的解 $y(t)$,记作 $\hat{y}(t)$。

（3）通过数值微分计算实际的方程解 $y(t)$。

基于上述的算法可以编写出如下的 MATLAB 函数 fode_sol(),用其求解零初值线性分数阶微分方程的数值解。在该函数中,变量 $\boldsymbol{W}$ 是矩阵,其第 j 行用于存储第 j 个阶次的 w_j 行向量。

```
function y=fode_sol(a,na,b,nb,u,t)
    arguments, a(1,:),na(1,:), b(1,:),nb(1,:), u(:,1), t(:,1), end
```

```
h=t(2)-t(1); D=sum(a./h.^na); nT=length(t);
D1=b(:)./h.^nb(:); nA=length(a); vec=[na nb];
y1=zeros(nT,1); W=ones(nT,length(vec));
for j=2:nT, W(j,:)=W(j-1,:).*(1-(vec+1)/(j-1)); end
for i=2:nT
   A=y1(i-1:-1:1)'*W(2:i,1:nA);
   y1(i,1)=(u(i)-sum(A.*a./h.^na))/D;
end
for i=2:nT, y(i,1)=(W(1:i,nA+1:end)*D1)'*y1(i:-1:1); end
end
```

该函数的调用格式为 $y=\text{fode\_sol}(a,n_a,b,n_b,u,t)$，其中，时间与输入向量由 t 和 u 给出。

例6-6　试求出例6-5的阶跃响应数值解。

$$\mathscr{D}_t^{1.2}y(t)+5\mathscr{D}_t^{0.9}y(t)+9\mathscr{D}_t^{0.6}y(t)+7\mathscr{D}_t^{0.3}y(t)+2y(t)=u(t)$$

解　可以用下面的语句直接求解原系统阶跃响应的数值解，这样得出的解与前面例6-5得出的完全一致。

```
>> a=[1 5 9 7 2]; na=1.2:-0.3:0;
   t=[0:0.002:0.5]'; u=ones(size(t));
   y2=-t.^0.3.*ml_func([0.3,1.3],-2*t.^0.3)...
      +t.^0.3.*ml_func([0.3,1.3],-t.^0.3)...
      -t.^0.6.*ml_func([0.3,1.6,2],-t.^0.3)...
      +t.^0.9.*ml_func([0.3,1.9,3],-t.^0.3);
   y=fode_sol(a,na,1,0,u,t); plot(t,y,t,y2,'--')
```

用这样的数值解法即使选择了大时间范围 $t\in(0,50)$，这时解析解极其耗时甚至不能求解，这里的数值方法也可以立即得出原问题的解。为检验得出解的正确性，可以选择两个计算步长 $h=0.01$ 和 $h=0.002$，用这两个计算步长可以得出完全一致的结果，如图6-5所示。

```
>> t1=0:0.01:50; u=ones(size(t1)); y1=fode_sol(a,na,1,0,u,t1);
   t2=0:0.002:50; u=ones(size(t2));
   y2=fode_sol(a,na,1,0,u,t2); plot(t1,y1,t2,y2,'--')
```

正常情况下，要求取分数阶微分方程的数值解，需要有一个解的验证环节。最简单的验证方法是选择两个不同的计算步长，观察得出的结果是否一致，如果不一致则应该减小计算步长再进一步验证，直到最后得出一致的正确结果。

6.4.2　分数阶线性模型的冲激响应

使用 **fode_sol()** 函数并不能直接求取分数阶微分方程的冲激响应，因为不能用输入向量描述冲激输入信号。读者可以采用下面两种变通方式求取给定系统的

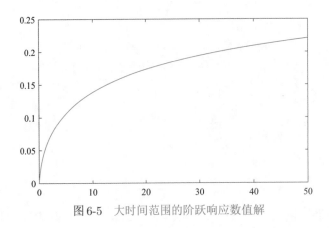

图 6-5   大时间范围的阶跃响应数值解

冲激响应:

(1)首先求出系统的阶跃响应 $y_1(t)$,然后对 $y_1(t)$ 求一阶导数的数值解,可以得出原方程的冲激响应数值解。

(2)将分数阶微分方程等号右边的阶次都加1,再求新微分方程的阶跃响应,得出的就是原微分方程的冲激响应数值解。

例6-7   试求取例6-5中微分方程的冲激响应。

解   对这个具体的问题,通过上述两种方式得到如图6-6所示的微分方程冲激响应曲线。可以看出,两种方法得到的结果几乎完全一致。

```
>> t=0:0.01:50; u=ones(size(t));
   y1=fode_sol([1 5 9 7 2],1.2:-0.3:0,1,0,u,t);
   y2=fode_sol([1 5 9 7 2],1.2:-0.3:0,1,1,u,t);
   y3=glfdiff9(y1,t,1,4);
   plot(t,y2,t,y3,'--')
```

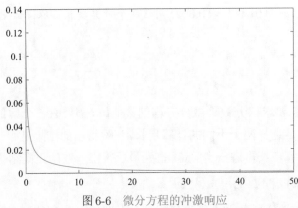

图 6-6   微分方程的冲激响应

为方便起见,建议采用后一种方法,当然,该方法可行是因为在函数 fode_sol() 中实现了图 6-4(b) 的思路,如果用图 6-4(a) 的思路则结果为零。

例 6-8 如果输入信号为 $u(t) = \sin t^2$,试求分数阶微分方程的数值解。

$$\mathscr{D}_t^{3.5}y(t) + 8\mathscr{D}_t^{3.1}y(t) + 26\mathscr{D}_t^{2.3}y(t) + 73\mathscr{D}_t^{1.2}y(t) + 90\mathscr{D}_t^{0.5}y(t) = 30u'(t) + 90\mathscr{D}_t^{0.3}u(t)$$

解 这样的分数阶微分方程是不能用前面章节介绍的方法直接求解的,因为这里的输入信号既非阶跃也非冲激信号,所以应该考虑本节介绍的数值算法直接求解。

由给出的方程可以立即提取出向量 $\boldsymbol{a}, \boldsymbol{n}_a, \boldsymbol{b}$ 和 $\boldsymbol{n}_b$,建立等间距的时间向量并计算出输入信号的向量,这样就可以调用 fode_sol() 函数直接求解原方程,得出的结果如图 6-7 所示。这里分别采用了两个计算步长 0.002 和 0.001 检验结果,可以发现,两个结果是完全一致的,说明得出的解是正确的。

```
>> a=[1,8,26,73,90]; na=[3.5,3.1,2.3,1.2,0.5];
   b=[30,90]; nb=[1,0.3]; uf=@(t)sin(t.^2);
   t=[0:0.002:10]'; u=uf(t); y=fode_sol(a,na,b,nb,u,t);
   t1=[0:0.001:10]'; u1=uf(t1); y1=fode_sol(a,na,b,nb,u1,t1);
   plot(t,y,t1,y1,'--')
```

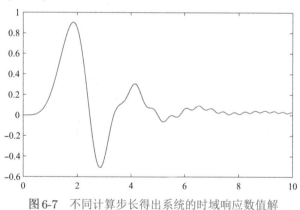

图 6-7　不同计算步长得出系统的时域响应数值解

6.4.3　分数阶微分方程数值解的检验

前面给出了分数阶线性微分方程的一种闭式求解方法,并通过选择不同步长,验证确实得到一致的结果。其实,微分方程的解还有更确切的检验方法,那就是将方程的数值解代回原来的方程,观察是否满足方程。这里将给出一个验证的实例。

例 6-9 试通过回代的方法验证例 6-8 中的数值解满足原微分方程。

解 选择计算步长 $h = 0.002$,则可以通过下面的语句重新求解微分方程。然后分别将结果代回原方程两端,再求得出的差,观察差的大小,以此验证得出的结果。对此例而言,得出的最大误差为 0.0065,可见,该解基本满足原方程。还可以同时绘制等号两边的函数曲线,如图 6-8 所示。可见,即使得出的误差幅值较大,但考虑到函数本身的幅值,得出的结果仍相当接近,在曲线上完全分辨不出来。

```
>> a=[1,8,26,73,90]; na=[3.5,3.1,2.3,1.2,0.5];
   b=[30,90]; nb=[1,0.3]; uf=@(t)sin(t.^2);
   t=[0:0.001:10]'; u=uf(t); y=fode_sol(a,na,b,nb,u,t);
   yy=0; for i=1:length(a), yy=yy+a(i)*glfdiff(y,t,na(i)); end
   uu=0; for i=1:length(b), uu=uu+b(i)*glfdiff(u,t,nb(i)); end
   max(diff(yy-uu)), plot(t,yy,t,uu,'--')
```

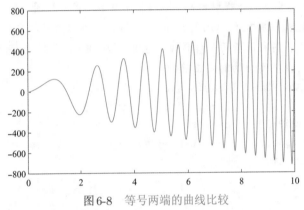

图 6-8 等号两端的曲线比较

说明 6-2 分数阶微分方程解的检验

（1）这里的求解和检验都使用了 $o(h)$ 精度的算法，如果提高算法的精度，可能减小误差的值。

（2）这个检验方法还可以拓展到非线性微分方程中。

6.4.4 基于矩阵的求解算法

式（6-4-1）介绍的闭式解算法还可以由矩阵方法实现。在矩阵算法中可以为每一个分数阶算子 $\mathscr{D}_t^{\gamma_i}$ 构造一个系数矩阵 $\boldsymbol{W}^{(\gamma_i)}$。记 $N=(t-t_0)/h$，则

$$\boldsymbol{W}^{(\gamma_i)}=\frac{1}{h^{\gamma_i}}\begin{bmatrix} w_0^{(\gamma_i)} & 0 & 0 & 0 & \cdots & 0 \\ w_1^{(\gamma_i)} & w_0^{(\gamma_i)} & 0 & 0 & \cdots & 0 \\ w_2^{(\gamma_i)} & w_1^{(\gamma_i)} & \omega_0^{(\gamma_i)} & 0 & \cdots & 0 \\ \vdots & \vdots & \vdots & \vdots & \ddots & \vdots \\ w_{N-1}^{(\gamma_i)} & \cdots & \omega_2^{(w_i)} & w_1^{(\gamma_i)} & w_0^{(\gamma_i)} & 0 \\ w_N^{(\gamma_i)} & w_{N-1}^{(\gamma_i)} & \cdots & w_2^{(\gamma_i)} & w_1^{(\gamma_i)} & w_0^{(\gamma_i)} \end{bmatrix} \tag{6-4-6}$$

可以看出，这样的矩阵是旋转后的 Hankel 矩阵。

还可以分别建立两个列向量 $\hat{\boldsymbol{y}}$ 与 $\boldsymbol{u}$ 表示输出信号 $\hat{y}(t)$ 与输入信号 $u(t)$ 的样本点 $\hat{\boldsymbol{y}}=\left[\hat{y}(0),\hat{y}(h),\cdots,\hat{y}(Nh)\right]^{\mathrm{T}},\boldsymbol{u}=\left[u(0),u(h),\cdots,u(Nh)\right]^{\mathrm{T}}$。采用图 6-4(b) 中

描述的思路,则可见

$$\sum_{i=0}^{n} a_i \boldsymbol{W}^{(\gamma_i)} \hat{\boldsymbol{y}} = \boldsymbol{u} \qquad (6\text{-}4\text{-}7)$$

这样,输出信号最终可以由下式求出:

$$\boldsymbol{y} = \boldsymbol{B} \boldsymbol{A}^{-1} \boldsymbol{u} = \left[\sum_{i=0}^{m} b_i \boldsymbol{W}^{(\eta_i)} \right] \left[\sum_{i=0}^{n} a_i \boldsymbol{W}^{(\gamma_i)} \right]^{-1} \boldsymbol{u} \qquad (6\text{-}4\text{-}8)$$

式中,

$$\boldsymbol{A} = \sum_{i=0}^{n} a_i \boldsymbol{W}^{(\gamma_i)}, \ \ \boldsymbol{B} = \sum_{i=0}^{m} b_i \boldsymbol{W}^{(\eta_i)} \qquad (6\text{-}4\text{-}9)$$

下面给出式(6-4-1)中求解线性零初值分数阶微分方程闭式解的矩阵算法。

算法 6-2 ▶ 闭式解算法的矩阵实现

(1)由式(6-4-5)建立向量 $\boldsymbol{w}^{(\gamma_i)}$ 和 $\boldsymbol{w}^{(\eta_i)}$。

(2)通过旋转 Hankel 矩阵的方法构造矩阵 $\boldsymbol{A}$ 和 $\boldsymbol{B}$。

(3)由式(6-4-8)计算原方程的闭式解 $y(t)$。

基于这里给出的算法可以编写出 MATLAB 函数 fode_solm(),该方程可以用于求解线性分数阶微分方程的数值解,其调用格式与 fode_sol() 完全一致。

```
function y=fode_solm(a,na,b,nb,u,t)
    arguments, a(1,:),na(1,:), b(1,:),nb(1,:), u(:,1), t(:,1), end
    h=t(2)-t(1); u=u(:); A=0; B=0; g=double(genfunc(1));
    nt=length(t); n=length(a); m=length(b);
    for i=1:n, A=A+get_vecw(na(i),nt,g)*a(i)/(h^na(i)); end
    for i=1:m, B=B+get_vecw(nb(i),nt,g)*b(i)/(h^nb(i)); end
    A=rot90(hankel(A(end:-1:1)));
    B=rot90(hankel(B(end:-1:1))); y=B*(A\u);
end
```

例 6-10　试用矩阵算法重新求解例 6-8 中的线性分数阶微分方程。

解　选择计算步长为 $h = 0.002$,可以由闭式解算法与矩阵算法分别求出原微分方程的数值解,这两个方法得出的结果完全一致。

```
>> a=[1,8,26,73,90]; b=[30,90];
   na=[3.5,3.1,2.3,1.2,0.5]; nb=[1,0.3]; t=0:0.002:10;
   u=sin(t.^2); tic, y=fode_sol(a,na,b,nb,u,t); toc
   tic, y1=fode_solm(a,na,b,nb,u,t); toc, plot(t,y,t,y1)
```

不过对比两个函数的调用时间可以发现,闭式解法耗时 0.18s,而矩阵算法耗时 0.56 s,这是因为在矩阵算法下需要处理 5001×5001 大矩阵的运算,所以矩阵算法的效率不高。

必须指出的是,如果 N 很大,则矩阵存储空间要求比较大,这样会使得计算速度显著减慢,甚至无法存储,所以不建议使用矩阵算法。

6.4.5　高精度闭式解算法

前面提出了一般零初值线性分数阶微分方程的闭式解算法,其应用范围是很广的,不过其算法精度只有 $o(h)$,不适合较大计算步长的运算。如果考虑采用第 4 章介绍的 $o(h^p)$ 高精度数值微积分方法,若能将其应用于求解分数阶微分方程,则可能得到微分方程的高精度数值解。

如果微分方程(6-4-1)具有零初始条件,则方程中的分数阶算子可以由 Grünwald–Letnikov 分数阶微积分定义重新构造出类似于式(6-4-3)的微分方程闭式解。如果式(6-4-3)中系数 w_j 由第 4 章的高精度算法取代,则可以用下面的算法得到微分方程的高精度闭式解。

算法 6-3 ▶ 高精度闭式解算法

(1)将式(6-4-1)中的分数阶微积分定义由 Grünwald–Letnikov 算子取代。

(2)对每一个阶次用高精度算法递推计算系数 w_j。

(3)由式(6-4-3)计算微分方程的数值解 y_k。

基于这样的算法,可以编写 MATLAB 函数 `fode_sol9()` 求解零初值线性分数阶微分方程的解析解。该函数调用格式接近于 `fode_sol()`,只是多了一个阶次参数 p。

```matlab
function y=fode_sol9(a,na,b,nb,u,t,p)
   arguments
      a(1,:), na(1,:), b(1,:), nb(1,:), u(:,1), t(:,1)
      p(1,1) {mustBePositiveInteger}=5
   end
   h=t(2)-t(1); n=length(t); vec=[na nb];
   g=double(genfunc(p)); W=[];
   for i=1:length(vec), W=[W; get_vecw(vec(i),n,g)]; end
   D1=b./h.^nb; nA=length(a); y1=zeros(n,1);
   W=W.'; D=sum((a.*W(1,1:nA))./h.^na);
   for i=2:n, A=y1(i-1:-1:1)'*W(2:i,1:nA);
      y1(i)=(u(i)-sum(A.*a./h.^na))/D;
   end
   for i=2:n, y(i,1)=(W(1:i,nA+1:end)*D1)'*y1(i:-1:1); end
end
```

成功使用 p 阶算法 6-3 的必要条件是,$y(t)$ 的前 p 个数据点的值为零或非常接近于零,以避免表 4-4 中 $w_{\bar{j}}$ 的一些缺失的值对计算结果的影响。如果某微分方程不满足这些特殊的条件,则高精度算法可以由后面的算法直接求解。

例 6-11　试求取下面分数阶零初值微分方程的数值解:

$$y'''(t) + {}_0^{C}\mathscr{D}_t^{2.5}y(t) + y(t) = -1 + t - t^2/2 - t^{0.5}\mathrm{E}_{1,1.5}(-t)$$

已知这一人造分数阶微分方程的解析解为 $y(t) = -1 + t - t^2/2 + \mathrm{e}^{-t}$。试在不同的 p 取值下求解微分方程并得出误差。

解　由于该方程是零初值的微分方程,所以可以考虑尝试前面介绍的算法直接求解。选择一个较大的计算步长 $h = 0.1$,就可以用下面语句在不同的 p 值下求取微分方程的数值解,得出的微分方程的数值解在图形上看不会有太大的差距。

```
>> a=[1 1 1]; na=[3 2.5 0]; b=1; nb=0;
   t=[0:0.1:1]'; y=-1+t-t.^2/2+exp(-t);
   u=-1+t-t.^2/2-t.^0.5.*ml_func([1,1.5],-t);
   y1=fode_sol9(a,na,b,nb,u,t,1);
   y2=fode_sol9(a,na,b,nb,u,t,2);
   y3=fode_sol9(a,na,b,nb,u,t,3);
   y4=fode_sol9(a,na,b,nb,u,t,4);
   e1=y-y1; e2=y-y2; e3=y-y3; e4=y-y4;
   plot(t,e1,t,e2,'--',t,e3,':',t,e4,'-.')
```

这 4 个不同 p 值下的误差曲线可以由上面的语句得出,如图 6-9 所示。可以看出,$p = 2$ 时得出结果的精度明显高于 $p = 1$ 时的结果,也就是 **fode_sol()** 函数的结果,再增加到 $p = 3$ 和 $p = 4$,得出的精度在下降。如果显示 $y(t)$ 信号的前 4 个样本点的值,即 $0, -0.0002, -0.0013$ 与 -0.0042,则可见第一个值为零,第二个值接近于零,其余的值比较大,从而影响了最终的近似效果。

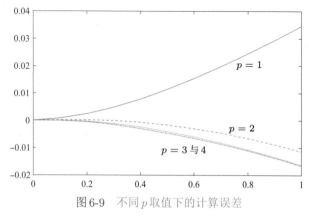

图 6-9　不同 p 取值下的计算误差

还可以建立起矩阵版本的算法函数,不过由于矩阵算法本身太耗时,在实际应用中不建议使用。

6.5 非零初值线性Caputo微分方程的数值解法

6.5.1 Caputo微分方程的数学描述

前面一节详细介绍了零初值线性分数阶微分方程的数值解方法，并介绍了算法的MATLAB实现。对非零初值问题，则需要建立并求解Caputo分数阶微分方程。本节将探讨线性Caputo分数阶微分方程的数值解方法与实现。

定义 6-12 ► Caputo线性微分方程

线性Caputo分数阶微分方程的一般形式为

$$a_1\, {}^C_{t_0}\mathscr{D}^{\gamma_1}_t y(t) + a_2\, {}^C_{t_0}\mathscr{D}^{\gamma_2}_t y(t) + \cdots + a_n\, {}^C_{t_0}\mathscr{D}^{\gamma_n}_t y(t) = \hat{u}(t) \qquad (6\text{-}5\text{-}1)$$

不妨假设 $\gamma_1 > \gamma_2 > \cdots > \gamma_n$。

定义 6-13 ► Caputo方程非零初值

Caputo微分方程的初始条件为 $y(t_0) = c_0, y'(0) = c_1, \cdots, y^{(q-1)}(0) = c_{q-1}$。如果 $c_i = 0, 0 \leqslant i \leqslant q-1$，则微分方程退化成零初值微分方程；否则称为非零初值微分方程。为使得微分方程有唯一解，取 $q = \lceil \gamma_1 \rceil$。

如果方程右侧存在动态表达式 $\hat{u}(t)$，则需要首先计算出等效信号 $\hat{u}(t)$。该信号可以调用高精度函数 **caputo9()** 直接计算。

$$\hat{u}(t) = b_1 \mathscr{D}^{\eta_1}_t u(t) + b_2 \mathscr{D}^{\eta_2}_t u(t) + \cdots + b_m \mathscr{D}^{\eta_m}_t u(t) \qquad (6\text{-}5\text{-}2)$$

必须指出的是，因为Caputo定义中的初始条件是 $y(t)$ 信号及其整数阶导数的初值，所以这类定义更符合实际应用的要求，需要对Caputo方程数值解方法做深入的探讨。

6.5.2 Taylor辅助函数算法

如果方程（6-5-1）含有非零初始条件，则需引入辅助函数 $T(t)$，使得原微分方程变换成零初值的分数阶微分方程[6]。

定义 6-14 ► Taylor辅助函数

可以建立Taylor辅助函数[7]，使得

$$T(t) = \sum_{k=0}^{q-1} \frac{y^{(k)}(t_0)}{k!}(t - t_0)^k \qquad (6\text{-}5\text{-}3)$$

且

$$y(t) = z(t) + T(t) \qquad (6\text{-}5\text{-}4)$$

式中，辅助信号 $T(t)$ 的初始条件与 $y(t)$ 的完全一致；而 $z(t)$ 为零初始条件信号。

将式（6-5-1）中的 $y(t)$ 替换成 $z(t)+T(t)$，可以将 $y(t)$ 的微分方程替换成 $z(t)$ 的方程，而该方程是具有零初始条件的方程：

$$a_1 \,{}_{t_0}^{\mathrm{C}}\mathscr{D}_t^{\gamma_1} z(t) + a_2 \,{}_{t_0}^{\mathrm{C}}\mathscr{D}_t^{\gamma_2} z(t) + \cdots + a_n \,{}_{t_0}^{\mathrm{C}}\mathscr{D}_t^{\gamma_n} z(t) = \hat{u}(t) - P(t) \tag{6-5-5}$$

式中，$P(t)$ 可以表示为

$$P(t) = \left(a_1 \,{}_{t_0}^{\mathrm{C}}\mathscr{D}_t^{\gamma_1} + a_2 \,{}_{t_0}^{\mathrm{C}}\mathscr{D}_t^{\gamma_2} + \cdots + a_n \,{}_{t_0}^{\mathrm{C}}\mathscr{D}_t^{\gamma_n}\right)T(t) \tag{6-5-6}$$

因为 $z(t)$ 是零初始条件信号，所以 ${}_{t_0}^{\mathrm{C}}\mathscr{D}^{\alpha} z(t) = {}_{t_0}^{\mathrm{GL}}\mathscr{D}^{\alpha} z(t)$。这样，可以先求出方程右端的等效输入信号 $\hat{u}(t) - P(t)$，然后可以用类似式（6-4-3）的方法直接求解零初始条件的微分方程并得出 z_m。

定理 6-12 ▶ Caputo 方程闭式解

非零初值线性 Caputo 分数阶微分方程的闭式解为

$$y_m = \frac{1}{\displaystyle\sum_{i=1}^{n} \frac{a_i}{h^{\gamma_i}}}\left(\hat{u}_m - P_m - \sum_{i=1}^{n}\frac{a_i}{h^{\gamma_i}}\sum_{j=1}^{m} w_j y_{m-j}\right) + T_m \tag{6-5-7}$$

例 6-12　试求解 Bagley–Torwik 分数阶微分方程[8]：

$$Ay''(t) + B\,{}_0^{\mathrm{C}}\mathscr{D}_t^{3/2} y(t) + Cy(t) = C(t+1), \quad \text{且} \quad y(0) = y'(0) = 1$$

并证明该方程的解与常数 A, B 和 C 的取值无关。

解　由初始条件可以写出 Taylor 辅助函数 $T(t)=t+1$，这样原输出信号可以分解成 $y(t)=z(t)+t+1$，且 $z(t)$ 为零初始条件信号。通过这样的变换可以建立起关于 $z(t)$ 的 Caputo 微分方程，即 Grünwald–Letnikov 零初值分数阶微分方程。

回顾 Caputo 分数阶微分的定义，由于 $y(t)$ 的 1.* 阶 Caputo 导数需要对 $y(t)$ 求二阶导数然后再进行积分运算，这就意味着补偿项 $t+1$ 会被消去，这样，原方程最终变化为

$$Az''(t) + B\mathscr{D}_t^{3/2} z(t) + Cz(t) + C(t+1) = C(t+1)$$

等号两端的 $C(t+1)$ 项可以消去，原来的微分方程退化为

$$Az''(t) + B\mathscr{D}_t^{3/2} z(t) + Cz(t) = 0$$

可以看出，$z(t)$ 是零初值信号，而关于它的微分方程没有外部输入激励，意味着方程的解 $z(t)\equiv 0$，这样原方程的解为 $y(t)=t+1$，即方程的解与常数 A,B,C 的选择无关。

辅助函数 $T(t)$ 为输出信号 $y(t)$ 在初始时刻的 Taylor 级数展开。信号 $T(t)$ 与 $y(t)$ 在初始时刻的差异应该很小，不过，由于 $y(t)$ 是有界函数，$|y(t)-T(t)|$ 可能随着 t 的增大而增大，当 t 值足够大时，$|T(t)|$ 将成为递增函数，$|z(t)| = |y(t)-T(t)|$ 也是

递增函数。因为这两个函数是分别计算的，所以当 t 很大时这两个递增函数有可能不能完美地抵消，这会使得最终的计算误差变得很大。很显然，这样的直接计算方法很难保证最终的计算精度。后面将通过例子演示这样的现象。

算法 6-4 ▶ Caputo 方程求解算法

（1）对给定的初始条件向量由式（6-5-3）计算 T_m。

（2）由式（6-5-2）求出等效的输入信号 $\hat{u}$。

（3）由式（6-5-6）计算新的等效输入信号 $\tilde{u} = \hat{u} - P$。

（4）通过算法 6-1 计算 Grünwald–Letnikov 微分方程的数值解 z。

（5）将 T_m 加回到得出的解，可以得出原方程的数值解 $y_m = z_m + T_m$。

根据前面的算法可以写出下面的 MATLAB 函数：

```
function y=fode_caputo0(a,na,b,nb,y0,u,t)
    arguments
        a(1,:), na(1,:), b(1,:), nb(1,:), y0(:,1), u(:,1), t(:,1)
    end
    h=t(2)-t(1); T=0; P=0; U=0;
    for i=1:length(y0), T=T+y0(i)*t.^(i-1)/gamma(i); end
    for i=1:length(na), P=P+a(i)*caputo9(T,t,na(i),5); end
    for i=1:length(nb), U=U+b(i)*caputo9(u,t,nb(i),5); end
    z=fode_sol(a,na,1,0,U-P.',t); y=z+T;
end
```

该函数的调用格式为 $y=$fode_caputo0$(a, n_a, b, n_b, y_0, u, t)$，其中初始条件向量为 $y_0=[c_0, c_1, \cdots, c_{q-1}]$。在该函数中默认使用 5 阶算法求分数阶导数。

例 6-13 试求解下面的 Caputo 分数阶微分方程：

$$y'''(t) + \frac{1}{16} {}_0^C\mathscr{D}_t^{2.5} y(t) + \frac{4}{5} y''(t) + \frac{3}{2} y'(t) + \frac{1}{25} {}_0^C\mathscr{D}_t^{0.5} y(t) + \frac{6}{5} y(t) = \frac{172}{125} \cos\frac{4t}{5}$$

其初始条件为 $y(0) = 1$，$y'(0) = 4/5$，$y''(0) = -16/25$，$0 \leqslant t \leqslant 30$，且解析解为 $y(t) = \sqrt{2}\sin(4t/5 + \pi/4)$。

解 引入 Taylor 辅助函数，则 $T(t) = 1 + 4t/5 - 8t^2/25$。令 $y(t) = z(t) + T(t)$，则可以得出式（6-5-7）的数值解。分别选择计算步长 $h = 0.01$ 和 $h = 0.1$，则得出的数值解如图 6-10 所示。

```
>> a=[1 1/16 4/5 3/2 1/25 6/5]; na=[3 2.5 2 1 0.5 0];
   b=1; nb=0; t=[0:0.01:30]; u=172/125*cos(4*t/5);
   y0=[1 4/5 -16/25]; y1=fode_caputo0(a,na,b,nb,y0,u,t);
   t1=[0:0.1:30]; u2=172/125*cos(4*t1/5);
   y2=fode_caputo0(a,na,b,nb,y0,u2,t1);
```

```
y=sqrt(2)*sin(4*t/5+pi/4);
plot(t,y,t,y1,'--',t1,y2,':')
```

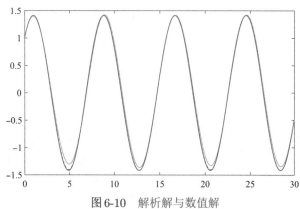

图 6-10　解析解与数值解

可以看出,在计算步长 $h = 0.01$ 下数值解和解析解比较接近,如果增大计算步长,误差也会变得越来越大。

必须指出的是,在早期的文献中因为采用 $o(h)$ 算法求解方程,所以当 h 较大时可能会导致大误差甚至不收敛的现象,致使 Taylor 辅助函数方法失效,不得不引入其他收敛函数,如指数辅助函数[6]。现在有了高精度数值微分算法,所以在高精度 Caputo 微分方程求解算法中使用 Taylor 辅助函数就可以得到很好的解。

6.5.3　Caputo 微分方程的高精度算法

正如前面指出的那样,如果需要使用 p 阶算法,则其必要条件是 $z(t) = y(t) - T(t)$ 信号的前 p 个值都为零或很接近零。遗憾的是,在实际的 Caputo 分数阶微分方程中,这样的条件不总是满足,这种现象已经在例 6-11 中演示了。

因为阶次 p 可以独立地选择,所以 p 和实际 Caputo 方程的最高阶次 q 之间的关系就只有两种可能:一种可能,如果 $p \leqslant q$,则可以保证这个必要条件满足,从而可以直接由算法 6-3 得出高精度数值解;另一种可能,如果 $p > q$,则需要重建 p 个等效的初始条件,使得算法 6-3 可以使用,得出高精度的解。在后一种情况下,需要两步求解算法。

1.等效初始条件问题

不论 Caputo 分数阶微分方程中 q 是什么值,都需要构造一个 Taylor 辅助函数 $T(t)$,使得

$$T(t) = \sum_{k=0}^{p-1} c_k \frac{t^k}{k!} \tag{6-5-8}$$

如果 $p \leqslant q$,则 $k = 0, 1, \cdots, p-1$ 时令 $c_k = y^{(k)}(0)$,这个步骤就完成了;如果

$p > q$，则 $k = 0, 1, \cdots, q-1$ 时令 $c_k = y^{(k)}(0)$，其余的 $p-q$ 个初始值 c_k 则需重新计算，在这种情况下需要让 $T(t)$ 与 $y(t)$ 具有相同的初始值，其待定值在 $q \leqslant k \leqslant p-1$ 时仍记作 c_k。这样，$z(t)$ 信号就是零初始条件的信号了。

为方便叙述，将 $T(t)$ 重新描述成

$$T(t) = \sum_{k=0}^{p-1} c_k T_k \tag{6-5-9}$$

式中，$T_k = t^k/k!$。因为 $z(t)$ 是零初始条件的函数，其插值多项式的前 p 个值都是零，而辅助信号 $T(t)$ 的前 p 个值与 $y(t)$ 函数一致，换句话说，$T(t)$ 在前 p 个值处满足原始的 Caputo 分数阶微分方程。将式（6-5-9）代入原始方程，可以得出

$$\sum_{k=0}^{p} c_k x_k(t) = \hat{u}(t) \tag{6-5-10}$$

式中，

$$x_k = \left(a_1{}_{t_0}^{\mathrm{C}}\mathscr{D}_t^{\eta_1} + a_2{}_{t_0}^{\mathrm{C}}\mathscr{D}_t^{\eta_2} + \cdots + a_n{}_{t_0}^{\mathrm{C}}\mathscr{D}_t^{\eta_n}\right) T_k(t) \tag{6-5-11}$$

可见，x_k 在前 p 个点的值是可以直接求出的。在式（6-5-10）中令 $t = h, 2h, \cdots, Kh$，其中 $K = p-q$，则可以建立起如下的方程：

$$\begin{bmatrix} x_0(h) & x_1(h) & \cdots & x_p(h) \\ x_0(2h) & x_1(2h) & \cdots & x_p(2h) \\ \vdots & \vdots & \ddots & \vdots \\ x_0(Kh) & x_1(Kh) & \cdots & x_p(Kh) \end{bmatrix} \begin{bmatrix} c_0 \\ c_1 \\ \vdots \\ c_{p-1} \end{bmatrix} = \begin{bmatrix} \hat{u}(h) \\ \hat{u}(2h) \\ \vdots \\ \hat{u}(Kh) \end{bmatrix} \tag{6-5-12}$$

由该方程可以看出 $c_k, 0 \leqslant k \leqslant q-1$ 等于原方程的初始条件，未知变量的个数为 K，这些未知变量可以从式（6-5-12）的线性代数方程直接解出。这样得出的系数 $c_i (0 \leqslant i \leqslant p-1)$ 可以看成新的等效初始条件。有了这些初始条件，就可以由式（6-5-9）建立起 Taylor 辅助函数 $T(t)$，输出信号 $y(t)$ 的前 p 个值可以由信号 $T(t)$ 直接计算。上述的思路将在下面给出的算法中总结出来。

算法6-5 ▶ 等效初始条件构建算法

（1）对 $0 \leqslant k \leqslant p-1$ 构建 $T_k = t^k/k!$，并由式（6-5-11）计算 x_k。

（2）令 $K = p-q$，则式（6-5-12）的系数矩阵可以由得出的 x_k 建立起来。

（3）给出 $\hat{u}(h), \hat{u}(2h), \cdots, \hat{u}(Kh)$，这些值是式（6-5-1）右侧的等效输入信号。

（4）前 q 个 c_k 的值等于方程的初始条件，其余的值可以由式（6-5-12）的线性方程解出，得到等效初始条件。

基于上述算法可以编写如下 MATLAB 函数 `caputo_ics()`，为高精度 Caputo 方程的求解过程建立起 p 个等效初始条件：

```
function [c,y]=caputo_ics(a,na,b,nb,y0,u,t)
    arguments
        a(1,:),na(1,:), b(1,:),nb(1,:), y0(:,1), u(:,1), t(:,1)
    end
    na1=ceil(na); q=max(na1); K=length(t);
    p=K+q-1; d1=y0./gamma(1:q)';
    I1=1:q; I2=(q+1):p; X=zeros(K,p);
    for i=1:p, for k=1:length(a)
        if i>na1(k)
          X(:,i)=X(:,i)+a(k)*t.^(i-1-na(k))*gamma(i)/gamma(i-na(k));
    end, end, end
    u1=0; for i=1:length(b), u1=u1+b(i)*caputo9(u,t,nb(i),K-1); end
    X(1,:)=[]; u2=u1(2:end)-X(:,I1)*d1; d2=X(:,I2)\u2;
    c=[d1;d2]; y=0; for i=1:p, y=y+c(i)*t.^(i-1); end
end
```

该函数的调用格式为 $[c,y]=$caputo_ics(a,n_a,b,n_b,y_0,u,t)，其中，向量 a,n_a,b,n_b 分别存储方程两端的系数与阶次；y_0 为初始值向量，其长度为 q；u 和 t 为输入向量与时间向量，其长度为 $p+1$，由此给该函数输入 p 值。返回的变量 c 为等效初始条件，而 y 返回输出信号的前 p 个值。

说明 6-3　等效初始条件

（1）如果精度要求不是很高，即 $p \leqslant q$，则给定的初始条件 y_0 就足够了。

（2）如果精度要求高，即 $p > q$，给出的向量 y_0 是不够的，这样得出的等效初始条件事实上就是输出信号 $y(t)$ 的 Taylor 级数展开的高阶项。

（3）在实际应用中，因为 $y(t)$ 信号未知，Taylor 级数的高阶项只能通过算法中解线性代数方程的方式重构。

例 6-14　考虑例 6-13 中的 Caputo 微分方程，且已知其解析解为 $y(t) = \sqrt{2}\sin(4t/5 + \pi/4)$。试对不同的计算步长 h 验算重构的 Taylor 级数高阶项的精度。

解　由下面的语句可以对原始的解析解函数进行理论上的 Taylor 级数展开：

```
>> syms t; y=sqrt(2)*sin(4*t/5+pi/4),
   F=taylor(y,t,'Order',7), y0a=sym2poly(F)
```

可以看出，其 Taylor 级数展开的前 7 项为

$$y(t) = 1 + \frac{4}{5}t - \frac{8}{25}t^2 - \frac{32}{375}t^3 + \frac{32}{1875}t^4 + \frac{128}{46875}t^5 - \frac{256}{703125}t^6 + o(h^6)$$

如果使用算法 6-5 的函数重构 Taylor 级数展开的前若干项，则对不同的 p 和计算步长 h，可以计算出等效初始条件，其误差在表 6-1 中给出。

```
>> a=[1 1/16 4/5 3/2 1/25 6/5]; na=[3 2.5 2 1 0.5 0];
   y0=[1 4/5 -16/25]; b=1; nb=0;
```

```
h=[0.1,0.05,0.02,0.01,0.005,0.002,0.001];
for i=1:7, for p=1:6
    t=[0:h(i):p*h(i)]; u=172/125*cos(4/5*t);
    y=sqrt(2)*sin(4*t/5+pi/4);
    [ee,yy]=caputo_ics(a,na,b,nb,y0,u,t); err(p,i)=norm(yy-y');
end, end
```

表 6-1　不同阶次与计算步长下的计算误差

p	$h=0.1$	$h=0.05$	$h=0.02$	$h=0.01$	$h=0.005$	$h=0.002$	$h=0.001$
1	5.0×10^{-6}	3.2×10^{-7}	8.2×10^{-9}	5.1×10^{-10}	3.2×10^{-11}	8.2×10^{-13}	5.1×10^{-14}
2	1.6×10^{-6}	5.7×10^{-8}	6.1×10^{-10}	2.0×10^{-11}	6.2×10^{-13}	6.0×10^{-15}	2.0×10^{-16}
3	3.7×10^{-7}	5.9×10^{-9}	2.4×10^{-11}	3.8×10^{-13}	6.0×10^{-15}	3.0×10^{-16}	2.0×10^{-16}
4	4.0×10^{-8}	3.8×10^{-10}	6.8×10^{-13}	5.3×10^{-15}	3.0×10^{-16}	2.0×10^{-16}	3.0×10^{-16}
5	7.2×10^{-9}	2.9×10^{-11}	1.9×10^{-14}	2.2×10^{-16}	3.8×10^{-16}	3.1×10^{-16}	3.8×10^{-16}
6	5.2×10^{-10}	1.4×10^{-12}	5.0×10^{-16}	5.4×10^{-16}	4.4×10^{-16}	3.1×10^{-16}	3.8×10^{-16}

可以看出，该算法得出的误差都是很小的，所以如果使用等效初始条件，则前面提及的高精度算法的必要条件是满足的，可以直接得出 Caputo 方程的高精度数值解。

2. 微分方程的高精度算法

由于可以用算法 6-5 计算出等效初始条件和前 p 个函数的数值解 $y(t)$，Taylor 辅助函数 $T(t)$ 可以直接建立起来，这样前面介绍的方法就可以直接得出 Caputo 分数阶方程的高精度解了。通过总结上述的思路，提出下面的求解算法。

算法 6-6 ▶ Caputo 分数阶微分方程的高精度算法

（1）由算法 6-5 计算出等效初始条件。

（2）由等效初始条件建立辅助函数 $T(t)$，并将 $y(t)$ 分解成 $T(t)+z(t)$。

（3）由算法 6-3 求解零初始条件分数阶微分方程的高精度数值解 $z(t)$。

（4）由 $y(t)=T(t)+z(t)$ 得出原方程的高精度数值解。

基于上述算法，可以编写出下面的 MATLAB 函数 fode_caputo9()，其中嵌入了前面介绍的两个函数，即 fode_sol9() 与 caputo_ics()。

```
function y=fode_caputo9(a,na,b,nb,y0,u,t,p)
    arguments
        a(1,:), na(1,:), b(1,:), nb(1,:), y0(:,1), u(:,1), t(:,1)
        p(1,1) {mustBePositiveInteger}=5
    end
```

```
        T=0; dT=0;
        if p>length(y0)
          yy0=caputo_ics(a,na,b,nb,y0,u(1:p),t(1:p));
          y0=yy0(1:p).*gamma(1:p)';
        elseif p==length(y0)
          yy0=caputo_ics(a,na,b,nb,y0,u(1:p+1),t(1:p+1));
          y0=yy0(1:p+1).*gamma(1:p+1)';
        end
        for i=1:length(y0), T=T+y0(i)/gamma(i)*t.^(i-1); end
        for i=1:length(na), dT=dT+a(i)*caputo9(T,t,na(i),p); end
        u=u-dT; y=fode_sol9(a,na,b,nb,u,t,p)+T;
    end
```

该函数的调用格式为 $y = \text{fode\_caputo9}(a, n_a, b, n_b, y_0, u, t, p)$。该函数的调用格式类似于前面介绍的 **fode_caputo0()** 函数，只多了一个参数 p。该函数可以直接求得非零初值线性 Caputo 分数阶微分方程的高精度数值解。

例 6-15　试用高精度算法重新求解例 6-13 中的方程，并评价不同计算步长与阶次选择下数值解的精度。

解　选择一个较大的计算步长 $h = 0.1$，并选择不同的阶次 p，可以得出原方程的数值解，和已知的解析解相比，不同时刻的计算误差在表 6-2 中列出。可以看出，当精度要求 p 增加时得出的误差显著减小，其中 $p = 6$ 是一个反例；当 t 较大时误差也增大，不过还是明显好于传统的 $o(h)$ 算法。对这个例子而言，$p = 5$ 是一个很好的选择。

```
>> h=0.1; t=[0:h:30]'; y=sqrt(2)*sin(4*t/5+pi/4);
   u=172/125*cos(4/5*t); ii=31:30:301; y=y(ii);
   a=[1 1/16 4/5 3/2 1/25 6/5]; na=[3 2.5 2 1 0.5 0];
   b=1; nb=0; y0=[1 4/5 -16/25]; T=[];
   for p=1:6, y1=fode_caputo9(a,na,b,nb,y0,u,t,p);
      err=y-y1(ii); T=[T abs(err)];
   end
```

如果选择更小的计算步长 $h = 0.01$，则同样可以得出各个 p 选择下的计算误差，由表 6-3 给出。从结果看，得出的精度不如 $h = 0.1$ 时的结果，这是因为随着步长的减小，计算点数增多，累积误差也将增大，本例计算点数得到 3001。对此步长而言，$p = 3$ 是一个较好的选择。

```
>> h=0.01; t=[0:h:30]'; y=sqrt(2)*sin(4*t/5+pi/4);
   u=172/125*cos(4/5*t); ii=301:300:3001; y=y(ii); T=[];
   for p=1:6, y1=fode_caputo9(a,na,b,nb,y0,u,t,p);
      err=y-y1(ii); T=[T abs(err)];
   end
```

表 6-2   计算步长 $h=0.1$ 时的求解误差

时间 t	$p=1$	$p=2$	$p=3$	$p=4$	$p=5$	$p=6$
3	0.00103	0.01469	0.002614	0.000146	5.150×10^{-7}	1.911×10^{-7}
6	0.00035	0.00974	0.000599	4.576×10^{-5}	3.034×10^{-7}	2.101×10^{-7}
9	0.02348	0.00347	0.001267	4.883×10^{-5}	2.303×10^{-9}	5.381×10^{-7}
12	0.04216	0.00468	0.000448	0.000137	4.837×10^{-7}	3.045×10^{-6}
15	0.03881	0.01212	0.000228	0.000193	5.032×10^{-7}	1.281×10^{-5}
18	0.00876	0.01661	0.001434	0.000202	2.723×10^{-6}	3.677×10^{-5}
21	0.03357	0.01653	0.000876	0.000162	8.828×10^{-7}	9.081×10^{-5}
24	0.06635	0.01189	0.001411	8.124×10^{-5}	7.378×10^{-6}	0.000180
27	0.06989	0.00409	0.000479	1.812×10^{-5}	8.030×10^{-6}	0.000357
30	0.04048	0.00433	0.000626	0.000112	1.618×10^{-5}	0.000614

表 6-3   计算步长 $h=0.01$ 时的计算误差

时间 t	$p=1$	$p=2$	$p=3$	$p=4$	$p=5$	$p=6$
3	0.0002661	0.0008371	0.0002531	9.896×10^{-7}	6.242×10^{-9}	1.622×10^{-7}
6	0.0004601	8.888×10^{-5}	4.260×10^{-5}	2.256×10^{-6}	9.681×10^{-8}	6.299×10^{-5}
9	0.0003474	0.0005399	0.0001029	1.245×10^{-5}	1.145×10^{-7}	0.00125
12	0.0005890	0.0010615	5.969×10^{-5}	2.683×10^{-5}	1.155×10^{-5}	0.00756
15	0.0007764	0.0013316	5.806×10^{-5}	6.094×10^{-5}	4.532×10^{-5}	0.02636
18	0.0038395	0.0012920	0.0001429	0.00010372	0.0001179	0.06931
21	0.0071045	0.0009483	0.0001485	0.00016832	0.0001865	0.15579
24	0.0086094	0.0003837	9.830×10^{-5}	0.00026625	0.0003858	0.30641
27	0.0067604	0.0002648	0.0001268	0.00034755	0.0009031	0.55351
30	0.0016280	0.0008419	7.436×10^{-5}	0.00052638	0.0019239	0.94305

可见,为避免可能出现的累积误差,计算步长不适合过小,一般情况下总计算点数不超过1500为宜,否则,累积误差可能会影响最终结果。因此,这里给出的算法不适合在大时间范围内(如 $0\leqslant t\leqslant 5000$)求解分数阶线性微分方程。

例 6-16   考虑例 6-11 中的零初始条件问题。在前面的例子中,直接使用高精度算法的效果并不理想,现在尝试用高精度Caputo方程函数重新求解原始问题。

解   例 6-11 中曾经指出,高精度算法失效的原因是高精度求解的必要条件不满足,由于新算法重建了等效初始条件,故可以尝试使用新算法直接求解,得出的误差曲线如图 6-11 所示。可以看出,如果选择 $p=4$,则从图 6-11 中看不出误差。

```
>> a=[1 1 1]; na=[3 2.5 0]; b=1; nb=0;
   t=[0:0.1:1]'; y=-1+t-t.^2/2+exp(-t); y0=0;
   u=-1+t-t.^2/2-t.^0.5.*ml_func([1,1.5],-t);
   y1=fode_caputo9(a,na,b,nb,y0,u,t,1); e1=y-y1;
   y2=fode_caputo9(a,na,b,nb,y0,u,t,2); e2=y-y2;
```

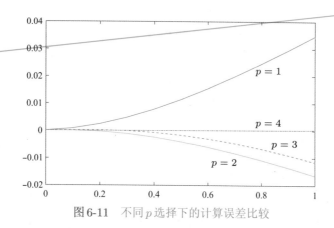

图 6-11　不同 p 选择下的计算误差比较

```
y3=fode_caputo9(a,na,b,nb,y0,u,t,3); e3=y-y3;
y4=fode_caputo9(a,na,b,nb,y0,u,t,4); e4=y-y4;
plot(t,e1,t,e2,'--',t,e3,':',t,e4,'-.')
```

所以，这里建议使用 **fode_caputo9()** 求解各类微分方程，无论是零初值的还是非零初值的。不过注意，计算点数不宜过多。

6.6　线性分数阶状态方程求解

和整数阶系统一样，除了传递函数描述之外，还可以引入分数阶状态方程模型的概念。本节首先介绍同元次的分数阶状态方程模型及状态转移矩阵，然后给出一般非同元次微分方程的状态方程模型。

6.6.1　线性分数阶系统的状态方程描述

考虑定义 6-10 描述的同元次系统的传递函数模型。类似于整数阶系统，如果合理选择相同的状态变量向量 $\boldsymbol{y}(t)$，则可以写出分数阶系统的状态方程模型。

> **定义 6-15 ▶ 同元次分数阶状态方程**
>
> 同元次分数阶时不变状态方程模型的一般形式为
> $$\begin{cases} \mathscr{D}_t^\alpha \boldsymbol{x}(t) = \boldsymbol{A}\boldsymbol{x}(t) + \boldsymbol{B}\boldsymbol{u}(t) \\ \boldsymbol{y}(t) = \boldsymbol{C}\boldsymbol{x}(t) + \boldsymbol{D}\boldsymbol{u}(t) \end{cases} \tag{6-6-1}$$
> 其中，$\boldsymbol{x}(t) \in \mathbb{R}^{n \times 1}$ 为系统的状态变量向量，n 为系统的阶次；$\boldsymbol{A} \in \mathbb{R}^{n \times n}$，$\boldsymbol{B} \in \mathbb{R}^{n \times p}$，$\boldsymbol{C} \in \mathbb{R}^{q \times n}$，$\boldsymbol{D} \in \mathbb{R}^{q \times p}$ 为常数矩阵。

说明 6-4　同元次状态方程模型

（1）这里强调同元次系统，否则，状态方程中的 α 就不是标量了，暂不考虑。

（2）这里的状态方程适合于任何定义下的分数阶导数。

例 6-17 重新考虑例 6-5 中的同元次微分方程，试写出其分数阶状态方程形式。

$$\mathscr{D}_t^{1.2}y(t) + 5\mathscr{D}_t^{0.9}y(t) + 9\mathscr{D}_t^{0.6}y(t) + 7\mathscr{D}_t^{0.3}y(t) + 2y(t) = u(t)$$

解 由方程阶次可见，基阶为 $\alpha = 0.3$。如果选择状态 $x_1(t) = y(t)$，$x_2(t) = \mathscr{D}_t^{0.3}y(t)$，$x_3(t) = \mathscr{D}_t^{0.6}y(t)$，$x_4(t) = \mathscr{D}_t^{0.9}y(t)$，则可以直接写出其状态方程形式

$$\mathscr{D}_t^{0.3}\boldsymbol{x}(t) = \begin{bmatrix} 0 & 1 & 0 & 0 \\ 0 & 0 & 1 & 0 \\ 0 & 0 & 0 & 1 \\ -2 & -7 & -9 & -5 \end{bmatrix}\boldsymbol{x}(t) + \begin{bmatrix} 0 \\ 0 \\ 0 \\ 1 \end{bmatrix}u(t), \ y(t) = [1,0,0,0]\boldsymbol{x}(t)$$

6.6.2 状态转移矩阵

这里将介绍 Caputo 分数阶状态方程的解析解问题，因为 Caputo 定义在描述非零初值问题时明显优于其他定义。这里将分析状态方程解析解的形式，给出状态转移矩阵的定义并解决其计算问题。

回顾整数阶系统的状态方程

$$\boldsymbol{x}'(t) = \boldsymbol{A}\boldsymbol{x}(t) + \boldsymbol{B}\boldsymbol{u}(t) \tag{6-6-2}$$

方便起见令 $t_0 = 0$。若已知初始条件为 $\boldsymbol{x}(0)$，其解析解为

$$\boldsymbol{x}(t) = \mathrm{e}^{\boldsymbol{A}t}\boldsymbol{x}(0) + \int_0^t \mathrm{e}^{\boldsymbol{A}(t-\tau)}\boldsymbol{B}\boldsymbol{u}(\tau)\mathrm{d}\tau \tag{6-6-3}$$

式中，$\mathrm{e}^{\boldsymbol{A}t}$ 称为状态转移矩阵，记作 $\boldsymbol{\Phi}(t)$。

定义 6-16 ▶ 自治状态方程的解析解

对自治 Caputo 分数阶状态方程

$$\begin{smallmatrix}\mathrm{C}\\0\end{smallmatrix}\mathscr{D}_t^{\alpha}\boldsymbol{x}(t) = \boldsymbol{A}\boldsymbol{x}(t) \tag{6-6-4}$$

且初始条件为 $\boldsymbol{x}(0)$，如果方程的解析解可以写成

$$\boldsymbol{x}(t) = \boldsymbol{\Phi}(t)\boldsymbol{x}(0) \tag{6-6-5}$$

则 $\boldsymbol{\Phi}(t)$ 称为分数阶系统的状态转移矩阵。

定理 6-13 ▶ 分数阶状态转移矩阵

定义 6-16 中的状态转移矩阵 $\boldsymbol{\Phi}(t)$ 为

$$\boldsymbol{\Phi}(t) = \mathrm{E}_{\alpha}(\boldsymbol{A}t^{\alpha}) \tag{6-6-6}$$

证明 假设 $u(t) \equiv \boldsymbol{0}$，则分数阶状态方程的解析解可以写成

$$\boldsymbol{x}(t) = \boldsymbol{A}_0 + \boldsymbol{A}_1 t^{\alpha} + \boldsymbol{A}_2 t^{2\alpha} + \cdots + \boldsymbol{A}_m t^{m\alpha} + \cdots \tag{6-6-7}$$

对等号两端同时求 α 阶 Caputo 导数，并回顾前面给出的定理 3-7：

$$\,_0^{\mathrm{C}}\mathscr{D}_t^{\alpha} t^{\lambda} = \frac{\Gamma(\lambda+1)}{\Gamma(\lambda+1-\alpha)} t^{\lambda-\alpha}$$

可以得出

$$\,_0^{\mathrm{C}}\mathscr{D}_t^{\alpha}\boldsymbol{x}(t) = \boldsymbol{0} + \boldsymbol{A}_1\Gamma(1+\alpha) + \frac{\boldsymbol{A}_2\Gamma(1+2\alpha)}{\Gamma(1+\alpha)}t^{\alpha} + \frac{\boldsymbol{A}_3\Gamma(1+3\alpha)}{\Gamma(1+2\alpha)}t^{2\alpha} + \cdots +$$
$$\frac{\boldsymbol{A}_k\Gamma(1+k\alpha)}{\Gamma(1+(k-1)\alpha)}t^{(k-1)\alpha} + \cdots = \boldsymbol{A}\boldsymbol{x}(t)$$

上式与式（6-6-7）中的系数矩阵对比，可以得出

$$\boldsymbol{A}_1 = \frac{\boldsymbol{A}\boldsymbol{A}_0}{\Gamma(1+\alpha)}, \quad \boldsymbol{A}_k = \frac{\Gamma(1+(k-1)\alpha)}{\Gamma(1+k\alpha)}\boldsymbol{A}\boldsymbol{A}_{k-1} \tag{6-6-8}$$

且 $\boldsymbol{A}_0 = \boldsymbol{x}(0)$，可以容易地看出

$$\begin{cases} \boldsymbol{A}_1 = \dfrac{\boldsymbol{A}}{\Gamma(1+\alpha)}\boldsymbol{x}(0) \\[2mm] \boldsymbol{A}_2 = \dfrac{\Gamma(1+\alpha)}{\Gamma(1+2\alpha)}\boldsymbol{A}\boldsymbol{A}_1 = \dfrac{\boldsymbol{A}^2}{\Gamma(1+2\alpha)}\boldsymbol{x}(0) \\[2mm] \qquad\qquad \vdots \\[2mm] \boldsymbol{A}_k = \dfrac{\Gamma(1+(k-1)\alpha)}{\Gamma(1+k\alpha)}\boldsymbol{A}\boldsymbol{A}_{k-1} = \dfrac{\boldsymbol{A}^k}{\Gamma(1+k\alpha)}\boldsymbol{x}(0) \end{cases} \tag{6-6-9}$$

方程（6-6-7）的解析解可以如下推出，由此证明定理。

$$\,_0^{\mathrm{C}}\mathscr{D}_t^{\alpha}\boldsymbol{x}(t) = \sum_{k=0}^{\infty} \frac{\left(\boldsymbol{A}t^{\alpha}\right)^k}{\Gamma(1+k\alpha)}\boldsymbol{x}(0) = \mathrm{E}_{\alpha}\left(\boldsymbol{A}t^{\alpha}\right)\boldsymbol{x}(0) \tag{6-6-10}$$

定理 6-14 ▶ 分数阶状态方程的解析解

Caputo 分数阶状态方程

$$\,_0^{\mathrm{C}}\mathscr{D}_t^{\alpha}\boldsymbol{x}(t) = \boldsymbol{A}\boldsymbol{x}(t) + \boldsymbol{B}\boldsymbol{u}(t) \tag{6-6-11}$$

在初始状态 $\boldsymbol{x}(0)$ 下该方程的解析解可以写成

$$\boldsymbol{x}(t) = \boldsymbol{\Phi}(t)\boldsymbol{x}(0) + \int_0^t \widehat{\boldsymbol{\Phi}}(t-\tau)\boldsymbol{B}u(\tau)\mathrm{d}\tau \tag{6-6-12}$$

式中，

$$\boldsymbol{\Phi}(t) = \widehat{\boldsymbol{\Phi}}(t) * \chi_{\alpha-1}(t) \quad \text{且} \quad \chi_{\alpha-1}(t) = \begin{cases} t^{-\alpha}/\Gamma(1-\alpha), & \alpha < 1 \\[2mm] \delta(t), & \alpha = 1 \end{cases} \tag{6-6-13}$$

式中，$\delta(t)$ 为 Dirac 函数，且[9]

$$\widehat{\boldsymbol{\Phi}}(t) = \mathscr{L}^{-1}\left[(s^{\alpha}\boldsymbol{I} - \boldsymbol{A})^{-1}\right], \quad \boldsymbol{\Phi}(t) = \mathscr{L}^{-1}\left[(s^{\alpha}\boldsymbol{I} - \boldsymbol{A})^{-1}s^{\alpha-1}\right] \tag{6-6-14}$$

例6-18 已知分数阶状态方程如下,试求出其状态转移矩阵 $\boldsymbol{\Phi}(t)$。

$$
{}_0^C\mathscr{D}_t^\alpha \boldsymbol{x}(t) = \begin{bmatrix} -2 & 0 & -1 & 0 \\ -1 & -3 & 1 & 0 \\ 2 & 1 & 1 & 1 \\ 0 & 1 & -2 & -2 \end{bmatrix} \boldsymbol{x}(t)
$$

解 可以直接使用文献 [10] 给出的MATLAB函数 funmsym() 求取给定状态方程的状态转移矩阵。用符号函数 $E(x)$ 表示 Mittag-Leffler 函数 $\mathrm{E}_\alpha(x)$,就可以使用下面语句直接计算状态转移矩阵:

```
>> syms t x a E(x)
   A=[-2,0,-1,0; -1,-3,1,0; 2,1,1,1; 0,1,-2,-2];
   Phi=funmsym(A,E(x*t^a),x)
```

得出状态转移矩阵的数学形式为(为便于理解得出的结果,特作如下解读:下面第一组显示的是矩阵的第一列,第二组显示矩阵第二列,第三组显示矩阵的第三和第四列)

$$
\boldsymbol{\Phi}(t) = \left[\begin{array}{l} \mathrm{E}_\alpha\left(-t^\alpha\right) - t^{2\alpha}\,\mathrm{E}_\alpha^{(2)}\left(-t^\alpha\right)/2 - t^\alpha\,\mathrm{E}_\alpha^{(1)}\left(-t^\alpha\right) \\ \mathrm{E}_\alpha\left(-3t^\alpha\right) - \mathrm{E}_\alpha\left(-t^\alpha\right) + t^{2\alpha}\mathrm{E}_\alpha^{(2)}\left(-t^\alpha\right)/2 + t^\alpha\mathrm{E}_\alpha^{(1)}\left(-t^\alpha\right) \\ t^{2\alpha}\mathrm{E}_\alpha^{(2)}\left(-t^\alpha\right)/2 + 2t^\alpha\mathrm{E}_\alpha^{(1)}\left(-t^\alpha\right) \\ \mathrm{E}_\alpha\left(-t^\alpha\right) - \mathrm{E}_\alpha\left(-3t^\alpha\right) - t^{2\alpha}\mathrm{E}_\alpha^{(2)}\left(-t^\alpha\right)/2 - 2t^\alpha\mathrm{E}_\alpha^{(1)}\left(-t^\alpha\right) \end{array}\right.
$$

$$
\begin{array}{c} -t^{2\alpha}\,\mathrm{E}_\alpha^{(2)}\left(-t^\alpha\right)/2 \\ \mathrm{E}_\alpha\left(-3t^\alpha\right) + t^{2\alpha}\mathrm{E}_\alpha^{(2)}\left(-t^\alpha\right)/2 \\ t^{2\alpha}\mathrm{E}_\alpha^{(2)}\left(-t^\alpha\right)/2 + t^\alpha\mathrm{E}_\alpha^{(1)}\left(-t^\alpha\right) \\ \mathrm{E}_\alpha\left(-t^\alpha\right) - \mathrm{E}_\alpha\left(-3t^\alpha\right) - t^{2\alpha}\mathrm{E}_\alpha^{(2)}\left(-t^\alpha\right)/2 - t^\alpha\mathrm{E}_\alpha^{(1)}\left(-t^\alpha\right) \end{array}
$$

$$
\left.\begin{array}{cc} -t^{2\alpha}\mathrm{E}_\alpha^{(2)}\left(-t^\alpha\right)/2 - t^\alpha\mathrm{E}_\alpha^{(1)}\left(-t^\alpha\right) & -t^{2\alpha}\mathrm{E}_\alpha^{(2)}\left(-t^\alpha\right)/2 \\ t^{2\alpha}\mathrm{E}_\alpha^{(2)}\left(-t^\alpha\right)/2 + t^\alpha\mathrm{E}_\alpha^{(1)}\left(-t^\alpha\right) & t^{2\alpha}\mathrm{E}_\alpha^{(2)}\left(-t^\alpha\right)/2 \\ \mathrm{E}_\alpha(-t^\alpha) + t^{2\alpha}\mathrm{E}_\alpha^{(2)}\left(-t^\alpha\right)/2 + 2t^\alpha\mathrm{E}_\alpha^{(1)}\left(-t^\alpha\right) & t^{2\alpha}\mathrm{E}_\alpha^{(2)}\left(-t^\alpha\right)/2 + t^\alpha\mathrm{E}_\alpha^{(1)}\left(-t^\alpha\right) \\ -t^{2\alpha}\mathrm{E}_\alpha^{(2)}\left(-t^\alpha\right)/2 - 2t^\alpha\mathrm{E}_\alpha^{(1)}\left(-t^\alpha\right) & \mathrm{E}_\alpha(-t^\alpha) - t^{2\alpha}\mathrm{E}_\alpha^{(2)}(-t^\alpha)/2 - t^\alpha\mathrm{E}_\alpha^{(1)}(-t^\alpha) \end{array}\right]
$$

其中,$\mathrm{E}_\alpha^{(k)}(\cdot)$ 为单参数 Mittag-Leffler 函数对 t 的 k 阶导数,$k \in \mathbb{N}$。

有了状态转移矩阵,就可以直接调用 ml_func() 函数获取同元次自治线性微分方程的数值解。

说明6-5 状态与状态转移矩阵[9]

(1)前面已经提及,分数阶微积分下的状态是伪状态,因为它们的值与 t_0 到当前时刻 t 之间的历史信息也是相关的,所以,为了确定分数阶系统未来的行为,需要 $[t_0, t]$ 所有的信息。

(2)和整数阶系统不同,矩阵 $\boldsymbol{\Phi}(t)$ 并不是传统意义下的状态转移矩阵,它只是从 t_0 转换到 t 时刻的状态转移矩阵 $\boldsymbol{\Phi}(t, t_0)$。在 $t_0 < \tau < t$ 时间段内,状态转移矩阵

的性质 $\boldsymbol{\Phi}(t, t_0) = \boldsymbol{\Phi}(t, \tau)\boldsymbol{\Phi}(\tau, t_0)$ 是不成立的,所以最好称这类矩阵为伪状态转移矩阵。

6.6.3　非同元次系统的状态方程模型

如果线性分数阶状态方程不是同元次的,则用普通的状态方程难以描述这样的系统,需要引入分数阶扩展状态方程的概念。

> **定义 6-17 ▶ 分数阶扩展状态方程**
>
> 如果阶次 α 不再是标量基阶,而是一个阶向量,则可以定义出如下的分数阶扩展状态方程模型:
>
> $$\begin{cases} \mathscr{D}_t^{\boldsymbol{\alpha}}\boldsymbol{x}(t) = \boldsymbol{A}\boldsymbol{x}(t) + \boldsymbol{B}\boldsymbol{u}(t) \\ \boldsymbol{y}(t) = \boldsymbol{C}\boldsymbol{x}(t) + \boldsymbol{D}\boldsymbol{u}(t) \end{cases} \tag{6-6-15}$$

和定义 6-15 给出中的分数阶状态方程相比,在很多例子中这样得出的矩阵 $\boldsymbol{A}$ 的规模会显著降低。

例 6-19　考虑例 5-11 中的分数阶传递函数模型,试写出其分数阶扩展状态方程。

$$G(s) = \frac{-2s^{0.63} - 4}{2s^{3.501} + 3.8s^{2.42} + 2.6s^{1.798} + 2.5s^{1.31} + 1.5}$$

解　原传递函数对应的分数阶微分方程可以写成

$$\mathscr{D}_t^{3.501}y(t) + 1.9\mathscr{D}_t^{2.42}y(t) + 1.3\mathscr{D}_t^{1.798}y(t) + 1.25\mathscr{D}_t^{1.31}y(t) + 0.75y(t) = \hat{u}(t)$$

如果选择基阶,则可见 $\alpha = 0.001$,这样建立的状态方程将有 3501 个状态,处理起来将极其麻烦。现在重新选择状态变量 $x_1 = y(t)$,$x_2(t) = \mathscr{D}_t^{1.31}y(t)$,$x_3(t) = \mathscr{D}_t^{1.798}y(t)$,$x_4(t) = \mathscr{D}_t^{2.42}y(t)$,就可以写出系统的扩展状态方程模型:

$$\begin{cases} \mathscr{D}_t^{1.31}x_1(t) = x_2(t) \\ \mathscr{D}_t^{0.488}x_2(t) = x_3(t) \\ \mathscr{D}_t^{0.612}x_3(t) = x_4(t) \\ \mathscr{D}_t^{1.081}x_4(t) = -0.75x_1(t) - 1.25x_2(t) - 1.3x_3(t) - 1.9x_4(t) + \hat{u}(t) \end{cases}$$

这样扩展状态方程表达式的相关矩阵为

$$\boldsymbol{A} = \begin{bmatrix} 0 & 1 & 0 & 0 \\ 0 & 0 & 1 & 0 \\ 0 & 0 & 0 & 1 \\ -0.75 & -1.25 & -1.3 & -1.9 \end{bmatrix}, \quad \boldsymbol{B} = \begin{bmatrix} 0 \\ 0 \\ 0 \\ 1 \end{bmatrix}, \quad \boldsymbol{\alpha} = \begin{bmatrix} 1.31 \\ 0.488 \\ 0.612 \\ 1.081 \end{bmatrix}$$

如果原分数阶传递函数的分子也含有 s 的伪多项式,则原系统的状态需要重新选择,因为分子伪多项式的阶次也应同等考虑。在这种情况下,可以选择新状态变量 $x_1(t) = y(t)$,$x_2(t) = \mathscr{D}_t^{0.63}y(t)$,$x_3(t) = \mathscr{D}_t^{1.31}y(t)$,$x_4(t) = \mathscr{D}_t^{1.798}y(t)$,$x_5(t) =$

$\mathscr{D}_t^{2.42}y(t)$，则状态方程可以写成

$$\begin{cases} \mathscr{D}_t^{0.63}x_1(t) = x_2(t) \\ \mathscr{D}_t^{0.68}x_2(t) = x_3(t) \\ \mathscr{D}_t^{0.488}x_3(t) = x_4(t) \\ \mathscr{D}_t^{0.612}x_4(t) = x_5(t) \\ \mathscr{D}_t^{1.081}x_5(t) = -0.75x_1(t) - 1.25x_3(t) - 1.3x_4(t) - 1.9x_5(t) + u(t) \end{cases}$$

且 $y(t) = \begin{bmatrix} -2, & -1, & 0, & 0, & 0 \end{bmatrix}\boldsymbol{x}(t)$。

可以写出分数阶扩展状态方程为

$$\boldsymbol{A} = \begin{bmatrix} 0 & 1 & 0 & 0 & 0 \\ 0 & 0 & 1 & 0 & 0 \\ 0 & 0 & 0 & 1 & 0 \\ 0 & 0 & 0 & 0 & 1 \\ -0.75 & 0 & -1.25 & -1.3 & -1.9 \end{bmatrix}, \quad \boldsymbol{B} = \begin{bmatrix} 0 \\ 0 \\ 0 \\ 0 \\ 1 \end{bmatrix}, \quad \boldsymbol{\alpha} = \begin{bmatrix} 0.63 \\ 0.68 \\ 0.488 \\ 0.612 \\ 1.081 \end{bmatrix}$$

若处理非零初值问题，还应将 $y(t)$ 的整数阶导数都选作状态变量，写出状态方程。

6.7　无理分数阶微分方程的数值解法

6.7.1　无理分数阶传递函数描述

前面的分析中一直使用式（6-1-2）的标准分数阶有理传递函数形式。在实际应用中，有的时候模型会出现 $p^{\gamma}(s)$ 项，其中 γ 为非整数，那么这样的项只能用无穷级数逼近，该传递函数不可能用式（6-1-2）给出的有理传递函数表示出来，在这种情况下应该考虑一类无理分数阶传递函数模型的表示与分析方法。更一般地，任何含有 s 非整数幂次及非线性运算的函数均可以认为是无理传递函数模型。

定义 6-18 ▶ 一类无理传递函数

一类常见的无理传递函数的形式为

$$G(s) = \frac{\displaystyle\prod_{i=1}^{m}\left(b_1 s^{\eta_1} + b_2 s^{\eta_2} + \cdots + b_{r_i} s^{\eta_{r_i}}\right)^{\beta_i}}{\displaystyle\prod_{i=1}^{n}\left(a_1 s^{\gamma_1} + a_2 s^{\gamma_2} + \cdots + a_{k_i} s^{\gamma_{k_i}}\right)^{\alpha_i}} \tag{6-7-1}$$

6.7.2　基于数值Laplace反变换的仿真方法

给定函数的Laplace变换与反变换的解析解可以尝试通过函数 `laplace()` 或 `ilaplace()` 的调用直接求出。事实上，这两个函数的适用范围很窄，在分数阶微积分领域绝大部分函数是不存在 Laplace 及其反变换解析解的，在这种情况下，应该

考虑数值解方法。

从网上可以找到很多种 Laplace 反变换的 MATLAB 函数，这里介绍的由 Juraj Valsa 开发的 `INVLAP()` 函数是较可靠的一种[11,12]。为了更好地利用这种工具解决无理模型的典型反馈控制系统仿真问题，本书修改并扩展了该函数，使得其应用范围更加广泛。新的函数改名为 `INVLAP_new()`[13]。

```
function [t,y]=INVLAP_new(G,t0,tn,N,H,tx,ux)
    arguments
        G, t0(1,1) double, tn(1,1) {mustBeGreaterThan(tn,t0)}
        N(1,1){mustBePositiveInteger}=100;
        H(1,1)=0; tx='1'; ux double=0
    end
    G=add_dots(G); if ischar(H), H=add_dots(H); end
    if ischar(tx), tx=add_dots(tx); end
    a=6; ns=20; nd=19; t=linspace(t0,tn,N);
    if t0==0, t=[1e-6 t(2:N)]; end
    n=1:ns+1+nd; alfa=a+(n-1)*pi*1j; bet=-exp(a)*(-1).^n;
    n=1:nd; bet(1)=bet(1)/2;
    bdif=fliplr(cumsum(gamma(nd+1)./gamma(nd+2-n)./gamma(n)))./2^nd;
    bet(ns+2:ns+1+nd)=bet(ns+2:ns+1+nd).*bdif;
    if isnumeric(H), H=num2str(H); end
    for i=1:N
        tt=t(i); s=alfa/tt; bt=bet/tt; sG=eval(G); sH=eval(H);
        if ischar(tx), sU=eval(tx);
        else
            if isnumeric(tx)
                f=@(x)interp1(tx,ux,x,'spline').*exp(-s.*x);
            else, f=@(x)tx(x).*exp(-s.*x); end
            sU=integral(f,t0,tn,'ArrayValued',true);
        end
        btF=bt.*sG./(1+sG.*sH).*sU; y(i,1)=sum(real(btF));
    end
    % 先去除原有的点运算符号, 再统一加回点运算
    function F=add_dots(F)
        F=strrep(strrep(strrep(F,'.*','*'),'./','/'),'.^','^');
        F=strrep(strrep(strrep(F,'*','.*'),'/','./'),'^','.^');
    end
end
```

对一般给定函数的数值 Laplace 反变换而言，可以用下面的格式调用该函数：

$$[t,y]=\text{INVLAP\_new}(F,t_0,t_n,N)$$

说明6-6　INVLAP_new() 函数的变元

（1）原来的 INVLAP() 使用时,用字符串描述 F,并要求用点运算形式表示字符串,在实际使用字符串描述时如果某处忘给出点运算表示则可能导致错误。在这里的新版本中,Laplace变换的字符串 F 中不必刻意使用点运算,因为函数内部的机制会自动将所需的运算统一转换成点运算。

（2）输入变量 (t_0, t_n) 描述感兴趣的时间区间,N 为预计计算的点数,原函数中不能有 $t_0 = 0$ 的限制已经被解除,$t_0 = 0$ 时被自动替换为偏移量 10^{-6}。

（3）可以选择不同的 N 验证仿真结果。

（4）这一新函数的其他调用格式将在后续内容中介绍。

例6-20　试求解下面函数的 Laplace 反变换的数值解:

$$G(s) = \frac{-17s^5 - 7s^4 + 2s^3 + s^2 - s + 1}{s^6 + 11s^5 + 48s^4 + 106s^3 + 125s^2 + 75s + 17}$$

解　严格意义下的该 Laplace 反变换解析解是不存在的,可以通过 MATLAB 符号运算工具箱求得其高精度的数值解。对同样的函数,将其用字符串表示出来,也可以求出 Laplace 反变换的数值解。选择不同的计算点数 N,可以测出如表6-4所示的耗时和相对误差。注意,这里求解相对误差时使用了2范数,为公平比较起见,得到的2范数除以点数,列入表6-4。从得出的实测结果看,计算量随着 N 的增加而增加,但误差指标的变化不显著,数值解的精度都比较高。

```
>> syms s t;                          %声明符号变量与原函数
   G=(-17*s^5-7*s^4+2*s^3+s^2-s+1)...
       /(s^6+11*s^5+48*s^4+106*s^3+125*s^2+75*s+17);
   f=ilaplace(G,s,t); fun=char(G); N=200;
   tic, [t1,y1]=INVLAP_new(fun,0,5,N); toc   %数值Laplace反变换
   y0=subs(f,t,t1); y0=double(y0);     %反变换理论值的计算(相当耗时)
   err=norm((y1-y0)./y0)/N             %计算相对误差
```

表6-4　不同计算点数对结果的影响

点数 N	50	100	300	500	800	1000	2000
误差指标	2.5×10^{-7}	1.8×10^{-6}	4.6×10^{-7}	3.1×10^{-7}	2.8×10^{-7}	3.7×10^{-7}	2.8×10^{-7}
耗时/s	0.0033	0.0062	0.0197	0.0335	0.0528	0.0683	0.1220

例6-21　考虑下面的无理传递函数模型:

$$G(s) = \frac{(s^{0.4} + 0.4s^{0.2} + 0.5)}{\sqrt{s}(s^{0.2} + 0.02s^{0.1} + 0.6)^{0.4}(s^{0.3} + 0.5)^{0.6}}$$

试在 $t \in (0, 1)$ 时间区间绘制该系统的冲激响应曲线。

解　和前面的例子不同,因为这个函数不能用 ilaplace() 得出 Laplace 反变换的

解析解，所以得出数值解是唯一的选择。选择 $N=200$，可以由下面的命令直接获得 Laplace 反变换的数值解，如图 6-12 所示。如果其中的 N 增加到 $N=5000$，也会得出完全一致的曲线，说明得出的结果是正确的。

```
>> f=['(s^0.4+0.4*s^0.2+0.5)/sqrt(s)/',...
     '(s^0.2+0.02*s^0.1+0.6)^0.4/(s^0.3+0.5)^0.6'];
   [t,y]=INVLAP_new(f,0,1,200); plot(t,y), ylim([0 20])
```

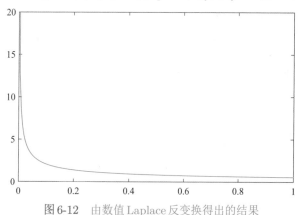

图 6-12　由数值 Laplace 反变换得出的结果

从这个例子可以看出，如果在式子中有 $p^\gamma(s)$ 项，则将对应于无穷级数，所以不可能得出 Laplace 反变换的解析解。这里的数值解函数在实际应用中的计算效率还是很高的。

6.7.3　闭环无理系统的时域响应计算

在实际应用中，如果复杂系统传递函数 $G(s)$ 是已知的，输入信号的 Laplace 变换 $R(s)$ 也是已知的，则可以由 $Y(s)=G(s)U(s)$ 得出输出信号的 Laplace 变换。若 $Y(s)$ 的解析解不存在，可以用数值 Laplace 反变换技术仿真该系统。

如果使用传统的 LAPINV() 函数，则在求解闭环系统 Laplace 反变换数值解之前需要将整个闭环系统用完整的字符串表示，而这样的字符串会极其冗长，所以扩展了 INVLAP_new() 函数，其调用格式为 $[t,y]=$INVLAP_new$(G,t_0,t_{\mathrm{n}},N,H,U)$。

说明 6-7　新调用格式下的函数变元

（1）前向通路传递函数模型可以由字符串 G 表示，反馈通路传递函数由字符串 H 表示，这些字符串都应写成 s 的字符串，不一定非得采用点运算表示。

（2）单位负反馈结构可以令 $H=1$，单位正反馈设置成 $H=-1$。

（3）输入变量 U 写成实际输入信号的 Laplace 变换字符串形式。例如，单位阶跃输入应该表示为字符串'1/s'，冲激输入可以省略。

（4）输入变量 (t_0,t_{n}) 为时间区间，N 为计算点的个数。

（5）返回的变量 t 和 y 分别为时间和输出的结果。

例 6-22　假设复杂开环无理模型[14]如下:

$$G(s) = \left[\frac{\sinh(w\sqrt{s})}{w\sqrt{s}}\right]^2 \frac{1}{\sqrt{s}\sinh(\sqrt{s})}$$

试绘制单位负反馈系统的阶跃响应曲线,其中 $w = 0.1$。

　　解　开环无理传递函数可以由字符串表示,这样由下面的语句直接绘制出系统的闭环阶跃响应曲线,如图 6-13 所示。

```
>> G='(sinh(0.1*sqrt(s))/0.1/sqrt(s))^2/sqrt(s)/sinh(sqrt(s))';
   [t,y]=INVLAP_new(G,0,10,1000,1,'1/s'); plot(t,y)
```

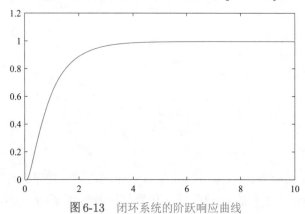

图 6-13　闭环系统的阶跃响应曲线

　　例 6-23　已知系统的受控对象模型为 $G(s) = 3.13\mathrm{e}^{-5s}/(433.33s + 1)$,考虑文献[9]给出的一个基于定量反馈理论设计的控制器模型如下:

$$G_{\mathrm{c}}(s) = 1.8393\left(\frac{s + 0.011}{s}\right)^{0.96}\left(\frac{8.8\times 10^{-5}s + 1}{8.096\times 10^{-5}s + 1}\right)^{1.76}\frac{1}{(1 + s/0.29)^2}$$

试求出闭环系统的阶跃响应曲线。

　　解　这里给出的受控对象模型完全是整数阶传递函数模型,例 5-13 给出了较好的频域响应近似模型。由下面的语句可以用整数阶传递函数拟合闭环系统模型,得出阶跃响应曲线;同时,还可以采用基于数值 Laplace 反变换的方法绘制系统的阶跃响应曲线两种方法得出的结果如图 6-14 所示。可见,两种方法得出的曲线非常接近。

```
>> w=logspace(-6,4,200);       %人为选择频率响应拟合范围
   s=tf('s'); G=3.13*exp(-5*s)/(433.33*s+1);
   G1=(s+0.011)/s; F1=frd(G1,w);
   G2=(8.8e-5*s+1)/(8.096e-5*s+1); F2=frd(G2,w);
   G3=1/(1+s/0.29)^2; F3=frd(G3,w);
   h1=F1.ResponseData; h2=F2.ResponseData;
   h3=F3.ResponseData; h=1.8393*h1.^0.96.*h2.^1.76.*h3;
   [n,d]=invfreqs(h(:),w,4,4); Gc=zpk(tf(n,d)); %整数阶近似
```

```
step(feedback(G*Gc,1),1000);                    %闭环系统的阶跃响应
G2='((s+0.011)/s)^0.96*((8.8e-5*s+1)/(8.096e-5*s+1))^1.76';
G1='1.8393*3.13*exp(-5*s)/(433.33*s+1)/(1+s/0.29)^2';
F=[G2,'*',G1]; [t,y]=INVLAP_new(F,0,1000,1000,1,'1/s');
hold on; plot(t,y,'--'), hold off              %数值Laplace反变换
```

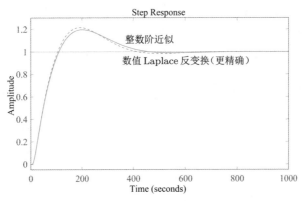

图 6-14　两种方法得出的闭环系统阶跃响应曲线

6.7.4　任意输入信号的时域响应

　　如果输入信号 $u(t)$ 的 Laplace 变换解析解不能得出,仍可以采用数值方法获得无理系统的时域响应。由 `INVLAP()` 函数的内部代码可见,主函数是由循环结构实现的,在每一个循环步内,都将生成一个向量 s,可以对该向量进行数值积分,得出 Laplace 变换的数值解:

$$\mathscr{L}\big[u(t)\big]=\int_0^\infty u(t)\mathrm{e}^{-st}\mathrm{d}t=U(s) \tag{6-7-2}$$

　　因为在被积函数中存在 e^{-st} 项,所以实际应用中若区间 $(0,t_\mathrm{n})$ 足够大,被积函数将趋近于零,可以采用有限时间积分逼近 Laplace 变换定义中的无穷积分,这样,就可以直接实现 Laplace 变换的数值解。如果输入函数 $u(t)$ 的数学表达式未知,只知道其采样点的向量 x_0 与 u_0,则可以考虑用样条插值的方法重构被积函数,得出 Laplace 变换的数值解。

　　如果能得出输入信号的 Laplace 变换与传递函数 $G(s)$ 的点乘结果,则可以计算出输出信号的 Laplace 变换。这样就可以由 MATLAB 函数 `integral()` 计算数值积分得出输出信号的数值解。前面给出的 `INVLAP_new()` 函数实现了这样的计算方法,其调用格式为

　　$[t,y]=$`INVLAP_new`$(G,t_0,t_\mathrm{n},N,H,f)$

　　$[t,y]=$`INVLAP_new`$(G,t_0,t_\mathrm{n},N,H,t_x,u_x)$

其中,f 为给定输入信号的句柄,可以用匿名函数或 M-函数描述,也可以由时间与

输入信号的采样点 t_x, u_x 描述，再由样条插值直接计算输入函数。

例 6-24 假设无理传递函数模型的 Laplace 变换表达式 $G(s)$ 由例 6-21 给出，试绘制出该系统在信号 $u(t) = \mathrm{e}^{-0.3t}\sin t^2$ 激励下的时域响应曲线。

解 仍可以用例 6-21 中的格式输入传递函数模型，而由于输入信号的数学表达式已知，可以用匿名函数将其表示出来，这样就可以由下面的语句得出系统的时域响应曲线，如图 6-15 所示。在该函数中嵌入的数值积分运算是很耗时的，该命令的执行时间大约为 5.62 s。

```
>> f=@(t)exp(-0.3*t).*sin(t.^2);    %如果输入信号表达式已知
   G=['(s^0.4+ 0.4*s^0.2+0.5)/(s^0.2+0.02*s^0.1+0.6)',...
      '^0.4/(s^0.3+0.5)^0.6'];
   tic, [t,y]=INVLAP_new(G,0,15,400,0,f); toc, plot(t,y)
```

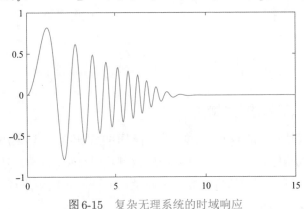

图 6-15　复杂无理系统的时域响应

现在，假设输入信号的数学表达式未知，只知道 $t \in (0, 15)$ 内的一组样本点，则可以考虑通过样条插值的方法重构输入信号，最终得出系统时域响应的数值解。可以看出，下面的函数得出的曲线与前面得出的基本一致，但这样的方法更耗时，当计算点个数只为前面一半时也要耗时约 28.04 s。

```
>> x0=0:0.1:15; u0=exp(-0.3*x0).*sin(x0.^2);
   tic, [t,y]=INVLAP_new(G,0,15,200,0,x0,u0); toc, plot(t,y)
```

6.8　线性分数阶系统的稳定性判定

系统的稳定性是工程系统最重要的性质。如果一个系统是不稳定的，且不对其进行控制，则其他所有的性质都是没有意义的。到目前为止，除了对同元次线性分数阶系统的稳定性有专门的判定方法之外，在文献上几乎没有对其他线性系统稳定性判定的任何方法。本节首先介绍同元次分数阶线性系统的稳定性判定方法，然后探讨非同元次线性系统和无理系统的稳定性分析方法。

6.8.1　线性同元次分数阶系统的稳定性判定

考虑式（6-3-4）给出的同元次分数阶系统的传递函数。为叙述方便起见，这里重新给出其传递函数模型：

$$G(\lambda) = \frac{b_1\lambda^m + b_2\lambda^{m-1} + \cdots + b_m\lambda + b_{m+1}}{a_1\lambda^n + a_2\lambda^{n-1} + \cdots + a_n\lambda + a_{n+1}} \tag{6-8-1}$$

其中，$\lambda = s^\alpha$，而 α 为系统的基阶。

> **定理 6-15 ▶ 稳定性判定定理**
>
> 如果能求出系统关于 λ 的所有特征根 p_i，则当且仅当[15]
>
> $$\left|\arg(p_i)\right| > \alpha\frac{\pi}{2} \tag{6-8-2}$$
>
> 系统 $G(s)$ 稳定。式中，$\arg(z)$ 为复变量 z 的幅角（argument）。

系统稳定区域的图形描述见图 6-16。下面将给出该定理的一个非正式证明。

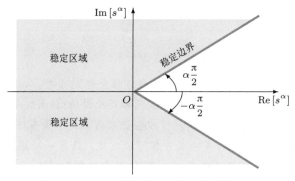

图 6-16　同元次系统的稳定区域示意图

证明　因为原始分数阶系统为 $\lambda = s^\alpha$ 的整数阶系统，而对 s 而言稳定边界的幅角为 $\pm\pi/2$，所以，λ 的稳定边界幅角应该是 $\pm\alpha\pi/2$。

对给定的同元次传递函数模型而言，如果能求出多项式方程

$$a_1\lambda^n + a_2\lambda^{n-1} + \cdots + a_n\lambda + a_{n+1} = 0 \tag{6-8-3}$$

的全部的根，再逐一判定这些根是否位于图 6-16 中的阴影区域，利用定理 6-15 就可以判定系统的稳定性。下面将通过例子演示伪多项式求根可能面临的问题。

推论 6-5　若同元次状态方程模型由定义 6-15 给出，也可以求出 $\boldsymbol{A}$ 矩阵的特征值 p_i，这样就可以结合定理 6-15 判定系统的稳定性。

例 6-25　试由伪多项式方程[10] $s^{2.3}+5s^{1.6}+6s^{1.3}-5s^{0.4}+7=0$ 判定系统的稳定性。
解　由给出的阶次可见，显然该伪多项式的基阶为 $\alpha = 0.1$。引入 $\lambda = s^{0.1}$，可以将

该多项式变换为 $\lambda^{23}+5\lambda^{16}+6\lambda^{13}-5\lambda^4+7=0$。由下面语句可以直接绘制关于 λ 的特征根分布,并分别绘制辐角为 $\pm\alpha\pi/2$ 和 $\pm\alpha\pi$ 的射线,如图 6-17 所示。

```
>> syms z; f1=z^23+5*z^16+6*z^13-5*z^4+7;
   p=sym2poly(f1); r=roots(p); alpha=0.1;
   xm=xlim; xm(1)=0; a1=tan(alpha*pi/2)*xm; a2=tan(alpha*pi)*xm;
   hold on, A=1.5; x0=[0,A,A,-A,-A,A,A,0];
   y0=[0,-a1(2),-A,-A,A,A,a1(2),0]; fill(x0,y0,'c'),
   plot(xm,[a1; -a1; a2; -a2],real(r),imag(r),'x'), hold off
```

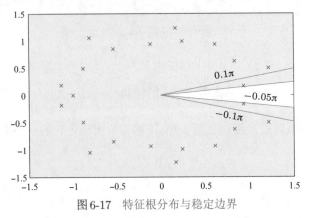

图 6-17 特征根分布与稳定边界

可以看出,用上面的命令可以求出方程方程全部 23 个根。从根的分布看,都位于以稳定边界 $\pm0.05\pi$ 辐角限的稳定区域,由此可以得出结论:该系统是稳定的。

有了这 23 个根,再用 $s=r^{10}$ 就可以尝试求出满足原伪多项式方程关于 s 的全部根。不过将得出的根代回伪多项式方程可以发现,只有一对根(最后两个根 $s_{1,2}=-0.1076\pm0.5562\mathrm{j}$)真正满足伪多项式方程,其余的都是增根。这两个根位于 s 左半平面,所以系统是稳定的。事实上,真正满足伪多项式方程的特征根对应的 λ 位于第一 Riemann 叶(Riemann sheet)上,即辐角在 $\pm0.1\pi$ 区域。

```
>> syms s; f=s^2.3+5*s^1.6+6*s^1.3-5*s^0.4+7;
   r1=r.^10, double(subs(f,s,r1)), r1([22,23])
```

说明 6-8 关于稳定性

(1)注意,这里提到的稳定边界是针对 $\lambda=s^\alpha$ 而不是针对 s 的,针对 s 的稳定性边界依然是虚轴。

(2)当基阶 $\alpha=1$ 时,系统是整数阶系统,其稳定边界与整数阶系统完全吻合。

(3)如果 $\alpha\geqslant2$,则系统为不稳定系统。

(4)正如例 6-25 中演示的那样,所得的关于 λ 的根有很多是不满足伪多项式方程的增根,人们可能会怀疑该定理的正确性。事实上,无论从理论上还是通过实际例子看,带有最小幅角的根满足伪多项式方程,所以该定理是正确的。

> **猜想 6-1 ▶ 关于增根**
>
> 　　所有满足伪多项式方程的真实的根满足 $|\arg(p_i)| < \alpha\pi$，这些根都位于第一 Riemann 叶上。其他根都是增根，不满足伪多项式方程。

　　也就是说，只需找出介于 $\pm\alpha\pi/2$ 与 $\pm\alpha\pi$ 辐角区域的特征根即可，没有必要追求获得全部的特征根。

6.8.2　非同元次系统的稳定性判定

　　从前面给出的例子看，若原系统是同元次的分数阶传递函数模型，则总可以找到基阶 α。引入 $\lambda = s^\alpha$，将关于 s 的方程转换为关于 λ 的整数阶方程，借助整数阶多项式的求解函数，得出所有的 λ，再结合定理 6-15 给出的条件，判定系统的稳定性。

　　这就很自然带来一个新问题：非同元次的分数阶传递函数如何判定稳定性？例如，若伪多项式方程为 $s^{\sqrt{5}} + 3s + 6 = 0$，根本不存在基阶，不可能将方程变换为关于 λ 的整数阶多项式方程，如何求出方程的根，判定稳定性呢？由 MATLAB 提供的现有工具是无法求解这类问题的。

　　文献 [10] 给出了一个找到任意非线性方程组全部根的算法，该方法在文献 [16] 中做了进一步的改进与扩充。

> **算法 6-7 ▶ 找出方程组全部的根**
>
> 　　(1) 描述原方程 $Y = F(X)$，指定初始解 X、求解范围 A、误差容限 ϵ。
> 　　(2) 循环结构，在指定区域随机生成初始搜索点 x_0，由 fsolve() 求出解 x。
> 　　(3) 如果 x 在解集 X 中不存在，则在解集 X 添加新根 x，否则返回 (2)。
> 　　(4) 如果指定的时间 $t_{\lim}$ 内没有找到新的根，求解过程结束。

　　基于这样的算法可以编写一个 MATLAB 函数 more_sols()[16]，用户在调用该函数时可以随时按 **Ctrl+C** 键中断求解过程，或等待函数的自然结束。

```
function more_sols(f,X0,A,tol,tlim,ff)
    arguments
        f(1,1), X0, A=1000, tol(1,1)=eps, tlim(1,1)=20, ff=optimset;
    end
    X=X0; nA=length(A); E=1e-4; [n,m,i]=size(X0);
    if nA==1, a=-0.5*A; b=0.5*A; else, a=A(1); b=A(2); end
    ar=real(a); br=real(b); ai=imag(a); bi=imag(b);
    ff.Display='off'; ff.TolX=tol; ff.TolFun=1e-20; tic
    if i==0, X0=zeros(n,m);          % 判定零矩阵是不是方程的孤立解
        if norm(f(X0))<tol, i=1; X(:,:,i)=X0; end
```

```
      end
      while (1)      % 死循环结构,可以按 Ctrl+C 组合键中断,也可以等待
         x0=ar+(br-ar)*rand(n,m);        % 生成搜索初值的随机矩阵
         if ~isreal(A), x0=x0+(ai+(bi-ai)*rand(n,m))*1i; end  % 复矩阵
         try, [x,~,key]=fsolve(f,x0,ff); catch, continue; end % 无效解
         t=toc; if t>tlim, break; end   % 如果长时间没有新解则结束程序
         if key>0, N=size(X,3);              % 读出已记录根的个数
            for j=1:N, if norm(X(:,:,j)-x)<E; key=0; break; end, end
            if key==0                      % 若找到比存储的更精确的解,则替换
               if norm(f(x))<norm(f(X(:,:,j))), X(:,:,j)=x; end
            elseif key>0, X(:,:,i+1)=x; % 记录找到的根
               if norm(imag(x))>1e-8,i=i+1;X(:,:,i+1)=conj(x); % 共轭
            end, assignin('base','X',X); i=i+1, tic  % 更新信息
         end, assignin('base','X',X);
      end, end, end
```

该函数的调用格式为 more_sols($f, \boldsymbol{X}_0, A, \epsilon, t_{\text{lim}}$),其各个变元的解释在下面的说明中给出。

说明 6-9 非线性方程组求根算法

(1)变元 A 用于描述感兴趣的求解区间,可以是标量或区间 $[a, b]$。

(2)若 A 为标量,则求解区间为 $(-A/2, A/2)$,如果使用默认值 $A = 1000$,则可以大范围求解该方程。

(3)如果 A 包含非零虚部,则表明需要得出复数根,否则只需求出实根。

(4)误差容限 ϵ 的默认值为 eps。

(5)默认的参数 t_{lim} 为 20,表示若 20 s 内没找到新的方程解,求解过程完成。

(6)用户可以随时按 Ctrl+C 键终止求解过程,得出的第 i 个根存于 $\boldsymbol{X}(:, :, i)$。

(7)如果需要,还可以使用文献 [10] 介绍的高精度求解函数 more_vpasols(),本书对应的 FOTF 工具箱中也给出了该函数。

必须指出的是,本书给出的 more_sols() 是可以用于求解多解非线性矩阵方程的通用函数,而这里使用的求解标量伪多项式方程 $D(s) = 0$ 只是其一个特例,可以考虑用命令 more_sols(D,zeros(1,1,0),100+100i) 直接求解。

猜想 6-2 ▶ 稳定性判定的猜想

假设无理传递函数可以写成两个 s 函数的比值形式:

$$G(s) = \frac{N(s)}{D(s)} \tag{6-8-4}$$

式中，$D(s)$ 为伪多项式。如果特征方程 $D(s)=0$ 的所有根都没有正实部，则系统是稳定的。

说明 6-10 稳定性猜想 I

（1）函数 $N(s)$ 不局限为伪多项式形式，它可以是任意的非线性函数。

（2）只要能找到 $D(s)=0$ 关于 s 的所有根，就可以判定系统的稳定性。

（3）此猜想缺乏严格的数学证明，作者尝试了很多例子但没有找到反例。

例 6-26 用 `more_sols()` 函数重新求解例 6-25 中的问题，得出关于 s 的全部根。

解 用匿名函数描述伪多项式方程，就可以由 `more_sols()` 函数求出伪多项式方程的根。可见，该方程只有两个根，$s=-0.1076\pm \mathrm{j}0.5562$，与例 6-25 完全一致。

```
>> f=@(x)x.^2.3+5*x.^1.6+6*x.^1.3-5*x.^0.4+7;
   more_sols(f,zeros(1,1,0),100+100i), s=X(:)
```

例 6-27 试判定 $K=3$ 时下面系统的稳定性：
$$G(s)=\frac{1}{s^{\sqrt{5}}+25s^{\sqrt{3}}+16s^{\sqrt{2}}-Ks^{0.4}+7}$$
另外，试找出使得 $G(s)$ 开始不稳定的临界增益 K 值。

解 由于方程的阶次含有无理数，无法将方程转换为同元次方程再求解，只能采用这里介绍的搜索方法。系统的特征方程可以由下面的匿名函数直接表示，从而调用 `more_sols()` 函数可以求出特征方程所有的根：

```
>> K=3; f=@(s)s^sqrt(5)+25*s^sqrt(3)+16*s^sqrt(2)-K*s^0.4+7;
   more_sols(f,zeros(1,1,0),100+100i); s=X(:)
```

该方程只有一对复根 $s=-0.0812\pm 0.2880\mathrm{j}$，且这一对复根都位于 s 左半平面，即都具有负实部，所以系统 $G(s)$ 是稳定的。

令 $K=10$，再运行上面的代码可以发现，得出的一对根为 $0.0338\pm 0.2238\mathrm{j}$，其实部是正的，所以该系统是不稳定的。这样可以得出结论：在 $K\in(3,10)$ 内至少存在一个点位于稳定边界上。可以考虑用二分法找出这个边界：

```
>> a=3; b=10;
   while (b-a)>0.001, K=0.5*(a+b);
      f=@(s)s^sqrt(5)+25*s^sqrt(3)+16*s^sqrt(2)-K*s^0.4+7;
      more_sols(f,zeros(1,1,0),100+100i,eps,1);
      if real(X(1))>0, b=K; else, a=K; end
   end, K0=K
```

这样可以得出，临界增益为 $K_0=7.8492$。可见，若 $K<K_0$，则系统为稳定的，再增大增益则系统将变成不稳定系统。要验证这样的结果，可以绘制出当前 K_0 值下的系统阶跃响应曲线，如图 6-18 所示。可以看出，系统响应曲线基本上为等幅振荡，所以得出的临界增益是正确的。

```
>> na=[sqrt(5),sqrt(3),sqrt(2),0.4,0]; a=[1 25 16 -K0 7];
   t=0:0.1:200; y=fode_caputo9(a,na,1,0,0,ones(size(t)),t,4);
   plot(t,y)
```

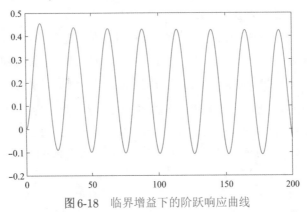

图 6-18   临界增益下的阶跃响应曲线

6.8.3   无理系统的稳定性判定

事实上，若无理传递函数模型 $G(s)$ 已知，且可以表现成 $G(s) = N(s)/D(s)$ 的形式，且 $D(s) = 0$ 为伪多项式方程，则可以由猜想 6-2 给出的方法判定其稳定性。

如果无理传递函数不能表示成上面的形式，或不能得出伪多项式 $D(s)$，则无法求出方程的特征根，也就不能利用猜想 6-2 给出的方法判定系统的稳定性。

定理 6-16 ▶ 传递函数为线性系统

如果系统能用传递函数 $G(s)$ 描述，不管 $G(s)$ 的数学形式多么复杂，该系统都是线性系统。

证明   如果一个系统满足叠加原理，指的是如果信号 $u_1(t)$ 和 $u_2(t)$ 单独激励系统，得出输出信号 $y_1(t)$ 和 $y_2(t)$，则由 $u(t) = au_1(t) + bu_2(t)$ 激励系统时，系统输出为 $y(t) = ay_1(t) + by_2(t)$，无论 a、b 如何取值。显然，从 Laplace 变换表示看

$$Y(s) = aG(s)U_1(s) + bG(s)U_2(s) = G(s)\left[aU_1(s) + bU_2(s)\right]$$

满足叠加原理，所以系统 $G(s)$ 是线性的。

对复杂系统而言，尤其是对例 6-22 这样的无理闭环系统，利用求闭环特征根的方法是无法判定稳定性的，所以，通过仿真的判定方法就成了唯一的选择。好在对线性系统而言，如果它对某一个非零信号稳定，该系统就是稳定的系统。因此，可以尝试直接求 $G(s)$ 或 $G(s)/s$ 的数值 Laplace 反变换，如果曲线不发散，则系统稳定。

例 6-28   考虑例 6-22 中给出的无理受控对象模型，假设该受控对象模型还带有

0.05 s 的时间延迟。如果给该受控对象设计一个 PID 控制器 $G_c(s) = 8 + 0.4/s + 0.2s$，并假设系统为单位负反馈结构，试分析闭环系统的稳定性。

　　解　对这样复杂的系统而言，没有其他方法可以判定其闭环系统稳定性，仿真方法是唯一可行的方法。可以将 PID 控制器也写成字符串的形式，与受控对象和时间延迟 $\mathrm{e}^{-0.05s}$ 串接起来，构成新的前向通路模型字符串。这样，由 INVLAP_new() 函数可以直接绘制系统的闭环阶跃响应曲线，如图 6-19 所示。由得出的结果看，这样的闭环系统是稳定的。

```
>> G='(sinh(0.1*sqrt(s))/0.1/sqrt(s))^2/sqrt(s)/sinh(sqrt(s))';
   Gc='(8+0.4/s+0.2*s)'; GG=[Gc '*' G '*exp(-0.05*s)'];
   [t,y]=INVLAP_new(GG,0,5,200,1,'1/s'); plot(t,y)
```

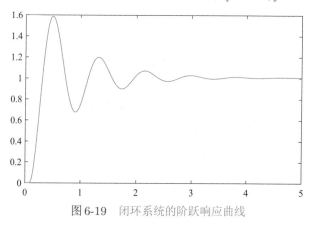

图 6-19　闭环系统的阶跃响应曲线

　　例 6-29　考虑例 6-28 给出的开环模型与控制器

$$G(s) = \left[\frac{\sinh(w\sqrt{s})}{w\sqrt{s}}\right]^2 \frac{1}{\sqrt{s}\sinh(\sqrt{s})} \mathrm{e}^{-Ts}, \ G_c(s) = 8 + 0.4\frac{1}{s} + 0.2s, \ w = 0.1$$

在延迟时间常数 $T = 0.05$ 时闭环系统是稳定的。如果尝试延迟时间常数 $T = 0.2$，则闭环系统是不稳定的。能否找到临界稳定的时间常数 T？

　　解　由受控对象、时间延迟与控制器可以写出闭环系统的特征方程

$$1 + G(s)G_c(s)\mathrm{e}^{-Ts} = 0$$

可以由 more_sols() 函数求出其全部特征根。用二分法找出特征根实部大于 0 的最小 T 值，这样的想法可以由下面语句实现，得出临界时间常数为 $T = 0.1103$，若 T 值大于临界值，则出现带有正实部的特征根。

```
>> G=@(s)(sinh(0.1*sqrt(s))/0.1/sqrt(s))^2/sqrt(s)/sinh(sqrt(s));
   Gc=@(s)(8+0.4/s+0.2*s); a=0.05; b=0.2;
   while (b-a)>1e-6, T=(b+a)/2; f=@(s)(1+Gc(s)*G(s)*exp(-T*s));
       more_sols(f,zeros(1,1,0),100+100i,1e-10,3);
       if any(real(X(:))>0), b=T; else, a=T; end
```

```
    end, T, X
```

如果令 $T = 0.1103$，则用下面的命令可以绘制闭环系统的阶跃响应曲线。这时的响应曲线是等幅振荡的正弦曲线（图形从略）。由此可以证实，得到的 T 值正是闭环系统稳定的临界时间常数值。

```
>> G='(sinh(0.1*sqrt(s))/0.1/sqrt(s))^2/sqrt(s)/sinh(sqrt(s))';
   Gc='(8+0.4/s+0.2*s)'; GG=[Gc '*' G '*exp(-0.1103*s)'];
   [t,y]=INVLAP_new(GG,0,5,200,1,'1/s'); plot(t,y)
```

猜想 6-3 ▶ 无理线性反馈系统的稳定性

对无理线性负反馈控制系统而言，若前向通路传递函数为 $G(s)$，反向通路传递函数为 $H(s)$，则可以构造闭环特征方程 $1 + G(s)H(s) = 0$，则若特征根都在 s 的左半平面，则闭环系统是稳定的。

说明 6-11 稳定性猜想 II

（1）对于例 6-29 中给出的问题或其他问题，至今没有已知的求解方法。

（2）由本猜想可直接求解问题，且通过实验验证此方法的正确性与可行性。

（3）无论特征方程的数学形式如何复杂，总可以用 more_sols() 函数尝试获得其全部特征根，并辅以仿真方法，判定无理系统的稳定性。

本 章 习 题

（1）试由定理 6-4 推导出部分分式展开的传递函数模型的斜坡响应，斜坡函数的数学形式与 Laplace 变换分别为 $u(t) = t$，$\mathscr{L}[u(t)] = 1/s^2$。

（2）试由定理 6-4 推导出 $G(s) = 1/(\tau s + 1)^\gamma$ 隐式微分方程的阶跃响应解析解。

（3）已知分数阶线性系统的传递函数如下，试求阶跃响应解析解。试用数值方法重新求解该问题，并验证得出结果的正确性。

$$G(s) = \frac{7s^{1.8} + 42s^{1.5} + 106s^{1.2} + 147s^{0.9} + 120s^{0.6} + 55s^{0.3} + 11}{s^{2.1} + 8s^{1.8} + 27s^{1.5} + 50s^{1.2} + 55s^{0.9} + 36s^{0.6} + 13s^{0.3} + 2}$$

由给定的分数阶传递函数导出相应的零初值微分方程模型，并求出阶跃响应的数值解。试与解析解得出的精确解进行比较，评价得出的误差。

（4）试求解下面的零初值 Riemann–Liouville 分数阶线性微分方程：

$$\begin{matrix} {}^{RL}_0\mathscr{D}^\pi_t y(t) + 4\, {}^{RL}_0\mathscr{D}^{1.5}_t y(t) + 2y(t) = \sqrt{4.2}\, e^{-\sqrt{t}} \sin\sqrt{5}t^2 \end{matrix}$$

试采用不同的方法验证得出解的正确性：① 选择不同的计算步长并对比结果；② 采用回代方法，将得出的数值解代回方程，检验解的正确性。

（5）试求下面的分数阶线性微分方程的数值解，并验证其解析解为 $y(t) = t + 1$。

$$y'(t) + {}^C_0\mathscr{D}^{0.5}_t y(t) + y(t) = t + 2\sqrt{\frac{t}{\pi}} + 2$$

其中，初值条件为 $y(0) = 1$。

(6) 试求下面的分数阶微分方程的数值解：
$$_0^{\mathrm{C}}\mathscr{D}_t^{0.7}y(t) = {_0^{\mathrm{RL}}}\mathscr{D}_t^{-0.3}\left(\frac{1}{\Gamma(t)}\right)$$

已知初值条件为 $y(0) = 0$，且其解析解为 $y(t) = \displaystyle\int_0^t \frac{1}{\Gamma(\tau)}\mathrm{d}\tau$。

(7) 试求下面的线性分数阶微分方程的数值解：
$$_0^{\mathrm{C}}\mathscr{D}_t^{0.5}y(t) = 2\,{_0^{\mathrm{RL}}}\mathscr{D}_t^{-0.5}t\sin t^2$$

已知方程的初值条件为 $y(0) = 0$，解析解为 $y(t) = 1 - \cos t^2$。

(8) 试求下面的线性分数阶微分方程的数值解：
$$_0^{\mathrm{C}}\mathscr{D}_t^{1.7}y(t) = \frac{t^{0.3}}{2}\left(\mathrm{E}_{1,1.3}(t) - \mathrm{E}_{1,1.3}(-t)\right)$$

已知初值条件为 $y(0) = 0$，$y'(0) = 1$，方程的解析解为 $y(t) = \sinh t$。

(9) 试求解下面的分数阶线性 Caputo 方程，并由回代方式验证得出的结果：
$$_0^{\mathrm{C}}\mathscr{D}_t^{\pi}y(t) + 4\,{_0^{\mathrm{C}}}\mathscr{D}_t^{1.5}y(t) + 2y(t) = \sqrt{4.2}\,\mathrm{e}^{-\sqrt{t}}\sin\sqrt{5}t^2 + 2$$

其中，$y(0) = 1$，$y'(0) = 0$，$y''(0) = 0$。比较方程的解与习题(4)的解。

(10) 如果系统的分母伪多项式为 $s^{\sqrt{11}} + 4s^{\pi} + 2s^{\sqrt{\pi}} + 5 = 0$，试判定该系统的稳定性。

(11) 考虑非线性方程 $(18s^{1.1} + 9)\mathrm{e}^{-s} + 3 + 29s^{1.2} + 46s^{\sqrt{3}} + 20s^{\pi} = 0$，有没有可能找到该方程全部的根？如果 e^{-s} 替换成 $\mathrm{e}^{-\sqrt{s}}$，该方程有多少个根？

(12) 若同元次状态方程模型由例 6-17 给出，试求出其状态转移矩阵的解析表达式。

(13) 考虑例 6-19 的传递函数模型。若需要将 $y(t)$ 的各个整数阶导数也选作状态变量，试重新选择状态变量，并写出分数阶扩展状态方程模型。

(14) 图 6-3 中给出了例 6-5 中线性分数阶微分方程的冲激响应与阶跃响应解析解。试在该图上分别叠印由数值 Laplace 反变换和 fode_sol() 函数得出的响应曲线，并验证其正确性。

(15) 考虑例 6-22 给出的无理开环传递函数模型，试选择不同的两组输入信号，用仿真方法验证该模型是线性的。

(16) 考虑文献 [14] 给出的开环传递函数模型如下。若该模型带有 $0.1\,\mathrm{s}$ 的时间延迟，试找出使得单位负反馈结构下闭环传递函数不稳定的临界 w 值。
$$G(s) = \left[\frac{\sinh(w\sqrt{s})}{w\sqrt{s}}\right]^2 \frac{1}{\sqrt{s}\sinh(\sqrt{s})}$$

(17) 考虑习题(16)中的无理开环受控对象模型，若 $w = 1$，没有时间延迟，已知 PD 控制器为 $G_{\mathrm{c}}(s) = 10.1351 + 1.0686s^{1.0728}$[13]，试绘制闭环系统的阶跃响应曲线。

(18) 本章给出了几个关于稳定性的猜想。你能找出猜想不正确的例子吗？

参 考 文 献

[1] Podlubny I. Fractional differential equations[M]. San Diego: Academic Press, 1999.

[2] Caputo M. Linear models of dissipation whose Q is almost frequency independent II[J]. Geophysical Journal International, 1967, 13(5): 529–539.

[3] Chamati H, Tonchev N S. Generalized Mittag-Leffler functions in the theory of finite-size scaling for systems with strong anisotropy and/or long-range interaction[J]. Journal of Physics A: Mathematical and General, 2006, 39(3): 469–478.

[4] Podlubny I. Fractional-order systems and $PI^\lambda D^\mu$-controllers[J]. IEEE Transactions on Automatic Control, 1999, 44(1): 208–214.

[5] Zhao C N, Xue D Y. Closed-form solutions to fractional-order linear differential equations[J]. Frontiers of Electrical and Electronic Engineering in China, 2008, 3(2): 214–217.

[6] Xue D Y, Bai L. Numerical algorithms for Caputo fractional-order differential equations[J]. International Journal of Control, 2017, 90(6): 1201–1211.

[7] Podlubny I. Matrix approach to discrete fractional calculus[J]. Fractional Calculus and Applied Analysis, 2000, 3(4): 359–386.

[8] Diethelm K. The analysis of fractional differential equations: an application-oriented exposition using differential operators of Caputo type[M]. New York: Springer, 2010.

[9] Monje C A, Chen Y Q, Vinagre B M, et al. Fractional-order systems and controls: Fundamentals and applications[M]. London: Springer, 2010.

[10] 薛定宇, 陈阳泉. 高等应用数学问题的MATLAB求解[M]. 3版. 北京: 清华大学出版社, 2013.

[11] Valsa J, Brančik L. Approximate formulae for numerical inversion of Laplace transforms[J]. International Journal of Numerical Modelling: Electronic Networks, Devices and Fields, 1998, 11(3): 153–166.

[12] Valsa J. Numerical inversion of Laplace transforms in MATLAB[OL]. [2023-3-13]. https://ww2.mathworks.cn/matlabcentral/fileexchange/32824-numerical-inversion-of-laplace-transforms-in-matlab.

[13] 薛定宇. 控制系统计算机辅助设计——MATLAB语言与应用[M]. 4版. 北京: 清华大学出版社, 2022.

[14] Callier F M, Winkin J. Infinite dimensional system transfer functions. // Curtain R F, Bensoussan A, Lions J L. Analysis and optimization of systems: state and frequency domain approaches for infinite-dimensional systems[M]. Berlin: Springer-Verlag, 1993.

[15] Matignon D. Stability properties for generalized fractional differential equations[C]. ESAIM: Proceedings of Fractional Differential Systems: Models, Methods and Applications, 1998, 5: 145–158.

[16] 薛定宇. 薛定宇教授大讲堂（卷IV）: MATLAB最优化计算[M]. 北京: 清华大学出版社, 2020.

第7章 非线性分数阶微分方程的数值求解

在第6章中曾给出了线性分数阶微分方程的解析解方法,并给出了Riemann–Liouville与Caputo微分方程的高精度数值算法。在控制系统研究与其他领域的应用中,非线性的行为是难以避免的,所以本章将着重探讨非线性分数阶微分方程的数值解方法。

为了更好地理解微分方程的求解,7.1节列出了分数阶非线性微分方程的几种形式,包括一般显式微分方程、同元次状态方程和扩展状态方程等。

本章的后续内容侧重于介绍分数阶非线性微分方程的数值求解方法。在非线性分数阶常微分方程求解领域并没有整数阶常微分方程那么多的数值算法,在文献中只能看到有限的几种常用方法被平移到了分数阶领域。比如,文献 [1] 中很好地描述了基于 Adams–Bashforth–Moulton 的预估校正算法,在7.2节中将介绍该算法,推导并实现扩展状态方程的数值解方法。在实际应用中该方法的效率和适应范围都很有限,所以在7.3节中提出并实现高效高精度的数值解算法,从求解精度到求解效率等多个方面均远远优于这里介绍的其他方法。

为更好地评价各种数值求解方法,本章还将通过作者设计的基准测试问题比较这些算法的优劣,并给出提高求解效率的建议。

当然,本章将介绍的算法有很多局限性。首先,这里介绍的方法是定步长的算法,其次,这里介绍的方法都是人为给定一个计算步长,通过迭代或递推的方法得出微分方程的数值解。这种方法比较接近于开环控制,给出一个步长之后直接推导结果,中间没有任何监测机制。这不同于整数阶微分方程的变步长自适应数值解法,在变步长算法内部有一个检测机制,根据误差的大小自动调节计算步长,保证求解的精度与效率。这种方法类似于闭环控制。

本章这些方法在本书中统称为命令式的求解方法。和第8章将介绍的基于框图的求解算法相比,本章介绍的方法可以求解的微分方程类型是有很大局限性的。

7.1 分数阶微分方程描述

第6章比较详细地介绍了分数阶线性微分方程及其求解方法，本书剩余的内容将探讨各类非线性分数阶微分方程的数值求解方法。

7.1.1 分数阶微分方程的一般形式

这里首先给出简单显式分数阶微分方程的最基本形式，然后介绍几种不同的常用显式分数阶微分方程表现形式。

定义 7-1 ▶ 显式分数阶微分方程

显式非线性分数阶微分方程的基本形式为

$$
{}_{t_0}^{\mathrm{C}}\mathscr{D}^{\alpha}y(t) = f\big(t, y(t), {}_{t_0}^{\mathrm{C}}\mathscr{D}^{\alpha_1}y(t), {}_{t_0}^{\mathrm{C}}\mathscr{D}^{\alpha_2}y(t), \cdots, {}_{t_0}^{\mathrm{C}}\mathscr{D}^{\alpha_n}y(t)\big) \tag{7-1-1}
$$

式中，$\alpha > \max(\alpha_1, \alpha_2, \cdots, \alpha_n) > 0$。已知的 $y(t)$ 函数及其导数的初值为

$$
y(t_0) = y_0, \ y'(t_0) = y_1, \ y''(t_0) = y_2, \cdots, \ y^{(q-1)}(t_0) = y_{q-1} \tag{7-1-2}
$$

其中，$q = \lceil \alpha \rceil$。为叙述方便，不妨假设 $\alpha_1 > \alpha_2 > \cdots > \alpha_n > 0$。

除了这里给出的显式微分方程，分数阶微分方程还可能包含其他形式，例如，显式分数阶微分方程组、隐式分数阶微分方程、分数阶延迟微分方程等形式，也可能包含分数阶微分方程的边值问题等。这些内容将在第9章进一步探讨。

例 7-1 文献 [1] 给出了一个非线性微分方程数值解的测试例子：

$$
{}_{0}^{\mathrm{C}}\mathscr{D}_t^{1.455}y(t) = -t^{0.1}\frac{\mathrm{E}_{1.545}(-t)}{\mathrm{E}_{1.445}(-t)}\mathrm{e}^t y(t)\, {}_{0}^{\mathrm{C}}\mathscr{D}_t^{0.555}y(t) + \mathrm{e}^{-2t} - \big[y'(t)\big]^2 \tag{7-1-3}
$$

式中，$y(0) = 1, y'(0) = -1$，并声称该微分方程的解析解为 $y(t) = \mathrm{e}^{-t}$。事实上，e^{-t} 并不是式 (7-1-3) 的解析解。

本书作者发现原方程中双参数的 Mittag-Leffler 函数被误写成单参数的函数，因此在原方程的基础上重新构建了分数阶非线性微分方程，使其解析解为 $y(t) = \mathrm{e}^{-t}$。

$$
{}_{0}^{\mathrm{C}}\mathscr{D}_t^{1.455}y(t) = -t^{0.1}\frac{\mathrm{E}_{1,1.545}(-t)}{\mathrm{E}_{1,1.445}(-t)}\mathrm{e}^t y(t)\, {}_{0}^{\mathrm{C}}\mathscr{D}_t^{0.555}y(t) + \mathrm{e}^{-2t} - \big[y'(t)\big]^2 \tag{7-1-4}
$$

例 7-2 试证明 $y(t) = \mathrm{e}^{-t}$ 是分数阶微分方程 (7-1-4) 的解析解。

解 若想证明某个解满足一个微分方程是比较容易的事，只需将该解代入方程，观察是否满足原微分方程即可。显然，$y(0) = \mathrm{e}^{-0} = 1, y'(0) = -\mathrm{e}^{-0} = -1$，说明方程的初始条件是满足的。

利用定理 3-6 给出的重要性质：${}_{0}^{\mathrm{C}}\mathscr{D}_t^{\alpha}\mathrm{e}^{\lambda t} = \lambda^m t^{\gamma}\mathrm{E}_{1,\gamma+1}(\lambda t)$，其中，$m = \lceil \alpha \rceil$，$\gamma = m - \alpha$。可见，若 $y(t) = \mathrm{e}^{-t}$，则 ${}_{0}^{\mathrm{C}}\mathscr{D}_t^{1.455}y(t)$ 中 $m = 2, \gamma = 0.545, \lambda = -1$，可以得出

${}_0^C\mathscr{D}_t^{1.455}y(t) = (-1)^2 t^{0.545}\mathrm{E}_{1,1.545}(-t)$。同理，${}_0^C\mathscr{D}_t^{0.555}y(t)$ 中 $m = 1, \gamma = 0.445$，可以得出 ${}_0^C\mathscr{D}_t^{0.555}y(t) = (-1)^1 t^{0.445}\mathrm{E}_{1,1.445}(-t)$，代入方程（7-1-3）的右端，则

$$-t^{0.1}\frac{\mathrm{E}_{1,1.545}(-t)}{\mathrm{E}_{1,1.445}(-t)}e^t e^{-t}(-1)^1 t^{0.445}\mathrm{E}_{1,1.445}(-t) + e^{-2t} - \left[e^{-t}\right]^2 = t^{0.545}\mathrm{E}_{1,1.545}(-t)$$

显然，等号右边与 ${}_0^C\mathscr{D}_t^{1.455}y(t)$ 也一致，由此证明式（7-1-4）的解析解为 $y(t) = e^{-t}$。

7.1.2 同元次状态方程

同元次分数阶微分方程模型是定义 7-1 给出的一般显式微分方程的一类特例。下面给出其一般数学形式。

定义 7-2 ▶ 同元次显式 Caputo 方程

一类非线性同元次显式 Caputo 微分方程的数学形式为

$$
{}_0^C\mathscr{D}_t^{n\alpha}y(t) = f\Big(t, y(t), {}_0^C\mathscr{D}_t^{\alpha}y(t), {}_0^C\mathscr{D}_t^{2\alpha}y(t), \cdots, {}_0^C\mathscr{D}_t^{(n-1)\alpha}y(t)\Big) \tag{7-1-5}
$$

其初始条件由式（7-1-2）给出。

可以引入一组状态变量

$$x_1(t) = y(t),\ x_2(t) = {}_0^C\mathscr{D}_t^{\alpha}y(t), \cdots,\ x_n(t) = {}_0^C\mathscr{D}_t^{(n-1)\alpha}y(t) \tag{7-1-6}$$

则相应的状态方程可以写成

$$
\begin{cases}
{}_0^C\mathscr{D}_t^{\alpha}x_1(t) = x_2(t) \\
{}_0^C\mathscr{D}_t^{\alpha}x_2(t) = x_3(t) \\
\quad\quad\vdots \\
{}_0^C\mathscr{D}_t^{\alpha}x_{n-1}(t) = x_n(t) \\
{}_0^C\mathscr{D}_t^{\alpha}x_n(t) = f\big(t, x_1(t), x_2(t), \cdots, x_n(t)\big)
\end{cases} \tag{7-1-7}
$$

由此可以获得同元次状态方程模型。

定义 7-3 ▶ 同元次状态方程模型

同元次状态方程模型的基本形式为

$$
{}_0^C\mathscr{D}_t^{\alpha}\boldsymbol{x}(t) = \boldsymbol{F}\big(t, \boldsymbol{x}(t)\big) \tag{7-1-8}
$$

其中，$\boldsymbol{x}(t)$ 称为状态变量向量。状态变量的初始条件可以按下面规则设定[1]：如果 $(i-1)\alpha$ 为整数，则 $x_i(0) = y_{(i-1)\alpha}$；否则，$x_i(0) = 0$。

7.1.3 扩展状态方程

本节先通过例子演示前面介绍的同元次状态方程模型的局限性，然后给出一般非同元次扩展状态方程的数学表达式。

例 7-3 考虑例 7-1 给出的正确的非线性 Caputo 微分方程, 试将方程写成同元次状态方程的形式。

解 若想将原方程转换成同元次状态方程, 则首先需要找出其基阶。求取基阶可以使用如下的 MATLAB 命令:

```
>> [n d]=rat([1.455, 1, 0.555]);    % 列出所有的导数阶次
   a=gcd(sym(n))/lcm(sym(d)), n=1.455/a, n1=0.555/a, n2=1/a
```

从结果可见, 方程的基阶应该选择为 $\alpha = 0.005$, 同时可知原方程有 $n = 291$ 个状态, 且其关键的状态可以选为 $x_1(t) = y(t)$, $x_{112}(t) = \mathscr{D}^{0.555}y(t)$, $x_{201}(t) = y'(t)$, $x_{291} = \mathscr{D}^{1.450}y(t)$, 可以写出状态方程为

$$
\begin{cases}
{}_0^C\mathscr{D}^\alpha x_i(t) = x_{i+1}(t), \ i = 1, 2, \cdots, 290 \\
{}_0^C\mathscr{D}_t^\alpha x_{291}(t) = -t^{0.1}\dfrac{E_{1,1.545}(-t)}{E_{1,1.445}(-t)}\,\mathrm{e}^t x_1(t) x_{112}(t) + \mathrm{e}^{-2t} - x_{201}^2(t)
\end{cases}
$$

按照前面给出的初值规则, 只有对应于 $y(t)$ 及其整数阶导数的状态变量初值可以继承自方程的已知初值, 其余的状态变量初值均为零。因此有 $x_1(0) = y(0) = 1$, $x_{201}(0) = y'(0) = -1$, 其余状态变量的初值为零。

从这里得出的状态方程模型看, 状态变量个数过多, 因此需要考虑引入更简洁的状态方程表示方法。

例 7-4 重新考虑例 7-1 的非线性 Caputo 微分方程模型, 试选择状态变量, 将方程写成更简洁的状态方程形式。

解 选择状态变量 $x_1(t) = y(t)$, $x_2(t) = {}_0^C\mathscr{D}_t^{0.555}y(t)$, $x_3(t) = y'(t)$, 就可以直接写出分数阶扩展状态方程表达式为

$$
\begin{cases}
{}_0^C\mathscr{D}_t^{0.555} x_1(t) = x_2(t) \\
{}_0^C\mathscr{D}_t^{0.445} x_2(t) = x_3(t) \\
{}_0^C\mathscr{D}_t^{0.455} x_3(t) = -t^{0.1}\dfrac{E_{1,1.545}(-t)}{E_{1,1.445}(-t)}\,\mathrm{e}^t x_1(t) x_2(t) + \mathrm{e}^{-2t} - x_3^2(t)
\end{cases}
$$

如果一个状态是输出信号 $y(t)$ 或输出信号的整数阶导数, 则该状态的初值由 Caputo 分数阶方程的初值直接赋值, 否则, 该状态变量的初值为零。对这里给出的例子而言, 初始状态为 $x_1(0) = 1$, $x_2(0) = 0$, $x_3(0) = -1$。

本例从初值的选择上给出提示: 即使原分数阶微分方程中没有 $y'(t)$ 或其他整数阶导数项, 在选择状态变量时也应该将它们设置成状态变量, 否则它们的初值在状态方程中无法反映, 得出的微分方程的解就会出现问题。

总结上述的介绍, 可以得出一般的非线性分数阶扩展状态方程模型, 其标准形式定义如下:

定义 7-4 ▶ 扩展状态方程

非线性分数阶扩展状态方程的一般形式为

$$ {}_{0}^{C}\mathscr{D}_{t}^{\boldsymbol{\alpha}}\boldsymbol{x}(t) = \boldsymbol{f}(t, \boldsymbol{x}(t)) \tag{7-1-9} $$

且已知其初始条件向量为 $\boldsymbol{x}(0)$,阶次向量 $\boldsymbol{\alpha}$ 是与 $\boldsymbol{x}(t)$ 等长的向量。

比较定义 7-3 与定义 7-4 的数学表达式可见,二者最大的区别在于状态变量导数的阶次:定义 7-3 中的 α 为标量,而定义 7-4 中的 $\boldsymbol{\alpha}$ 为向量。

7.2 非线性Caputo微分方程的数值解算法

在第 6 章中曾经广泛深入地探讨了线性 Caputo 微分方程的求解方法,提出并开发了高精度求解一般线性 Caputo 微分方程的 MATLAB 函数,本节将探讨非线性 Caputo 微分方程的一般数值解方法。

本节将首先探讨非线性 Caputo 微分方程的最简单形式——单项微分方程的求解方法,并将该算法拓展到多项微分方程的求解,然后探讨分数阶扩展状态方程的数值求解方法。

7.2.1 标量型同元次方程的数值解方法

定义 7-3 给出的同元次状态方程又称为单项(single-term)微分方程。为叙述方便,将 $\boldsymbol{x}(t)$ 改写成 $\boldsymbol{y}(t)$,即方程的原型为 Caputo 定义的状态方程 ${}_{0}^{C}\mathscr{D}_{t}^{\alpha}\boldsymbol{y}(t) = \boldsymbol{f}(t, \boldsymbol{y}(t))$。该方程对应于整数阶微分方程 $\boldsymbol{y}'(t) = f(t, \boldsymbol{y}(t))$ 的形式。

定理 7-1 ▶ 同元次微分方程的解析解

方程(7-1-8)的解析解可以写成如下的形式[1]:

$$ \boldsymbol{y}(t) = \sum_{k=0}^{q-1} \frac{t^k}{k!} \boldsymbol{y}^{(k)}(0) + \frac{1}{\Gamma(\alpha)} \int_0^t \frac{\boldsymbol{f}(\tau, \boldsymbol{y}(\tau))}{(t-\tau)^{1-\alpha}} \mathrm{d}\tau \tag{7-2-1} $$

其中,$q = \lceil \alpha \rceil$。

方便起见,下面先总结回顾一下整数阶微分方程的经典 Adams–Bashforth–Moulton 预估校正算法。原始的显式微分方程的数学形式为

$$ \boldsymbol{y}'(t) = \boldsymbol{f}(t, \boldsymbol{y}(t)), \ \text{其初始条件为} \ \boldsymbol{y}(0) = \boldsymbol{y}_0 \tag{7-2-2} $$

假设感兴趣的时间区间为 $t \in (0, t_n)$,并选择了定步长 h,就可以设置等间距节点 $0, h, 2h, \cdots$,将感兴趣的区间分割成若干子区间。假定已经得出节点 k 处的方程

的解为 $\boldsymbol{y}_k = \boldsymbol{y}(kh)$,则其在下一个节点处的解 $\boldsymbol{y}_{k+1}$ 可以直接写成

$$\boldsymbol{y}_{k+1} = \boldsymbol{y}_k + \int_{t_k}^{t_{k+1}} \boldsymbol{f}(\tau, \boldsymbol{y}(\tau)) \mathrm{d}\tau \tag{7-2-3}$$

如果步长 h 很小,则解中的积分项可以由两点梯形面积公式近似:

$$\boldsymbol{y}_{k+1} = \boldsymbol{y}_k + \frac{h}{2}\left[\boldsymbol{f}(t_k, \boldsymbol{y}_k) + \boldsymbol{f}(t_{k+1}, \boldsymbol{y}_{k+1})\right] \tag{7-2-4}$$

因为 $\boldsymbol{y}_{k+1}$ 项同时在方程两端出现,所以若想避免求解非线性方程,则需将等号右边的 $\boldsymbol{y}_{k+1}$ 项用一个预估值 $\boldsymbol{y}_{k+1}^{\mathrm{p}}$ 替代,这样,可以用迭代的方法求出 $\boldsymbol{y}_{k+1}$ 项。式(7-2-4)可以重新写成

$$\boldsymbol{y}_{k+1} = \boldsymbol{y}_k + \frac{h}{2}\left[\boldsymbol{f}(t_k, \boldsymbol{y}_k) + \boldsymbol{f}(t_{k+1}, \boldsymbol{y}_{k+1}^{\mathrm{p}})\right] \tag{7-2-5}$$

该方程又称为校正公式。

初始的预估值 $\boldsymbol{y}_{k+1}^{\mathrm{p}}$ 可以由 Euler 公式直接得出:

$$\boldsymbol{y}_{k+1}^{\mathrm{p}} = \boldsymbol{y}_k + h\boldsymbol{f}(t_k, \boldsymbol{y}_k) \tag{7-2-6}$$

该方程又称为预估公式。

算法 7-1 ▶ Adams–Bashforth–Moulton 预估校正算法

(1)将 k 设置为0,第一项的值设置为 $\boldsymbol{y}_0$。
(2)对每个 k 值,由式(7-2-6)计算出初始的预估值 $\boldsymbol{y}_{k+1}^{\mathrm{p}}$。
(3)由式(7-2-5)计算出校正值 $\boldsymbol{y}_{k+1}$。

类似于整数阶的预估校正算法,对式(7-1-8)描述的 Caputo 分数阶微分方程,也可以得出分数阶的校正公式[1]:

$$\boldsymbol{y}_{k+1} = \sum_{i=0}^{q-1} \frac{t_{k+1}^i}{i!} \boldsymbol{y}^{(i)}(0) + \frac{1}{\Gamma(\alpha)}\left[a_{k+1,k+1}\boldsymbol{f}(t_{k+1}, \boldsymbol{y}_{k+1}^{\mathrm{p}}) + \sum_{i=0}^{k} a_{i,k+1}\boldsymbol{f}(t_i, \boldsymbol{y}_i)\right] \tag{7-2-7}$$

式中,对于不等间距分割的时间轴网格,系数 a_{ij} 可以由下面的式子递推求出:

$$a_{0,k+1} = \frac{(t_{k+1}-t_1)^{\alpha+1} + t_{k+1}^\alpha\left[(\alpha+1)t_1 - t_{k+1}\right]}{t_1\alpha(\alpha+1)} \tag{7-2-8}$$

$$a_{i,k+1} = \frac{(t_{k+1}-t_{i-1})^{\alpha+1} + (t_{k+1}-t_i)^\alpha\left[\alpha(t_{i-1}-t_i)+t_{i-1}-t_{k+1}\right]}{(t_i-t_{i-1})\alpha(\alpha+1)} +$$
$$\frac{(t_{k+1}-t_{i-1})^{\alpha+1} - (t_{k+1}-t_i)^\alpha\left[\alpha(t_i-t_{i+1})-t_{i+1}+t_{k+1}\right]}{(t_{i+1}-t_i)\alpha(\alpha+1)} \tag{7-2-9}$$

式中,$1 \leqslant i \leqslant k$,且

$$a_{k+1,k+1} = \frac{(t_{k+1} - t_k)^\alpha}{\alpha(\alpha + 1)} \tag{7-2-10}$$

如果选择了等间距的节点,则上面的公式可以简化为

$$a_{i,k+1} = \begin{cases} \dfrac{h^\alpha}{\alpha(\alpha+1)}\Big[k^{\alpha+1} - (k-\alpha)(k+1)^\alpha\Big], & i = 0 \\[3mm] \dfrac{h^\alpha}{\alpha(\alpha+1)}\Big[(k-i+2)^{\alpha+1} + (k-i)^{\alpha+1} - 2(k-i+1)^{\alpha+1}\Big], & 1 \leqslant i \leqslant k \\[3mm] \dfrac{h^\alpha}{\alpha(\alpha+1)}, & i = k+1 \end{cases} \tag{7-2-11}$$

还可以写出分数阶 Adams–Bashforth–Moulton 算法的预估方程:

$$\boldsymbol{y}_{k+1}^{\mathrm{p}} = \sum_{i=0}^{q-1} \frac{t_{k+1}^i}{i!} \boldsymbol{y}^{(i)}(0) + \frac{1}{\Gamma(\alpha)} \sum_{i=0}^{k} b_{i,k+1} \boldsymbol{f}(t_i, \boldsymbol{y}_i) \tag{7-2-12}$$

式中,

$$b_{i,k+1} = \frac{1}{\alpha}\Big[(t_{k+1} - t_i)^\alpha - (t_{k+1} - t_{i+1})^\alpha\Big] \tag{7-2-13}$$

对等间距的时间轴分隔而言,$b_{i,k+1}$ 系数可以由下式得出:

$$b_{i,k+1} = \frac{h^\alpha}{\alpha}\Big[(k+1-i)^\alpha - (k-i)^\alpha\Big] \tag{7-2-14}$$

可以证明,若 $\alpha \geqslant 1$,该算法的精度为 $o(h^2)$;若 $\alpha < 1$,该算法的精度为 $o(h^{1+\alpha})$。这样,完整的分数阶 Adams–Bashforth–Moulton 预估校正算法可以归结如下:

算法 7-2 ▶ 分数阶 Adams–Bashforth–Moulton 预估校正算法

(1)对每一个 k 值进行循环,由式(7-2-14)计算预估系数 $b_{i,k+1}$。

(2)由式(7-2-11)计算校正系数 $a_{i,k+1}$。

(3)由式(7-2-12)计算出预估的解 $\boldsymbol{y}_{k+1}^{\mathrm{p}}$。

(4)由式(7-2-7)计算方程的解 $\boldsymbol{y}_{k+1}$。

(5)若 $\boldsymbol{y}(t)$ 不是标量函数,对每个 k 值使用迭代算法,直到得出收敛的 $\boldsymbol{y}_{k+1}$。

说明 7-1 预估校正算法

(1)在实际应用中,如果启用迭代过程,则预估方程不是很重要,因为它仅仅提供了迭代过程的初值;如果跳过了预估算法,则可能大大减少计算量,通常可能减少30%到50%。

(2)如果跳过预估算法,第一步的预估值 $\boldsymbol{y}_1^{\mathrm{p}}$ 可以选为 $\boldsymbol{y}_0$,而后续点的初值选为 $\boldsymbol{y}_{k+1}^{\mathrm{p}} = \boldsymbol{y}_k$ 即可有很好的预估效果。

(3)本算法中假定时间轴是等间距分割的,如果不等间距分割,则由式(7-2-9)可以计算校正系数 $a_{i,k+1}$,并用上面的方法跳过预估。

（4）尽管 a_{ij} 和 b_{ij} 像矩阵，在实际应用中每步 k 中用向量就足以存储它们。

（5）如果 $\boldsymbol{y}(t)$ 为向量函数，若不采用迭代过程可能得出错误的结果。

基于上述算法，可以用 MATLAB 语言编写出下面的预估校正算法求解函数：

```
function [y,t]=pepc_nlfode(f,alpha,y0,h,tn,err,key)
    arguments
        f, alpha(1,1), y0, h(1,1), tn(1,1) {mustBePositive}
        err(1,1)=1e-6; key(1,1){mustBeMember(key,1:3)}=0
    end
    t=0; y1=y0; q=ceil(alpha); a1=alpha+1; m=round(tn/h);
    K=h^alpha/alpha/a1; Ga=1/gamma(alpha);
    y=[y1 zeros(size(y0,1),m)]; n=length(y1);
    for k=0:m-1, tk1=t(end)+h; t=[t,tk1]; ii=0:k; y01=0;
        for i=1:q,y01=y01+tk1^(i-1)/factorial(i-1)*y0(:,i); end
        if key==1, yp=y(:,k+1);
        else, yp=y01;
            b=h^alpha/alpha*((k+1-ii).^alpha-(k-ii).^alpha);
            for i=0:k, yp=yp+b(i+1)*f(t(i+1),y(:,i+1))*Ga; end
        end
        if key~=2
            ii=1:k; a2=(k-ii+2).^a1+(k-ii).^a1-2*(k-ii+1).^a1;
            a0=k^a1-(k-alpha)*(k+1)^alpha; a=[a0 a2 1]*K;
            while (1), y1=y01+a(k+2)*f(tk1,yp)*Ga;
                for i=0:k, y1=y1+a(i+1)*f(t(i+1),y(:,i+1))*Ga; end
                if (norm(y1-yp)<err||(key==0&&n==1)||key==3), break;
                else, yp=y1; end
            end
        else, y1=yp; end, y(:,k+2)=y1;
    end, y=y'; t=t';
end
```

该函数的调用格式为 $[y,t]=\mathrm{pepc\_nlfode}(f,\alpha,y_0,h,t_\mathrm{n},\epsilon,\mathrm{key})$，其中 f 为等号右侧函数 $\boldsymbol{f}(t,\boldsymbol{y})$ 的函数句柄，α 为阶次，输入变量 $\boldsymbol{y}_0$ 为初始值向量，h 为计算步长，t_n 为终止仿真时间，ϵ 为校正算法的误差容限，其默认值为 10^{-6}。若输入变量 **key** 设置成 1，则跳过预估方程，得出迭代解；若 **key** 为 3，则先求出预估解，然后利用迭代过程得出迭代解 $\boldsymbol{t}$ 与 $\boldsymbol{y}$；若 **key** 设置为 2，则采用常规预估校正算法，不采用迭代过程，这时，误差容限 **err** 不起任何作用。

例 7-5　试求解下面的非线性单项 Caputo 微分方程[1]：

$$\mathscr{D}_t^\alpha y(t)=\frac{40320}{\Gamma(9-\alpha)}t^{8-\alpha}-3\frac{\Gamma(5+\alpha/2)}{\Gamma(5-\alpha/2)}t^{4-\alpha/2}+\frac{9}{4}\Gamma(\alpha+1)+\left(\frac{3}{2}t^{\alpha/2}-t^4\right)^3-y^{3/2}(t)$$

式中, 时间区间为 $t \in (0,1)$, 初始值为 $y(0)=0$, $y'(0)=0$。已知该方程的解析解为 $y(t) = t^8 - 3t^{4+\alpha/2} + 9t^\alpha/4$。若令 $\alpha=1.25$, 试评估该算法及MATLAB实现的精度与速度。

解　可见该方程只有一个状态, $f(t,y(t))$ 函数为标量函数, 可以由下面的匿名函数直接描述:

```
>> alpha=1.25; y0=[0,0];
   f=@(t,y)40320/gamma(9-alpha)*t.^(8-alpha)-...
       3*gamma(5+alpha/2)/gamma(5-alpha/2)*t.^(4-alpha/2)+...
       9/4*gamma(alpha+1)+(3/2*t.^(alpha/2)-t.^4).^3-y.^(3/2);
```

若选择计算步长为 $h=0.01$, 并不使用预估值, 则可以直接由下面语句求解方程, 得出的解如图 7-1 所示。图 7-1 中还给出了单独使用预估方法得出的解, 并叠印了解析解, 可以看出, 预估解是有可见误差的。事实上, 迭代解的误差向量的范数为 5.2198×10^{-6}。

```
>> h=0.01; err=1e-10; key=1; tn=1;
   tic, [y,t]=pepc_nlfode(f,alpha,y0,h,tn,err,1);  toc
   tic, [y1,t]=pepc_nlfode(f,alpha,y0,h,tn,err,2); toc
   tic, [y2,t]=pepc_nlfode(f,alpha,y0,h,tn,err,3); toc
   ya1=t.^8-3*t.^(4+alpha/2)+9*t.^alpha/4;
   plot(t,y,t,ya1,'--',t,y1,':',t,y2,'-.')
   N=length(t);, norm(y-ya1)/N
```

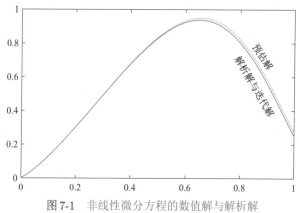

图 7-1　非线性微分方程的数值解与解析解

如果选择不同的计算步长, 并设置不同的 key 值, 则可以测出不同步长与算法下的计算精度与耗时, 在表 7-1 中给出。可见, 从计算精度看不能关闭校正算法, 但可以跳过预估解。在实际应用中建议将 key 的值设置成 1。

7.2.2　向量型同元次Caputo微分方程的求解

从前面的介绍可见, 单项 Caputo 方程似乎涵盖的范围很窄, 因为显式方程右侧只含有 $y(t)$ 信号, 不含有 $y(t)$ 的分数阶导数。本节最终将探讨定义 7-1 给出的更

表 7-1　不同计算步长下算法的比较

计算	跳过预估解（key=1）		选预估解作为初值（key=3）		只使用预估解（key=2）	
步长 h	误差范数	耗时	误差范数	耗时	误差范数	耗时
0.05	2.9228×10^{-4}	0.002	4.0080×10^{-4}	0.004	0.0130	0.017
0.01	5.2198×10^{-6}	0.069	6.5977×10^{-6}	0.101	0.0012	0.026
0.005	9.2358×10^{-7}	0.182	1.1287×10^{-6}	1.083	4.2120×10^{-4}	0.053
0.001	1.6536×10^{-8}	3.330	1.8968×10^{-8}	2.312	3.7732×10^{-5}	1.188
0.0005	2.9236×10^{-9}	13.02	3.2832×10^{-9}	9.012	1.3343×10^{-5}	4.793

广泛的一类 Caputo 微分方程的数值求解。

事实上，文献 [1] 中介绍的算法很难实现，所以这里只考虑用单项方程求解方法求解其一个特例——同元次形式。可以看出，同元次非线性微分方程可以转换成单项微分方程的形式直接求解。下面将通过例子演示微分方程的求解过程。

例 7-6　试求解例 6-12 中给出的 Bagley–Torwik 微分方程

$$Ay''(t) + B\,{}_0^{\mathrm{C}}\mathscr{D}_t^{3/2}y(t) + Cy(t) = C(t+1) \quad 且 \quad y(0) = y'(0) = 1$$

解　可见，这时的基阶应该选择为 $\alpha_0 = 1/2$，再选择状态变量

$$x_1(t) = y(t),\ x_2(t) = {}_0^{\mathrm{C}}\mathscr{D}_t^{1/2}y(t),\ x_3(t) = y'(t),\ x_4(t) = {}_0^{\mathrm{C}}\mathscr{D}_t^{3/2}y(t)$$

可以将其对应的状态方程写成

$$
{}_0^{\mathrm{C}}\mathscr{D}_t^{1/2}\boldsymbol{x}(t) = \begin{bmatrix} x_2(t) \\ x_3(t) \\ x_4(t) \\ C(t+1) - Cx_1(t)/A - Bx_4(t)/A \end{bmatrix},\quad \boldsymbol{x}_0 = \begin{bmatrix} 1 \\ 0 \\ 1 \\ 0 \end{bmatrix}
$$

可以如下选择状态变量的初始值。因为第一和第三状态满足 $i\alpha_0$ 为整数这一条件，所以它们应该分别设置为 $y(0)$ 和 $y'(0)$，而其他两个状态变量的初值应该设置为零。假设选择参数 $A = 1, B = 2, C = 3$，可以求出各个状态的时域响应曲线，如图 7-2 所示，其中第一状态与 $t+1$ 曲线重合，最大误差为 0.0015，说明该求解函数是精确的。

```
>> A=1; B=2; C=3; x0=[1; 0; 1; 0];
   f=@(t,x)[x(2); x(3); x(4); C*(t+1)-C*x(1)/A-B*x(4)/A];
   [x,t]=pepc_nlfode(f,1/2,x0,0.01,3,1e-10,1);
   plot(t,x,t,1+t,'--'), err=x(:,1)-t-1; max(abs(err))
```

事实上，正如例 6-12 中指出的那样，不管如何选择参数 A, B 和 C，第一状态的解析解总为 $x_1(t) = t+1$。

例 7-7　试用传统的预估校正法求出例 7-3 中同元次 Caputo 微分方程的数值解。

解　传统的预估校正法是指利用式（7-2-12）先得出预估解，再由式（7-2-7）直接计算校正解的方法，即 pepc_nlfode() 函数调用时令 key 的值为 3 的求解方法。

由例 7-3 中给出的方法，选择基阶为 $\alpha = 0.005$，可以建立有 291 个状态的同元次状

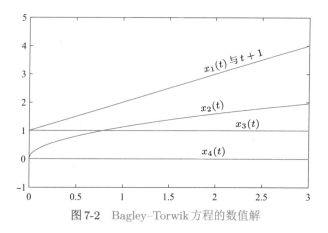

图 7-2 Bagley–Torwik 方程的数值解

态方程:

$$\begin{cases} {}^C_0\mathscr{D}^\alpha_t x_i(t) = x_{i+1}(t), \ i = 1, 2, \cdots, 290 \\ {}^C_0\mathscr{D}^\alpha_t x_{291}(t) = -t^{0.1}\dfrac{\mathrm{E}_{1,1.545}(-t)}{\mathrm{E}_{1,1.445}(-t)}\,\mathrm{e}^t x_1(t)\,x_{112}(t) + \mathrm{e}^{-2t} - x^2_{201}(t) \end{cases}$$

且 $x_1(0) = y(0) = 1$, $x_{201}(0) = y'(0) = -1$, 其余状态变量的初值为零。该状态方程对应的 MATLAB 函数如下:

```
>> f=@(t,x)[x(2:end);
        -t^0.1*ml_func([1,1.545],-t)/ml_func([1,1.445],-t)...
        *exp(t)*x(1)*x(112)+exp(-2*t)-x(201)^2];
```

可以将初值 $y(0)$ 和 $y'(0)$ 分别赋给状态变量 $x_1(t)$ 和 $x_{201}(t)$, 并令其他状态变量的初值为零, 再选择计算步长 $h = 0.001$。先考虑传统的预估校正算法, 即设置 key 为 2, 可以给出下面的语句:

```
>> y0=zeros(291,1); y0([1,201])=[1; -1];
   alpha=0.005; h=0.001; tn=1; key=2;     % 只求预估校正解
   tic, [y,t]=pepc_nlfode(f,alpha,y0,h,tn,1e-10,key); toc
   max(abs(y(:,1)-exp(-t)))               % 求最大误差
   plot(t,y(:,1),t,exp(-t),'--')
```

经过 $27.829\,\mathrm{s}$ 的等待, 得出计算结果, 最大误差高达 0.0943。得出的结果与解析解的比较如图 7-3 所示。

在计算时选择不同的 h 值, 重复运行上面的命令, 可以得出表 7-2 中的实测数据。不同的预估校正解在图 7-4 中给出。显然, 即使步长再小, 得出的预估校正解在初始时刻附近都有一段水平的解, 这是整个误差的主要来源。可以看出, 进一步减小步长的耗时将急剧增加, 精度也不会有根本的改变。

可见, 如果 $\boldsymbol{y}(t)$ 为向量函数, 则直接采用预估校正算法会得出错误的结果[1], 必须采用补救的方法求解微分方程。可以考虑在每一步求解中引入迭代过程, 即得出校正解之后再以其为预估值, 由式 (7-2-7) 更新校正解的方法。重复使用更新

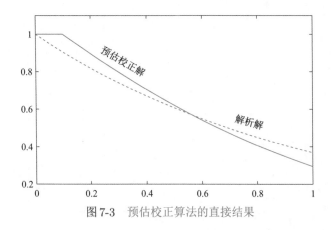

图7-3   预估校正算法的直接结果

表7-2   不同步长 h 下的算法性能比较

步长 h	0.005	0.002	0.001	0.0005	0.0002
耗时/s	0.3904	8.2563	27.829	71.0745	582.88
最大误差	1.0954	0.1796	0.0943	0.0483	0.0204

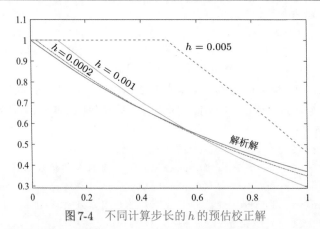

图7-4   不同计算步长的 h 的预估校正解

方法并在两次迭代的解足够逼近时停止迭代,获得当前步的数值解。这个思想在 pepc_nlfode() 已经实现,将 key 的值赋为 1 或 2,就可以实现这样的迭代运算。如果 key 为 2,则先求出预估解再迭代;而 key 为 1 时,可以不求预估解,而把上一步的解作为初值直接进行迭代运算。

例 7-8 试利用迭代预估校正算法重新求解例 7-3 中同元次 Caputo 微分方程。

解 在求解微分方程之前,先采用匿名函数的形式描述微分方程的状态方程形式。

```
>> f=@(t,x)[x(2:end);
        -t^0.1*ml_func([1,1.545],-t)/ml_func([1,1.445],-t)...
        *exp(t)*x(1)*x(112)+exp(-2*t)-x(201)^2];
```

设 key 的值为 2,可以由下面的语句直接求解微分方程。

```
>> key=2; h=0.001; err=1e-10; alpha=0.005;
   tic, [y,t]=pepc_nlfode(f,alpha,y0,h,tn,err,key); toc
   max(abs(y(:,1)-exp(-t)))
```

遗憾的是,采用迭代后的算法效率极低,需要 4326.54 s。但其好处是解最大的误差为 4.7712×10^{-4},比文献 [1] 选择更小步长 $h = 1/1600$ 得出的最大误差 0.06 要精确很多。选择不同的误差容限与计算步长,可以观测到不同参数下算法的耗时与计算精度,在表 7-3 中列出。遗憾的是,这种算法是很耗时的,且精度不高,所以需要探讨更好的数值求解方法。

表 7-3　不同参数下的算法性能比较

步长 h	0.001	0.001	0.001	0.01	0.005
误差容限 ϵ	$\epsilon = 10^{-10}$	$\epsilon = 10^{-6}$	$\epsilon = 10^{-5}$	$\epsilon = 10^{-10}$	$\epsilon = 10^{-10}$
耗时/s	4326.54	645.22	402.27	76.367	261.41
最大误差	4.7712×10^{-4}	4.7649×10^{-4}	4.9907×10^{-4}	0.0045	0.0023

可以看出,如果用这样的方法求解多项 Caputo 非同元次微分方程,则将极其耗时甚至不能求解,所以对这类问题需要更高效的求解算法和工具。

7.2.3　分数阶扩展状态方程的数值求解

先考虑一个简单的零初值单项标量 Caputo 微分方程

$$\begin{smallmatrix} C \\ 0 \end{smallmatrix} \mathscr{D}_t^\alpha z(t) = f\big(t, z(t)\big) \tag{7-2-15}$$

由 Grünwald–Letnikov 定义可以直接写出

$$\frac{1}{h^\alpha} \sum_{j=0}^m w_j^{(\alpha)} z(t_{k-j}) = \frac{1}{h^\alpha} \left[z(t_k) + \sum_{j=1}^m w_j^{(\alpha)} z(t_{k-j}) \right] = f\big(t_k, z(t_k)\big) \tag{7-2-16}$$

式中,$m = \lceil t_k/h \rceil + 1$。可以看出

$$z(t_k) = h^\alpha f\big(t_k, z(t_k)\big) - \sum_{j=1}^m w_j^{(\alpha)} z(t_{k-j}) \tag{7-2-17}$$

其中,z_k 出现在方程两端。这样,如果计算步长 h 足够小,则等号右边第一项可以由 $h^\alpha f\big(t_k, z(t_{k-1})\big)$ 近似地取代,于是原方程就变成了迭代方程。

对定义 7-4 给出的扩展非线性分数阶显式微分方程组而言,每个微分方程都可以写成如下的形式:

$$\begin{smallmatrix} C \\ 0 \end{smallmatrix} \mathscr{D}_t^{\alpha_i} z_i(t) = f_i\big(t, z_1(t), z_2(t), \cdots, z_n(t)\big), \quad i = 1, 2, \cdots, n \tag{7-2-18}$$

原方程对应近似迭代方程可以如下构造[2]:

$$
\begin{cases}
z_1(t_k) = h^{\alpha_1} f_1\big(t_k, z_1(t_{k-1}), z_2(t_{k-1}), \cdots, z_n(t_{k-1})\big) - \displaystyle\sum_{j=1}^{m} w_j^{(\alpha_1)} z_1(t_{k-j}) \\[2mm]
z_2(t_k) = h^{\alpha_2} f_2\big(t_k, z_1(t_k), z_2(t_{k-1}), \cdots, z_n(t_{k-1})\big) - \displaystyle\sum_{j=1}^{m} w_j^{(\alpha_2)} z_2(t_{k-j}) \\[1mm]
\qquad\vdots \\[1mm]
z_n(t_k) = h^{\alpha_n} f_n\big(t_k, z_1(t_k), z_2(t_k), \cdots, z_n(t_{k-1})\big) - \displaystyle\sum_{j=1}^{m} w_j^{(\alpha_n)} z_n(t_{k-j})
\end{cases}
$$

$$(7\text{-}2\text{-}19)$$

定义一组零初值状态变量 $z_k(t) = x_k(t) - x_k(0)$,则其关键的递推方程可以改写成

$$
\begin{cases}
x_1(t_k) = h^{\alpha_1} f_1\big(t_k, x_1(t_{k-1}), x_2(t_{k-1}), \cdots, x_n(t_{k-1})\big) + x_1(0) - \psi_1 \\[1mm]
x_2(t_k) = h^{\alpha_2} f_2\big(t_k, x_1(t_k), x_2(t_{k-1}), \cdots, x_n(t_{k-1})\big) + x_2(0) - \psi_2 \\[1mm]
\qquad\vdots \\[1mm]
x_n(t_k) = h^{\alpha_n} f_n\big(t_k, x_1(t_k), x_2(t_k), \cdots, x_n(t_{k-1})\big) + x_n(0) - \psi_n
\end{cases}
\tag{7-2-20}
$$

式中,

$$
\psi_i = \sum_{j=1}^{m} w_j^{(\alpha_i)} z_i(t_{k-j})
$$

如果需要计算的仿真点数量很大,则可以考虑利用短时记忆效应近似方程中的求和项。假设只保留最新的 L_0 个样本,则求和项可以近似为

$$
\psi_i = \sum_{j=1}^{m} w_j^{(\alpha_i)} z_i(t_{k-j}) \approx \sum_{j=1}^{\min(L_0,k)} w_j^{(\alpha_i)} z_i(t_{k-j})
\tag{7-2-21}
$$

基于上述考虑,可以建立起如下的非线性扩展状态方程的数值求解算法。

算法 7-3 ▶ 扩展状态方程的求解算法

(1) 考虑用双循环实现方程的求解过程。

(2) 递推地求解方程 (7-2-20),将其存入 z,而 x_1 用于存储最新的 x 向量。

(3) 由 $x = z + x_0$ 计算出原始方程的数值解。

根据上述算法可以编写出求取非线性显式 Caputo 分数阶扩展状态方程数值解的 MATLAB 函数,其程序清单如下:

```
function [x,t]=nlfode_vec(f,alpha,x0,h,tn,L0)
    arguments
        f, alpha(1,:), x0(:,1), h(1,1){mustBePositive}
        tn(1,1){mustBePositive}, L0(1,1){mustBePositive}=1e20;
```

```
    end
    n=length(x0); m=round(tn/h)+1; t=0; g=double(genfunc(1));
    ha=h.^alpha; z=zeros(n,m); x1=x0;
    for i=1:n, W(i,:)=get_vecw(alpha(i),min(m,L0+1),g); end
    for k=2:m, tk=(k-1)*h; L=min(k-1,L0);
        for i=1:n
            x1(i)=f(tk,x1,i)*ha(i)-W(i,2:L+1)*z(i,k-1:-1:k-L).'+x0(i);
        end
        t=[t,tk]; z(:,k)=x1-x0;
    end
    x=(z+repmat(x0,[1,m])).'; t=t(:);
end
```

该函数的调用格式为 $[t,x]=$nlfode_vec$(\mathtt{fun},\boldsymbol{\alpha},\boldsymbol{x}_0,h,t_\mathrm{n},L_0)$，其中，**fun** 为描述原显式方程右边表达式的函数句柄，其具体格式将在后面通过例子演示；$\boldsymbol{\alpha}$ 为阶次向量；$\boldsymbol{x}_0$ 为初始状态向量；输入变量 h 与 t_n 分别为计算步长与终止仿真时间；可选择的输入变量 L_0 为短时记忆效应的记忆时长，如果不给出该参数将不采用短时记忆效应；输出变量 t 与 $\boldsymbol{y}$ 为方程的解，其中 $\boldsymbol{y}$ 的第 i 个列向量为状态变量 $x_i(t)$ 的数值解，t 为列向量。

例 7-9　试仿真求解分数阶 Chua 方程的动态响应[2]：

$$\begin{cases} {}_0^{\mathrm{C}}\mathscr{D}_t^{\alpha_1}x_1(t) = \alpha\big[x_2(t)-x_1(t)+f\big(x_1(t)\big)\big] \\ {}_0^{\mathrm{C}}\mathscr{D}_t^{\alpha_2}x_2(t) = x_1(t)-x_2(t)+x_3(t) \\ {}_0^{\mathrm{C}}\mathscr{D}_t^{\alpha_3}x_3(t) = -\beta x_2(t)-\gamma x_3(t) \end{cases}$$

式中，非线性函数 $f(\cdot)$ 的数学描述为

$$f\big(x_1(t)\big) = m_1 x_1(t) + \frac{1}{2}\,(m_0-m_1)\,\big(\big|x_1(t)+1\big| - \big|x_1(t)-1\big|\big)$$

并且，$\alpha=10.725$；$\beta=10.593$；$\gamma=0.268$；$m_0=-1.1726$；$m_1=-0.7872$；$\alpha_1=0.93$；$\alpha_2=0.99$；$\alpha_3=0.92$。初始状态为 $x_1(0)=0.2, x_2(0)=-0.1, x_3(0)=0.1$[2]。

解　可以由下面的 MATLAB 函数描述原状态方程右侧的第 k 个表达式：

```
function y=c7mchua(~,x,k)
    a=10.725; b=10.593; c=0.268; m0=-1.1726; m1=-0.7872;
    switch k
    case 1
        f=m1*x(1)+(m0-m1)/2*(abs(x(1)+1)-abs(x(1)-1));
        y=a*(x(2)-x(1)-f);
    case 2, y=x(1)-x(2)+x(3);
    case 3, y=-b*x(2)-c*x(3);
end, end
```

注意，尽管原方程右侧并不显含时间变量 t，在该函数的变元中还是应该给出 t（或本函数实际使用的 ~）占位，否则将会出错。

选择计算步长 $h = 0.001$，终止时间 $t_n = 200$，可以通过下面的命令求出该混沌方程的数值解，其相平面的轨迹如图 7-5 所示。求解该方程所需的时间大约为 $347.68\,\mathrm{s}$。

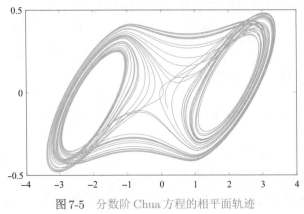

图 7-5　分数阶 Chua 方程的相平面轨迹

```
>> alpha=[0.93,0.99,0.92]; x0=[0.2; -0.1; 0.1];
   h=0.001; tn=200;
   tic, [x,t]=nlfode_vec(@c7mchua,alpha,x0,h,tn); toc
   plot(x(:,1),x(:,2))
```

可以看出，直接采用上面的求解方法对这个例子而言是极其耗时的，主要原因是计算点数量过于庞大（本例有 200001 个点）。如果采用短时记忆效应的近似，并选择记忆时长 $L_0 = 10000$，增大终止仿真时间到 $t_n = 500$，则总共所需的时间只有大约 $47.20\,\mathrm{s}$，可见仿真效率大大提高了，这样得出的相平面轨迹如图 7-6 所示。尽管得出的轨迹趋势与前面得出的很相像，从初始时刻的轨迹细节还是可以看出有一些差异的，所以短时效应近似并不可靠。

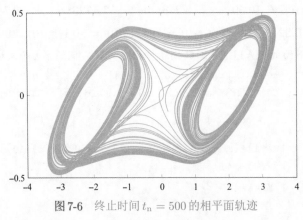

图 7-6　终止时间 $t_n = 500$ 的相平面轨迹

```
>> alpha=[0.93,0.99,0.92]; x0=[0.2; -0.1; 0.1];
   h=0.001; N=10000; tn=500;
   tic, [x,t]=nlfode_vec(@c7mchua,alpha,x0,h,tn,N); toc
   plot(x(:,1),x(:,2))
```

前面介绍的非线性分数阶状态方程是没有解析解的,不便也不能评价算法的精度,因此作者设计了一组基准测试问题[3],其中,第 5 个基准测试问题就是为非线性状态方程设计的。下面将探讨本算法求解该状态方程的精度与效率。

例 7-10 考虑文献 [3] 中的分数阶状态方程,方便起见,这里做了局部修改:

$$\begin{cases} {}_{0}^{C}\mathscr{D}_{t}^{0.5}x(t) = \dfrac{1}{\sqrt{\pi}}\Big(\sqrt[5]{(y(t)-0.5)(z(t)-0.3)} + \sqrt{t}\Big) \\ {}_{0}^{C}\mathscr{D}_{t}^{0.2}y(t) = \Gamma(2.2)\big[x(t)-1\big] \\ {}_{0}^{C}\mathscr{D}_{t}^{0.1}z(t) = \dfrac{\Gamma(2.3)}{\Gamma(2.2)}\big[y(t)-0.5\big] \end{cases}$$

其中,$x(0)=1,y(0)=0.5,z(0)=0.3$。已知该分数阶状态方程的解析解为 $x(t)=t+1$,$y(t)=t^{1.2}+0.5,z(t)=t^{1.3}+0.3$,且 $0 \leqslant t \leqslant 10$。试测试不同计算步长下算法的精度与耗时。

解 由给出的状态方程模型可以写出下面的函数,分别在不同的 k 值下求出第 k 个方程的函数值。

```
function y=c7mbench5(t,x,k)
   switch k
      case 1
         y=(((x(2)-0.5)*(x(3)-0.3))^(1/5)+sqrt(t))/sqrt(pi);
      case 2, y=(x(1)-1)*gamma(2.2);
      case 3, y=(x(2)-0.5)*gamma(2.3)/gamma(2.2);
end, end
```

这样,就可以调用下面的语句直接求解相应的微分方程,得出的 3 个状态变量的时域响应曲线如图 7-7 所示。可以看出,这些得到的结果与理论值完全重合,说明这里的算法比较精确。

```
>> alpha=[0.5,0.2,0.1]; x0=[1,0.5,0.3];
   h=0.001; tn=10;
   tic, [x,t]=nlfode_vec(@c7mbench5,alpha,x0,h,tn); toc
   xa=[t+1, t.^1.2+0.5, t.^1.3+0.3];
   err=x-xa; max(abs(err(:))), plot(t,x,'--',t,xa)
```

选择不同的计算步长,反复运行上面的代码,可以得出耗时与最大误差实测数据,由表 7-4 列出。可见,步长选择越小,得出的误差也越小,但耗时将呈几何级数增加。

例 7-11 考虑例 7-4 中给出的分数阶扩展状态方程如下,试用这里给出的新算法重

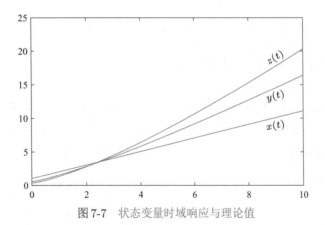

图 7-7 状态变量时域响应与理论值

表 7-4 算法对计算步长的依赖性

步长 h	0.01	0.005	0.001	0.0005	0.0001
耗时/s	0.033	0.058	0.6195	2.786	80.729
最大误差	0.0063	0.0031	6.0513×10^{-4}	3.0051×10^{-4}	5.9398×10^{-5}

新求解该 Caputo 微分方程。

$$\begin{cases} {}_0^C\mathscr{D}^{0.555} x_1(t) = x_2(t) \\ {}_0^C\mathscr{D}^{0.445} x_2(t) = x_3(t) \\ {}_0^C\mathscr{D}^{0.455} x_3(t) = -t^{0.1}\dfrac{\mathrm{E}_{1,1.545}(-t)}{\mathrm{E}_{1,1.445}(-t)}\mathrm{e}^t x_1(t) x_2(t) + \mathrm{e}^{-2t} - x_3^2(t) \end{cases}$$

解 微分方程的初值为 $\boldsymbol{x}(0) = [1, 0, -1]^\mathrm{T}$。原始的状态方程模型可以由下面的 MATLAB 函数直接描述:

```
function y=c7mexp1x(t,x,k)
   if k<3, y=x(k+1);
   else
      y=-t^0.1*ml_func([1,1.545],-t)/ml_func([1,1.445],-t)...
         *exp(t)*x(1)*x(2)+exp(-2*t)-x(3)^2;
end, end
```

定义了原始的微分方程,就可以用下面的语句直接求解该方程。求解所需的时间仅为 0.0188 s,得出的最大误差却高达 0.0146。

```
>> alpha=[0.555, 0.445, 0.455]; h=0.01; tn=1; x0=[1; 0; -1];
   tic, [x,t]=nlfode_vec(@c7mexp1x,alpha,x0,h,tn); toc
   max(abs(x(:,1)-exp(-t)))
```

好在本算法速度很快,所以可以用减小计算步长 h 的方法提高精度。表 7-5 中列出了不同计算步长下实测的耗时与最大误差。可以看出,由于涉及式 (7-2-19) 中的求和计算,所以所需的时间高度非线性,不宜再进一步减小步长提高精度。

表 7-5　不同计算步长 h 下的算法性能比较

步长 h	0.01	0.005	0.001	0.0005	0.0001	0.00005	0.00001
耗时/s	0.0188	0.0198	0.0493	0.0774	0.7432	2.2098	46.581
最大误差	0.0146	0.0076	0.0016	7.847×10^{-4}	1.544×10^{-4}	7.870×10^{-5}	1.574×10^{-5}

7.2.4　基于代数方程求解的微分方程算法

在算法 7-3 中，$x_i(t_k)$ 项出现在方程两端，所以前面算法中用一些 $x_i(t_{k-1})$ 项进行迭代运算，最后近似出 $x_i(t_k)$。现在重新考虑式（7-2-20）中的方程，如果 $x_i(t_{k-1})$ 项替换回 $x_i(t_k)$，则各个方程的形式都是一致的，这样

$$x_i(t_k) - h^{\alpha_i} f_i\big(t_k, x_1(t_k), \cdots, x_n(t_k)\big) + \sum_{j=1}^{\min(L_0,k)} w_j^{(\alpha_i)} z_i(t_{k-j}) - x_i(0) = 0$$

（7-2-22）

可以看出，这将生成 n 个代数方程，有 n 个未知量 $x_1(t_k), x_2(t_k), \cdots, x_n(t_k)$，所以，对每个时刻 t_k，可以通过求解代数方程的方式得出状态变量的值，最终得出原始微分方程的数值解。

说明 7-2　基于代数方程的求解算法

（1）利用循环结构求解原微分方程。

（2）对每一个时刻 k，可以通过求解代数方程的方法得出状态变量的值。

（3）方程中求和式与未知变量 $x_i(t_k)$ 无关，所以每步 k 中只需一次求和即可。

基于上述考虑，可以在新算法下编写出求解扩展状态方程的 MATLAB 程序，其调用格式与 `nlfode_vec()` 函数完全一致。

```
function [x,t]=nlfode_vec1(f,alpha,x0,h,tn,L0)
   arguments
      f, alpha(1,:), x0(:,1), h(1,1), tn(1,1), L0(1,1)=1e20;
   end
   n=length(x0); m=round(tn/h)+1; t=0; g=double(genfunc(1));
   x1=x0; ha=h.^alpha(:); z=zeros(n,m); tk=0;
   for i=1:n, W(i,:)=get_vecw(alpha(i),min(m,L0+1),g); end
   for k=2:m, tk=(k-1)*h; L=min(k-1,L0);
      for i=1:n, F0(i,1)=W(i,2:L+1)*z(i,k-1:-1:k-L).'-x0(i); end
      F=@(x)x-f(tk,x).*ha+F0;
      x1=fsolve(F,x1); t=[t; tk]; z(:,k)=x1-x0;
   end
   x=(z+repmat(x0,[1,m])).'; t=t(:);
```

```
    end
```
例7-12 重新考虑例7-10中的状态方程模型。试用这里给出的算法重新求解方程。

解 若想求解方程,则应该采用一个函数,将等号右边的表达式直接求解出来。对这里给出的简单问题而言,可以给出下面的匿名函数描述原方程:

```
>> f=@(t,x)[(((x(2)-0.5)*(x(3)-0.3))^(1/5)+sqrt(t))/sqrt(pi);
            (x(1)-1)*gamma(2.2);
            (x(2)-0.5)*gamma(2.3)/gamma(2.2)];
```

令 $h = 0.001$,求解过程耗时 45.34 s。不过最大误差高达 0.0019。因此,这里介绍的基于方程求解的算法在求解本基准测试问题时效果不理想。

```
>> alpha=[0.5,0.2,0.1]; x0=[1,0.5,0.3]; h=0.001; tn=10;
   tic, [x,t]=nlfode_vec1(f,alpha,x0,h,tn); toc
   xa=[t+1, t.^1.2+0.5, t.^1.3+0.3];
   err=x-xa; max(abs(err(:))), plot(t,x,'--',t,xa)
```

例7-13 试重新求解例7-4中的 Caputo 微分方程。

解 该扩展状态方程可以由下面的 MATLAB 函数直接描述,注意,该函数的格式与例7-11中的格式是不一致的,这里使用的是标准的函数计算形式,一次计算出全部状态变量的值。

```
function y=c7mexp2m(t,x)
    y3=-t^0.1*ml_func([1,1.545],-t)/ml_func([1,1.445],-t)...
        *exp(t)*x(1)*x(2)+exp(-2*t)-x(3)^2;
    y=[x(2); x(3); y3];
end
```

选择计算步长 $h = 0.01$,可以求解原始的 Caputo 微分方程,这时所需的时间为 0.416 s,最大误差为 0.0012。

```
>> alpha=[0.555, 0.445, 0.455];
   h=0.01; tn=1; x0=[1; 0; -1];
   tic, [x,t]=nlfode_vec1(@c7mexp2m,alpha,x0,h,tn); toc
   max(abs(x(:,1)-exp(-t)))
```

进一步减小计算步长 h,可以测出不同步长下的耗时与最大误差,如表7-6所示。相比之下,本算法效率略高于算法7-3,此外,这里的耗时与步长之间的关系基本上是线性的,因为耗时与解方程的次数是密切相关的。

表7-6　不同步长 h 下的算法性能比较

步长 h	0.01	0.005	0.001	0.0005	0.0001	0.00005
耗时/s	0.2885	0.5477	2.7510	5.4414	31.335	72.826
最大误差	0.0012	6.190×10^{-4}	1.304×10^{-4}	6.461×10^{-5}	1.286×10^{-5}	6.433×10^{-6}

如果试图用这样的方法求解例 7-9 中的问题,则需要调用 200000 次代数方程的求解函数,这在现实中是无法实现的,所以应该寻求更高效的算法。

7.3 Caputo 微分方程的高效高精度算法

从前面介绍的预估校正算法可见,这类方法有两个缺陷:第一,算法的效率不高;第二,只适合求解同元次的微分方程。此外,还有一个潜在的缺陷,即该算法的精度不高。本节将第 6 章中线性微分方程高精度算法拓展到非线性 Caputo 微分方程的求解中,期望能得出高精度的求解算法。

本节首先考虑定义 7-4 中描述的真实的扩展状态方程模型,并提出一种特殊的预估校正方法——分解成预估、校正两个部分,首先找到一个合适的预估解,在预估解的基础上利用校正方法搜索方程的解。

7.3.1 预估方程

重新考虑下面的非线性显式 Caputo 微分方程:

$$
{}_0^C \mathscr{D}_t^\alpha y(t) = f\big(t, y(t), {}_0^C \mathscr{D}_t^{\alpha_1} y(t), \cdots, {}_0^C \mathscr{D}_t^{\alpha_{n-1}} y(t)\big) \tag{7-3-1}
$$

回顾第 6 章中介绍的算法,其关键点是引入 Taylor 辅助函数 $T(t)$,使得输出信号可以分解成 $y(t) = z(t) + T(t)$,其中,$z(t)$ 为具有零初始条件的函数,$T(t)$ 为式(6-5-3)中定义的 Taylor 辅助函数。该定义在下面重新给出:

$$
T(t) = \sum_{k=0}^{q-1} \frac{y^{(k)}(0)}{k!} t^k = \sum_{k=0}^{q-1} \frac{y_k}{k!} t^k \tag{7-3-2}
$$

由式(7-3-1)还可以看出

$$
{}_0^C \mathscr{D}_t^\alpha z(t) = f\big(t, z(t), {}_0^C \mathscr{D}_t^{\alpha_1} z(t), \cdots, {}_0^C \mathscr{D}_t^{\alpha_{n-1}} z(t)\big) \tag{7-3-3}
$$

此外,因为 ${}_0^C \mathscr{D}_t^\gamma z(t) = {}_0^{RL} \mathscr{D}_t^\gamma z(t)$,可以得出

$$
{}_0^{RL} \mathscr{D}_t^\alpha z(t) = f\big(t, z(t), {}_0^{RL} \mathscr{D}_t^{\alpha_1} z(t), \cdots, {}_0^{RL} \mathscr{D}_t^{\alpha_{n-1}} z(t)\big) \tag{7-3-4}
$$

选择一个计算步长 h,则 z_i 函数的前 q 个点均为零,而 $y_i = T_i$, $i = 1, 2, \cdots, q$。这样就可以对每个 k 值用循环的方式求解原方程。假设 z_k 已知,要想计算 T_{k+1} 的数值解,可以将 z_{k+1} 的预估值记作 $z_{k+1}^p = z_k$,并将其代入式(7-3-4)方程的右端,可见

$$
{}_0^{RL} \mathscr{D}_t^\alpha z(t) = \hat{f} \tag{7-3-5}
$$

如果将 $\hat{f}$ 看成一个已知的函数,则式(7-3-5)就是一个单项的方程,这样可以得出其解 $\hat{z}_{k+1}$。若 $\|\hat{z}_{k+1} - z_{k+1}^p\| < \epsilon$,其中 ϵ 为预先设定的误差容限,则得出的 $\hat{z}_{k+1}$

可以看成原方程的数值解；否则，令 $z_{k+1}^{\mathrm{p}} = \hat{z}_{k+1}$ 并继续迭代运算过程。下面归纳出预估算法。

算法 7-4 ▶ 预估算法

（1）建立辅助函数 $T(t)$，并分解 $y(t) = z(t) + T(t)$，建立式（7-3-4）。

（2）选择一个计算步长 h，在 $i = 1, 2, \cdots, q$ 时令 $y_i = T_i$，$z_i = 0$。

（3）令 $k = q + 1$ 启动循环结构。

（4）记 $z_{k+1}^{\mathrm{p}} = z_k$，计算 ${}_0^{\mathrm{RL}}\mathscr{D}_t^{\alpha_i} z_{k+1}$，将其代入式（7-3-4）得出式（7-3-5），求解该方程得出 $\hat{z}_{k+1}$。

（5）如果 $||\hat{z}_{k+1} - z_{k+1}^{\mathrm{p}}|| < \epsilon$，则接受该解 $z_{k+1} = \hat{z}_{k+1}$；否则记 $z_{k+1}^{\mathrm{p}} = \hat{z}_{k+1}$ 并继续迭代过程直到得出方程的解。

基于上述算法，可以编写出如下的 MATLAB 求解函数 `nlfep()`：

```
function [y,t]=nlfep(fun,alpha,y0,tn,h,p,err)
   arguments
      fun, alpha(1,:), y0(1,:), tn(1,1), h(1,1){mustBePositive}
      p(1,1) {mustBePositiveInteger}, err(1,1) double=1e-10
   end
   m=ceil(tn/h)+1; t=(0:(m-1))'*h; ha=h.^alpha; z=0;
   [T,dT,w,d2]=aux_func(t,y0,alpha,p); y=z+T(1);
   for k=1:m-1
      zp=z(end); yp=zp+T(k+1); y=[y; yp]; z=[z; zp];
      [zc,yc]=repeat_funs(fun,t,y,d2,w,k,z,ha,dT,T);
      while abs(zc-zp)>err
         yp=yc; zp=zc; y(end)=yp; z(end)=zp;
         [zc,yc]=repeat_funs(fun,t,y,d2,w,k,z,ha,dT,T);
   end, end
   %重复使用的一段代码做成的子函数
   function [zc,yc]=repeat_funs(fun,t,y,d2,w,k,z,ha,dT,T)
      dy=zeros(1,d2-1);
      for j=1:(d2-1)
         dy(j)=w(1:k+1,j+1)'*z((k+1):-1:1)/ha(j+1)+dT(k,j+1);
      end, f=fun(t(k+1),y(k+1),dy);
      zc=((f-dT(k+1,1))*ha(1)-w(2:k+1,1)'*z(k:-1:1))/w(1,1);
      yc=zc+T(k+1);
   end
end
```

其中，支撑函数 `aux_func()` 是为减少本函数和后面将介绍的校正算法中的重复代

码量而设计的,其内容为

```
function [T,dT,w,d2]=aux_func(t,y0,alpha,p)
   an=ceil(alpha); y0=y0(:); q=length(y0); d2=length(alpha);
   m=length(t); g=double(genfunc(p));
   for i=1:d2, w(:,i)=get_vecw(alpha(i),m,g)'; end
   b=y0./gamma(1:q)'; T=0; dT=zeros(m,d2);
   for i=1:q, T=T+b(i)*t.^(i-1); end
   for i=1:d2
      if an(i)==0, dT(:,i)=T;
      elseif an(i)<q
         for j=(an(i)+1):q
            dT(:,i)=dT(:,i)+(t.^(j-1-alpha(i)))*...
                    b(j)*gamma(j)/gamma(j-alpha(i));
end, end, end, end
```

预估求解函数的调用格式为 $[y,t]$=nlfep(fun,$\boldsymbol{\alpha}$,$\boldsymbol{y}_0$,t_n,h,p,ϵ),其中,fun 为原始 Caputo 微分方程右端的表达式的函数句柄,其格式后面将通过例子演示其具体写法;向量 $\boldsymbol{y}_0$ 为初始条件向量;t_n 为终止仿真时间;h 为计算步长;p 和 ϵ 分别为算法的阶次与误差容限。必须指出的是,在步骤(4)中最好选择 $p=1$,过高的阶次 p 有时会导致大的误差。

说明 7-3　方程描述函数的使用说明

(1)阶次向量 $\boldsymbol{\alpha}=[\alpha,\alpha_1,\cdots,\alpha_{n-1}]$ 包含等号两端所有的分数阶阶次。

(2)微分方程的描述方法:微分方程可以由 MATLAB 函数描述,也可以由匿名函数描述。描述函数的变元为 $\boldsymbol{t}$(时间列向量)、$\boldsymbol{y}$(输出列向量)、$\boldsymbol{D}$(分数阶导数矩阵),其中,$\boldsymbol{D}$ 矩阵的第 k 列 $\boldsymbol{D}(:,k)$ 代表 ${}_{t_0}^{\text{C}}\mathscr{D}^{\alpha_k}y(t)$ 函数值。

(3)在描述微分方程时应该使用点运算。

这样得出的数值解可能不是原方程的数值解,但得出的解可以作为后面将介绍的校正算法的初值。

例 7-14　试求出例 7-11 中微分方程的预估解。

解　可以看出,原方程的向量 $\boldsymbol{\alpha}=[1.455,0.555,1]$,$\boldsymbol{y}_0=[1,-1]$,引入信号 $d_1(t)=$ ${}_0^{\text{C}}\mathscr{D}_t^{0.555}y(t)$,$d_2(t)=y'(t)$,则方程可以改写成下面的标准形式:

$$
{}_0^{\text{C}}\mathscr{D}_t^{1.455}y(t)=-t^{0.1}\frac{\text{E}_{1,1.545}(-t)}{\text{E}_{1,1.445}(-t)}\,\text{e}^t\,y(t)\,d_1(t)+\text{e}^{-2t}-d_2^2(t)
$$

这样,Caputo 微分方程的向量化的描述可以由匿名函数实现:

```
>> f=@(t,y,Dy)-t.^0.1.*ml_func([1,1.545],-t).*exp(t)./...
      ml_func([1,1.445],-t).*y.*Dy(:,1)+exp(-2*t)-Dy(:,2).^2;
```

可以用下面的语句求解 Caputo 微分方程,得出预估解如图 7-8 所示。可见,对本例而言该预估解并不精确,甚至有时 $p=2$ 时的解比 $p=1$ 时的更差。求解过程耗时 $0.03\,\mathrm{s}$ 左右,得出的最大误差分别为 0.0264 和 0.0364。

```
>> alpha=[1.455,0.555,1]; y0=[1,-1]; tn=1; h=0.01; err=1e-8; p=1;
   tic, [yp1,t]=nlfep(f,alpha,y0,tn,h,p,err); toc
   tic, [yp2,t]=nlfep(f,alpha,y0,tn,h,2,err); toc
   plot(t,yp1,t,yp2,'--',t,exp(-t),':')
   max(abs(yp1-exp(-t))), max(abs(yp2-exp(-t)))
```

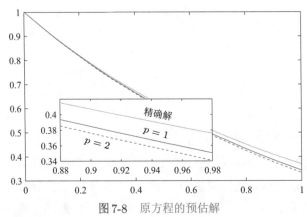

图 7-8　原方程的预估解

7.3.2　校正求解方法

这里将介绍一种更好的求解方法——校正求解方法。如果选择同样的计算步长 h,并利用得出的预估解 $\boldsymbol{y}_\mathrm{p}$,代入式(7-3-1)等号右侧,则可以得出单项微分方程。利用迭代方法求解直至得出方程的解,下面给出该想法的向量化算法。

算法 7-5 ▶ 校正算法

(1)假设已知预估方程的解 $\boldsymbol{y}_\mathrm{p}$。

(2)将 $\boldsymbol{y}_\mathrm{p}$ 代入式(7-3-1)的右侧得出一个校正解 $\hat{\boldsymbol{y}}$。

(3)如果 $||\hat{\boldsymbol{y}}-\boldsymbol{y}_\mathrm{p}||<\epsilon$,则接受该解 $\hat{\boldsymbol{y}}$,否则令 $\boldsymbol{y}_\mathrm{p}=\hat{\boldsymbol{y}}$,回到步骤(2)继续迭代求解,直到得出方程的解。

基于上述算法可以编写出如下的 MATLAB 函数,可以直接用来求解任意的显式 Caputo 微分方程:

```
function y=nlfec(fun,alpha,y0,yp,t,p,err)
   arguments
      fun, alpha(1,:), y0(:,1), yp(:,1), t(:,1)
      p(1,1){mustBePositiveInteger}, err(1,1) double=1e-10
   end
```

```
        h=t(2)-t(1); m=length(t); ha=h.^alpha;
        [T,dT,w,d2]=aux_func(t,y0,alpha,p);
        [z,y]=repeat_funs(fun,t,yp,T,d2,alpha,dT,ha,w,m,p);
        while norm(z)>err, yp=y; z=zeros(m,1);
            [z,y]=repeat_funs(fun,t,yp,T,d2,alpha,dT,ha,w,m,p);
        end
    %重复使用的一段代码做成的子函数
    function [z,y]=repeat_funs(fun,t,yp,T,d2,alpha,dT,ha,w,m,p)
        for i=1:d2
            dyp(:,i)=glfdiff9(yp-T,t,alpha(i),p)+dT(:,i);
        end
        f=fun(t,yp,dyp(:,2:d2))-dyp(:,1); y=yp; z=zeros(m,1);
        for i=2:m, ii=(i-1):-1:1;
            z(i)=(f(i)*(ha(1))-w(2:i,1)'*z(ii))/w(1,1);
            y(i)=z(i)+yp(i);
        end, end
    end
```

该函数的调用格式为 $y=\mathrm{nlfec}(\mathrm{fun},\alpha,y_0,y_{\mathrm{p}},t,p,\epsilon)$，其输入输出变量和函数 nlfep() 几乎完全一致。和前面介绍的算法类似，由于预估解提供的是校正解的迭代初值，也可用已知向量取代，如 $y_{\mathrm{p}}=\mathrm{ones}(\mathrm{size}(t))$，跳过预估解。

例 7-15　试重新求解例 7-11 中的 Caputo 微分方程。

解　前面的例子已经得出了原方程的预估解，选择 $p=2$，并选择 $h=0.01$，则总耗时 2.387 s，得出解的最大误差为 3.9350×10^{-5}。可见这里给出的校正算法效率还是很高的。

```
>> f=@(t,y,Dy)-t.^0.1.*ml_func([1,1.545],-t).*exp(t)./...
       ml_func([1,1.445],-t).*y.*Dy(:,1)+exp(-2*t)-Dy(:,2).^2;
   h=0.01; err=1e-10; tn=1; alpha=[1.455 0.555 1]; p=2; y0=[1,-1];
   tic, [yp,t]=nlfep(f,alpha,y0,tn,h,1,err); toc
   tic, [y2,t]=nlfec(f,alpha,y0,yp,t,p,err); toc
   max(abs(y2-exp(-t)))
```

尝试不同的计算步长，反复运行上面的代码，可以测出预估函数调用的耗时、校正函数调用的耗时和最大的计算误差，由表 7-7 给出。可以看出，虽然 $h=0.0001$ 时耗时较长（1 min 左右），但得到的结果最精确，低至 6.0036×10^{-9}，明显高于此前介绍的所有算法。

若跳过预估过程，直接将预估值设置为幺向量，重新运行下面的命令，可以得出最大误差为 3.9709×10^{-7}，与预估校正法几乎一致，但耗时明显增加到 8.108 s（耗时增加一倍以上），所以使用本算法时建议用预估函数得出初值。

```
>> h=0.001; err=1e-10; t=[0:h:tn]'; yp=ones(size(t));
```

表 7-7　不同步长的求解效率

步长 h	0.01	0.005	0.001	0.0005	0.0001
预估时间/s	0.0324	0.0554	0.192	0.369	2.895
校正时间/s	2.355	2.791	3.613	5.586	61.635
最大误差	3.9350×10^{-5}	7.6273×10^{-7}	3.9716×10^{-7}	1.2182×10^{-7}	6.0036×10^{-9}

```
tic, [y2,t]=nlfec(f,alpha,y0,yp,t,p,err); toc
max(abs(y2-exp(-t)))
```

如果令 $p = 3$，且将误差容限降低至 10^{-14}，则对不同的步长 h 反复执行下面的语句，可以得出表 7-8 中给出的实测数据。可见，若 $h = 0.001$，则得出的误差可以低至 8.0543×10^{-10}，且求解耗时明显低于 $p = 2$ 时的最好结果。若进一步增加 p 值，如 $p = 4$，则耗时将显著增加，得出结果的精度也有进一步的提升。

```
>> h=0.01; err=1e-14; p=3;
   tic, [yp,t]=nlfep(f,alpha,y0,tn,h,1,err); toc
   tic, [y2,t]=nlfec(f,alpha,y0,yp,t,p,err); toc
   max(abs(y2-exp(-t)))
```

表 7-8　$p = 3$ 或 $p = 4$ 时不同步长的求解效率

步长 h	0.01	0.005	0.001	0.01	0.005	0.001
算法阶次 p	3	3	3	4	4	4
预估时间/s	0.0476	0.0746	0.275	0.0448	0.0731	0.283
校正时间/s	17.618	16.606	18.884	65.871	70.786	71.91
最大误差	1.59×10^{-6}	1.55×10^{-7}	8.05×10^{-10}	8.93×10^{-9}	2.85×10^{-10}	3.85×10^{-13}

说明 7-4　显式非线性 Caputo 微分方程预估校正求解

（1）这里给出的算法比 7.2.2 节中给出的算法更高效、高精度。

（2）这里给出的算法只能求解显式微分方程，不能求解状态方程。

（3）与前面的算法相比，并不要求微分方程是同元次的，所以适用范围更广。

（4）由于该算法的理论精度是 $o(h^p)$，所以可以使用稍大步长求解方程。

（5）算法精度 p 并不建议任意选择，如果过高将显著提高计算量，一般建议取 $p = 2$ 或 $p = 3$。如果 α 值比较大，可以考虑进一步增大 p 值。

本章习题

（1）试求解下面的分数阶非线性单项微分方程[4]：

$$
{}_0^C\mathscr{D}_t^\alpha u(t) = \frac{\Gamma(5+\alpha)}{24}t^4 + t^{8+2\alpha} - u^2(t)
$$

其中，$u(0) = u'(0) = u''(0) = 0$，已知精确解为 $u(t) = t^{4+\alpha}$。试选择不同的 α 值，

得出微分方程的数值解,并比较解的精度与求解效率。

(2) 考虑例 7-5 中的单项零初值分数阶微分方程。试选择不同的 α 值(例如,$\alpha = 0.4$,$\alpha = 1.6^{[4]}$ 等),求解微分方程并评价求解步长对解的精度、耗时等的影响。

(3) 函数 pepc_nlfode() 是根据等间距 $\boldsymbol{t}$ 向量编写的。式 (7-2-7)~式 (7-2-13) 还给出了不等间距的预估校正方法。试编写通用函数实现该算法。

(4) 试证明式 (7-1-3) 的解析解不是 $y(t) = \mathrm{e}^{-t}$。

(5) 考虑例 7-1 中的非线性分数阶微分方程,方程的初值条件为 $y(0) = 1, y'(0) = -1$。试由 caputo9() 和 ml_func() 函数在区间 $[0, 2]$ 区间内验证 $y(t) = \mathrm{e}^{-t}$ 是下面方程的解:

$$\prescript{C}{0}{\mathscr{D}}_t^{1.455} y(t) = -t^{0.1} \frac{\mathrm{E}_{1,1.545}(-t)}{\mathrm{E}_{1,1.445}(-t)} \mathrm{e}^t y(t) \prescript{C}{0}{\mathscr{D}}_t^{0.555} y(t) + \mathrm{e}^{-2t} - \left[y'(t) \right]^2$$

(6) 考虑例 7-4 中的分数阶微分方程组,初值条件为 $x_1(0) = 1, x_2(0) = 0, x_3(0) = -1$。试由 caputo9() 和 ml_func() 函数验证:在区间 $[0, 2]$ 内 $x_1(t) = \mathrm{e}^{-t}, x_2(t) = -t^{0.445} \mathrm{E}_{1,1.445}(-t), x_3(t) = -\mathrm{e}^{-t}$ 是方程组的解。

$$\begin{cases} \prescript{C}{0}{\mathscr{D}}_t^{0.555} x_1(t) = x_2(t) \\ \prescript{C}{0}{\mathscr{D}}_t^{0.445} x_2(t) = x_3(t) \\ \prescript{C}{0}{\mathscr{D}}_t^{0.455} x_3(t) = -t^{0.1} \frac{\mathrm{E}_{1,1.545}(-t)}{\mathrm{E}_{1,1.445}(-t)} \mathrm{e}^t x_1(t) x_2(t) + \mathrm{e}^{-2t} - x_3^2(t) \end{cases}$$

(7) 考虑下面的单项非线性分数阶微分方程,初值条件为 $y(0) = 1$。验证 $y(t) = t + 1$ 是方程的解析解,并应用函数 pepc_nlfode() 函数求解区间 $[0, 5]$ 内的数值解。

$$\prescript{C}{0}{\mathscr{D}}_t^{0.5} y(t) = 2\sqrt{\frac{y(t) - 1}{\pi}}$$

(8) 考虑下面的分数阶微分方程组,初值条件为 $x(0) = 1, y(0) = 2$。试验证 $x(t) = t^{0.7} + 1, y(t) = t^{0.8} + 2$ 是方程的解析解,并利用用函数 nlfode_vec() 求该方程在区间 $[0, 10]$ 内的数值解。

$$\begin{cases} \prescript{C}{0}{\mathscr{D}}_t^{0.5} x(t) = \dfrac{\Gamma(1.7)}{\Gamma(1.2)} \sqrt[15]{(x(t) - 1)^2 (y(t) - 2)^2} \\ \prescript{C}{0}{\mathscr{D}}_t^{0.7} y(t) = \dfrac{\Gamma(1.8)}{2\Gamma(1.1)} \left(\sqrt[7]{x(t) - 1} + t^{0.1} \right) \end{cases}$$

(9) 已知下面方程的初值条件为 $y(0) = 1, y'(0) = 0$。验证 $y(t) = t^2 + 1$ 是该方程的解析解。试分别由函数 pepc_nlfode() 和 nlfep() 求方程在区间 $[0, 10]$ 内的数值解。选择不同的步长,比较两个函数的计算时间和误差。

$$\prescript{C}{0}{\mathscr{D}}_t^{1.8} y(t) = \frac{2}{\Gamma(1.2)} \sqrt[10]{y(t) - 1}$$

(10) 下面方程的初值条件为 $y(0) = 1$。验证 $y = t + 1$ 是方程的解。试由函数 nlfec() 函数求方程的数值解。将函数的步长和阶数设置成不同的值,比较耗时和误差。

$$y'(t) + \prescript{C}{0}{\mathscr{D}}_t^{0.5} y(t) + y(t) - 2\sqrt{\frac{y(t) - 1}{\pi}} = t + 2$$

（11）下面方程的初值条件为 $y(0) = 1$。验证 $y = \cos t$ 是方程的解，试利用 nlfep() 和 nlfec() 函数求出方程在区间 $[0, 20]$ 内的数值解。选择不同的步长和阶数，比较两个函数的计算时间和误差。

$$
{}_0^{\mathrm{C}}\mathscr{D}_t^{0.8} y(t) = -\left[y^2(t) + \sin^2 t \right] {}_0^{\mathrm{RL}}\mathscr{D}_t^{-0.2} \sin t
$$

（12）下面方程的初值条件为 $y(0) = 3$，$y'(0) = 0$。试验证 $y(t) = t^2 + 3$ 是方程的解析解，并利用函数 pepc_nlfode()、nlfep() 和 nlfec() 求出方程在区间 $[0, 5]$ 内的数值解。选择不同的步长和阶数，比较计算时间和误差。

$$
{}_0^{\mathrm{C}}\mathscr{D}_t^{1.5} y(t) = \sqrt{\dfrac{8}{\pi}} \sqrt[4]{\Gamma(1.8)\,\Gamma(2.2)\, {}_0^{\mathrm{C}}\mathscr{D}_t^{1.2} y(t) \, {}_0^{\mathrm{C}}\mathscr{D}_t^{0.8} y(t)} + y(t) - t^2 - 3
$$

（13）下面方程的初值条件为 $y(0) = 3$，$y'(0) = -1$。试验证 $y(t) = \mathrm{e}^{-t} + 2$ 为方程的解析解，并用函数 nlfode_vec() 和 nlfode_vec1() 求出该方程在区间 $[0, 2]$ 内的数值解，选择不同的参数，比较两个函数的计算时间和误差。

$$
{}_0^{\mathrm{C}}\mathscr{D}_t^{1.7} y(t) = -\dfrac{t^{0.1}\mathrm{E}_{1,1.3}(-t)}{(\mathrm{e}^{-t} + 2)\,\mathrm{E}_{1,1.2}(-t)}\, y(t) \, {}_0^{\mathrm{C}}\mathscr{D}_t^{0.8} y(t)
$$

（14）下面方程的初值条件为 $y(0) = 1$，$y'(0) = 0$。试验证 $y(t) = \cosh t$ 是方程的解析解，并选择适当的函数，求出方程在区间 $[0, 2]$ 内的数值解。选择不同的参数，比较耗时和误差。

$$
{}_0^{\mathrm{C}}\mathscr{D}_t^{1.5} y(t) = t^{0.5}\mathrm{E}_{2,1.5}\left(t^2\right)\left[y^2(t) - \sinh^2 t \right]
$$

（15）考虑下面的分数阶方程，初值条件为 $y(0) = 0$，试验证方程的解析解为 $y(t) = 1 - \cos t^2$。选择适当的函数求出方程在区间 $[0, 5]$ 内的数值解。选择不同的参数，比较计算时间和误差。

$$
{}_0^{\mathrm{C}}\mathscr{D}_t^{0.5} y(t) = 2\left[y^2(t) - 2y(t) + \sin^2 t^2 + 1 \right] {}_0^{\mathrm{RL}}\mathscr{D}_t^{-0.5}\left(t \sin t^2 \right)
$$

参 考 文 献

[1] Diethelm K. The analysis of fractional differential equations: An application-oriented exposition using differential operators of Caputo type[M]. New York: Springer, 2010.

[2] Petráš I. Fractional-order nonlinear systems: Modelling, analysis and simulation[M]. Beijing: Higher Education Press, 2011.

[3] Xue D Y, Bai L. Benchmark problems for Caputo fractional-order ordinary differential equations[J]. Fractional Calculus and Applied Analysis, 2017, 20（5）: 1305–1312.

[4] 王自强, 曹俊英. 分数阶微分积分方程的数值解法及其误差分析 [M]. 西安: 西安交通大学出版社, 2015.

第 8 章

基于框图的分数阶微分方程求解

在第 7 章中曾经给出了非线性分数阶微分方程的数值解方法。

对更复杂的系统,特别是对复杂控制系统而言,大型控制系统经常由若干相互连接但功能独立的部件构成,如果想用上面的方法求数值解,则首先需要将大型系统的数学模型写成单一的分数阶微分方程形式,否则就不能采用这些方法求解。这样的要求有时是很苛刻的,因为不是所有复杂系统都能用单一的分数阶微分方程形式写出,即使能写出来,写方程的代价也可能过大,导致无法求解,所以,对控制系统来说,基于框图的求解方式更利于复杂非线性分数阶微分方程的数值求解[1]。在 MATLAB 框架下,可以采用功能强大的 Simulink 环境解决相关问题。

作者设计了一个专用的分数阶系统 Simulink 模块集,其中含有可以单独计算分数阶微积分信号的模块,也提供了分数阶 PID 控制器模块、分数阶传递函数模块与分数阶传递函数矩阵模块,这些模块及其内部编程在文献 [2,3] 中有详细介绍。8.1 节给出 FOTF 工具箱的入门性介绍。8.2 节对微分方程的 Simulink 建模给出入门性介绍,并介绍零初值分数阶微分方程建模与仿真的基本方法与结果验证方法。8.3 节介绍非零初值的分数阶微分方程框图建模与仿真方法,通过例子详细介绍建模的规则与步骤。理论上说,可以用这样的方法搭建任意复杂的分数阶非线性微分方程的仿真模型。8.4 节还给出了基于 FOTF 模块集的分数阶控制系统的建模与仿真方法。

8.1 FOTF 工具箱与模块集简介

为方便研究分数阶系统,作者编写了名为 FOTF 的 MATLAB 工具箱。该工具箱最早的一批函数编写于 2002 年[4]。在 2005 年时,作者引入面向对象的编程技术,设计了分数阶传递函数类,并正式命名为 FOTF(分数阶传递函数)工具箱[5,6]。2017 年,随着文献 [2] 的出版,作者推出了全新的 FOTF 工具箱,包含了高精度算法、多变量分数阶控制系统模型、Simulink 模块集等全新内容,成为国际分数阶系统与控制领域使用最广泛的工具箱之一[7]。随着本书出版，最新版本的 FOTF 工具箱也将同步推出。

8.1.1 分数阶传递函数模块的输入与连接

分数阶传递函数模型是分数阶线性系统的最基本单元。这里先给出分数阶传递函数与传递函数矩阵的基本概念，然后介绍分数阶模型的输入与连接方法。

定义 8-1 ▶ 分数阶传递函数

分数阶传递函数的数学模型为

$$G(s) = \frac{b_1 s^{\gamma_1} + b_2 s^{\gamma_2} + \cdots + b_m s^{\gamma_m}}{a_1 s^{\eta_1} + a_2 s^{\eta_2} + \cdots + a_{n-1} s^{\eta_{n-1}} + a_n s^{\eta_n}} e^{-Ts} \qquad (8\text{-}1\text{-}1)$$

正常情况下，式（8-1-1）中的分数阶传递函数模型由四个向量和一个标量就可以唯一地描述，简单地记作 $(\boldsymbol{a}, \boldsymbol{\eta}, \boldsymbol{b}, \boldsymbol{\gamma}, T)$。

定义 8-2 ▶ 分数阶传递函数矩阵

类似于整数阶系统模型，线性多变量分数阶系统可以由分数阶传递函数矩阵描述：

$$\boldsymbol{G}(s) = \begin{bmatrix} g_{11}(s) & \cdots & g_{1p}(s) \\ \vdots & \ddots & \vdots \\ g_{q1}(s) & \cdots & g_{qp}(s) \end{bmatrix} \qquad (8\text{-}1\text{-}2)$$

式中，$g_{ij}(s)$ 为式（8-1-1）定义的单变量分数阶传递函数模型。

FOTF 工具箱提供了 FOTF 类，允许用户描述分数阶传递函数对象，并进行串联、并联、反馈等运算。相关的程序设计与思想参见文献 [2,3]。

FOTF 工具箱允许用下面几种方法输入分数阶传递函数模型：

（1）可以用命令 G=fotf$(\boldsymbol{a}, \boldsymbol{n}_a, \boldsymbol{b}, \boldsymbol{n}_b, T)$ 将分数阶传递函数对象直接输入 MATLAB 环境，其中，$\boldsymbol{a} = [a_1, a_2, \cdots, a_n]$，$\boldsymbol{b} = [b_1, b_2, \cdots, b_m]$，$\boldsymbol{n}_a = [\eta_1, \eta_2, \cdots, \eta_n]$ 与 $\boldsymbol{n}_b = [\gamma_1, \gamma_2, \cdots, \gamma_m]$ 可以用来输入 FOTF 模型的分子分母伪多项式的系数与阶次向量，并输入延迟时间常数 T。如果没有延迟，则可以忽略这项。

（2）类似于控制系统工具箱的 tf() 函数，也可以用 s=fotf('s') 命令声明一个 Laplace 变换的算子 s。这样，利用简单的 MATLAB 数学表达式语句就可以直接输入 FOTF 模型与矩阵。

（3）命令 G=fotf(G_1) 可以将模型 G_1 转换成 FOTF 对象。这里，G_1 可以是常数或常数矩阵、控制系统工具箱的 LTI 对象（包括整数阶传递函数和状态方程模型），也可以是 FOTF 工具箱提供的分数阶状态方程对象。

例 8-1　试将下面的分数阶传递函数模型输入 MATLAB 工作空间。

$$G(s) = \frac{0.8s^{1.2} + 2}{1.1s^{1.8} + 1.9s^{0.5} + 0.4} e^{-0.5s}$$

解　可以用下面的命令直接输入分数阶传递函数模型。

```
>> G=fotf([1.1,1.9,0.4],[1.8,0.5,0],[0.8,2],[1.2,0],0.5)
```

调用了 fotf() 函数后,分数阶传递函数的系数向量与阶次向量会自动分派到该对象相应的域中,这样 FOTF 对象就建立起来了,也会被显示出来。

另一种输入方法是先定义 s 算子,然后直接输入分数阶传递函数模型。这两种方法是完全等效的。对复杂传递函数而言,这种方法更方便。

```
>> s=fotf('s');
   G=(0.8*s^1.2+2)/(1.1*s^1.8+1.9*s^0.5+0.4)*exp(-0.5*s)
```

例 8-2　试将下面的分数阶传递函数矩阵输入 MATLAB 环境。

$$\boldsymbol{G}(s) = \begin{bmatrix} \dfrac{1}{1.5s^{1.2} + 0.7} e^{-0.5s} & \dfrac{2}{1.2s^{1.1} + 1} e^{-0.2s} \\ \dfrac{3}{0.7s^{1.3} + 1.5} & \dfrac{2}{1.3s^{1.1} + 0.6} e^{-0.2s} \end{bmatrix}$$

解　应该先输入 4 个子 FOTF 模型,然后用矩阵输入的方式将分数阶传递函数矩阵直接输入 MATLAB 工作空间。输入之后,因为最后一个语句不是以分号结束的,所以该 FOTF 矩阵会直接显示出来。

```
>> g1=fotf([1.5 0.7],[1.2 0],1,0,0.5);
   g2=fotf([1.2 1],[1.1 0],2,0,0.2);
   g3=fotf([0.7 1.5],[1.3 0],3,0);
   g4=fotf([1.3 0.6],[1.1 0],2,0,0.2); G=[g1,g2; g3,g4]
```

FOTF 对象支持乘法、加法运算,可以利用这样的运算获得 FOTF 模块的串联、并联连接模型。FOTF 工具箱还允许用 $G=\text{feedback}(G_1, G_2)$ 命令获得两个模块负反馈连接后的闭环模型 G。

例 8-3　假定在典型单位负反馈的模型中,已知受控对象与控制器分别为

$$G(s) = \frac{0.8s^{1.2} + 2}{1.1s^{1.8} + 0.8s^{1.3} + 1.9s^{0.5} + 0.4}, \quad G_c(s) = \frac{1.2s^{0.72} + 1.5s^{0.33}}{3s^{0.8}}$$

试求出闭环模型。

解　可以用下面的语句将模型输入 MATLAB 环境:

```
>> G=fotf([1.1,0.8 1.9 0.4],[1.8 1.3 0.5 0],[0.8 2],[1.2 0]);
   Gc=fotf([3],[0.8],[1.2 1.5],[0.72 0.33]); G1=feedback(G*Gc,1)
```

得出的闭环模型为

$$G_1(s) = \frac{0.96s^{1.59} + 1.2s^{1.2} + 2.4s^{0.39} + 3}{3.3s^{2.27} + 2.4s^{1.77} + 0.96s^{1.59} + 1.2s^{1.2} + 5.7s^{0.97} + 1.2s^{0.47} + 2.4s^{0.39} + 3}$$

8.1.2　分数阶线性状态方程模型

分数阶状态方程是描述线性分数阶系统的另一种重要模型,定义6-15给出了常规的分数阶状态方程模型,但该模型在实际应用中是有局限性的[3],因此,需要引入分数阶描述符状态方程。

定义 8-3 ▶ 分数阶描述符状态方程

分数阶描述符状态方程模型的数学表达式为

$$\begin{cases} \boldsymbol{E} \mathscr{D}_t^{\alpha} \boldsymbol{x}(t) = \boldsymbol{A}\boldsymbol{x}(t) + \boldsymbol{B}\boldsymbol{u}(t) \\ \boldsymbol{y}(t) = \boldsymbol{C}\boldsymbol{x}(t) + \boldsymbol{D}\boldsymbol{u}(t) \end{cases} \tag{8-1-3}$$

其中,$\boldsymbol{x}(t) \in \mathbb{R}^{n \times 1}$ 为系统的状态变量向量,n 为系统的阶次;$\boldsymbol{E} \in \mathbb{R}^{n \times n}$,$\boldsymbol{A} \in \mathbb{R}^{n \times n}$,$\boldsymbol{B} \in \mathbb{R}^{n \times p}$,$\boldsymbol{C} \in \mathbb{R}^{q \times n}$,$\boldsymbol{D} \in \mathbb{R}^{q \times p}$ 为常数矩阵。若 $\boldsymbol{E}$ 为单位矩阵,则系统为定义6-15的模型。

若已知 $\boldsymbol{A}$、$\boldsymbol{B}$、$\boldsymbol{C}$、$\boldsymbol{D}$ 和 $\boldsymbol{E}$ 矩阵,则可以由 $G=\text{foss}(A,B,C,D,\alpha,T,E)$ 命令直接输入模型。若不给出 $\boldsymbol{E}$,则默认的 $\boldsymbol{E}$ 为单位矩阵。

8.1.3　线性分数阶系统的分析函数

仿照MATLAB的控制系统工具箱,作者还设计了一系列分数阶系统的模型处理与系统分析函数,可以直接调用,完成相应的任务[3]。

(1) 模型转换。FOTF模型可以由 `foss()` 函数变换为FOSS模型,还可以使用 `fotf()` 函数进行反变换。另外可以由这两个函数将整数阶模型变换为分数阶模型。

(2) 系统的性质分析。系统的稳定性分析可以使用 `isstable()` 函数,可控性、可观测性分析可以使用 `ctrb()`、`obsv()` 函数,范数计算可以使用 `norm()` 函数,这些函数的调用格式已经尽可能地与整数阶模型保持一致。

(3) 系统的时域分析。系统的阶跃响应可以由 `step()` 函数计算与绘制,冲激响应与任意输入响应可以使用 `impulse()`、`lsim()` 函数。

(4) 系统的频域分析。和整数阶系统一样,系统的频域响应可以由 `bode()`、`nyquist()`、`nichols()` 函数直接绘制,幅值、相位裕度可以由 `margin()` 函数计算,多变量系统频域响应可以由 `mfrd()`、`gershgorin()` 等函数进行直接分析。

(5) 系统的根轨迹分析。系统的根轨迹曲线可以由 `rlocus()` 函数直接绘制,不过注意,该方法只能用于阶次不是很高的无延迟同元次系统的绘制,如果阶次过高,建议绘制近似根轨迹。

例8-4 试分析下面分数阶传递函数模型的稳定性,并计算系统的范数。

$$G(s) = \frac{-2s^{0.63} - 4}{2s^{3.501} + 3.8s^{2.42} + 2.6s^{1.798} + 2.5s^{1.31} + 1.5}$$

解 调用下面的语句,由重载的 `isstable()` 函数可以直接判定系统的稳定性。由于该函数返回1,所以原系统是稳定的。

```
>> a=[2,3.8,2.6,2.5,1.5]; na=[3.501,2.42,1.798,1.31,0];
   b=[-2,-4]; nb=[0.63,0]; G=fotf(a,na,b,nb);
   [key,alpha,a1,p]=isstable(G), p1=p.^(1/alpha)
```

还可以调用该函数计算系统的 $\mathcal{H}_2$ 与 $\mathcal{H}_\infty$ 范数分别为 1.0122,8.6115。

```
>> n1=norm(G), n2=norm(G,inf)
```

8.1.4 FOTF模块集

为Simulink仿真方便,新版本FOTF工具箱提供了如图8-1所示的模块集,该模块集可以由 `fotflib` 命令直接打开。其中常用的模块如下:

(1)该模块集的核心模块是Riemann–Liouville模块,是由Oustaloup等滤波器封装起来的,其作用是获得输入信号的Riemann–Liouville分数阶导数或积分。后面将给出借助该模块获得Caputo导数的方法。双击该模块的图标,将弹出该模块的参数对话框,允许用户输入各种参数,如滤波器的阶次与感兴趣的频率范围。此外,还提供了滤波器选择的列表框,允许用户选择不同的滤波器,包括离散滤波器。当然,由第5章的对比研究可见,默认的Oustaloup滤波器应该为首选滤波器。

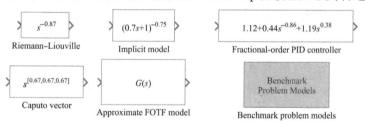

Simulink Blockset for FOTF Toolbox Version 2.0

© 2006-2022, Designed by Dingyu Xue, NEU, CHN

图8-1 FOTF模块集(`fotflib.slx`)

(2)Implicit model模块实现了 $(as+1)^{-\gamma}$ 无理传递函数模块。该模块封装了隐式模型,其内部结构如图5-25(b)所示。

(3)Caputo vector模块实现了向量型Caputo分数阶导数与积分动作,可以直接用于Caputo状态方程的建模与仿真。

除此之外,还提供了Approximate FOTF model模块(用模块表示分数阶传递函数或传递函数矩阵)和 Fractional-order PID controller模块(用于表示分数阶PID

控制器），Benchmark problem models 模块组还提供了为基准测试问题专门搭建的一系列测试模型，详见附录 A。

8.2 零初值分数阶微分方程的框图解法

很多难以用函数调用方式求解的非线性分数阶微分方程也可以通过 Simulink 建模仿真的方式直接求解。本节先给出微分方程 Simulink 建模的基本知识，然后给出一些分数阶微分方程建模求解的演示例子，介绍微分方程的框图求解方法，并介绍仿真结果的检验方法。

8.2.1 Simulink 建模准则

Simulink 提供的建模模块五花八门，对初学者来说掌握起来并非轻而易举。文献 [8] 对微分方程的 Simulink 建模规则做了简要的总结。在实际微分方程建模时，通常进行如下操作绘制框图。

（1）如果想定义 $x(t)$ 和 $x'(t)$ 两个信号，则可以引入一个积分器模块，并人为地令其输出端为 $x(t)$ 信号，则其输入端自然为 $x'(t)$ 信号。用这样的方法可以定义出微分方程建模必备的关键信号，初值 $x(0)$ 可以写入积分器模块的参数对话框。

（2）如果两个信号相等，则可以将两个信号直接连接起来。在建模过程中通常采用这种方法闭合仿真回路。

（3）假设已知信号 $u(t)$，则可以在其后面连接一个 Gain 模块，并双击该模块输入放大倍数 k，这样就可以构造出 $ku(t)$ 信号。

（4）如果要对信号 $v(t)$ 做非线性算术运算，如计算 $(v(t) + v^3(t)/3)\sin v(t)$，则可以将信号 $v(t)$ 输入 Fcn 或 MATLAB Function 模块。双击该模块，在弹出的参数对话框中填写 (u+u^3/3)*sin(u)，该模块的输出信号就是期望的非线性函数。注意，不论输入信号是什么信号，输入 Fcn 模块参数对话框时只能记作 u。

（5）若干路信号可以馈入 Mux 模块，模块输出信号就是由这些单路信号构造出的向量型信号；如果向量型信号输入 Demux 模块，则可以分解为标量型信号或多路向量型信号。

（6）如果想由输入信号 $u(t)$ 构造出其延迟信号 $u(t-d)$，可以将信号 $u(t)$ 馈入 Transport Delay（传输延迟）模块，并双击该模块，在参数对话框中输入参数 d，模块的输出信号就是期望的延迟信号。

（7）如果想获得某个信号，则可以将其连到 Scope 模块上，或连接到 Out 模块上，以便显示或处理该信号。

有了上述的建模规则，就可以很容易地建立微分方程组的仿真模型，无须对微分方程做预处理、构造标准型，直接由绘图的方法将微分方程组用 Simulink 的模块搭建出来，然后利用 Simulink 的仿真功能，即可得出微分方程的数值解。

8.2.2　Simulink 的环境参数设置

在使用 Simulink 进行仿真研究之前，需要对 Simulink 环境做必要的参数设置。这里将介绍 Simulink 参数的设置方法：打开 Simulink 模型窗口工具栏的"建模"标签页，如图 8-2 所示，再单击其中的 ⚙ 图标，打开如图 8-3 所示的模型参数设置对话框。本节建议用户做两个方面的参数设置：① 求解器参数设置；② 输入输出数据格式设置[8]。下面分别介绍这两种参数的设置方法。

图 8-2　Simulink 的工具栏

图 8-3　求解器参数设置

1. 求解器参数设置

求解器参数的设置是 Simulink 能得到精确仿真结果的保障。这里建议对求解器参数做两方面的设置。

（1）求解器的选择。对可靠的数值计算而言，应该选择变步长算法，这是 Simu-link 的默认选择，不必更改。正常情况下，默认的数值算法设定为 Auto（自动选择），也无须更改。在某些特定场合下，如果求解某个微分方程长时间得不出仿真结果，很可能是遇到了刚性的微分方程问题，建议在右侧的"求解器"下拉列表框中选择 ode15(stiff/NDF) 算法，加速仿真进程。不过这样的选择可能会稍微牺牲精度。

（2）控制参数的选择[9]。除了算法选择之外，还应该单击"求解器详细信息"栏目，对话框展开部分如图 8-4 所示。将"相对容差"设置成比较小的值，建议至少设置为 10^{-8}。Simulink 给出的默认值是 10^{-3}，即千分之一相对误差容限，这个值不能得到精确的仿真结果。

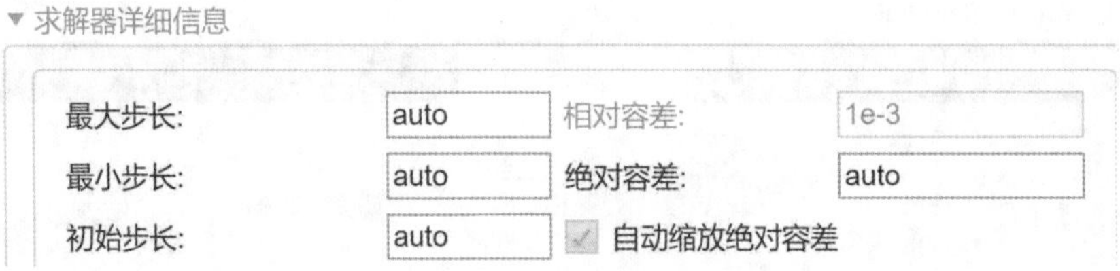

▼ 求解器详细信息			
最大步长:	auto	相对容差:	1e-3
最小步长:	auto	绝对容差:	auto
初始步长:	auto	☑ 自动缩放绝对容差	

图 8-4　求解器参数详细设置

2. 输入输出数据格式设置

为使仿真结果数据更容易访问，建议用下面的方法设置相同的输入输出数据格式。选择图 8-3 对话框左边的"数据导入/导出"标签，仿真参数对话框将自动变

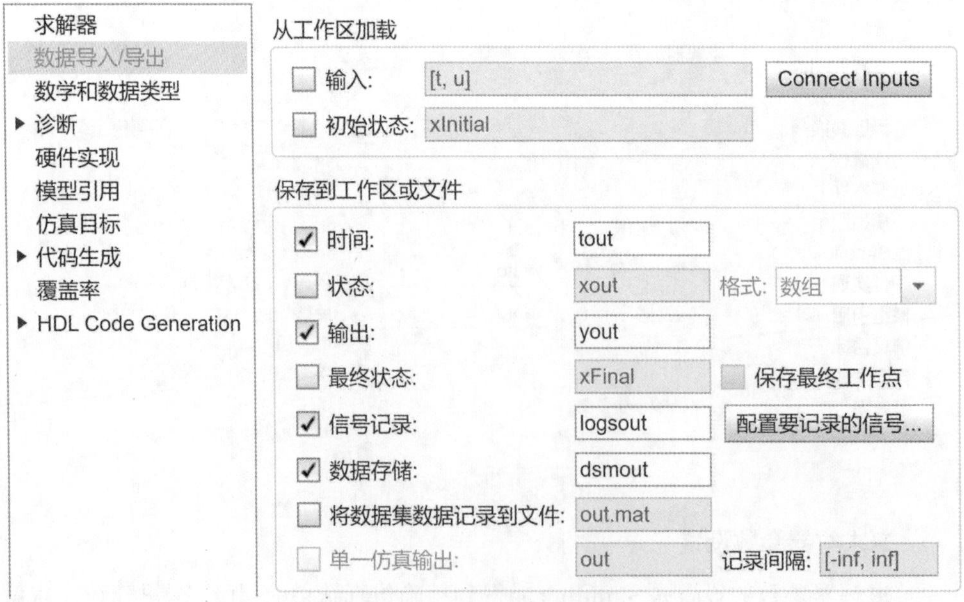

求解器	从工作区加载		
数据导入/导出	☐ 输入:	[t, u]	Connect Inputs
数学和数据类型	☐ 初始状态:	xInitial	
▶ 诊断	保存到工作区或文件		
硬件实现	☑ 时间:	tout	
模型引用	☐ 状态:	xout	格式: 数组 ▼
仿真目标	☑ 输出:	yout	
▶ 代码生成	☐ 最终状态:	xFinal	☐ 保存最终工作点
覆盖率	☑ 信号记录:	logsout	配置要记录的信号...
▶ HDL Code Generation	☑ 数据存储:	dsmout	
	☐ 将数据集数据记录到文件:	out.mat	
	☐ 单一仿真输出:	out	记录间隔: [-inf, inf]

图 8-5　导入/导出设置对话框

成图8-5中的形式。建议取消选中"单一仿真输出"复选框,并将"格式"列表框设置为"数组"。如果不做这样的设置,仿真结果的数据结构与提取将极其烦琐。

8.2.3　分数阶微分方程的 Simulink 建模与求解

对具有零初始条件的分数阶微分方程而言,可以由整数阶积分器和 FOTF 模块集中的 Riemann–Liouville 模块定义所需的关键信号,根据这些信号搭建起整个系统的 Simulink 仿真模型。下面将通过例子演示 Simulink 建模的步骤。

例 8-5　考虑例 6-8 中给出的零初值线性分数阶微分方程模型

$$\mathscr{D}_t^{3.5}y(t)+8\mathscr{D}_t^{3.1}y(t)+26\mathscr{D}_t^{2.3}y(t)+73\mathscr{D}_t^{1.2}y(t)+90\mathscr{D}_t^{0.5}y(t)=30u'(t)+90\mathscr{D}_t^{0.3}u(t)$$

若输入信号为 $u(t)=\sin t^2$,试利用 Simulink 仿真的方式求解该微分方程。

解　简单起见,先写出该微分方程的显式表达式

$$\mathscr{D}_t^{3.5}y(t)=-8\mathscr{D}_t^{3.1}y(t)-26\mathscr{D}_t^{2.3}y(t)-73\mathscr{D}_t^{1.2}y(t)-90\mathscr{D}_t^{0.5}y(t)+30u'(t)+90\mathscr{D}_t^{0.3}u(t)$$

可以采用下面的步骤建立起 Simulink 仿真模型:

(1) 打开空白的模型窗口。由 Simulink 的 File → New → New Model 菜单打开一个空白的模型窗口,这样用户可以在该窗口建立自己的模型。

(2) 定义出关键信号。分数阶微分方程的关键信号一般是指输出信号 $y(t)$、其整数阶及涉及的分数阶导数信号。整数阶导数可以由整数阶积分器模块链直接构造,对本例来说,可以用串联连接的 3 个积分器直接构造,如图 8-6 所示。

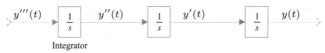

图 8-6　输出 $y(t)$ 及其整数阶导数(c8mblk1a.slx)

除了整数阶导数之外,微分方程还需要 $\mathscr{D}_t^{3.5}y(t)$ 信号,导数阶次大于积分器链定义的最高阶次,所以将 -0.5 阶导数信号通过 Riemann–Liouville 模块连接到 $y'''(t)$ 的输入端,直接构造出来;此外,由于微分方程中需要 $\mathscr{D}_t^{3.1}y(t)$、$\mathscr{D}_t^{2.3}y(t)$、$\mathscr{D}_t^{1.2}y(t)$ 和 $\mathscr{D}_t^{0.5}y(t)$ 等信号,由相应的整数阶导数信号又可以定义所需的分数阶导数信号,如图 8-7 所示。

双击 Riemann–Liouville 模块的图标,将弹出如图 8-8 所示的参数对话框,允许用户填写滤波器设计参数。这些参数可以填写具体数值,也可以填写变量名。如果填写变量名,则仿真之前应该给这些变量赋值,否则仿真不能正常进行。为避免可能发生的代数环现象,还可以选中"Is a low-pass filter required?"复选框,不过选中该复选框有可能稍微影响仿真精度。

方便起见,本书将 Frequency range(频率段)设置为向量 ww, Approximation order(近似阶次)设为 N,并在 MATLAB 工作空间对这两个变量进行预赋值,写入模型。

(3) 建立完整的 Simulink 模型。若所有的关键信号都定义出来了,则可由 Simulink 底层模块搭建完整的 Simulink 模型,如图 8-9 所示。Riemann–Liouville 模块中的参数 ww

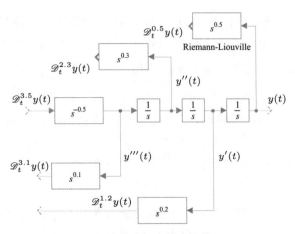

图 8-7　输出 $y(t)$ 的整数阶与分数阶导数（`c8mblk1b.slx`）

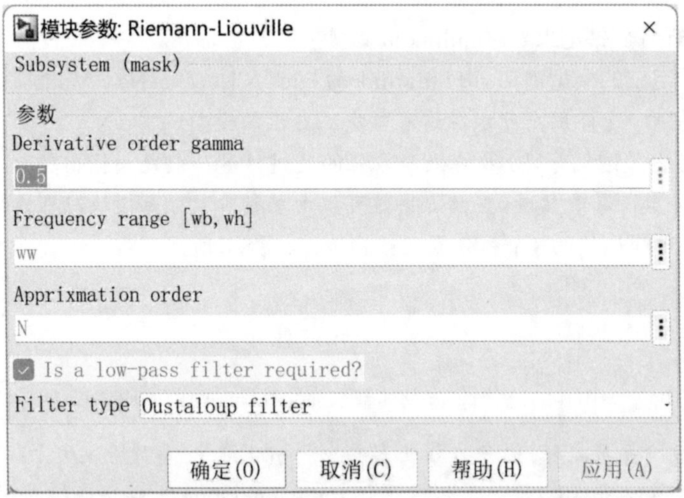

图 8-8　Riemann–Liouville 模块的参数对话框

与 N 可以在 MATLAB 工作空间中赋值。例如，可以如下指定这些参数：

```
>> ww=[1e-5 1e3]; N=15;
```

（4）启动仿真过程。可以用两种方法启动这个仿真过程：①单击 Simulink 模型窗口工具栏的 ▶ 按钮启动仿真过程，仿真结束后在 MATLAB 工作空间返回 tout、yout 两个变量；②调用 sim() 函数直接求取仿真结果，返回 t、y 两个变量。

```
>> [t,~,y]=sim('c8mblk3');
```

通过仿真可见，得出的仿真结果与例 6-8 中由命令得出的解完全一致。

例 8-6　由于这里仿真的模型是线性模型，还可以按照图 8-10 中给出的简单方法直接构造仿真模型，在启动仿真过程之前应该用下面的语句给 FOTF 对象赋值。用这种方法得出的仿真结果也是完全一致的。

```
>> b=[30,90]; nb=[1,0.3]; a=[1,8,26,73,90];
   na=[3.5,3.1,2.3,1.2,0.5]; G=fotf(a,na,b,nb);
```

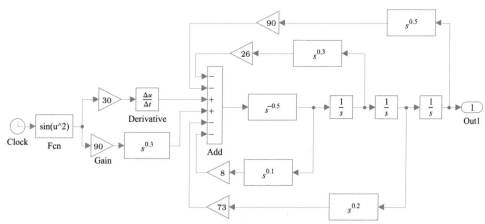

图 8-9   分数阶微分方程的 Simulink 模型（c8mblk2.slx）

图 8-10   更简单的线性系统 Simulink 模型（c8mblk3.slx）

例 8-7   再考虑例 6-5 中给出的零初值分数阶微分方程模型

$$\mathscr{D}_t^{1.2}y(t) + 5\mathscr{D}_t^{0.9}y(t) + 9\mathscr{D}_t^{0.6}y(t) + 7\mathscr{D}_t^{0.3}y(t) + 2y(t) = u(t)$$

已知输入信号为阶跃信号，由 6.3 节可知，微分方程的解析解为

$$y_3(t) = \frac{1}{2} + \frac{1}{2}\mathrm{E}_{0.3}(-2t^{0.3}) - \mathrm{E}_{0.3}\left(-t^{0.3}\right) - t^{0.6}\mathrm{E}_{0.3,1.6}^2\left(-t^{0.3}\right) + t^{0.9}\mathrm{E}_{0.3,1.9}^3\left(-t^{0.3}\right)$$

试评价滤波器参数设置及其对 Simulink 仿真结果的影响。

解   利用前面介绍的 Simulink 建模的标准步骤可以容易地建立起如图 8-11 所示的 Simulink 仿真模型。如果选择不同的滤波器参数 N 与 (ω_b, ω_h)，则对比解析解可以得出仿真误差的分析，如表 8-1 所示。

可以看出，如果感兴趣的频率段跨越 6 个十倍频程，滤波器阶次 $N = 7$ 就可以给出很好的近似；如果跨越的十倍频程个数增加 1，则建议将 N 的值增加 1 或 2。事实上，由于仿真速度比较快，为精度考虑应该选择更高阶次的滤波器。

```
>> ww=[1e-4 1e4]; T=[];      %用户也可以相应地改变频率段
   for N=5:18                %测试不同的滤波器阶次
      [t,x,y]=sim('c8mblk5',0.5);
      y3=1/2+0.5*ml_func(0.3,-2*t.^0.3)-ml_func(0.3,-t.^0.3)...
         -t.^0.6.*ml_func([0.3,1.6,2],-t.^0.3)...
         +t.^0.9.*ml_func([0.3,1.9,3],-t.^0.3);
```

```
       e=norm(y-y3), T(N-4)=e;
   end
```

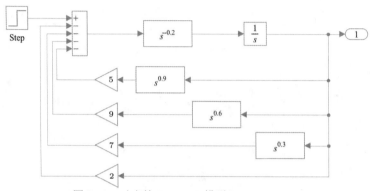

图 8-11   对应的 Simulink 模型（c8mblk5.slx）

表 8-1   不同滤波器参数下的误差比较

阶 次 N	频率段 $(\omega_b, \omega_h)/(\text{rad/s})$				
	$(10^{-3}, 10^3)$	$(10^{-4}, 10^4)$	$(10^{-4}, 10^3)$	$(10^{-5}, 10^3)$	$(10^{-5}, 10^5)$
5	0.0054	0.00802	0.00741	0.00733	0.08015
6	0.0047	0.00317	0.00521	0.00701	0.04668
7	0.0048	0.00196	0.00473	0.00512	0.01211
8	0.0048	0.00110	0.00478	0.00472	0.00570
9	0.0048	0.00071	0.00483	0.00476	0.00317
10	0.0049	0.00048	0.00483	0.00482	0.00416
11	0.0049	0.00042	0.00485	0.00483	0.00240
12	0.0049	0.00042	0.00487	0.00484	0.00120
13	0.0049	0.00041	0.00488	0.00486	0.00058
14	0.0049	0.00041	0.00489	0.00487	0.00044
15	0.0049	0.00040	0.00490	0.00488	0.00025
16	0.0049	0.00043	0.00490	0.00489	0.00017
17	0.0049	0.00043	0.00491	0.00490	0.00010
18	0.0050	0.00043	0.00491	0.00490	5.45×10^{-5}

如果终止仿真时间增加到 $t_n = 1$，则对这个具体问题而言用 ml_func() 函数求取解析解的方法将失效，但若采用 Simulink 模型，则仿真时间段可以大幅度增加。必须指出的是：如果仿真终止时间增大，则应该考虑降低感兴趣频率段的下限频率 ω_b。例如，如果增大终止仿真时间到 $t_n = 500$，则可以如下尝试不同的滤波器频率段与阶次，得出的阶跃响应曲线如图 8-12 所示。

```
>> N=8; ww=[1e-3 1e3]; [t1,~,y1]=sim('c8mblk5',500);
   N=10; ww=[1e-4 1e3]; [t2,~,y2]=sim('c8mblk5',500);
   N=10; ww=[1e-5 1e3]; [t3,~,y3]=sim('c8mblk5',500);
```

```
N=12; ww=[1e-6 1e3]; [t4,~,y4]=sim('c8mblk5',500);
tic, N=16; ww=[1e-8 1e3]; [t5,~,y5]=sim('c8mblk5',500); toc
plot(t1,y1,t2,y2,t3,y3,t4,y4,t5,y5)
```

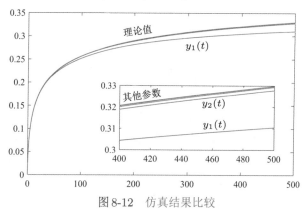

图 8-12　仿真结果比较

可以看出, 在这个例子中 $\omega_{\mathrm{b}} = 10^{-3}\,\mathrm{rad/s}$ 并不是一个好的选择, 如果选择 $\omega_{\mathrm{b}} = 10^{-4}\,\mathrm{rad/s}$ 则可以改进仿真结果, 但仍然存在可见的误差。对这样一个大范围的时间范围, $t_{\mathrm{n}} = 500$, ω_{b} 应该至多选为 $10^{-5}\,\mathrm{rad/s}$。还可以继续增大阶次 N 或增大 ω_{b} 的值, 直到得到精确可靠的仿真结果。

例 8-8　试求解下面给出的零初值非线性分数阶微分方程:

$$\frac{3\mathscr{D}_t^{0.9}y(t)}{3 + 0.2\mathscr{D}_t^{0.8}y(t) + 0.9\mathscr{D}_t^{0.2}y(t)} + \left|2\mathscr{D}_t^{0.7}y(t)\right|^{1.5} + \frac{4}{3}y(t) = 5\sin 10t$$

解　由给出的方程可以直接写出 $y(t)$ 信号的显式表达式

$$y(t) = \frac{3}{4}\left[5\sin 10t - \frac{3\mathscr{D}_t^{0.9}y(t)}{3 + 0.2\mathscr{D}_t^{0.8}y(t) + 0.9\mathscr{D}_t^{0.2}y(t)} - \left|2\mathscr{D}_t^{0.7}y(t)\right|^{1.5}\right]$$

从得出的显式表达式可见, 此模型的关键信号可以由分数阶微分模块直接定义, 这样就可以搭建如图 8-13 所示的 Simulink 仿真框图。对框图中的系统进行仿真, 可以得出如图 8-14 所示的仿真结果。该仿真结果可以通过改变滤波器参数或 Simulink 模型仿真参数等直接验证。

```
>> [t,~,y]=sim('c8mnlf1',4); plot(t,y)
```

应该注意, 同一给定的分数阶微分方程的 Simulink 建模方法是不唯一的。考虑原始的微分方程, 如果将其写成另一种形式:

$$\mathscr{D}_t^{0.9}y(t) = \frac{3 + 0.2\mathscr{D}_t^{0.8}y(t) + 0.9\mathscr{D}_t^{0.2}y(t)}{3}\left[5\sin 10t - \frac{4}{3}y(t) - \left|2\mathscr{D}_t^{0.7}y(t)\right|^{1.5}\right]$$

则新的方程在分母上就不再有动态运算了。从这样的显式微分方程模型可以直接绘制出如图 8-15 所示的另一个完全不同的 Simulink 仿真模型, 由该模型得出的仿真结果与前面得出的完全一致。

对含有复杂运算的微分方程而言, 还有一种简洁的建模方法, 就是将各个关键信号

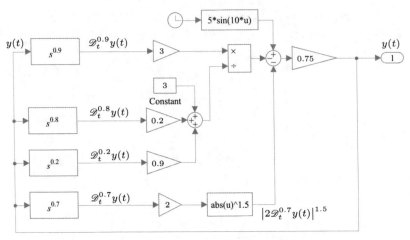

图 8-13　非线性分数阶微分方程的Simulink模型（`c8mnlf1.slx`）

图 8-14　系统仿真结果

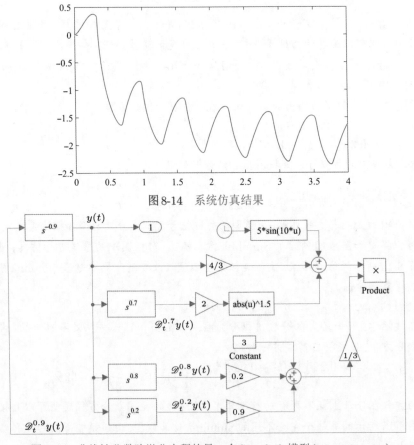

图 8-15　非线性分数阶微分方程的另一个Simulink模型（`c8mnlf2.slx`）

连同输入信号做成向量型信号, 如令 $\boldsymbol{v} = [\mathscr{D}_t^{0.9}y(t), \mathscr{D}_t^{0.8}y(t), \mathscr{D}_t^{0.2}y(t), \mathscr{D}_t^{0.7}y(t), u(t)]$,
再连接 Fcn 模块描述复杂运算。这样建立的简洁模型如图 8-16 所示。启动仿真过程, 可
以得出与前面模型完全一致的仿真结果。

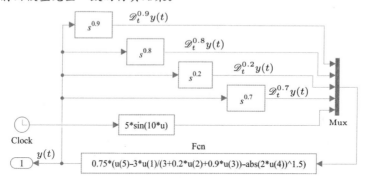

图 8-16　非线性分数阶微分方程的简洁建模 (c8mnlf3.slx)

8.2.4　非线性分数阶微分方程数值解的检验

　　前面介绍了选择不同步长及 Oustaloup 滤波器设计参数的检验方法。事实上,
还可以采用 6.4.3 节的思路, 将数值解回代到原方程进行检验。这种想法目前有两
个难点: ① Simulink 结果是变步长得出的, 而检验函数 glfdiff() 等是基于定步
长算法实现的, 如何获得定步长仿真结果? ② 非线性方程不像 6.4.3 节介绍的线性
方程那么容易检验。本节将尝试回答这两个问题, 给出一种切实可行的检验方法。

　　虽然 Simulink 仿真是以变步长的方式实现的, 但用户可以选择以等间距点的
方式返回仿真结果。这里介绍一种简洁的方法。

　　在例 8-8 中使用了 $[t,\sim,y]=\text{sim}('\text{c8mnlf1}',4)$ 命令, 这种仿真方法返回的结
果是变步长的; 如果人为指定一个时间向量 $\boldsymbol{t}_0$, 则 $[t,\sim,y]=\text{sim}('\text{c8mnlf1}',\boldsymbol{t}_0)$
命令会自动返回 $\boldsymbol{t}_0$ 上各点的仿真结果, 且返回的 $\boldsymbol{t}$ 与 $\boldsymbol{t}_0$ 完全一致。这样, 若选择一
个定步长的向量 $\boldsymbol{t}_0$, 则有望得出等间距的计算结果。注意, 这时的仿真进程仍然采
用默认的变步长机制, 只是在输出结果时, 将 $\boldsymbol{t}_0$ 向量的点处的结果显示出来。

　　第二个问题回答起来很简单, 采用点运算的方式可以对任意复杂的表达式求
值。这里将通过例子演示分数阶微分方程数值解的检验方法。

　　例 8-9　重新考虑例 8-8 中的非线性分数阶微分方程, 试验证仿真结果。

　　解　取定步长步距为 $h=0.002$, 可以给出下面的命令重新计算仿真结果。由微分方
程的数学表达式看, 需要的 Riemann–Liouville 导数为 4 项, 其阶次分别为 0.9、0.8、0.2
和 0.7, 可以调用 glfdiff() 函数, 分别求出这 4 个导数信号, 然后就可以用下面的语句
计算等号左侧的表达式了。注意, 在计算式必须采用点运算。等号左边和右边的曲线如

图 8-17 所示。可见，两条曲线只在个别点上存在微小偏差，说明得出的解是正确的。

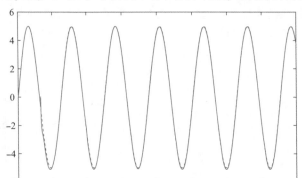

图 8-17　解的验证

```
>> t0=0:0.002:4; [t,~,y]=sim('c8mnlf1',t0);
   y1=glfdiff(y,t,0.9); y2=glfdiff(y,t,0.8);
   y3=glfdiff(y,t,0.2); y4=glfdiff(y,t,0.7);
   yy=3*y1./(3+0.2*y2+0.9*y3)+abs(2*y4).^1.5+4*y/3;
   uu=5*sin(10*t); max(abs(yy-uu)), plot(t,yy,t,uu,'--')
```

8.3　非零初值Caputo微分方程的框图解法

对 Caputo 微分方程而言，输出信号 $y(t)$ 或输入信号 $u(t)$ 可能含有非零初值，这样就不能直接用 8.2 节介绍的建模方法直接创建其仿真模型了，必须采用必要的特殊处理才可建立 Simulink 仿真模型。本节介绍一种利用 Riemann–Liouville 模块生成信号 Caputo 导数的建模方法，以此为基础可以直接实现非线性 Caputo 微分方程建模与仿真方法[1]。理论上说，用本节给出的 Simulink 建模方法可以求解任意复杂的 Caputo 微分方程。

8.3.1　显式Caputo微分方程的建模仿真方法

回顾第 7 章给出的 Caputo 显式微分方程的数学形式。为叙述方便，这里重新给出了 Caputo 显式微分方程的数学问题。

定义 8-4 ▶ 显式分数阶微分方程

显式非线性分数阶微分方程的基本形式为

$$
{}_{t_0}^{C}\mathscr{D}_t^{\alpha}y(t) = f\big(t, y(t), {}_{t_0}^{C}\mathscr{D}_t^{\alpha_1}y(t), {}_{t_0}^{C}\mathscr{D}_t^{\alpha_2}y(t), \cdots, {}_{t_0}^{C}\mathscr{D}_t^{\alpha_n}y(t)\big) \qquad (8\text{-}3\text{-}1)
$$

式中，$\alpha > \max(\alpha_1, \alpha_2, \cdots, \alpha_n) > 0$。已知的 $y(t)$ 函数及其导数的初值为

$$y(t_0) = y_0, \ y'(t_0) = y_1, \ y''(t_0) = y_2, \cdots, \ y^{(q-1)}(t_0) = y_q \tag{8-3-2}$$

其中，$q = \lceil \alpha \rceil$。为叙述方便起见，不妨假设 $\alpha_1 > \alpha_2 > \cdots > \alpha_n$。

和前面介绍的微分方程 Simulink 建模一样，需要引入 q 个整数阶积分器构成的积分器链，如图 8-18 所示，这样，可以首先定义 $y(t)$ 信号及其整数阶导数。有了积分器链，还可以将式 (8-3-2) 定义的微分方程初值写入相应的积分器模块。

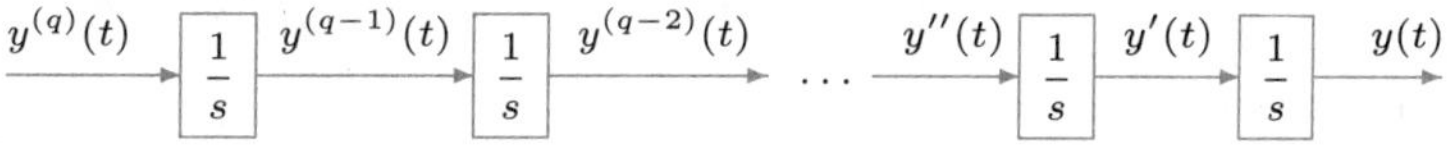

图 8-18　整数阶积分器链

有了整数阶导数信号，很自然地，需要构建所需的 $y(t)$ 函数的 Caputo 导数信号。可以考虑利用 Caputo 导数与 Riemann–Liouville 导数直接的关系，引入补偿函数建立 Caputo 导数信号，不过这种方法被认为是效果不佳的构造方法[2]，应该寻求更好的解决方案。

回顾定理 3-18。为方便起见，下面重新列出该定理的内容：若 $n = \lceil \gamma \rceil$，且 $y(t)$ 信号 n 阶可导，则

$$\,^{\mathrm{C}}_{t_0}\mathscr{D}_t^{\gamma} y(t) = \,^{\mathrm{RL}}_{t_0}\mathscr{D}_t^{-(n-\gamma)} \left[y^{(n)}(t) \right] \tag{8-3-3}$$

由此定理可见，Caputo 分数阶导数信号 $\,^{\mathrm{C}}_{t_0}\mathscr{D}_t^{\gamma} y(t)$ 可以通过对整数阶导数信号 $y^{(n)}(t)$ 求取 $(n-\gamma)$ 阶分数阶 Riemann–Liouville 积分构造出来。例如，若想求 $y(t)$ 信号的 2.6 阶 Caputo 导数，可以将 $y'''(t)$ 信号馈入 0.4 阶的 Oustaloup 积分器就可以得到。由积分器链可以获得 $y'''(t)$ 信号，而由 Riemann–Liouville 模块则可以实现 0.4 阶 Oustaloup 积分。

除了定理 3-18 之外，下面的定理在 Caputo 方程仿真中也是至关重要的。基于这个定理，可以实现仿真闭环的结构。

定理 8-1 ▶ 建模定理 (二)

若 $n = \lceil \gamma \rceil$，对定理 3-18 的公式的两端取 $n-\gamma$ 阶 Riemann–Liouville 导数，则

$$\,^{\mathrm{RL}}_{t_0}\mathscr{D}_t^{n-\gamma} \left[\,^{\mathrm{C}}_{t_0}\mathscr{D}_t^{\gamma} y(t) \right] = y^{(n)}(t) \tag{8-3-4}$$

该定理表明：$y(t)$ 信号的 n 阶导数可以由分数阶 Caputo 导数信号 $\,^{\mathrm{C}}_{t_0}\mathscr{D}_t^{\gamma} y(t)$ 通过 $n-\gamma$ 阶 Riemann–Liouville 微分器构造出来。这里仍需要使用 Riemann–Liouville 导数模块。例如，若系统的积分器链由 3 个积分器构成，且已经获得函数 $y(t)$ 的 2.6 阶 Caputo 导数，则可以将其馈入 0.4 阶 Riemann–Liouville 模块，凑出 $y'''(t)$，这样，

就可以将得出的信号与积分器链的起点直接连接,构造出仿真闭环。

由于这里提到的分数阶微积分运算都是 Riemann–Liouville 算子,用 Riemann–Liouville 模块即可。基于上述的定理与推论,可直接实现下面的简单建模算法。

算法 8-1 ▶ 简单的建模算法

（1）分数阶导数关键信号 ${}^{C}_{t_0}\mathscr{D}_t^\gamma y(t)$ 可由整数阶导数信号 $y^{(n)}(t)$ 通过简单的 Riemann–Liouville 导数模块 Riemann–Liouville 构造出来,该模块的阶次为 $(\gamma - n)$。例如,如果想构造信号的 2.3 阶 Caputo 导数,则可以通过对关键信号 $y^{(3)}(t)$ 进行 0.7 阶 Riemann–Liouville 积分直接得出。

（2）对显式微分方程而言,可以对 Caputo 导数信号连接 Riemann–Liouville 模块直接恢复出整数阶导数信号,直接连接到积分器链的入口,构成仿真闭环。

（3）建立起所有这些关键信号,可以很容易地建立起整个系统的 Simulink 仿真模型。

这里给出的 Caputo 微分方程建模方法巧妙地采用积分器链与 Oustaloup 滤波器相结合的形式生成关键信号,建模方法比较直观。下面将通过例子演示这里给出的建模方法。

例 8-10 考虑例 4-9 中给出的基准测试问题。试用 Simulink 搭建仿真模型,并评价 Oustaloup 滤波器参数对结果的影响。

解 由于微分方程的最高阶次为 0.7,所以需要引入一个整数阶积分器(初值填写 1),定义 $y(t)$ 和 $y'(t)$ 信号。将一个 0.3 阶的 Oustaloup 微分器与 $y'(t)$ 相连,就可以定义 ${}^{C}_{0}\mathscr{D}_t^{0.7}y(t)$ 信号。现在用时钟模块生成 t,将其馈入 Fcn 模块,就可以构造分段函数 $f(t)$。将该信号与 ${}^{C}_{0}\mathscr{D}_t^{0.7}y(t)$ 相连,就可以构造如图 8-19 所示的仿真模型。

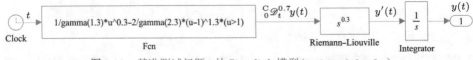

图 8-19　基准测试问题 1 的 Simulink 模型(bp1_model.slx)

选择 Oustaloup 滤波器参数,并启动仿真过程,就可以得到仿真结果。将结果与理论值相比,可以得出最大误差,并获得运行时间、计算点数等指标。选择不同的滤波器参数,得出的实测结果在表 8-2 中给出。可以看出,滤波器参数的选择对耗时和计算点数影响不大;一般说来,感兴趣频率段选择越宽(尤其是 ω_b 越小)、阶次越高,得出的结果越精确;从计算精度与实现速度看,这里的方法远好于例 4-9 介绍的方法。

```
>> N=11; ww=[1e-4 1e4];
   tic, [t,x,y]=sim('bp1_model'); toc, length(t)
   y0=t+1-(t-1).^2.*(t>1); err=y-y0; max(abs(err))
```

表 8-2　滤波器参数对仿真结果的影响

频率段/(rad/s)	$(10^{-4}, 10^4)$	$(10^{-5}, 10^5)$	$(10^{-6}, 10^6)$	$(10^{-7}, 10^6)$	$(10^{-8}, 10^6)$
阶次	21	25	29	35	41
最大误差	7.6416×10^{-5}	6.0872×10^{-6}	3.3824×10^{-6}	1.2100×10^{-6}	4.7819×10^{-7}
耗时/s	0.579	0.589	0.583	0.604	0.562
计算点数	984	1057	1135	1141	1138

例 8-11　试用 Simulink 建模的方法重新求解例 6-13 中的线性 Caputo 微分方程。

$$y'''(t) + {}_0^C\mathscr{D}_t^{2.5}y(t) + y''(t) + 4y'(t) + {}_0^C\mathscr{D}_t^{0.5}y(t) + 4y(t) = 3\sqrt{2}\sin(t + 3\pi/4)$$

假设该方程的初始条件为 $y(0) = 1, y'(0) = 0, y''(0) = -1$,并已知该方程的解析解为 $y(t) = \cos t$。假设仿真时间区间为 $t \in (0, 5000)$。

解　像这样大时间区间的仿真用例 6-13 那类命令式方法是不可能实现的,只能考虑 Simulink 仿真。可以用手工方法将原线性分数阶微分方程改写成

$$y'''(t) = -{}_0^C\mathscr{D}_t^{2.5}y(t) - y''(t) - 4y'(t) - {}_0^C\mathscr{D}_t^{0.5}y(t) - 4y(t) + 3\sqrt{2}\sin(t + 3\pi/4)$$

用常规的建模方法,先用 3 个整数阶积分器搭建出关键信号 $y(t)$, $y'(t)$, $y''(t)$ 和 $y'''(t)$,再由这 4 个信号用标准的 Riemann–Liouville 分数阶积分器模块定义出各个分数阶导数信号,最后构造出如图 8-20 所示的 Simulink 模型描述原始的系统。注意,关键信号 ${}_0^C\mathscr{D}_t^{0.5}y(t)$ 与 ${}_0^C\mathscr{D}_t^{2.5}y(t)$ 搭建的理论根据是定理 3-18。这里给出的关键信号构造方法与例 8-5 中介绍的方法是不同的。

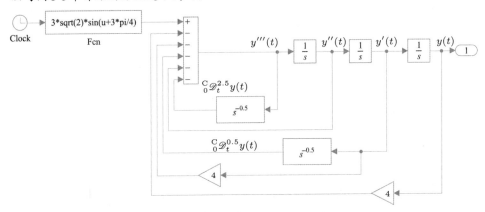

图 8-20　线性 Caputo 微分方程的 Simulink 模型(`bp2_model.slx`)

由于 Oustaloup 积分器分子、分母的阶次是相同的, ${}_0^C\mathscr{D}_t^{0.5}y(t)$ 信号与积分器构造的回路存在代数环,即在每一步求解微分方程的过程中都需要解一次代数方程。从而,这里给出的数值求解方法比较耗时。如果按下面的语句选择 Oustaloup 滤波器参数,则可以直接得出原微分方程的数值解。已知原微分方程的解析解为 $\cos t$,可以得出数值解

的最大误差为 2.6990×10^{-11},仿真过程耗时 $25.903\,\mathrm{s}$。

```
>> N=15; ww=[1e-4 1e4];
   tic, [t,x,y]=sim('bp2_model',50); max(abs(y-cos(t))), toc
```

双击 ${}_0^C\mathscr{D}_t^{0.5}y(t)$ 信号的积分器模块图标,可以打开其参数对话框(见图 8-8),选中其中的 "Is low-pass filter required?" 复选框,会自动在模块内添加一个低通滤波器模块,使得分母多项式的阶次高于分子,从而可以避开代数环。再运行同样的命令,可以发现仿真时间缩短到 $0.369\,\mathrm{s}$,最大误差为 3.6650×10^{-11}。从这个例子可以看出,如果构造的仿真模型存在代数环,则可以添加低通滤波器避开代数环,大幅提升计算效率。

例 8-12 试用本节介绍的方法构造例 7-1 中的非线性分数阶 Caputo 微分方程的仿真模型,并比较本方法与第 7 章中得出的仿真结果。

解 由于 $q = \lceil 1.545 \rceil = 2$,这里可以先用两个整数阶积分器模块构成的积分器链定义关键信号 $y(t)$、$y'(t)$ 和 $y''(t)$,并给两个积分器中分别设置初值 $y(0) = 1$ 和 $y'(0) = -1$,这样就能搭建如图 8-21 所示的 Simulink 仿真模型。在这个模型中,信号 ${}_0^C\mathscr{D}_t^{0.555}y(t)$ 信号引自 $y'(t)$,并直接使用 Riemann–Liouville 积分器模块得出所需的关键信号 ${}_0^C\mathscr{D}_t^{0.555}y(t)$。该信号是根据定理 3-18 搭建的。

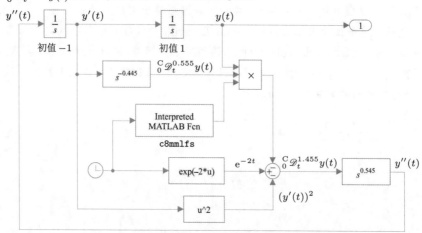

图 8-21　一个新的 Simulink 模型(c8mexp2s.slx)

如何确保加法器得出的信号就是 ${}_0^C\mathscr{D}_t^{1.455}y(t)$ 呢?可以根据定理 8-1 对其进一步求导,凑出 $y''(t)$ 信号。这样,就可以将得出的 $y''(t)$ 信号与最左边积分器的输入端相连,构造仿真闭环结构,也能保证加法器的输出信号为所需的 ${}_0^C\mathscr{D}_t^{1.455}y(t)$。

为更简洁地描述方程第一项中的时域函数 $t^{0.1}\mathrm{E}_{1,1.545}(-t)\,\mathrm{e}^t/\mathrm{E}_{1,1.445}(-t)$,这里采用了 Interpreted MATLAB Fcn(解释式 MATLAB 函数)模块,这就需要为该模块编写配套的 MATLAB 函数:

```
function y=c8mmlfs(t)
   y=t^0.1*ml_func([1,1.545],-t)*exp(t)/ml_func([1,1.445],-t);
```

```
    end
```
并建立起该模块与 c8mmlfs.m 文件的关联关系。具体的做法是:双击该模块,将上面的
文件名 c8mmlfs 填入该模块的参数对话框,建立关联关系。

　　为 Oustaloup 滤波器选择如下的参数,可以得出所需的仿真结果。与解析解 e^{-t} 相
比,可以计算出最大的计算误差为 1.1451×10^{-4},运行的时间为 $0.4468\,s$。

```
>> N=11; ww=[1e-3 1e3];
   tic, [t,x,y]=sim('c8mexp2s'); toc, max(abs(y-exp(-t)))
```

　　用户可以尝试不同的感兴趣频率范围和滤波器阶次。这里测试了一些组合,得出的
实测结果在表 8-3 中列出。由于对这个具体方程而言,最主要误差来源于 t 值较大的时
刻,所以 ω_b 的取值决定最大误差的大小,减小 ω_b 一般会减小最大误差;ω_h 影响最小步
长的选取,增大该值会增加运算量;滤波器阶次增加会得出更精确的结果,不过副作用
也是增加运算量。对本例而言,后两个参数影响不是很显著。

表 8-3　不同滤波器参数的求解效率

频率范围/(rad/s)	$(10^{-4}, 10^4)$	$(10^{-5}, 10^5)$	$(10^{-6}, 10^5)$	$(10^{-7}, 10^5)$	$(10^{-8}, 10^6)$
阶　次	21	23	25	27	31
耗时/s	0.4943	0.4194	0.5161	0.5153	0.6501
计算点数	1623	1762	1761	1759	1897
最大误差	5.7446×10^{-5}	5.9895×10^{-6}	6.0452×10^{-6}	5.8927×10^{-6}	7.5992×10^{-7}

　　这里还测试了一组极端的参数:感兴趣频率范围 $(10^{-9}, 10^7)\,rad/s$,阶次 39,耗时
$0.6456\,s$,最大误差为 1.0321×10^{-7},计算点数为 2033。再进一步调节滤波器参数并未发
现更好的结果,还有可能导致结果变差。

　　在上面的极端参数下若将终止仿真时间设置为 $t_n = 2$ 和 $t_n = 3$,则仍然可以用相
应的 Simulink 模型求解方程,得出的最大误差分别为 6.1451×10^{-7} 和 3.4715×10^{-6},耗
时都在 $0.9\,s$ 左右。再增大终止仿真时间则可能得不出收敛的仿真结果。

```
>> N=39; ww=[1e-9 1e7];
   tic, [t,x,y]=sim('c8mexp2s',2); toc, max(abs(y-exp(-t)))
   tic, [t,x,y]=sim('c8mexp2s',3); toc, max(abs(y-exp(-t)))
```

　　对这个例子而言,虽然计算精度远未达到 7.3 节高精度算法的最高水准,不过
从计算快速性的角度看,基于仿真的方法有其明显的优势。在需要反复执行仿真进
程的问题中,计算速度尤为重要。

8.3.2　分数阶状态方程的 Simulink 建模

　　前面介绍的方法主要采用积分器链定义关键信号,从而构造出整个微分方程
系统的仿真模型。对分数阶状态方程而言,每个状态都可以引入一个积分器,描述
状态变量及其一阶导数。然后,利用定理 3-18,就可以构造状态变量的 Caputo 导数,

最终构造状态方程的仿真模型。本节将探讨一般分数阶状态方程模型的 Simulink
建模与仿真方法。

　　例 8-13　试用 Simulink 环境重新求解例 7-9 中的分数阶 Chua 微分方程。

　　解　可以通过 3 个整数阶积分器模块定义出三对关键信号, 即 $x(t), y(t), z(t)$ 及其
一阶导数信号。由一阶导数信号又可以根据定理 3-18 定义出 ${}_{0}^{C}\mathscr{D}_{t}^{\alpha_1}x(t)$ 这类关键信号。
有了这些信号, 即可容易绘制出如图 8-22 所示的 Simulink 模型。这样, 就可以给出如下
命令启动仿真进程, 分析仿真结果:

```
>> alpha=[0.93,0.99,0.92]; x0=[0.2; -0.1; 0.1];
   a=10.725; b=10.593; c=0.268; m0=-1.1726; m1=-0.7872;
   ww=[1e-4 1e3]; N=13; tic, [t,x,y]=sim('c8mchuasim',500); toc
   plot(y(:,1),y(:,2))
```

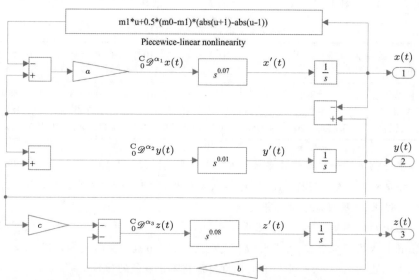

图 8-22　Chua 方程的 Simulink 模型(`c8mchuasim.slx`)

　　运行该仿真模型可以在 1.916 s 内绘制出系统的相平面轨迹, 其结果与图 7-6 中给
出的很接近, 所以这样的仿真方法效率远高于前面介绍的命令式方法。

　　如果使用向量化积分器模块, 则可以搭建起如图 8-23 所示的更简洁的仿真模型。
该模型采用了 Interpreted MATLAB Fcn 模块, 其对应的函数清单如下:

```
function Y=c8mchaosd(u)
    a=10.725; b=10.593; c=0.268; m0=-1.1726; m1=-0.7872;
    f=m1*u(1)+1/2*(m0-m1)*(abs(u(1)+1)-abs(u(1)-1));
    Y=[a*(u(2)-u(1)-f); u(1)-u(2)+u(3); -b*u(2)-c*u(3)];
end
```

可以使用下面的语句直接仿真原系统, 得出的结果与前一个模型得出的完全一致,

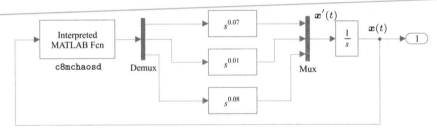

图 8-23　Chua 方程的另一个 Simulink 模型（c8mchaos.slx）

所需的时间为 5.705 s。因为在此模型中使用了 MATLAB 函数模块,尽管模型描述简洁很多,但速度受到了一些影响。

```
>> alpha=[0.93,0.99,0.92]; x0=[0.2; -0.1; 0.1];
   ww=[1e-4 1e3]; N=13; tic, [t,x,y]=sim('c8mchaos',500); toc
   plot(y(:,1),y(:,2))
```

必须指出的是,文献 [10] 也使用 Simulink 实现了本电路的仿真建模,但建模方式是存在问题的,因为在建模中 Oustaloup 滤波器与积分器的相对次序有误,在理论上这样的建模方法是不成立的。

事实上,这里给出的建模方法还是稍显复杂,因为没有充分利用 Simulink 的向量化建模的强大功能。为此,FOTF 模块集提供了 Caputo vector 模块,可以实现 Caputo 算子的向量化建模。根据定理 8-1,该模块内部由 Riemann–Liouville 积分器模块后接向量化的积分器模块,实现了向量化的 Caputo 算子模块,特别适合于状态方程模型的向量化建模。

例 8-14　利用向量化的分数阶算子模块重新建立分数阶 Chua 方程的仿真模型,并比较建模的难易程度与仿真过程的计算量。

解　可以用向量化的方法搭建如图 8-24(a) 所示的仿真模型,其中,Caputo vector 模块的内部结构如图 8-24(b) 所示。该模块的内部结构是由模块的内部语句自动生成的,自动生成语句写入了封装模块的初始化栏目。这里的 $G(i)$ 模型是为第 i 路标量信号设计的 Oustaloup 滤波器模块。

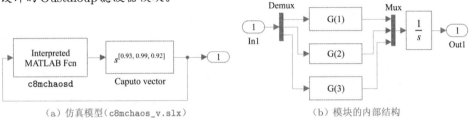

(a) 仿真模型（c8mchaos_v.slx）　　　　　(b) 模块的内部结构

图 8-24　Chua 方程的向量化建模

双击模型中的 Caputo vector 模块图标,将弹出该模块的参数对话框,如图 8-25 所示。其中,维数 M 是向量信号的路数,在这个问题中有 3 路信号,所以在 M 处填写 3。在这个对话框中还需要输入分数阶阶次向量、状态方程初值向量和滤波器设计参数等,用户可以根据需要填写对话框的参数。

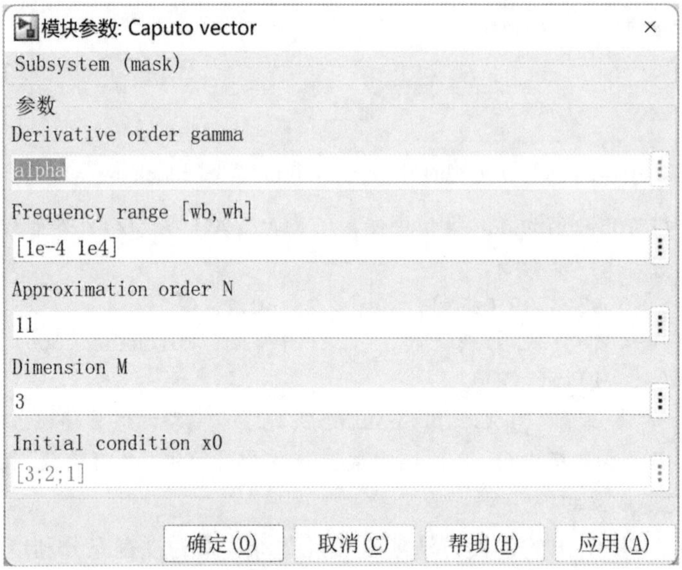

图8-25　Caputo vector模块的参数对话框

由下面的语句生成阶次向量与Oustaloup滤波器设计参数,再进行仿真,得出的结果与前面的结果完全一致。这个模型的仿真过程耗时6.39 s,高于前面两种方法。

```
>> alpha=[0.93,0.99,0.92]; x0=[0.2; -0.1; 0.1];
   ww=[1e-4 1e3]; N=13; tic, [t,x,y]=sim('c8mchaos_v',500); toc
   plot(y(:,1),y(:,2))
```

在实际应用中,如果期待建模的方便性,则可以采用向量化的分数阶算子模块,但代价是仿真过程耗时可能增加。

例8-15　在分数阶系统的混沌现象研究中,大多都假设分数阶的阶次为非常接近1的数。如果例7-9中的3个阶次都设置为0.8,试重新仿真分数阶Chua方程。

解　如果将α的值设置成0.8(注意,如果采用标量,则算子中的分数阶导数阶次都是一样的),则可以给出下面语句仿真该系统。仿真过程耗时1.02 s,得出的相平面曲线如图8-26所示。对这个具体例子而言,如果微分的阶次远离1,则混沌现象消失。

```
>> alpha=0.8; x0=[0.2; -0.1; 0.1];
   ww=[1e-4 1e3]; N=13; tic, [t,x,y]=sim('c8mchaos_v',500); toc
   plot(y(:,1),y(:,2))
```

注意：Caputo vector模块是有局限性的,即各分数阶的阶次只能满足$0 < \alpha_i \leqslant 1$。如果阶次超出此范围,则可能得出错误的仿真结果。这样,在含有$\alpha_i > 1$阶次的方程时,可以考虑下面给出的建模方法。8.3.3节还将专门介绍此问题的求解方法。

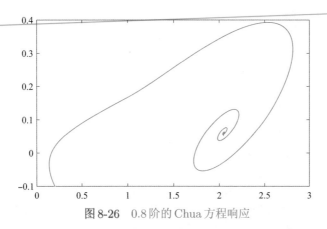

图 8-26　0.8 阶的 Chua 方程响应

例 8-16　如果例 7-9 中的 $\alpha_3 = 1.08$，且已知 $z'(0) = 0.1$，其他参数未变，试重新求解分数阶 Chua 方程。

解　显然，第 7 章介绍的命令式算法是无法求解这类状态方程的。Caputo vector 模块也不能描述这里的分数阶 Chua 方程。重新观察 c8mchaos.slx 模型，将 $z(t)$ 信号分支再增加一个积分器，生成 $z''(t)$ 信号，即可构造如图 8-27 所示的仿真模型。利用 Simulink 的仿真功能，可以绘制 $x(t)$、$y(t)$ 的相平面曲线，如图 8-28 所示。可以看出，由于坐标尺度很大，这时的相平面轨迹是发散的，因此这个系统是不稳定的。

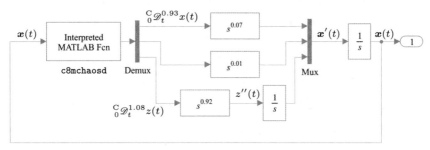

图 8-27　$\alpha_3 > 1$ 的 Simulink 模型（c8mchaos2.slx）

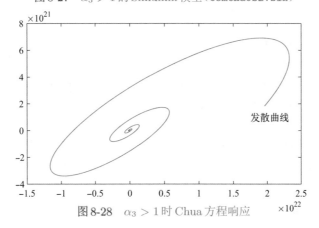

图 8-28　$\alpha_3 > 1$ 时 Chua 方程响应

例 8-17 前面介绍的方程由于解析解是未知的,所以无从评价得出的结果及其精度,为此作者构造了一个带有解析解的基准测试模型[11]。

$$\begin{cases} {}_0^C\mathscr{D}_t^{0.5}x(t) = \dfrac{1}{\sqrt{\pi}}\Big(\sqrt[5]{(y(t)-0.5)(z(t)-0.3)} + \sqrt{t}\Big) \\ {}_0^C\mathscr{D}_t^{0.2}y(t) = \Gamma(2.2)\big[x(t)-1\big] \\ {}_0^C\mathscr{D}_t^{0.1}z(t) = \dfrac{\Gamma(2.3)}{\Gamma(2.2)}\big[y(t)-0.5\big] \end{cases}$$

其中,$x(0)=1,y(0)=0.5,z(0)=0.3$。已知该分数阶状态方程的解析解为 $x(t)=t+1$,$y(t)=t^{1.2}+0.5,z(t)=t^{1.3}+0.3$,且 $0 \leqslant t \leqslant 10$。试利用仿真方法求解该状态方程模型。

解 根据例题中给出的模型,可以直接用 Caputo vector 模块定义等号左侧的分数阶导数运算,这样,就可以建立如图 8-29 所示的仿真模型。其中,Interpreted MATLAB Fcn 模块的内容如下:

```
function y=bp5_fcn(u)
    y=[(((u(2)-0.5)*(u(3)-0.3))^(1/5)+sqrt(u(4)))/sqrt(pi);
        (u(1)-1)*gamma(2.2);
        (u(2)-0.5)*gamma(2.3)/gamma(2.2)];
    y=real(y);     % 因未知原因混入微小的虚数,所以需要提取实部
end
```

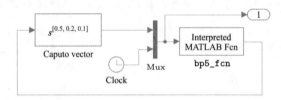

图 8-29　分数阶状态方程的 Simulink 模型(`bp5_model2.slx`)

可以用下面的语句对该模型直接进行仿真求解,并计算出解析解,得到数值解的最大误差为 9.4733×10^{-5},耗时 $36.38\,\mathrm{s}$。

```
>> ww=[1e-6 1e5]; N=30;
   tic, [t,x,y]=sim('bp5_model2'); toc
   err=[y(:,1)-t-1, y(:,2)-t.^1.2-0.5, y(:,3)-t.^1.3-0.3];
   max(abs(err(:)))
```

如果将仿真算法设置为 ode15s,不用默认的 ode45,则可以将频率段设置为 $(10^{-9}, 10^7)$,阶次 $N=59$,则耗时缩短至 $1.181\,\mathrm{s}$,最大误差可以减小至 9.4434×10^{-7}。

例 8-18 考虑例 4-9 中的基准测试问题。由于该方程左侧是 ${}_0^C\mathscr{D}_t^{0.7}y(t)$,所以直接借用 Caputo vector 模块就可以建立仿真模型,如图 8-30 所示。这时,将模块的阶次向量设置为 0.7,将 M 设置成 1,将初值设置为 1,即可求解原问题。得出的精度与例 8-10 相仿,但耗时增加 2 倍,效率不高。

说明 8-1 Caputo 方程的 Simulink 建模

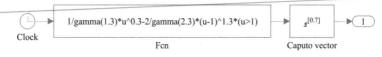

图 8-30　基准测试问题的 Simulink 模型(bp1_model2.slx)

（1）8.3.1 节描述了 Caputo 方程 Simulink 建模方法，可以直接应用于 Caputo 微分方程的建模，且效果比较理想。

（2）若想求解分数阶非线性状态方程模型，可以考虑 Caputo vector 模块，不过不建议在标量 Caputo 微分方程求解时使用该模块。

（3）Caputo vector 模块使用了向量化建模方法，简单易用，模型结构也很简洁。不过这样构造的向量化仿真模型的执行效率比底层建模低。

（4）该模块只允许阶次在 $\alpha_i \in (0,1]$，后面会专门探讨 $\alpha_i > 1$ 时的处理方法。

（5）得出的仿真结果必须经过检验才可以使用。具体的检验方法可以通过调整 Oustaloup 滤波器的参数或 Simulink 仿真环境的参数交叉验证，直到得出可靠的仿真结果；也可以采用 8.2.4 节介绍的检验方法。

8.3.3　阶次大于1的状态方程处理方法

在某些特定的问题中，可能会涉及状态方程中，某个状态的微分阶次 $\alpha_i > 1$ 的情形。例如，例 8-16 修改的分数阶状态方程模型。如果直接使用 Caputo vector 模块进行向量化建模或处理时可能会遇到困难。这里将探讨两种解决问题的方法。

1.底层建模方法

如果某个 $\alpha_i > 1$，则需要对其特殊处理，因为原来的状态变量 $x_i(t)$ 一阶导数的初值也需要提供。这样，需要像例 8-16 那样，由两个连续的积分器定义 $x_i(t)$、$x_i'(t)$ 和 $x_i''(t)$，构造状态方程的 Simulink 仿真模型。这里采用的方法是在定理 8-1 基础上建立的，所以这样的处理结果是可行的。下面通过例子演示相应的建模方法，并演示滤波器参数对仿真精度与效率的影响。

例 8-19　对例 8-17 给出的基准测试问题模型稍加改进，就可以写出如下的状态方程模型：

$$\begin{cases} {}^{C}_0\mathscr{D}_t^{0.5} x(t) = \dfrac{2}{\sqrt{\pi}}\left[\sqrt[5]{(y(t)-0.3)(z(t)-0.5x(t))}+\sqrt{t}\right] \\[2mm] {}^{C}_0\mathscr{D}_t^{0.1} y(t) = \dfrac{\Gamma(1.4)}{\Gamma(1.3)}\left(\dfrac{x(t)-1}{2}\right)^{0.3} \\[2mm] {}^{C}_0\mathscr{D}_t^{1.5} z(t) = \dfrac{\Gamma(3.1)}{\Gamma(1.6)}\sqrt{(y(t)-0.3)^3} \end{cases}$$

其中，$x(0)=1$, $y(0)=0.3$, $z(0)=0.5$, $z'(0)=1$。该方程的解析解为 $x(t)=2t+1$，$y(t)=t^{0.4}+0.3$, $z(t)=t^{2.1}+t+0.5$。试利用 Simulink 得出方程的数值解。

解　由于最后一个方程涉及 $z(t)$ 的 1.5 阶 Caputo 导数，阶次大于 1，应该再引入一个积分器,构造 $z''(t)$ 信号,再使用性质 ${}_0^{RL}\mathscr{D}_t^{0.5}\left[{}_0^C\mathscr{D}_t^{1.5}z(t)\right]=z''(t)$,仿照例 8-16 进行 Simulink 建模,可以直接建立如图 8-31 所示的仿真模型,其中的 Interpreted MATLAB Fcn 模块可以如下编程:

```
function y=bp5a_fcn(u)
    y=[2/sqrt(pi)*(((u(2)-0.3)*(u(3)-0.5*u(1)))^(1/5)+sqrt(u(4)));
       gamma(1.4)/gamma(1.3)*((u(1)-1)/2)^0.3;
       gamma(3.1)/gamma(1.6)*sqrt((u(2)-0.3)^3)];
    y=real(y);     % 因未知原因混入微小的虚数,所以需要提取实部
end
```

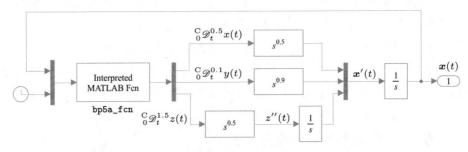

图 8-31　阶次大于 1 的状态方程 Simulink 模型(`bp5a_model.slx`)

若想求解该分数阶状态方程,则可以给出如下命令,得出的 3 个状态变量的曲线如图 8-32 所示。图上还叠印了理论值曲线。从得出的曲线看,这里给出算法的计算精度较高,在曲线上看不出理论值与数值结果之间的区别。

```
>> ww=[1e-5, 1e5]; N=20;
   tic, [t,~,y]=sim('bp5a_model',10); toc
   y0=[2*t+1, t.^0.4+0.3, t.^2.1+t+0.5];
   max(max(abs(y-y0))), plot(t,y,t,y0,'--')
```

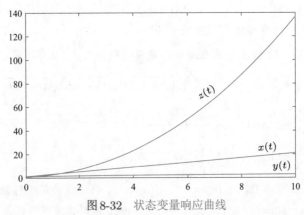

图 8-32　状态变量响应曲线

可以尝试不同的 Oustaloup 滤波器设计参数,得出的实测数据在表 8-4 中给出。和

其他数据表格相比,这里的数值似乎偏大,这也和 $z(t)$ 信号的幅值有关,虽然该信号在 $t = 10$ 的幅值为 136.3925,这时的最大误差的值仍然偏大。

表 8-4   不同滤波器参数的求解效率

频率范围/(rad/s)	$(10^{-4},10^4)$	$(10^{-5},10^5)$	$(10^{-6},10^5)$	$(10^{-7},10^6)$	$(10^{-8},10^6)$	$(10^{-9},10^6)$
阶次	21	23	25	27	31	43
耗时/s	0.880	0.895	0.432	0.565	0.625	0.678
计算点数	1079	1242	1242	1433	1477	1450
最大误差	0.0859	0.0088	0.0020	0.0020	0.0020	0.0020

对这个具体问题而言,再进一步提高频率段范围和滤波器阶次也不会改善计算精度,特别地,不能再提高 ω_h 的值,否则无法完成仿真进程。

2. 状态增广方法

从前面的建模方法可见,底层建模还是比较烦琐的,所以这里考虑另一种建模方法:向量式建模方法。比较自然的想法是引入增广状态变量,确保状态方程中每个状态变量的导数阶次都不超过 1,这样就可以由 Caputo vector 模块做向量化的建模。下面仍通过例子演示这样的建模方法。

例 8-20   仍考虑例 8-19 中的分数阶状态方程模型,试重新求解该微分方程。

解   由于原状态方程中, $z(t)$ 的导数阶次大于 1, 所以, 应该将其拆分成两个状态。这样, 可以如下引入新的状态变量。令 $v_1(t) = x(t)$, $v_2(t) = y(t)$, $v_3(t) = z(t)$, $v_4(t) = z'(t)$, 则可以将分数阶状态方程改写成

$$\begin{cases} {}_0^C\mathscr{D}_t^{0.5}v_1(t) = \dfrac{2}{\sqrt{\pi}}\left[\sqrt[5]{(v_2(t)-0.3)(v_3(t)-0.5v_1(t))} + \sqrt{t}\right] \\[2mm] {}_0^C\mathscr{D}_t^{0.1}v_2(t) = \dfrac{\Gamma(1.4)}{\Gamma(1.3)}\left(\dfrac{v_1(t)-1}{2}\right)^{0.3} \\[2mm] {}_0^C\mathscr{D}_t^{1}v_3(t) = v_4(t) \\[2mm] {}_0^C\mathscr{D}_t^{0.5}v_4(t) = \dfrac{\Gamma(3.1)}{\Gamma(1.6)}\sqrt{(v_2(t)-0.3)^3} \end{cases}$$

增广状态变量的初值为 $v_1(0) = 1, v_2(0) = 0.3, v_3(0) = 0.5, v_4(0) = 1$。这样,利用 Caputo vector 模块,就可以用向量化方法建立如图 8-33 所示的仿真模型。该模型中使用的 MATLAB 函数内容如下:

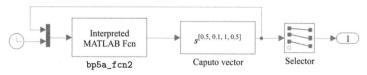

图 8-33   向量化建模(bp5a_model2.slx)

```
function y=bp5a_fcn2(u)
```

```
    y=[2/sqrt(pi)*((((u(2)-0.3)*(u(3)-0.5*u(1)))^(1/5)+sqrt(u(5)));
        gamma(1.4)/gamma(1.3)*((u(1)-1)/2)^0.3;
        u(4);
        gamma(3.1)/gamma(1.6)*sqrt((u(2)-0.3)^3)];
    y=real(y);    % 因未知原因混入微小的虚数,所以需要提取实部
end
```

可见,这样建立的模型比例8-19的模型简洁得多。用户可以给出下面的命令启动仿真过程,得出的结果与例8-19完全一致。在实际建模中,使用了Selector(选路器)模块,从4路状态信号中提取了感兴趣的前3路信号,直接连接输出端子。

```
>> alpha=[0.5, 0.3, 1, 0.5]; x0=[1; 0.3; 0.5; 1];
    ww=[1e-5, 1e5]; N=20;
    tic, [t,~,y]=sim('bp5a_model2',10); toc
    y0=[2*t+1, t.^0.4+0.3, t.^2.1+t+0.5];
    max(max(abs(y-y0))), plot(t,y,t,y0,'--')
```

8.4   分数阶反馈控制系统的Simulink仿真

对分数阶线性系统而言,分数阶传递函数或传递函数矩阵是描述分数阶线性系统的最基本单元。FOTF模块集提供了分数阶传递函数模块,也提供了分数阶PID控制器模块,可以将这些模块直接用于Simulink建模,利用Simulink的仿真功能,分析闭环系统的时域响应。

8.4.1   分数阶传递函数模块

FOTF模块集提供了描述分数阶传递函数的Approximate FOTF model模块(见图8-1),其实质就是利用Oustaloup滤波器等构造线性整数阶高阶传递函数(或传递函数矩阵)模型,模拟分数阶传递函数的行为。

双击该模块,就可以打开如图8-34所示的参数对话框,可以在对话框中输入分数阶传递函数或传递函数矩阵的参数,该模块将自动利用Oustaloup滤波器(或其他滤波器)生成整数阶传递函数模型,可以直接用于分数阶系统的Simulink建模与仿真。

可以由两种方法输入分数阶传递函数的参数:

(1)在前4个编辑框中填写分数阶传递函数的4个向量,再填写感兴趣频率段、滤波器阶次等信息,这样,该模块就可以自动生成可用的仿真结构。

(2)在MATLAB工作空间中用类似例8-1或例8-2的方式输入系统的传递函数或传递函数矩阵。如果输入了模型,则可以将变量名直接填入参数对话框的第一个编辑框,这样也能自动生成可用的仿真结构。

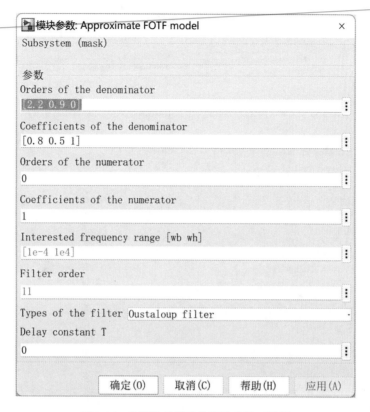

图 8-34　分数阶传递函数模块参数对话框

FOTF 模块集还提供了分数阶 PID 控制器模块,其控制器参数也可以在模块中直接输入,用于系统的 Simulink 建模与仿真。

8.4.2　分数阶 PID 控制器及闭环系统仿真

前面介绍了两个控制系统建模与仿真的重要模块,本节通过例子演示这些模块在分数阶 PID 控制系统中的建模与仿真方法。

例 8-21　已知分数阶延迟传递函数受控对象模型如下,并已为其设计了分数阶 PID 控制器[2],试绘制闭环系统的阶跃响应曲线。

$$G(s) = \frac{1}{0.8s^{2.2} + 0.5s^{0.9} + 1} \mathrm{e}^{-s}, \quad G_{\mathrm{c}}(s) = 0.45966 + \frac{0.5761}{s^{0.99627}} + 0.49337s^{1.3792}$$

解　在构建仿真模型之前,需要将不包含延迟环节的受控对象模型输入 MATLAB 工作空间。

```
>> s=fotf('s'); G=1/(0.8*s^2.2+0.5*s^0.9+1);
```

将相应模块复制到 Simulink 的模型窗口,就可以搭建如图 8-35 所示的仿真模型。这里的分数阶 PID 控制器参数已经事先填写。如果想修改分数阶 PID 控制器参数,可双击该模块图标,打开如图 8-36 所示的参数对话框,在控制器参数栏直接修改即可。

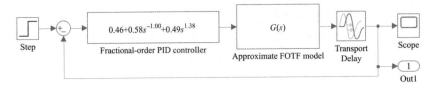

图8-35 分数阶PID控制系统的Simulink模型(c8mfpid.slx)

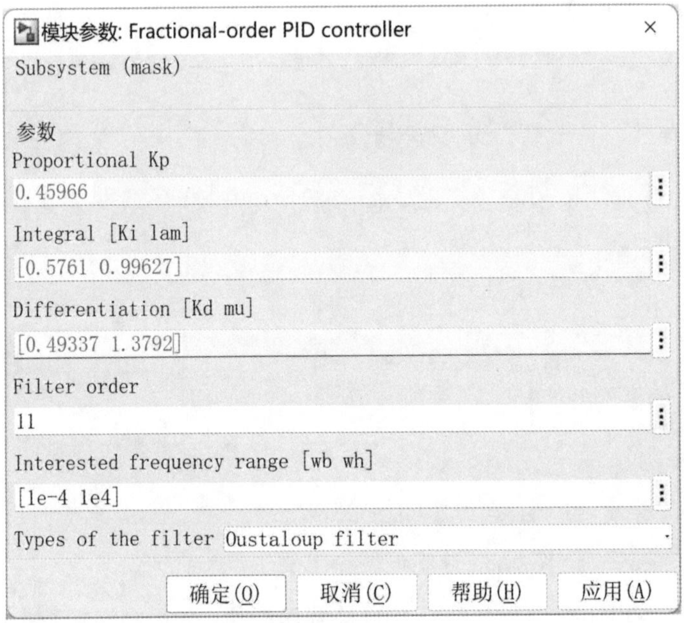

图8-36 分数阶PID控制器参数对话框

分数阶PID控制器模块的参数还可以调用$G_c=\mathrm{fopid}(K_p,K_i,K_d,\lambda,\mu)$命令直接输入MATLAB工作空间,然后将控制器模型名G_c填写到图8-36所示参数对话框的第一个编辑框中。

启动仿真过程,即可得出闭环系统的阶跃响应曲线,如图8-37所示。曲线中还给出了由数值Laplace反变换得出的曲线,可见,两条曲线比较接近。

```
>> tic, [t,~,y]=sim('c8mfpid',20); toc
   G='exp(-s)/(0.8*s^2.2+0.5*s^0.9+1)';
   Gc='(0.45966+0.5761/s^0.99627+0.49337*s^1.3792)';
   [t1,y1]=INVLAP_new([G,'*',Gc],0,20,200,1,'1/s');
   plot(t,y,t1,y1,'--')
```

8.4.3 多变量控制系统的仿真

FOTF模块集中的Approximate FOTF model模块支持分数阶传递函数矩阵的直接建模。用户可以将自己的分数阶传递函数矩阵嵌入该模块,该模块会利用

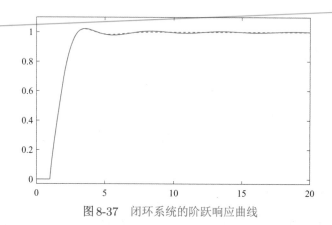

图 8-37　闭环系统的阶跃响应曲线

Oustaloup 滤波器将其转换为整数阶传递函数矩阵模型,这样在 Simulink 环境下就可以实现含有分数阶传递函数矩阵的多变量系统的建模与仿真研究。这里将通过例子演示多变量分数阶控制系统的仿真方法。

例 8-22　文献 [3] 给出了一个分数阶多变量系统的控制问题。多变量系统的反馈控制结构如图 8-38 所示。其中,受控对象模型为

$$
\boldsymbol{G}(s) = \begin{bmatrix} \dfrac{1}{1.35s^{1.2} + 2.3s^{0.9} + 1} & \dfrac{2}{4.13s^{0.7} + 1} \\[2ex] \dfrac{1}{0.52s^{1.5} + 2.03s^{0.7} + 1} & -\dfrac{1}{3.8s^{0.8} + 1} \end{bmatrix}
$$

补偿矩阵的模型为

$$
\boldsymbol{K}_{\mathrm{p}} = \begin{bmatrix} -0.4596 & -0.8881 \\ -0.8503 & 0.5262 \end{bmatrix}, \quad \boldsymbol{K}_{\mathrm{d}}(s) = \begin{bmatrix} -1/(2.5s + 1) & 0 \\ 0 & -1/(s + 1) \end{bmatrix}
$$

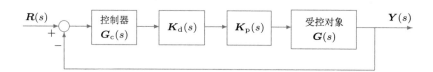

图 8-38　典型多变量控制系统框图

假设分数阶控制器 $\boldsymbol{G}_{\mathrm{c}}(s)$ 为对角矩阵,两个对角元素为

$$
c_1(s) = 10.7003 + \frac{2.9743}{s^{0.86736}} + 15s^{0.7876}, \quad c_2(s) = 14.848 + \frac{10.1421}{s^{0.81932}} + 14.6848s^{0.7355}
$$

试绘制多变量控制系统的阶跃响应曲线。

解　所谓多变量系统的阶跃响应曲线指的是两路输入分别设置为单位阶跃信号时系统的响应曲线。若想求解这样的问题,可以将受控对象、补偿器和两个分数阶控制器输入 MATLAB 环境,然后建立如图 8-39 所示的仿真模型。

```
>> s=fotf('s'); g1=1/(1.35*s^1.2+2.3*s^0.9+1);
```

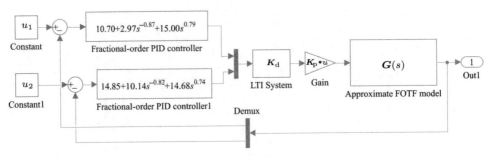

图 8-39　多变量系统的仿真模型（c8mmimo.slx）

```
g2=2/(4.13*s^0.7+1); g4=-1/(3.8*s^0.8+1);
g3=1/(0.52*s^1.5+2.03*s^0.7+1); G=[g1,g2; g3,g4];
Kp=[-0.4596,-0.8881; -0.8503,0.5262];
c1=10.7003+2.9743*s^-0.86736+15*s^0.7876;
c2=14.848+10.1421*s^-0.81932+14.6848*s^0.7355;
s=tf('s'); Kd=[-1/(2.5*s+1), 0; 0, -1/(s+1)];
```

有了仿真模型,就可由下面的语句直接对闭环系统进行仿真。先假设 $u_1=1, u_2=0$,在第一路输入信号单独激励下得出系统的两路输出信号;再假设 $u_1=0, u_2=1$,在第二路输入信号单独激励下得出系统的输出信号。这样就可以绘制出闭环系统的阶跃响应曲线,如图 8-40 所示。

```
>> u1=1; u2=0; [t1,~,y1]=sim('c8mmimo');   % 第一路阶跃信号单独作用
   u1=0; u2=1; [t2,~,y2]=sim('c8mmimo');   % 第二路阶跃信号单独作用
   subplot(221), plot(t1,y1(:,1)), ylim([-0.1 1.1])
   subplot(223), plot(t1,y1(:,2)), ylim([-0.1 1.1])
   subplot(222), plot(t2,y2(:,1)), ylim([-0.1 1.1])
   subplot(224), plot(t2,y2(:,2)), ylim([-0.1 1.1])
```

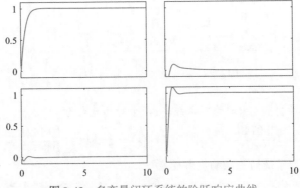

图 8-40　多变量闭环系统的阶跃响应曲线

本章习题

(1) 假设系统的受控对象为 $G(s) = 1/(s^2 + 3s + 2)$,控制器为离散 PI 控制器 $G_c(z) = 3.86 + 0.263/(z-1)$,采样周期为 $T = 0.1\,\mathrm{s}$,能由这样的控制系统模型写出相应的显式微分方程模型吗?为什么?

(2) 考虑例 8-5 中的仿真模型。为什么求 ${}_0^C\mathscr{D}_t^{3.5} y(t)$ 时需要在 $y'''(t)$ 信号上连接积分器,而求 ${}_0^C\mathscr{D}_t^{3.1} y(t)$ 时需要在 $y'''(t)$ 上连接微分器? 都连接微分器不行吗? 为什么?

(3) 考虑下面的分数阶微分方程,初值条件为 $y(0) = 0$,试验证 $y(t) = \sin^2 t$ 是下面方程的解。搭建 Simulink 框图计算区间 $[0, 100]$ 上的数值解,并设置滤波器参数,分析参数对误差的影响。
$$ {}_0^C\mathscr{D}_t^{0.8} y(t) = {}_0^{RL}\mathscr{D}_t^{-0.2} \sin 2t $$

(4) 已知初值条件为 $y(0) = y'(0) = 0$,考虑下面的 Riemann–Liouville 微分方程:
$$ y''(t) + {}_0^{RL}\mathscr{D}_t^{1.8} y(t) = \frac{1}{\Gamma(t)} + {}_0^{RL}\mathscr{D}_t^{-0.2}\left(\frac{1}{\Gamma(t)}\right) $$

试验证方程的解析解为 $y(t) = \displaystyle\int_0^t \frac{t-\tau}{\Gamma(\tau)}\mathrm{d}\tau$,并搭建 Simulink 框图计算区间 $[0, 10]$ 上的数值解,检验解的正确性。

(5) 线性分数阶微分方程的初值条件为 $y(0) = 2, y'(0) = 0, y''(0) = -2$。
$$ y'''(t) + {}_0^C\mathscr{D}_t^{2.7} y(t) + 2y''(t) + 2y'(t) + {}_0^C\mathscr{D}_t^{0.7} y(t) + y(t) = -2\sqrt{2}\sin\left(t + \frac{\pi}{4}\right) $$

试验证方程的解析解是 $y = 2\cos t$,并搭建 Simulink 框图计算区间 $[0, 100]$ 上的数值解。设置滤波器参数,分析参数对误差的影响。

(6) 下面 Caputo 微分方程的初值条件为 $y(0) = 1, y'(0) = 0$。
$$ {}_0^C\mathscr{D}_t^{1.5} y(t) + y'(t) - t^{0.5}\mathrm{E}_{2,1.5}\left(t^2\right) y^2(t) = \sinh t - t^{0.5}\mathrm{E}_{2,1.5}\left(t^2\right)\sinh^2 t $$

试验证 $y(t) = \cosh t$ 是方程的解析解。搭建 Simulink 框图计算区间 $[0, 2]$ 上的数值解。

(7) 考虑下面的 Caputo 微分方程:
$$ y'(t) + y^2(t)\,{}_0^C\mathscr{D}_t^{0.8} y(t) + \sin^2 t\,{}_0^C\mathscr{D}_t^{0.8} y(t) + y(t) = \sqrt{2}\sin\left(t + \frac{3\pi}{4}\right) - {}_0^{RL}\mathscr{D}_t^{-0.2}\sin t $$

已知初值条件为 $y(0) = 1$,试验证 $y = \cos t$ 是方程的解,并搭建 Simulink 框图计算区间 $[0, 100]$ 上的数值解。设置滤波器参数,分析参数对误差的影响。

(8) 考虑下面的 Caputo 分数阶微分方程,初值条件为 $y(0) = 0$。
$$ {}_0^C\mathscr{D}_t^{0.8} y(t) = \begin{cases} \dfrac{1}{\Gamma(1.2)} t^{0.2}, & 0 \leqslant t \leqslant 1 \\[2mm] \dfrac{1}{\Gamma(1.2)} t^{0.2} - \dfrac{2}{\Gamma(2.2)}(t-1)^{1.2}, & t > 1 \end{cases} $$

试验证方程的解为

$$y(t) = \begin{cases} t, & 0 \leqslant t \leqslant 1 \\ t - (t-1)^2, & t > 1 \end{cases}$$

并搭建 Simulink 框图计算区间 $[0,2]$ 上的数值解。

(9) 已知下面 Caputo 微分方程组的初值条件为 $x_1(0) = 1$, $x_2(0) = 2$, $x_3(0) = 3$, 试验证 $x_1(t) = t^{0.7} + 1$, $x_2(t) = t^{0.8} + 2$, $x_3(t) = t^{0.9} + 3$ 是方程组的解, 并搭建 Simulink 框图计算区间 $[0,20]$ 上的数值解。

$$\begin{cases} {}_0^C\mathscr{D}_t^{0.5} x_1(t) = \dfrac{\Gamma(1.7)}{\Gamma(1.2)} \sqrt[8]{(x_1(t)-1)(x_3(t)-3)} \\[3mm] {}_0^C\mathscr{D}_t^{0.7} x_2(t) = \dfrac{\Gamma(1.8)}{2\Gamma(1.1)} \left(\sqrt[7]{x_1(t)-1} + t^{0.1} \right) \\[3mm] {}_0^C\mathscr{D}_t^{0.8} x_3(t) = \dfrac{\Gamma(1.9)}{\Gamma(1.1)} \sqrt[8]{x_2(t)-2} \end{cases}$$

(10) 已知 Caputo 微分方程的初值条件为 $y(0) = 1$, $y'(0) = -1$, 试验证 $y(t) = \mathrm{e}^{-t}$ 是方程的解, 并搭建 Simulink 框图计算区间 $[0,3]$ 上的数值解。设置滤波器参数, 分析参数对误差的影响。

$$ {}_0^C\mathscr{D}_t^{1.8} y(t) = -t^{0.1}\,\mathrm{e}^t\, \frac{\mathrm{E}_{1,1.2}(-t)}{\mathrm{E}_{1,1.1}(-t)}\, y(t)\, {}_0^C\mathscr{D}_t^{0.9} y(t) + y^2(t) - \mathrm{e}^{-2t}$$

(11) 已知 Caputo 微分方程的初值条件为 $y(0) = 1$, $y'(0) = 0$, 试验证 $y(t) = t^2 + 1$ 是方程的解, 搭建 Simulink 框图计算区间 $[0,10]$ 上的数值解。设置滤波器参数, 分析参数对误差的影响。

$$ {}_0^C\mathscr{D}_t^{1.5} y(t) = \sqrt{\frac{8}{\pi}} \sqrt[4]{\Gamma(1.7)\,\Gamma(2.3)\, {}_0^C\mathscr{D}_t^{1.3} y(t)\, {}_0^C\mathscr{D}_t^{0.7} y(t)} + y'(t) - 2t$$

(12) 在第 275 页的 `bp5a_fcn2.m` 文件中, 为什么仿真时会出现微小的复数量?

(13) 例 8-11 说大时间区间的仿真用命令式方法是不能实现的, 你知道为什么吗?

(14) 考虑例 8-13 中的问题, 在文献 [10] 给出的仿真模型中, 每个 Oustaloup 滤波器与积分器的次序与这里给出的模型相反。试交换这些模块的次序, 观察得出的结果。再考虑例 8-17 中的基准测试问题:如果用文献 [10] 给出的模块次序构造 Simulink 仿真模型, 能否得出正确的仿真结果?为什么?

(15) 在构造分数阶微分方程模型时, 尤其是搭建 Caputo 微分方程模型时, 建议采用积分器链定义关键信号。用微分器链不行吗?为什么?

(16) 试在 Simulink 环境中用一个模块表示如下的分数阶传递函数模型:

$$G(s) = \frac{7s^{1.8} + 42s^{1.5} + 106s^{1.2} + 147s^{0.9} + 120s^{0.6} + 55s^{0.3} + 11}{s^{2.1} + 8s^{1.8} + 27s^{1.5} + 50s^{1.2} + 55s^{0.9} + 36s^{0.6} + 13s^{0.3} + 2}$$

(17) 考虑例 8-22 中的多变量控制系统模型。如果受控对象 $G(s)$ 的增益增大 50% 或减小 50%, 控制器参数不变, 试分析闭环系统的响应, 观察控制效果。

参 考 文 献

[1] Bai L，Xue D Y. Universal block diagram based modeling and simulation schemes for fractional-order control systems[J]. ISA Transactions，2018，82：153–162.

[2] Xue D Y. Fractional-order control systems: Fundamentals and numerical implementations[M]. Berlin：De Gruyter，2017.

[3] 薛定宇. 分数阶微积分学与分数阶控制 [M]. 北京：科学出版社，2018.

[4] 薛定宇，陈阳泉. 高等应用数学问题的 MATLAB 求解 [M]. 北京：清华大学出版社，2004.

[5] Xue D，Chen Y Q，Atherton D P. Linear feedback control: Analysis and design with MATLAB[M]. Philadephia：SIAM Press，2007.

[6] Chen Y Q，Petráš I，Xue D Y. Fractional order control—A tutorial[C]. Proceedings of the American Control Conference. St Louis，2009，1397–1411.

[7] Li Z，Liu L，Dehghan S，et al. A review and evaluation of numerical tools for fractional calculus and fractional order control[J]. International Journal of Control，2017，90（6）：1165–1181.

[8] 薛定宇. 薛定宇教授大讲堂（卷 VI）：Simulink 建模与仿真 [M]. 北京：清华大学出版社，2021.

[9] 薛定宇. MATLAB/Simulink 实用教程：编程、计算与仿真 [M]. 北京：清华大学出版社，2021.

[10] Petráš I. Fractional-order nonlinear systems: Modelling，analysis and simulation[M]. Beijing：Higher Education Press，2011.

[11] Xue D Y，Bai L. Benchmark problems for Caputo fractional-order ordinary differential equations[J]. Fractional Calculus and Applied Analysis，2017，20（5）：1305–1312.

第 9 章

特殊分数阶微分方程的数值求解

第 7 章介绍了分数阶非线性 Caputo 方程的命令式求解方法,主要求解显式微分方程和分数阶状态方程;第 8 章介绍了求解这些方程的基于框图的求解方法,这类方法适用面更广。

本章侧重于探讨特殊分数阶微分方程的求解方法。9.1 节给出隐式 Caputo 微分方程的高精度算法,这种方法属于命令式的算法,利用这种算法可以尝试求解隐式微分方程。该节还介绍通用的基于框图的隐式微分方程求解方法,相比之下,后者效果更理想。9.2 节探讨分数阶延迟微分方程的求解方法,并探讨带有非零历史函数的延迟微分方程求解方法。利用基于模块的仿真框架可以研究复杂的分数阶延迟微分方程。9.3 节给出基于数值最优化技术和代数方程求解方法的微分方程边值问题求解方法。9.4 节介绍时间分数阶偏微分方程的数值求解方法。

9.1　隐式微分方程

迄今为止,本书介绍的命令式的和框图式的分数阶微分方程求解方法全是针对显式微分方程的。如果一个微分方程不能写成显式的形式,则前面的各种算法均无能为力。本节探讨各种隐式 Caputo 方程的求解方法。

9.1.1　隐式 Caputo 微分方程的高精度矩阵算法

本节先给出隐式 Caputo 方程的定义,再探讨隐式 Caputo 微分方程的数值求解方法,并提出一种高精度隐式微分方程求解方法,给出求解的通用代码。

定义 9-1 ▶ 隐式微分方程

非线性隐式 Caputo 微分方程的一般形式为

$$F\left(t, y(t), {}_{t_0}^{C}\mathscr{D}_t^{\alpha_1}y(t), \cdots, {}_{t_0}^{C}\mathscr{D}_t^{\alpha_n}y(t)\right) = 0 \tag{9-1-1}$$

> 不妨假设 α_i 为升序序列，且记 $q = \lceil \alpha_n \rceil$。该方程的初始值为 $y^{(q-1)}(0) = c_{q-1}$，$y^{(q-2)}(0) = c_{q-2}, \cdots, y(0) = c_0$。

仍然可以将 $y(t)$ 信号分解成 $y(t) = z(t) + T(t)$，其中 $T(t)$ 的定义如式（7-3-2），而 $z(t)$ 为零初始条件的信号。如果微分定义改成 Riemann–Liouville 定义，下面的方程依然成立：

$$F\left(t, y(t), {}_{t_0}^{\mathrm{RL}}\mathscr{D}_t^{\alpha_1} z(t), \cdots, {}_{t_0}^{\mathrm{RL}}\mathscr{D}_t^{\alpha_n} z(t)\right) = 0 \tag{9-1-2}$$

回忆前面介绍的求取 Riemann–Liouville 微分的 p 阶矩阵算法，原始函数 $y(t)$ 可以分解成 $u(t) + v(t)$，且

$$u(t) = \sum_{k=0}^{p} c_k (t - t_0)^k \tag{9-1-3}$$

式中，$c_k = y_k / k!$。这样，α_i 阶微分可以由下式直接计算：

$$ {}_{t_0}^{\mathrm{RL}}\mathscr{D}_t^{\alpha_i} y(t) = \frac{1}{h^{\alpha_i}} \boldsymbol{W}^{\alpha_i} \boldsymbol{v} + \sum_{k=0}^{p} c_k \frac{\Gamma(k+1)}{\Gamma(k+1-\alpha_i)} (t - t_0)^{k-\alpha_i} \tag{9-1-4}$$

式中，$\boldsymbol{W}^{\alpha_i}$ 为 w_i 系数构成的下三角矩阵。简单起见，记 $\boldsymbol{B}_i = \boldsymbol{W}^{\alpha_i} / h^{\alpha_i}$。

注意，若想求某多项式信号的 α_i 阶 Caputo 导数，则应该先求出（$\lceil \alpha_i \rceil + 1$）阶整数阶导数，然后再进行积分运算，这样就会将该多项式信号 $\lceil \alpha_i \rceil$ 次以下的项直接消除，所以，式（9-1-4）可以改写成

$$ {}_{t_0}^{\mathrm{RL}}\mathscr{D}_t^{\alpha_i} y(t) = \frac{1}{h^{\alpha_i}} \boldsymbol{W}^{\alpha_i} \boldsymbol{v} + \sum_{k=\lceil \alpha_i \rceil + 1}^{q} \frac{c_k \Gamma(k+1)}{\Gamma(k+1-\alpha_i)} (t - t_0)^{k-\alpha_i} \tag{9-1-5}$$

对时间向量 $\boldsymbol{t} = [0, h, 2h, \cdots, mh]$ 来说，可以构造出如下的非线性代数方程：

$$\boldsymbol{f}\left(\boldsymbol{t}, \boldsymbol{B}_1\boldsymbol{v}, \boldsymbol{B}_2\boldsymbol{v}, \cdots, \boldsymbol{B}_n\boldsymbol{v}\right) = \boldsymbol{0} \tag{9-1-6}$$

该方程组可以由 MATLAB 函数 fsolve() 直接求解。作者编写了下面的 MAT-LAB 代码实现这一算法，其中，$\boldsymbol{B}_i$ 和矩阵 $\boldsymbol{d}_u$ 都将作为附加变量传递给描述方程的函数 $\boldsymbol{f}$，$\boldsymbol{B}_i$ 将由三维数组表示。

```
function [y,t]=nlfode_mat(f,alpha,y0,tn,h,p,yp)
   arguments
      f, alpha(1,:) double, y0(:,1) double, tn(1,1) double
      h(1,1) double, p(1,1){mustBePositiveInteger}
      yp(:,1) double=zeros(ceil(tn/h)+1,1);
   end
   alfn=ceil(alpha); m=ceil(tn/h)+1;
   t=(0:(m-1))'*h; d1=length(y0); d2=length(alpha);
```

```
B=zeros(m,m,d2); g=double(genfunc(p));
for i=1:d2, w=get_vecw(alpha(i),m,g);
    B(:,:,i)=rot90(hankel(w(end:-1:1)))/h^alpha(i);
end
c=y0./gamma(1:d1)'; du=zeros(m,d2);
u=0; for i=1:d1, u=u+c(i)*t.^(i-1); end
for i=1:d2
    if alfn(i)==0, du(:,i)=u;
    elseif alfn(i)<d1
      for k=(alfn(i)+1):d1
        du(:,i)=du(:,i)+(t.^(k-1-alpha(i)))*c(k)...
                  *gamma(k)/gamma(k-alpha(i));
    end, end, end
    v=fsolve(f,yp,[],t,u,B,du); y=u+v;
end
```

该函数的调用格式为 $[\boldsymbol{y},\boldsymbol{t}]=\texttt{nlfode\_mat}(\texttt{fun},\boldsymbol{\alpha},\boldsymbol{y}_0,t_{\text{n}},h,p,\boldsymbol{y}_{\text{p}})$，其中 fun 为隐式微分方程的函数句柄，其具体格式后面将专门介绍；$\boldsymbol{\alpha}$ 为方程中所有微分阶次的行向量 $\boldsymbol{\alpha}=[\alpha_1,\alpha_2,\cdots,\alpha_m]$；$\boldsymbol{y}_0$ 为初始条件向量；h 和 t_{n} 为计算步长和终止时间；p 为算法的阶次，且 $p \leqslant q$；可选的向量 $\boldsymbol{y}_{\text{p}}$ 为方程的预估初值向量，如果不给出此参数则采用默认的零向量。

若想求解隐式微分方程，用户需要编写 MATLAB 函数或匿名函数，描述隐式微分方程。这里的函数格式比较特别，函数的输入变元应该写作 $(\boldsymbol{v},\boldsymbol{t},\boldsymbol{u},\boldsymbol{B},\boldsymbol{d}_{\text{u}})$，在描述 y 信号时，应该将 y 记作 $u+v$；在描述隐式微分方程中的表达式 ${}_0^{\text{C}}\mathscr{D}_t^{\alpha_i}y(t)$ 时，可以将其写作 $d_u(:,i)\ +\boldsymbol{B}(:,:,i)*\boldsymbol{v}$。

函数 fsolve() 是求解函数的内核，而用户定义的隐式微分方程模型中，$\boldsymbol{t}$、$\boldsymbol{u}$、$\boldsymbol{B}$、$\boldsymbol{d}_{\text{u}}$ 是通过附加变量的形式传给 fsolve() 函数的，这是在 nlfode_mat() 内部实现的。这里介绍的方法适合显式微分方程的求解。下面通过例子演示该求解器在显式、隐式分数阶 Caputo 微分方程中的使用方法。

例 9-1　试用本节介绍的矩阵算法重新求解例 7-11 中的分数阶微分方程。

解　例 7-11 中的微分方程是显式微分方程，需要首先将其变换为隐式微分方程才能求解。其实这样的转换是很容易的，只需把等号右边的所有项都移到等号左边即可。由给定的显式微分方程可以很容易地写出隐式微分方程的形式：

$$
{}_0^{\text{C}}\mathscr{D}_t^{1.455}y(t) + t^{0.1}\frac{\text{E}_{1,1.545}(-t)}{\text{E}_{1,1.445}(-t)}\,\text{e}^t y(t)\, {}_0^{\text{C}}\mathscr{D}_t^{0.555}y(t) - \text{e}^{-2t} + \big[y'(t)\big]^2 = 0
$$

选择阶次向量 $\boldsymbol{\alpha}=\big[1.455,0.555,1\big]$，就可以通过匿名函数的形式描述隐式微分方程。若想描述数学表达式中的 ${}_0^{\text{C}}\mathscr{D}_t^{1.455}y(t)$，则由于阶次 1.455 是 $\boldsymbol{\alpha}$ 向量中的第一项，所

以应该将该项在匿名函数中表示为 $d_u(:,1)+B(:,:,1)*v$,后续各项也类似描述。这样,对给定的项可见,可以直接写出如下的匿名函数。注意,在方程描述语句中应该使用点运算。

```
>> alpha=[1.455,0.555,1]; y0=[1,-1]; tn=1;
   f=@(v,t,u,B,du)(du(:,1)+B(:,:,1)*v)+t.^0.1.*exp(t)...
      .*ml_func([1,1.545],-t)./ml_func([1,1.445],-t)...
      .*(v+u).*(du(:,2)+B(:,:,2)*v)-exp(-2*t)+...
      (du(:,3)+B(:,:,3)*v).^2;
```

选择不同的计算步长 h,并分别尝试 $p=1$ 和 $p=2$,可以测出耗时与最大误差,如表 9-1 所示。可以看出,对每一个步长而言,选择 $p=1$ 和 $p=2$ 计算量差不多,但最大误差显著减小;这个算法的求解效率远远低于前面介绍的 nlfec() 函数,更远低于基于框图的求解方法。

```
>> h=0.01;
   tic, p=1; [y1,t]=nlfode_mat(f,alpha,y0,tn,h,p); toc
   tic, p=2; [y2,t]=nlfode_mat(f,alpha,y0,tn,h,p); toc
   max(abs(y1-exp(-t))), max(abs(y2-exp(-t)))
```

表 9-1   步长与阶次的影响

步长 h	0.01	0.01	0.005	0.005	0.001	0.001
阶次 p	1	2	1	2	1	2
耗时/s	2.4976	2.2347	13.068	13.374	368.034	356.121
最大误差	0.0090	0.0010	0.0046	3.8442×10^{-4}	9.7603×10^{-4}	3.5270×10^{-5}

必须指出的是,本算法可以用于求解隐式微分方程,用其求解例子中的显式微分方程有些大材小用,不能充分发挥其优势。为评价分数阶隐式微分方程的求解算法,作者设计了一个基准测试问题[1]。下面通过例子演示隐式微分方程的高精度求解算法。

例 9-2   试求解下面给出的隐式分数阶微分方程[1,2]:

$$\,_0^C\mathscr{D}_t^{0.2}y(t)\,_0^C\mathscr{D}_t^{1.8}y(t)+\,_0^C\mathscr{D}_t^{0.3}y(t)\,_0^C\mathscr{D}_t^{1.7}y(t)$$
$$=-\frac{t}{8}\left[E_{1,1.8}\left(-\frac{t}{2}\right)E_{1,1.2}\left(-\frac{t}{2}\right)+E_{1,1.7}\left(-\frac{t}{2}\right)E_{1,1.3}\left(-\frac{t}{2}\right)\right]$$

其中,$y(0)=1,y'(0)=-1/2$,且已知其解析解为 $y(t)=e^{-t/2},t\in(0,10)$。

解   前面演示过,由于这里给出的算法需要调用 fsolve() 函数求解大规模的代数方程,未知数个数为 t 向量的长度,所以计算量偏大,过于耗时,不适合求解比较大时间范围的微分方程。本例只研究 $t\in(0,2)$ 区间的数值解问题。

在求解隐式微分方程之前,需要先将该方程变换为标准型。对这里给出的例子而言，只需将等号右边的项移到左侧，就可以得到标准型形式。

$$
{}^{C}_{0}\mathscr{D}^{0.2}_t y(t)\, {}^{C}_{0}\mathscr{D}^{1.8}_t y(t) + {}^{C}_{0}\mathscr{D}^{0.3}_t y(t)\, {}^{C}_{0}\mathscr{D}^{1.7}_t y(t)+
$$

$$
\frac{t}{8}\left[\mathrm{E}_{1,1.8}\left(-\frac{t}{2}\right)\mathrm{E}_{1,1.2}\left(-\frac{t}{2}\right)+\mathrm{E}_{1,1.7}\left(-\frac{t}{2}\right)\mathrm{E}_{1,1.3}\left(-\frac{t}{2}\right)\right]=0
$$

若想求解这个隐式微分方程，则需要先用匿名函数描述整个隐式微分方程。

```
>> alpha=[0.2 1.8 0.3 1.7]; y0=[1,-1/2]; tn=2;
   f=@(v,t,u,B,du)(du(:,1)+B(:,:,1)*v).*(du(:,2)+B(:,:,2)*v)+...
                  (du(:,3)+B(:,:,3)*v).*(du(:,4)+B(:,:,4)*v)+...
      1/8*t.*(ml_func([1,1.8],-t/2).*ml_func([1,1.2],-t/2)+...
          ml_func([1,1.7],-t/2).*ml_func([1,1.3],-t/2));
```

有了微分方程的函数句柄 f，就可以调用 nlfode_mat() 函数，直接求解隐式微分方程。测试不同的 h、p 组合，可以得出方程的解，并与精确解比较，得出最大误差，并记录耗时。得出的实测数据在表 9-2 中列出。注意，这里 h 不能取得太小，否则计算量过大，耗时过长，甚至无法完成计算。

```
>> h=0.01; p=2;
   tic, [y1,t]=nlfode_mat(f,alpha,y0,tn,h,p); toc
   max(abs(y1-exp(-t/2)))
```

表 9-2　步长与阶次的影响

步长与阶次	$h=0.01, p=1$	$h=0.01, p=2$	$h=0.005, p=1$	$h=0.005, p=2$
最大误差	0.0036	8.6190×10^{-4}	0.0019	3.6895×10^{-4}
耗时/s	6.4692	7.5325	38.025	36.688

如果选择 $h=0.01$，但终止时间选择 $t_n=10, p=2$，则可测得耗时为 272.084 s，最大误差为 0.0117，所以，这个算法不适合一般隐式微分方程的求解。

9.1.2　隐式分数阶微分方程的框图解法

前面介绍的建模与仿真方法适合于求解一般显式的分数阶微分方程，而实际应用中如果遇到隐式微分方程，则需要采用特殊的建模与仿真方法。这里针对定义 9-1 描述的隐式微分方程的一般形式，给出一个基于框图的求解算法，再通过例子探讨建模与仿真的具体实现方法。

算法 9-1 ▶ 隐式 Caputo 微分方程的 Simulink 建模算法

（1）如果原方程有 q 个初始条件，则可以按图 8-18 中的积分器链方法先定义出关键信号 $y(t),y'(t),\cdots,y^{(q)}(t)$。

（2）将 q 个初始条件分别写入这 q 个积分器，这样输出信号 $y(t)$ 的初始条件将与原始微分方程保持一致。

（3）由整数阶关键信号，利用 Oustaloup 滤波器直接构造分数阶微分信号。

（4）将隐式方程（9-1-1）左侧的表达式通过关键信号搭建出来，并将结果信号馈入 Algebraic Constraint 模块，其输出端后接 $q - \alpha_n$ 阶 Oustaloup 滤波器，滤波器输出就可以直接连 $y^{(q)}(t)$，构造出所需的 Simulink 闭环模型。

下面将通过例子具体演示隐式微分方程的建模方法。

例9-3　仍考虑例9-2中的例子。试利用Simulink重新求解该隐式微分方程。

解　可以先将隐式Caputo微分方程转换成标准型形式。

$${}_0^C\mathscr{D}_t^{0.2}y(t)\,{}_0^C\mathscr{D}_t^{1.8}y(t) + {}_0^C\mathscr{D}_t^{0.3}y(t)\,{}_0^C\mathscr{D}_t^{1.7}y(t)$$
$$+ \frac{t}{8}\left[E_{1,1.8}\left(-\frac{t}{2}\right)E_{1,1.2}\left(-\frac{t}{2}\right) + E_{1,1.7}\left(-\frac{t}{2}\right)E_{1,1.3}\left(-\frac{t}{2}\right)\right] = 0$$

根据前面给出的建模方法，可以定义出关键信号 $y(t)$，$y'(t)$，$y''(t)$，并构造出分数阶Caputo微分信号 ${}_0^C\mathscr{D}_t^{0.2}y(t)$，${}_0^C\mathscr{D}_t^{0.3}y(t)$，${}_0^C\mathscr{D}_t^{1.7}y(t)$ 和 ${}_0^C\mathscr{D}_t^{1.8}y(t)$。这样可以由前面构造的关键信号搭建起原微分方程标准型的左侧，并将其输入 Algebraic Constraint 模块，则该模块的输出为 ${}_0^C\mathscr{D}_t^{1.8}y(t)$，将其求0.2阶导数将得出 $y''(t)$。这样该信号就可以和积分器构造的 $y''(t)$ 信号相连，搭建起完整的隐式Caputo微分方程模型，如图9-1所示。由于系统的初值在积分器链中已经表示了，这里其他分数阶微分器使用零初值的Oustaloup 滤波器等模块即可。其中的 Interpreted MATLAB Function 模块的内容为

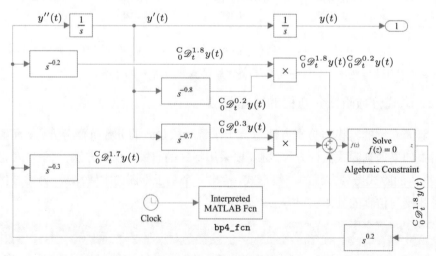

图9-1　隐式微分方程的Simulink模型（bp4_model.slx）

```
function y=bp4_fcn(t)
```

```
        y=1/8*t*(ml_func([1,1.8],-t/2)*ml_func([1,1.2],-t/2)+...
                ml_func([1,1.7],-t/2)*ml_func([1,1.3],-t/2));
    end
```

如下选择 Oustaloup 滤波器参数,可以得出该隐式微分方程的数值解,最大误差为 3.8182×10^{-5},耗时 164.21 s。和其他模型相比,这个方程求解过程的耗时较长,这是因为系统中有代数环的存在,每步仿真均需求解一次代数方程。

```
>> ww=[1e-5 1e5]; N=30; tic, [t,x,y]=sim('bp4_model'); toc
   max(abs(y-exp(-t/2)))
```

对不同的 Oustaloup 滤波器设计参数,可以重复上述的仿真语句,得出表 9-3 中的实测数据。可以看出,如果 ω_{b} 选择过小,尽管可以提升计算精度,但耗时将过长。

表 9-3　频段与阶次的影响

频率段	$(10^{-3},10^3)$	$(10^{-4},10^4)$	$(10^{-5},10^5)$	$(10^{-6},10^6)$
阶次 N	11	30	30	35
最大误差	0.0024	3.2104×10^{-4}	3.8182×10^{-5}	4.0166×10^{-6}
耗时/s	6.444	33.566	164.21	1705.82
计算点数	10639	54065	254488	2227969

由于框图存在代数环,所以考虑将 $s^{-0.2}$ 和 $s^{-0.3}$ 两个模块的低通滤波器选项开启,不过虽然这样做能避免代数环,但得出的结果误差极大,不能接受。所以,对此例而言,在模型仿真过程中必须保留代数环。

9.1.3　基于刚性微分方程的求解方法

如果求解某微分方程的过程过于耗时,不妨尝试更换求解算法。例如,可以将算法设置为 ode15s,该算法是为求解刚性微分方程而设计的。对刚性微分方程而言,经常可以在不减小计算精度的前提下显著减少计算点数,实现快速仿真。下面将通过例子演示基于刚性微分方程算法求解隐式微分方程的过程。

例 9-4　例 9-3 给出了求解隐式 Caputo 微分方程的 Simulink 模型,并尝试了不同滤波器参数对求解效率的影响。不过随着频段的增大,计算量成倍增加。试将算法替换成刚性微分方程的求解算法,重新求解这个例子,观察是否能得到更精确的解。

解　因为 Simulink 提供的 set_param() 函数可以修改仿真算法,所以若想修改仿真算法,并不需要重新绘制 Simulink 仿真模型。由下面的语句就可以将仿真的默认算法替换成 ode15s(也可以通过图 8-4 界面选择算法)。

```
>> set_param('bp4_model','Solver','ode15s')
```

尝试各种不同的频段与阶次组合,反复运行下面的语句,可以得出如 9-4 表所示的实测数据。可以看出,如果采用刚性微分方程的求解算法,再选择合适的滤波器设计参数,则解的精度将大幅提升,而求解耗时远远低于前面介绍的常规微分方程求解算法。

```
>> ww=[1e-6 1e6]; N=35; tic, [t,x,y]=sim('bp4_model'); toc
   max(abs(y-exp(-t/2))), length(t)
```

表9-4　刚性算法下频段与阶次的影响

频率段	$(10^{-6}, 10^6)$	$(10^{-7}, 10^7)$	$(10^{-8}, 10^8)$	$(10^{-8}, 10^8)$
阶次 N	35	39	43	51
最大误差	4.0163×10^{-6}	6.8395×10^{-7}	9.8850×10^{-7}	8.8621×10^{-8}
耗时/s	9.2335	22.5766	44.885	44.538
计算点数	5458	11953	20156	15197

9.1.4　隐式模块的逼近效果

　　一般无理系统是很难用滤波器近似的，尽管第5章给出了一些由频域响应数据设计滤波器的方法，但总体效果不是特别令人满意。所以，对一般无理系统而言，若系统可以用传递函数描述，也可以考虑采用基于数值Laplace变换的方法，对系统进行仿真分析。不过，如果无理传递函数只是整个系统的一个部分，一般可以考虑在Simulink框架下实现仿真求解方法。

　　本节只考虑一类简单的无理传递函数模型：$G(s) = (\tau s + 1)^{-\nu}$。FOTF模块集提供了 Implicit model 模块，实现了5.5.1节介绍的连续逼近模型和5.6.3节介绍的离散逼近模型。双击 Implicit model 模块，将弹出一个如图9-2所示的参数对话框，用户可以输入 τ、ν 的值。除此之外，还可以由 Filter type 列表框选择连续或离散类型。

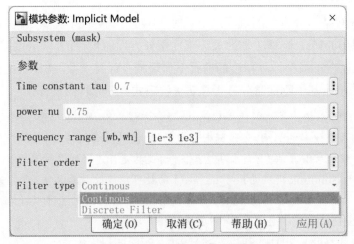

图9-2　隐式模块的参数列表框

　　若选择连续类型，则可以设置 Oustaloup 滤波器的阶次 N 与频率 ww；若选择离散滤波器，也可以选择阶次 N，而 Frequency range 编辑框可以填写采样周期的值。

事实上,定理 6-4 给出了一个重要的 Laplace 变换性质:

$$\mathscr{L}^{-1}\left[\frac{s^{\alpha\gamma-\beta}}{(s^{\alpha}+a)^{\gamma}}\right]=t^{\beta-1}\mathrm{E}_{\alpha,\beta}^{\gamma}\left(-at^{\alpha}\right) \tag{9-1-7}$$

由这个性质可以推导出很多关于隐式模型的性质。例如,令 $\alpha=1$, $\gamma=\nu$, $a=1/\tau, \beta=\nu$,可以得出隐式模块的冲激响应。

$$\mathscr{L}^{-1}\left[\frac{(1/a)^{\nu}}{(s/a+1)^{\nu}}\right]=\frac{t^{\nu-1}}{a^{\nu}}\mathrm{E}_{1,\nu}^{\nu}\left(-\frac{t}{a}\right)=\tau^{\nu}t^{\nu-1}\mathrm{E}_{1,\nu}^{\nu}\left(-\tau t\right) \tag{9-1-8}$$

若令 $\alpha=1,\gamma=\nu,a=1/\tau,\beta=\nu+1$,则可以得出隐式模块的阶跃响应。

$$\mathscr{L}^{-1}\left[\frac{(1/a)^{\nu}}{s(s/a+1)^{\nu}}\right]=\frac{t^{\nu}}{a^{\nu}}\mathrm{E}_{1,1+\nu}^{\nu}\left(-\frac{t}{a}\right)=(\tau t)^{\nu}\mathrm{E}_{1,1+\nu}^{\nu}\left(-\tau t\right) \tag{9-1-9}$$

下面将通过例子比较滤波器参数对模块逼近效果的影响。

例 9-5　试求 $G(s)=1/(5s+1)^{0.8}$ 传递函数在单位阶跃信号激励下的响应曲线。

解　由式 (9-1-9) 可见,$\tau=1/5,\nu=0.8$,可以写出阶跃响应的解析解为

$$\mathscr{L}^{-1}\left[\frac{1}{s(5s+1)^{0.8}}\right]=\frac{t^{0.8}}{5^{0.8}}\mathrm{E}_{1,1.8}^{0.8}\left(-\frac{t}{5}\right)$$

使用 FOTF 模块集的 Implicit model 模块可以搭建如图 9-3 所示的 Simulink 仿真模型。可以将频率段用变量 ww 表示,将阶次用变量 N 表示,这样,由下面的命令可以得出仿真结果,并计算阶跃响应的理论值,得出的曲线如图 9-4 所示,还可以计算出近似模型的最大误差为 3.5694×10^{-4}。可以看出,该模块可以很好地逼近隐式模型,在曲线上分辨不出来二者的区别。

```
>> ww=[1e-4,1e4]; N=11; tic, [t,~,y]=sim('c9mimp3',10); toc
   y0=5^-0.8*t.^0.8.*ml_func([1,1.8,0.8],-t/5);
   max(abs(y-y0)), length(t), plot(t,y0,t,y,'--')
```

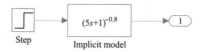

图 9-3　隐式模块的阶跃响应仿真模型(`c9mimp3.slx`)

为定量评价滤波器参数对逼近精度的影响,选择了一些频率段与阶次的组合,得出如表 9-5 所示的实测数据。可以看出,合理选择滤波器参数可以得出很精确的结果。

例 9-6　重新考虑例 9-5 中的模型,试评价离散滤波器的逼近效果。

解　双击 Implicit model 模块,在对话框的 Filter type 列表框中选择 Discrete 选项,就可以在仿真模型中使用 5.6.3 节中的离散滤波器。用户可以在对话框中设置滤波器的阶次 N 和采样周期 ω_b。使用不同的采样周期与阶次组合,可以运行下面的语句设计滤波器并计算、对比仿真结果。可以发现,如果采样周期选择为 10^{-4},滤波器阶次选择为

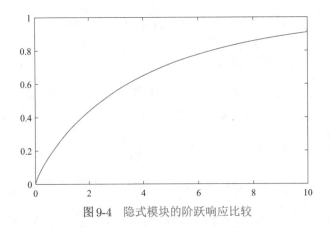

图 9-4　隐式模块的阶跃响应比较

表 9-5　连续滤波器参数的影响

频率段	$(10^{-4},10^4)$	$(10^{-4},10^4)$	$(10^{-5},10^5)$	$(10^{-6},10^6)$
阶次 N	11	31	31	35
最大误差	3.5694×10^{-4}	2.4363×10^{-4}	2.7595×10^{-5}	4.3734×10^{-6}
耗时/s	1.3197	1.7536	4.2930	29.1493
计算点数	19262	36252	157206	1480694

$N=8$，则可以得到最大误差为 0.0011，仿真耗时 0.2308 s，计算点数 4741。再进一步提高阶次或降低采样周期的值都不能进一步提升拟合效果，反而可能出现过度设计，导致最终结果发散。

```
>> ww=[1e-4 1e3]; N=10; tic, [t,~,y]=sim('c9mimp3',10); toc
   y0=5^-0.8*t.^0.8.*ml_func([1,1.8,0.8],-t/5);
   max(abs(y-y0)), length(t), plot(t,y0,t,y,'--')
```

除了前面列举的精度问题之外，离散滤波器可能还涉及大型矩阵的处理。如果计算点数（即 $N=t_{\mathrm{n}}/h$）过大，则离散滤波器设计中需要实现 $N\times N$ 的矩阵运算，很难设计真正的离散滤波器。从实测效果看，推荐使用连续的滤波器逼近隐式无理模块。

9.2　分数阶延迟微分方程的求解

前面研究的分数阶微分方程都假设微分方程中所有的信号都是同时发生的。如果分数阶微分方程中有的信号是在以前时刻发生的，例如，若微分方程包括信号 $y(t-0.1)$，则认为该信号是 $y(t)$ 信号 0.1 s 之前的值，也就是 $y(t)$ 信号的传输有 0.1 s 的延迟，这样的方程称为延迟微分方程。

迄今为止，很少有文献真正探讨分数阶延迟微分方程的求解方法，而分数阶延迟微分方程的现象却是大量存在的。例如，在实际分数阶控制系统中，如果受控对象有时间延迟，则其对应的微分方程就是分数阶延迟微分方程。本节将探讨分数阶延迟微分方程的数值求解方法。

9.2.1　基本测试问题的设计

由于早期文献中基本上没有给出有价值的分数阶延迟微分方程的基准测试问题，所以没有办法公平地评价可能存在的求解算法。为解决这个问题，作者对常规微分方程基准测试问题做了改写，设计了两个可以用于公平评价分数阶延迟微分方程求解算法的基准测试问题[3]。

例 9-7　考虑文献 [1] 给出的普通 Caputo 微分方程基准测试模型。

$$
{}_0^C\mathscr{D}_t^{\sqrt{2}}y(t) = -t^{1.5-\sqrt{2}}\frac{\mathrm{E}_{1,3-\sqrt{2}}(-t)}{\mathrm{E}_{1,1.5}(-t)}\,\mathrm{e}^t y(t)\,{}_0^C\mathscr{D}_t^{0.5}y(t) + \mathrm{e}^{-2t} - \left[y'(t)\right]^2
$$

其中，$y(0)=1$，$y'(0)=-1$，且已知方程的解析解为 $y(t)=\mathrm{e}^{-t}$。试对该方程进行改造，构造出一个 Caputo 延迟微分方程。

解　对方程的分数阶部分进行延迟处理是相当困难的，所以，应该考虑对整数阶函数及导数部分进行改造。如果期望的解析解仍然是 $y(t)=\mathrm{e}^{-t}$，则整数阶导数的平方可以构造为 $[y'(t-0.1)]^2 = \mathrm{e}^{0.2-2t}$。这样，可以对该项进行改造，以抵消前面的 e^{-2t} 项，建立如下的延迟 Caputo 微分方程：

$$
{}_0^C\mathscr{D}_t^{\sqrt{2}}y(t) = -t^{1.5-\sqrt{2}}\frac{\mathrm{E}_{1,3-\sqrt{2}}(-t)}{\mathrm{E}_{1,1.5}(-t)}\,\mathrm{e}^t y(t)\,{}_0^C\mathscr{D}_t^{0.5}y(t) + \mathrm{e}^{-2t} - \mathrm{e}^{-0.2}\left[y'(t-0.1)\right]^2
$$

$$(9\text{-}2\text{-}1)$$

且已知 $t<0$ 时，历史函数为 $y(t)=\mathrm{e}^{-t}$ 和 $y'(t)=-\mathrm{e}^{-t}$。

例 9-8　继续考虑例 9-7 的基准测试问题。试设计两个延迟项的基准设计问题。

解　可以保留例 9-7 中的延迟项 $y'(t-0.1)$，但稍微改变一下形式，使得 $\mathrm{e}^{-2t} - \mathrm{e}^{-0.2}\left[y'(t-0.1)\right]^2$ 项改变成 $\mathrm{e}^{-2t+0.2} - \left[y'(t-0.1)\right]^2$，这样不会影响方程的解析解。

现在可以想办法将第一项中的 $y(t)$ 改造成 $y(t-0.2)$。为使得本基准测试问题的解析解仍然为 $y(t)=\mathrm{e}^{-t}$，应该使得该项与前面的 e^t 项的变化形式能够相互抵消，即求出 $g(t)$，使得 $g(t)y(t-0.2)=1$。所以，可以求出 $g(t)=\mathrm{e}^{t-0.2}$。这样，可以直接构造含有两个延迟项的基准测试问题：

$$
{}_0^C\mathscr{D}_t^{\sqrt{2}}y(t) = -t^{1.5-\sqrt{2}}\frac{\mathrm{E}_{1,3-\sqrt{2}}(-t)}{\mathrm{E}_{1,1.5}(-t)}\,\mathrm{e}^{t-0.2} y(t-0.2)\,{}_0^C\mathscr{D}_t^{0.5}y(t) + \mathrm{e}^{0.2-2t} - \left[y'(t-0.1)\right]^2
$$

$$(9\text{-}2\text{-}2)$$

其中，历史函数为 $y(t)=\mathrm{e}^{-t}$，$y'(t)=-\mathrm{e}^{-t}$。方程的解析解为 $y(t)=\mathrm{e}^{-t}$。

9.2.2　历史函数的建模

历史条件是指 $t<t_0$ 时刻输出函数 $y(t)$ 及其导数的值。由于本节主要的求解工具是 Simulink 仿真环境，所以这里只通过例子演示用 Simulink 如何处理信号的

历史函数描述问题。

例9-9　考虑例9-7中描述的测试例子。主要观察$y'(t-0.1)$项。如果已知$t<0$时历史函数为$y(t)=\mathrm{e}^{-t}$,$y'(t)=-\mathrm{e}^{-t}$,如何在Simulink中正确地描述$y'(t-0.1)$信号?

解　因为$y'(t-0.1)$信号是$y'(t)$信号的延迟信号,所以很自然地可以想到:在$y'(t)$信号后面接一个Transport Delay(传输延迟)环节,令其中的延迟时间常数为0.1,这样就可以搭建如图9-5(a)所示的仿真模型。事实上,这样的信号构成并未考虑$t<0$时的情形,以至于在整个系统仿真过程开始后的前0.1之内,该模块的输出信号一直为0,而不是所期望的$y'(t)=-\mathrm{e}^{-t}$函数。

如果想考虑历史函数的影响,应该引入一个Switch(开关)模块,分别处理仿真开始后0.1s之内和之后的$y'(t-0.1)$信号。基于这样的思想,可以建立如图9-5(b)所示的仿真模型,其中输入端子是$y'(t)$信号。注意:① 这里将开关模块的阈值设置为0.1,即在0.1s后启用延迟模块,在这之前,都使用t的函数计算该信号的历史函数值;② t的Fcn模块表达式是平移后的结果,不能写成$-\mathrm{exp}(-u)$。所以,这里给出的模型是考虑了历史函数之后建立的正确延迟模型,可以直接用于分数阶延迟微分方程建模。

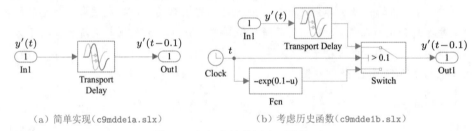

(a) 简单实现(c9mdde1a.slx)　　　　　(b) 考虑历史函数(c9mdde1b.slx)

图9-5　延迟信号的历史函数处理

9.2.3　延迟微分方程的求解

这里依旧探讨基于Simulink仿真系统的框图式分数阶延迟微分方程的求解方法。首先需要把分数阶微分方程用框图的形式表示出来,并用前面介绍的方法处理与延迟模块相关的历史函数生成模块,这样,就可以在Simulink下建立完整的仿真模型,并利用Simulink强大的仿真功能,得出分数阶延迟微分方程的数值解。本节将通过例子演示分数阶延迟微分方程的建模与仿真方法。

例9-10　试求解例9-7给出的分数阶延迟微分方程,并评价参数对结果的影响。

解　考虑这个分数阶延迟微分方程,实际上,将例8-12中构造的框图作为本仿真模型的整体框架,并按图9-5(b)建议的形式处理延迟信号,就可以搭建如图9-6所示的仿真模型。其中,MATLAB函数模块可以编写如下的内容:

```
function y=bp8_fcn(t)
    y=t^(1.5-sqrt(2))*exp(t)*...
        ml_func([1,3-sqrt(2)],-t)./ml_func([1,1.5],-t);
```

end

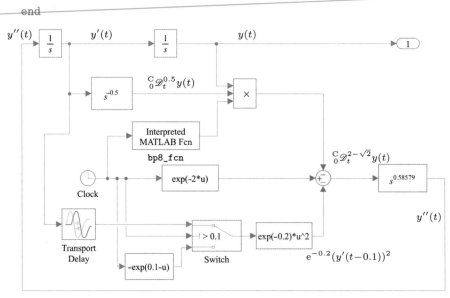

图 9-6　分数阶延迟微分方程(bp8_model.slx)

尝试不同的 ww 和 N 值, 可以得出表 9-6 给出的实测数据。可以发现, 如果想快速仿真, 则可以在短时间内得出比较精确的结果; 如果想进行精确仿真, 则得出的最大误差可以低至 10^{-8} 级别。

```
>> ww=[1e-4 1e4]; N=15;                  %可以设置不同的参数
   tic, [t,~,y]=sim('bp8_model'); toc    %启动仿真并计时
   length(t), max(abs(y-exp(-t)))        %读取计算点数,并求最大误差
```

表 9-6　滤波器参数对仿真结果的影响

频率段/(rad/s)	$(10^{-3},10^3)$	$(10^{-4},10^4)$	$(10^{-5},10^5)$	$(10^{-6},10^6)$	$(10^{-7},10^7)$
阶次	11	15	25	29	39
最大误差	2.4420×10^{-4}	2.4332×10^{-5}	2.5392×10^{-6}	3.2158×10^{-7}	2.6870×10^{-8}
耗时/s	4.180	6.518	7.182	11.553	13.833
计算点数	8150	15717	28410	38360	40972

例 9-11　如果分数阶微分方程中在两处信号有时间延迟

$$
{}_0^C\mathscr{D}_t^{\sqrt{2}}y(t)=-t^{1.5-\sqrt{2}}\frac{\mathrm{E}_{1,3-\sqrt{2}}(-t)}{\mathrm{E}_{1,1.5}(-t)}\,\mathrm{e}^{-t-0.3}y(t-0.3)\,{}_0^C\mathscr{D}_t^{0.5}y(t)+\mathrm{e}^{0.2-2t}-\big[y'(t-0.1)\big]^2
$$

且已知 $t<0$ 时, 历史函数为 $y(t)=\mathrm{e}^{-t}$, $y'(t)=-\mathrm{e}^{-t}$。试求解 $0\leqslant t\leqslant 2$ 区间内延迟方程的数值解。已知其解析解为 $y(t)=\mathrm{e}^{-t}$。

解　如果有两处时间延迟, 则仿照图 9-5(b) 的思路在这两处加上时间延迟模块即可。可以构造如图 9-7 所示的仿真模型。Interpreted MATLAB Fcn 模块对应的 MATLAB

函数为

```
function y=bp8a_fcn(t)
    y=t^(1.5-sqrt(2))*exp(t-0.3)*...
        ml_func([1,3-sqrt(2)],-t)./ml_func([1,1.5],-t);
end
```

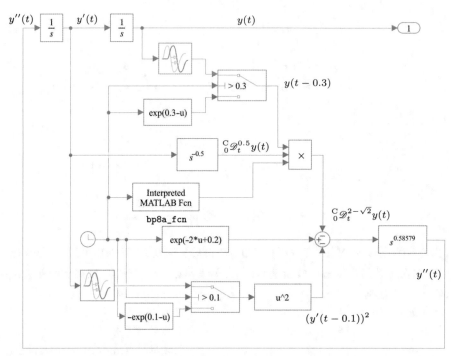

图 9-7　带有两路延迟的分数阶延迟微分方程(bp8a_model.slx)

选择如下的 ww 与 N 值,则耗时 $4.33\,\mathrm{s}$,计算点数 19850,得出的最大误差为 2.3759×10^{-5}。若想得到精确的仿真结果,可以修改这两个参数:

```
>> ww=[1e-4 1e4]; N=15;                  %可以设置不同的参数
   tic, [t,~,y]=sim('bp8a_model'); toc   %启动仿真并计时
   length(t), max(abs(y-exp(-t)))        %读取计算点数,并求最大误差
```

例 9-12　假设例 9-10 中的各个信号的历史函数均为 0,并假设分数阶延迟微分方程变成下面的形式:

$$
{}_0^C\mathscr{D}_t^{\sqrt{2}}y(t) = -t^{1.5-\sqrt{2}}\frac{E_{1,3-\sqrt{2}}(-t)}{E_{1,1.5}(-t)}\,\mathrm{e}^t\,y(t)\,{}_0^C\mathscr{D}_t^{0.5}y(t-0.2) + \mathrm{e}^{-2t} - \left[y'(t-1)\right]^2
$$

试重新求解该方程,并检验解的正确性。

解　如果假设历史函数均为 0,则 $y(t) = \mathrm{e}^{-t}$ 就不再是这个延迟微分方程的解析解了,也就没有必要用这个信号评价解的正确性了。在这种情况下如何检验得出的解是否正确呢?只能在不同参数下求解方程,观察得出的解是否一致。如果一致,则一般情况

下可以接受得出的解;如果不一致,则需要再调整参数,重新验证得出的结果。

由于各个信号的历史函数均为 0,故可以将各个信号直接馈入 Transport Delay 模块,直接获得延迟信号,无须再使用开关模块描述非零历史函数,模型结构更简单。这样,就可以建立如图 9-8 所示的 Simulink 仿真模型。将滤波器设置参数设成两组不同的值,进行仿真并绘制曲线。可见,得出的曲线完全重合,由此表明仿真结果是正确的。

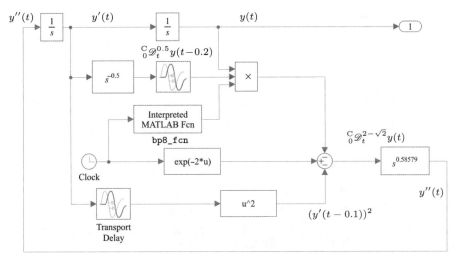

图 9-8　零历史函数的分数阶延迟微分方程(c9mdde3.slx)

```
>> ww=[1e-5,1e5]; N=20; [t1,~,y1]=sim('c9mdde3');
   ww=[1e-8,1e6]; N=41; [t2,~,y2]=sim('c9mdde3');
   plot(t1,y1,t2,y2,'--')
```

9.3　分数阶微分方程的边值问题求解

前面介绍各类分数阶微分方程数值解法时,都假设已知 $y(t)$ 函数及其各阶导数在 t_0 时刻的值,所以这些问题又称为初值问题(initial value problems,IVP)。如果对于某些微分方程,知道若干状态变量的初值,还知道一些状态变量的初值或终值满足某些指标,则这类问题称为边值问题(boundary value problems,BVP)。本节先介绍边值问题的一般数学形式,然后介绍打靶法与数值最优化或数值代数方程求解相结合的边值问题求解方法。

9.3.1　边值问题的数学形式

边值问题的分数阶微分方程部分的表达式与第 8 章介绍的是完全一致的,可以是定义 7-1 描述的显式微分方程形式,也可以是定义 7-4 描述的扩展状态方程形式,甚至可以是隐式微分方程与延迟微分方程。

这里先考虑显式微分方程的数学模型。由于这里的已知条件不同于初值问题,所以下面给出显式微分方程边值问题的数学定义。

定义 9-2 ▶ 分数阶显式微分方程的边值问题

显式非线性分数阶微分方程的基本形式为

$$\begin{smallmatrix}C\\t_0\end{smallmatrix}\mathscr{D}_t^\alpha y(t) = f\big(t, y(t), \begin{smallmatrix}C\\t_0\end{smallmatrix}\mathscr{D}_t^{\alpha_1} y(t), \begin{smallmatrix}C\\t_0\end{smallmatrix}\mathscr{D}_t^{\alpha_2} y(t), \cdots, \begin{smallmatrix}C\\t_0\end{smallmatrix}\mathscr{D}_t^{\alpha_n} y(t)\big) \tag{9-3-1}$$

式中,$\alpha > \max(\alpha_1, \alpha_2, \cdots, \alpha_n) > 0$,且 $q = \lceil \alpha \rceil$。已知的 $y(t)$ 函数及其导数的边值条件为

$$\psi_i(y(t_0), y'(t_0), \cdots, y^{(q-1)}(t_0), y(t_n), y'(t_n), \cdots, y^{(q-1)}(t_n)) = 0 \tag{9-3-2}$$

其中,$i = 1, 2, \cdots, q$,求解区间为 $t \in [t_0, t_n]$,$\psi_i(\cdot)$ 为任意非线性函数。

简单起见,这里只考虑 $y(t)$ 函数及其整数阶导数的边值。事实上,本节的很多方法也同样适用于分数阶边值的情形,但本节不予讨论。

分数阶状态方程也有其对应的边值问题,该问题的一般定义如下:

定义 9-3 ▶ 分数阶状态方程的边值问题

非线性分数阶状态方程的基本形式为

$$\begin{smallmatrix}C\\t_0\end{smallmatrix}\mathscr{D}_t^{\boldsymbol{\alpha}} \boldsymbol{x}(t) = \boldsymbol{f}\big(t, \boldsymbol{x}(t)\big) \tag{9-3-3}$$

式中,$\boldsymbol{\alpha} = [\alpha_1, \alpha_2, \cdots, \alpha_n]$,且 $q = \lceil \max(\alpha_i) \rceil$。已知状态 $\boldsymbol{x}(t)$ 的边值条件为

$$\psi_i(\boldsymbol{x}(t_0), \boldsymbol{x}(t_n)) = 0 \tag{9-3-4}$$

其中,$i = 1, 2, \cdots, q$,求解区间为 $t \in [t_0, t_n]$,$\psi_i(\cdot)$ 为任意非线性函数。

例 9-13 对文献 [1] 给出的第三基准测试问题稍微改动一下,就可以构造边值问题。

已知分数阶显式微分方程为

$$\begin{smallmatrix}C\\0\end{smallmatrix}\mathscr{D}_t^{\sqrt{2}} y(t) = -t^{1.5-\sqrt{2}} \frac{E_{1,3-\sqrt{2}}(-t)}{E_{1,1.5}(-t)} e^t y(t) \begin{smallmatrix}C\\0\end{smallmatrix}\mathscr{D}_t^{0.5} y(t) + e^{-2t} - \big[y'(t)\big]^2$$

且已知微分方程的解析解为 $y(t) = e^{-t}$,所以可以构造两个边值问题:

(1) 已知边值 $y(0) = 1, y(2) = e^{-2}$。

(2) 已知 $y(2) = e^{-2}, y'(2) - y(0) = -e^{-2} - 1$。

9.3.2 打靶法的最优化与代数方程建模

打靶法是边值问题最常用的求解方法。前面介绍过,如果已知分数阶微分方程的初值,则可以由命令式方法或基于模型的仿真方法得出微分方程的数值解。这样,

就可以很容易建立起来一个求解思路：先设置一些初值，然后调用初值问题求解方法得出问题的数值解。这样的解与期望的边值条件之间势必存在偏差。利用偏差修正初值就可能得到更好的解。反复根据误差修正初值，就有可能找到合适的初值，使得数值解满足边值条件。

这种求解思路有些像打靶，根据着弹点与靶心的距离调整枪口的角度，反复尝试，最终可以击中靶心。所以这类方法称为打靶法。

由打靶法很自然地就能够想到两种建模方法：一种是最优化方法，另一种是代数方程求解方法。如果已知边值条件中有 m 个初值（不妨假设前 m 个是初值条件），则可以将其用于 Simulink 关键信号中的积分器初值设定，由剩余的 $q-m$ 个边值条件建立最优化或代数方程模型。

> **定义 9-4 ▶ 最优化模型**
>
> 可以将各个边值条件误差的绝对值和作为目标函数：
>
> $$\min_{\boldsymbol{x}} \sum_{i=m+1}^{q} \left| \psi_i\big(y(t_0), y'(t_0), \cdots, y^{(q-1)}(t_0), y(t_\mathrm{n}), y'(t_\mathrm{n}), \cdots, y^{(q-1)}(t_\mathrm{n})\big) \right| \tag{9-3-5}$$
>
> 其中，决策变量 $\boldsymbol{x}$ 为 $y(t_0), y'(t_0), \cdots, y^{(q-1)}(t_0)$ 中未知的量。

> **定义 9-5 ▶ 代数方程模型**
>
> 其实，剩余的边值条件本身就是联立代数方程模型：
>
> $$\psi_i\big(y(t_0), y'(t_0), \cdots, y^{(q-1)}(t_0), y(t_\mathrm{n}), y'(t_\mathrm{n}), \cdots, y^{(q-1)}(t_\mathrm{n})\big) = 0 \tag{9-3-6}$$
>
> 其中，$i = m+1, m+2, \cdots, q$，未知变量为 $y(t_0), y'(t_0), \cdots, y^{(q-1)}(t_0)$ 中未知的量。

说明 9-1　求解模型的说明

（1）这里选择的最优化模型是绝对值和，而很多学者可能愿意选择平方和。以往最优化问题选择平方和的主要原因是想求导，推导解析表达式，而这个问题的解析解是不存在的，只能数值求解，所以没有必要引入平方和，建议采用绝对值和。

（2）代数方程模型也可以选择绝对值，但代数方程数值求解中选择绝对值有时会误导搜索方向的判定，所以不建议使用绝对值构建方程。

例 9-14　考虑例 9-13 构造的两个边值问题，试将边值问题的目标函数构造出来。

解　如果给出初值 $y(0)$ 和 $y'(0)$，则可以通过分数阶微分方程求解方法计算出微分方程数值解的终值 $\hat{y}(2)$ 和 $\hat{y}'(2)$。所以，应该分别考虑两种情况，将边值问题转换为数值最优化问题。变换最优化问题的关键是选择决策变量，并写出最优化问题的目标函数。

下面分别探讨这两个边值问题的最优化建模。

（1）由于初值 $y(0)=1$ 确切已知，故需要做的是找到合适的 $y'(0)$，使得通过仿真模型计算出来的 $\hat{y}(2)$ 尽可能逼近已知的 $y(2)=\mathrm{e}^{-2}$。这需要令决策变量 $x=y'(0)$，从而引入最优化指标：$\min\limits_{x}\left|\hat{y}(2)-\mathrm{e}^{-2}\right|$。

（2）由于 $y(0)$ 和 $y'(0)$ 都不是确切已知的，所以应该引入两个决策变量 $x_1=y(0)$，$x_2=y'(0)$，使得给出的两个条件均需满足，由此可以建立起如下的最优化问题：

$$\min_{x}\left|\hat{y}(2)-\mathrm{e}^{-2}\right|+\left|\hat{y}'(2)-x_1+\mathrm{e}^{-2}+1\right|$$

9.3.3 Simulink的快速重启设置

正常情况下，不论利用 sim() 函数还是单击 Simulink 的 ▶ 按钮启动仿真过程时，Simulink 执行的第一个任务都是模型编译。一次编译不大耗时，不过最优化搜索时需要反复重启仿真过程，如果模型每次都编译，总的耗时就很可观了。如果有一种机制能跳过编译过程，将能提升最优化求解问题的效率。

下面介绍快速重启的设置与目标函数描述的注意事项[4]。

（1）打开描述微分方程的 Simulink 模型，通过下面的命令设置快速重启状态。

```
>> set_param(gcs,'FastRestart','on')
```

（2）在编写 MATLAB 文件描述误差时，将决策变量更新的值写入 Simulink 模型工作空间，不能写入 MATLAB 的工作空间。具体目标函数写法和最优化求解过程后面将演示。

（3）调用 sim() 函数进行 Simulink 模型仿真时，只允许返回一个变量 out，该变量是结构体变量，其成员变量 tout、yout 是真正存储返回数据的场所。

目标函数完成后，可以调用 fminunc() 或 fminsearch() 函数搜索决策变量的最优值。得到了最优值，即可以由决策变量的最优值重新开启仿真过程，求解初值问题，得出的解即边值问题的数值解。本节还将提出并实现一种基于代数方程求解的算法，解决基于最优化的方法不能求解的问题。

9.3.4 边值问题的直接求解

前面介绍并演示了将边值问题转换为数值最优化或代数方程问题的方法，并介绍了实现技巧。由于解方程或最优化过程可能调用数十次、数百次甚至更多次的分数阶微分方程的求解过程，所以，对分数阶微分方程求解算法的要求是快速、精确。显然，第7章介绍的命令式算法难以满足这样的要求，所以，应该使用基于框图的求解方法。这时，在滤波器参数选择方面就不能过于严苛，不能过分追求精度，应该兼顾快速性。这里通过几个例子演示分数阶微分方程边值问题的求解方法。

例9-15　试求解例9-13中的第一个边值问题。

解　如果想求解边值问题,首先应该建立相应的Simulink仿真模型。由于这个模型与例8-12的模型很接近,所以可以建立如图9-9所示的Simulink模型。更重要的是,将两个积分器的初值分别设置为变量a和b,并令$b=1$(以备后用),就可以在目标函数中根据决策变量实际的值更新a参数。

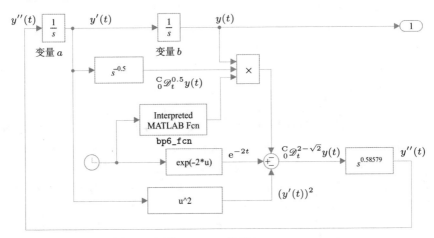

图 9-9　新的Simulink模型(bp6_model.slx)

为 Interpreted MATLAB Fcn 模块编写的MATLAB函数为

```
function y=bp6_fcn(u)
    y=u^(1.5-sqrt(2))*exp(u)*...
        ml_func([1,3-sqrt(2)],-u)./ml_func([1,1.5],-u);
end
```

由于正常情况下,某个特定的a值(即$y'(0)$)可能使问题变得奇异,求解过程会产生错误信息并异常中断,因此这里使用了试探结构。如果求解过程出现错误,则人为地将目标函数的值设置成较大的值,有意避免这样的点,使得寻优过程能进行下去。根据这样的思路,可以写出如下的目标函数:

```
function y=c9mbvp1(x)
    W=get_param(gcs,'ModelWorkspace'); assignin(W,'a',x)
    try
        txy=sim('bp6_model.slx'); y0=txy.yout;
        y=abs(y0(end)-exp(-2));
    catch, y=10; end
end
```

该目标函数首先获得模型的工作空间W,然后将决策变量写到模型工作空间的a变量中,对系统进行仿真,得出终值并得出目标函数的值。这样,就可以通过优化过程得出最优的初值$x=-0.9999999726$,非常接近理论值-1。寻优过程的总耗时为36.61s。

从该理论值出发,得出的实际终值的误差为 2.5326×10^{-9}。

```
>> ww=[1e-7,1e7]; N=39;
   bp6_model; set_param(gcs,'FastRestart','on');     %设置快速重启
   tic, x=fminunc(@c9mbvp1,rand(1)), toc, c9mbvp1(x)
   set_param(gcs,'FastRestart','off');               %关闭快速重启
```

如果改成代数方程求解算法,则可以如下描述代数方程:

```
function y=c9mbvp1a(x)
   W=get_param(gcs,'ModelWorkspace'); assignin(W,'a',x)
   try, txy=sim('bp6_model.slx'); y0=txy.yout; y=y0(end)-exp(-2);
   catch, y=10; end
end
```

这样,就可以由下面的语句直接求解方程,得出相容的初值 $x = -0.9999999727$ (接近理论值的 -1),整个求解过程耗时 $125.43\,\mathrm{s}$,终值的误差为 3.7068×10^{-10}。对比两种方法可见,最优化方法效率更高,因为耗时明显比代数方程求解短。

```
>> bp6_model; set_param(gcs,'FastRestart','on');     %设置快速重启
   tic, x=fsolve(@c9mbvp1a,rand(1)), toc, c9mbvp1a(x)
   set_param(gcs,'FastRestart','off');               %关闭快速重启
```

例 9-16　试求解例 9-13 中的第二个边值问题。

解　和前面例子相比,因为要同时求出两个积分器的初值,所以将这两个积分器的初值分别设置为变量 a 和 b。由于需要 $y'(t)$ 信号,所以需要修改 Simulink 模型,再多添加一个输出端子,存模型为 `bp6a_model.slx`,如图 9-10 所示。

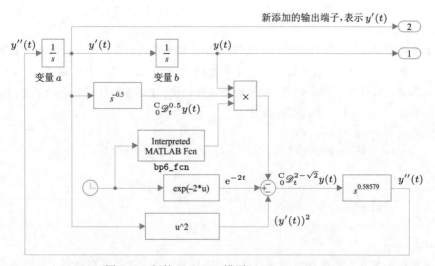

图 9-10　新的 Simulink 模型(`bp6_model.slx`)

其实,从数值运算角度看,求解第二个边值问题无非就是多求解一个决策变量。由

例 9-14 给出的目标函数看, 应该如下写出目标函数:

```
function y=c9mbvp2(x)
    W=get_param(gcs,'ModelWorkspace');
    assignin(W,'b',x(1)), assignin(W,'a',x(2))
    try
        txy=sim('bp6a_model.slx'); y0=txy.yout;
        y=abs(y0(end,1)-exp(-2))+abs(y0(end,2)-y0(1,1)+exp(-2)+1);
    catch, y=10; end
end
```

可以尝试下面语句求解最优化问题, 不过经过试运行发现, 采用最优化方法受初值影响太大, 绝大多数时间不能得出问题的正确解。我们测试了 10 余次最优化求解方法, 每次耗时 $80 \sim 120\,\mathrm{s}$, 但从未得到精确的解, 最好的一次目标函数值为 0.0043。因此, 基于数值最优化的求解方法失败。

```
>> ww=[1e-7,1e7]; N=39; x=rand(2,1);
    bp6a_model; set_param(gcs,'FastRestart','on');
    tic, x=fminunc(@c9mbvp2,x), toc, c9mbvp2(x)
    set_param(gcs,'FastRestart','off');
```

现在考虑用代数方程求解问题。可以用如下的函数描述两个代数方程:

```
function y=c9mbvp2a(x)
    W=get_param(gcs,'ModelWorkspace');
    assignin(W,'b',x(1)), assignin(W,'a',x(2))
    try
        txy=sim('bp6a_model.slx'); y0=txy.yout;
        y=[y0(end,1)-exp(-2); y0(end,2)-y0(1,1)+exp(-2)+1];
    catch, y=[10; 10]; end
end
```

这样, 就可以由下面的语句直接求解代数方程:

```
>> bp6a_model; set_param(gcs,'FastRestart','on');      %设置快速重启
    tic, [x,f,c,d]=fsolve(@c9mbvp2a,rand(2,1)), toc
    c9mbvp2a(x), set_param(gcs,'FastRestart','off');   %关闭快速重启
```

得出相容的两个初值 $b = 1.000001178730345$, $a = -1.000000605777505$, 两个边值条件的误差分别为 -1.0602×10^{-10}, -2.2265×10^{-10}, 耗时 $75.32\,\mathrm{s}$。这段命令实际运行了十余次, 每次结果都很接近, 说明对这个问题而言, 基于代数方程的求解方法更可靠。一般情况下, 每次解方程需要调用 $60 \sim 80$ 次模型仿真进程。可以想象, 如果使用第 7 章的命令式方法, 则计算量将大得无法承受, 所以求解边值问题很难实现。

例 9-17　考虑 9-2 中的隐式微分方程。如果仍令解析解为 $y = \mathrm{e}^{-t/2}$, 则可以给出终值条件 $y(4) = \mathrm{e}^{-2}$, $y'(4) = -0.5\,\mathrm{e}^{-2}$。试利用代数方程方法求解隐式微分方程终值问题。

解　仍沿用图 9-1 中给出的模型 c9mimps.slx, 将两个积分器的初值分别设置为变

量a和b，另外，再将$y'(t)$信号接入输出端子2，就可以存为新模型bp7a_model.slx，如图9-11所示。这样，可以编写出下面的MATLAB函数描述由终值建立的代数方程：

```
function y=c9mbvp3(x)
    W=get_param(gcs,'ModelWorkspace');
    assignin(W,'b',x(1)), assignin(W,'a',x(2))
    try
        txy=sim('bp7a_model.slx'); y0=txy.yout;
        y=[y0(end,1)-exp(-2); y0(end,2)+0.5*exp(-2)];
    catch, y=[10; 10]; end
end
```

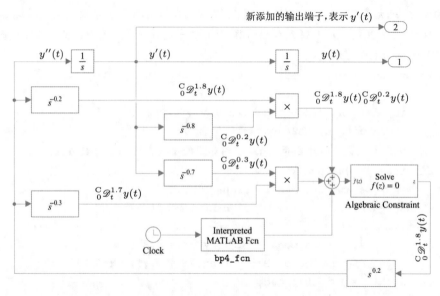

图9-11　隐式微分方程的Simulink模型（bp7a_model.slx）

可以尝试下面的语句求解隐式微分方程的终值问题。必须指出的是，由于用随机数方法生成搜索初值，下面的代数方程求解语句有时会失效，这就需要重新选择初值求解问题，直至得出问题的解。

```
>> ww=[1e-5 1e5]; N=27; x=rand(2,1);
   bp7a_model; set_param(gcs,'FastRestart','on');
   tic, x=fsolve(@c9mbvp3,x), toc, c9mbvp3(x)
   set_param(gcs,'FastRestart','off');
```

上述语句除了可能知道所需的解析解之外，还可能找到另一组解，如图9-12所示，说明原方程解是不唯一的。这时的等效初值为$b = -0.4506, a = 0.4731$，得到的误差是10^{-8}级，耗时70s。

```
>> plot(tout,yout,[4 4],[exp(-2),-0.5*exp(-2)],'o')
```

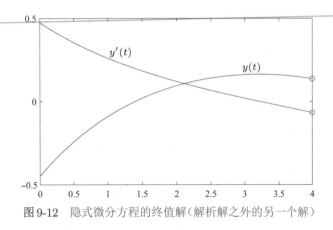

图 9-12　隐式微分方程的终值解（解析解之外的另一个解）

9.4　时间分数阶偏微分方程的数值求解

分数阶偏微分方程是一个很大的研究领域。分数阶偏微分方程可以描述具有幂律特性的复杂现象，被广泛应用于物理学、化学、生物学、流体力学、反常扩散、控制理论等众多领域中。分数阶偏微分方程一般不能求解出解析解，即便求解出解析解，其中往往含有难以计算的复杂特殊函数，所以求解分数阶偏微分方程的数值算法受到广泛的关注。近年来出现了许多求解分数阶偏微分方程的数值算法，例如差分方法[5-7]、有限元方法[8,9]、谱方法[10,11] 等。

对一维的时间分数阶偏微分方程而言，差分方法是一种有效的方法，但对于不同的分数阶阶次，差分格式是不同的。具体来说，用 α 表示方程的分数阶阶次，$0<\alpha<1$ 时应用的差分格式与 $1<\alpha<2$ 时应用的差分格式是不同的[7]。文献 [12] 提出了一种基于相同差分格式求解这些方程的数值方法，而不必区分方程分数阶阶次的取值。

由于 Caputo 分数阶导数的初值条件具有明确的物理意义，所以方程中的分数阶导数为 Caputo 分数阶导数。因此，这里考虑如下的偏微分方程形式：

定义 9-6 ▶ 时间分数阶偏微分方程

一维的时间分数阶偏微分方程的数学形式为

$$
\begin{cases}
{}_{t_0}^{\mathrm{C}}\mathscr{D}_t^{\alpha}y(x,t) = a\dfrac{\partial^2 y(x,t)}{\partial x^2} + f(x,t) \\[2mm]
y(x,t_0)=\phi_1(x),\ \dfrac{\partial}{\partial t}y(x,t_0)=\phi_2(x),\cdots,\dfrac{\partial^{n-1}}{\partial t^{n-1}}y(x,t_0)=\phi_n(x) \\[2mm]
y(x_0,t)=\psi_1(t),\ y(x_M,t)=\psi_2(t),\quad x\in[x_0,x_M],\ t\in[t_0,t_N]
\end{cases}
\tag{9-4-1}
$$

其中，a、α 为正实数，$n=\lceil\alpha\rceil$，$\phi_i(x)$ 为初始条件，而 $\psi_1(t)$ 和 $\psi_2(t)$ 为边界条件。

在理论框架中,初始条件可以假设比较大的 n 值,不过在实际应用中,若 $n > 2$,系统将不稳定,所以本书不考虑这种情形,初始条件最多考虑到 $\phi_2(x)$。

定义 9-7 ▶ 网格的分割

将区间 $[x_0, x_M]$ 等分成 M 个子区间 (x_i, x_{i+1}),$i = 0, 1, \cdots, M-1$,子区间的长度为空间步长 $h = (x_M - x_0)/M$;将时间区间 $[t_0, t_N]$ 等分成 N 个子区间 (t_j, t_{j+1}),$j = 0, 1, \cdots, N-1$,子区间长度为时间步长 $\tau = (t_N - t_0)/N$。由这些子区间分割线可以做出平行于 x 轴与 t 轴的直线,在感兴趣区域可以生成网格,网格点记作 (x_i, t_j),在网格点上方程的精确解记作 $y(x_i, t_j)$,数值解记作 y_j^i。

若 x 轴选择分割步长 h,则可以用直接下面的差分公式计算二阶导数,其误差为 $o(h^2)$。

$$\frac{\partial^2}{\partial x^2} y(x_i, t_j) = \frac{1}{h^2} \left[y(x_{i-1}, t_j) - 2y(x_i, t_j) + y(x_{i+1}, t_j) \right] \tag{9-4-2}$$

计算式(9-4-1)左侧的 Caputo 导数,仍然应该先设计一个辅助函数,将 $y(x, t)$ 函数的零初值部分与非零初值部分分离开来。这样的辅助函数可以选为

$$\hat{y}(x_i, t) = \sum_{k=0}^{n-1} \frac{1}{k!} \phi_{k+1}(x_i) t^k \tag{9-4-3}$$

这样,可以将方程的解分解为 $y(x_i, t) = \hat{y}(x_i, t) + \bar{y}(x_i, t)$,其中,$\hat{y}(x_i, t)$ 与 $y(x_i, t)$ 有相同的初始条件,$\bar{y}(x_i, t)$ 初始条件为 0,故 ${}_{t_0}^{\mathrm{C}}\mathscr{D}_t^\alpha \bar{y}(x_i, t) = {}_{t_0}^{\mathrm{RL}}\mathscr{D}_t^\alpha \bar{y}(x_i, t)$。因为 $\alpha > n-1$,所以 ${}_{t_0}^{\mathrm{C}}\mathscr{D}_t^\alpha \hat{y}(x_i, t) = 0$,因而可以得出

$$_{t_0}^{\mathrm{C}}\mathscr{D}_t^\alpha y(x_i, t) = {}_{t_0}^{\mathrm{C}}\mathscr{D}_t^\alpha \hat{y}(x_i, t) + {}_{t_0}^{\mathrm{C}}\mathscr{D}_t^\alpha \bar{y}(x_i, t) = {}_{t_0}^{\mathrm{RL}}\mathscr{D}_t^\alpha \bar{y}(x_i, t) \tag{9-4-4}$$

这样,利用第 3 章介绍的方法就可以直接计算 ${}_{t_0}^{\mathrm{C}}\mathscr{D}_t^\alpha y(x_i, t)$,得出

$$_{t_0}^{\mathrm{C}}\mathscr{D}_t^\alpha y(x_i, t) = {}_{t_0}^{\mathrm{RL}}\mathscr{D}_t^\alpha \bar{y}(x_i, t) = \frac{1}{\tau^\alpha} \sum_{k=0}^{j} w_{j-k} \bar{y}(x_i, t_k) \tag{9-4-5}$$

在每条网格线 $x = x_i$ 上如下构造辅助函数

$$\hat{y}(x_i, t) = \begin{cases} \psi_1(t), & i = 0 \\ \psi_2(t), & i = M \\ \displaystyle\sum_{k=0}^{n-1} \frac{1}{k!} \phi_k(x_i) t^k, & 0 < i < M \end{cases} \tag{9-4-6}$$

将方程(9-4-1)的解 $y(x_i, t)$ 分解为

$$y(x_i, t) = \hat{y}(x_i, t) + \bar{y}(x_i, t) \tag{9-4-7}$$

将式（9-4-7）和式（9-4-4）代入式（9-4-1），则在网格点 (x_i, t_j) 上将式（9-4-7）转换为

$$\underset{t_0}{\overset{\mathrm{RL}}{\mathscr{D}}}{}^{\alpha}_{t}\bar{y}(x_i, t_j) = a\frac{\partial^2}{\partial x^2}\bar{y}(x_i, t_j) + a\frac{\partial^2}{\partial x^2}\hat{y}(x_i, t_j) + f(x_i, t_j) \tag{9-4-8}$$

将式（9-4-2）和式（9-4-5）代入方程（9-4-8），则有

$$\frac{1}{\tau^\alpha}\sum_{k=0}^{j} w_{j-k}\bar{y}(x_i, t_k) = \frac{a}{h^2}\left[\bar{y}(x_{i-1}, t_j) - 2\bar{y}(x_i, t_j) + \bar{y}(x_{i+1}, t_j)\right] + \\ \frac{a}{h^2}\left[\hat{y}(x_{i-1}, t_j) - 2\hat{y}(x_i, t_j) + \hat{y}(x_{i+1}, t_j)\right] + f(x_i, t_j) \tag{9-4-9}$$

将方程（9-4-9）两端同时乘以 τ^α，得出

$$\sum_{k=0}^{j} w_{j-k}\bar{y}(x_i, t_k) = r\left(\bar{y}(x_{i-1}, t_j) - 2\bar{y}(x_i, t_j) + \bar{y}(x_{i+1}, t_j)\right) + \hat{f}_j^i \tag{9-4-10}$$

其中，$r = a\tau^\alpha/h^2$，$\hat{f}_j^i = r\left(\hat{y}(x_{i-1}, t_j) - 2\hat{y}(x_i, t_j) + \hat{y}(x_{i+1}, t_j)\right) + \tau^\alpha f(x_i, t_j)$。简记 $\bar{y}_j^i = \bar{y}(x_i, t_j)$，则可以得出

$$\sum_{k=0}^{j} w_{j-k}\bar{y}_k^i = r\left(\bar{y}_j^{i-1} - 2\bar{y}_j^i + \bar{y}_j^{i+1}\right) + \hat{f}_j^i \tag{9-4-11}$$

式中，只有 $\bar{y}_j^{i-1}$、$\bar{y}_j^i$ 和 $\bar{y}_j^{i+1}$ 为未知量，将其移至等号左侧，就可以写出

$$-r\bar{y}_j^{i-1} + (1+2r)\bar{y}_j^i - r\bar{y}_j^{i+1} = \hat{f}_j^i - \sum_{k=0}^{j-1} w_{j-k}\bar{y}_k^i \tag{9-4-12}$$

从而写出方程的矩阵形式

$$\begin{bmatrix} 1+2r & -r & & \\ -r & 1+2r & r & \\ & \ddots & \ddots & \ddots \\ & & -r & 1+2r \end{bmatrix}\begin{bmatrix} \bar{y}_j^1 \\ \bar{y}_j^2 \\ \vdots \\ \bar{y}_j^{M-1} \end{bmatrix} = \begin{bmatrix} \hat{f}_j^1 - \sum_{k=0}^{j-1} w_{j-k}\bar{y}_k^1 \\ \hat{f}_j^2 - \sum_{k=0}^{j-1} w_{j-k}\bar{y}_k^2 \\ \vdots \\ \hat{f}_j^M - \sum_{k=0}^{j-1} w_{j-k}\bar{y}_k^M \end{bmatrix} \tag{9-4-13}$$

由于三对角系数矩阵中 $r = a\tau^\alpha/h^2 > 0$，该矩阵为一个对角占优矩阵，方程有唯一解。将方程（9-4-13）的解代入式（9-4-7），即可求解时间分数阶偏微分方程。

可以证明，这里给出的算法精度为 $o(\tau^{1+\alpha}, \tau^\alpha h^2)$[12]。由上面介绍的计算步骤可以归纳出如下的时间分数阶偏微分方程求解算法。

> **算法 9-2 ► 时间分数阶偏微分方程求解算法**
>
> （1）根据方程（9-4-1）的初值条件和边界条件构造形如式（9-4-6）的辅助函数 $\hat{y}(x_i,t)$。
>
> （2）将方程（9-4-1）的解 $y(x_i,t)$ 分解成 $\hat{y}(x_i,t)+\bar{y}(x_i,t)$，将方程（9-4-1）转换成式（9-4-8）。
>
> （3）应用式（9-4-5）和式（9-4-2）计算方程（9-4-8）中的分数阶导数和二阶偏导数，得到式（9-4-13）。
>
> （4）由式（9-4-13）解出 $\bar{y}(x,t)$ 的数值解，并将其代入式（9-4-7），即可获得方程（9-4-1）的数值解。

说明 9-2　代数方程的特殊处理

方程（9-4-13）是一个 $\boldsymbol{Ax}=\boldsymbol{b}$ 型的线性代数方程，可以采用多种方法求解，包括 $\mathrm{inv}(\boldsymbol{A})*\boldsymbol{b}$、$\boldsymbol{A}\backslash\boldsymbol{b}$ 或采用追赶方法求解三对角方程。事实上，由于系数矩阵 $\boldsymbol{A}$ 是常数矩阵，且需要反复求解这个线性方程，一种更高效的方法是一次性先求出该矩阵的逆矩阵 $\boldsymbol{A}_0$，以后再求解方程时，直接用 $\boldsymbol{A}_0*\boldsymbol{b}$ 乘法运算即可。

根据上面的算法，可以编写出如下所示的时间偏微分方程求解函数：

```
function [U,X,T]=ftpde_sol(a,f,alpha,L,T0,phi1,phi2,psi1,psi2,m,n)
    arguments
        a(1,1) double, f, alpha(1,1){mustBePositive}
        L(1,:) double, T0(1,:) double
        phi1(1,1), phi2, psi1(1,1), psi2(1,1)
        m(1,1){mustBeInteger}=100; n(1,1){mustBeInteger}=100;
    end
    if isscalar(L), L=[0,L]; end, dx=(L(2)-L(1))/m;
    if isscalar(T0), T0=[0,T0]; end, dt=(T0(2)-T0(1))/n;
    x=L(1)+(0:m)'*dx; t=T0(1)+(0:n)'*dt;    %生成网格刻度
    [T,X]=meshgrid(t,x); F=f(X,T);           %建立网格并求函数值
    r=a*(dt^alpha)/dx/dx; U=zeros(m+1,n+1); v=phi1(x); V=v; I=2:m;
    if alpha>1, v1=phi2(x)*dt; V=[V zeros(m+1,n)]; end   %初值条件
    if alpha>1, for i=1:n, v=v+v1; V(:,i+1)=v; end, end
    if alpha>1, dV=zeros(m+1,n+1);
        for j=2:n+1, dV(I,j)=r*V(I-1,j)-2*r*V(I,j)+r*V(I+1,j); end
    else, dV(I)=r*V(I-1)-2*r*V(I)+r*V(I+1); dV=[dV(:); 0]; end
    F=F*(dt^alpha)+dV; r0=r*ones(m-2,1);
    g=genfunc(1); w=get_vecw(alpha,n+1,double(g))';
    A0=(2*r+1)*eye(m-1)-diag(r0,1)-diag(r0,-1); A0=inv(A0);
```

```
      U(1,:)=psi1(t)-V(1,:)'; U(m+1,:)=psi2(t)-V(m+1,:)';
      for j=1:n                    %建立并求解三对角方程
          b1=[r*U(1,j+1); zeros(m-3,1); r*U(m+1,j+1)];
          b1=b1-U(2:m,1:j)*w(j+1:-1:2)+F(2:m,j+1);
          U(2:m,j+1)=A0*b1;        %利用预求的逆矩阵,把解方程变成矩阵乘法
      end, U=U+V;                   %获得解矩阵
  end
```

　　函数调用格式为 $[\boldsymbol{U},\boldsymbol{X},\boldsymbol{T}]$=ftpde_sol$(a,f,\alpha,\boldsymbol{L},\boldsymbol{T},\phi_1,\phi_2,\psi_1,\psi_2,m,n)$,
其中, a、α 的定义与数学公式一致; $\boldsymbol{L}=[x_0,x_N]$, $\boldsymbol{T}=[t_0,t_M]$, 若只给出标量则
意味着 $x_0=0$ 或 $t_0=0$; f 为函数的句柄, ϕ_1 与 ϕ_2 为初值函数的句柄(若 $\alpha\leqslant1$ 则
将 ϕ_2 设置为空矩阵即可); ψ_1 与 ψ_2 为边界函数的句柄; m 和 n 分别为 x 轴和 t 轴网
格数目, 默认值均为 100。返回的 $\boldsymbol{U}$ 为 $y(x,t)$ 解矩阵, $\boldsymbol{X}$ 和 $\boldsymbol{T}$ 分别为 x 和 t 构成的网
格矩阵。

　　例 9-18　试用数值方法求解下面的慢扩散偏微分方程[12]:

$$_0^{\mathrm{C}}\mathscr{D}_t^{0.8}y(x,t)=\frac{\partial^2y(x,t)}{\partial x^2}-\mathrm{e}^{x+0.3t}+0.3\,t^{0.2}\mathrm{e}^x\,\mathrm{E}_{1,1.2}(0.3t)$$

式中, $x\in[0,1]$, $t\in[0,1]$。已知初值为 $y(x,0)=\mathrm{e}^x$, 边界条件为 $y(0,t)=\mathrm{e}^{0.3t}$, $y(1,t)=$
$\mathrm{e}^{1+0.3t}$。该方程的解析解为 $y(x,t)=\mathrm{e}^{x+0.3t}$。

　　解　和定义 9-6 中给出的偏微分方程的标准型相比, 本例中 $a=1$, $\alpha=0.8$, $L=T=1$,
$f(x,t)=-\mathrm{e}^{x+3t}+0.3\,t^{0.2}\mathrm{e}^x\,\mathrm{E}_{1,1.2}(0.3t)$, $\phi_1(x)=\mathrm{e}^x$, 由于 $\alpha=0.8<1$, 无须指定 $\phi_2(x)$,
$\psi_1(t)=\mathrm{e}^{0.3t}$, $\psi_2(t)=\mathrm{e}^{1+0.3t}$。现在分别将 x、t 轴分割成 15 和 100 个网格, 可以给出下
面的命令直接求解偏微分方程, 得出的解曲面如图 9-13 所示。

```
>> a=1; alpha=0.8; L=1; T0=1; m=15; n=100;
   f=@(x,t)-exp(x+0.3*t)+...        %描述匿名函数必须采用点运算
           0.3*(t.^0.2).*exp(x).*ml_func([1,1.2],0.3*t);
   phi1=@(x)exp(x); psi1=@(t)exp(0.3*t); psi2=@(t)exp(1+0.3*t);
   [U,X,T]=ftpde_sol(a,f,alpha,L,T0,phi1,'',psi1,psi2,m,n);
   surf(X,T,U)
```

　　由于该偏微分方程的解析解已知, 因此可以由下面命令得出解析解, 并比较数值解
的误差, 得出的最大误差为 6.0399×10^{-4}。还可以通过下面的命令绘制出如图 9-14 所示
的误差曲面。从得出的误差看, 误差比较大的区域为 t 比较小的初始值区域, 出现了类
似于图 4-2 中演示的现象, 减小误差只能通过减小 x 轴间距实现。

```
>> f0=@(x,t)exp(x+0.3*t);                %解析解
   U0=f0(X,T); err=U-U0; max(abs(err(:)))    %计算理论值与最大误差
   surf(X,T,U-U0)                        %绘制误差曲面
```

　　尝试不同的 m 值, 并令 $n=m^2$, 可以得出误差的实测数据, 在表 9-7 中给出。可以
看出, 随着 m 的增大, 精度在不断提高。不过当 $m=100$ 时, 耗时显著增加, 这是因为这

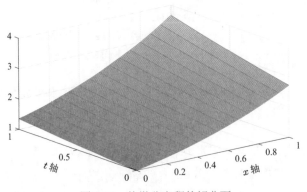

图 9-13　偏微分方程的解曲面

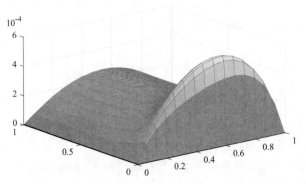

图 9-14　解的误差曲面

时 $n=10000$,在函数中使用了 101×10001 大矩阵,并求解 10000 次代数方程。如果 n 值不过大,这里的算法还是很高效的。

表 9-7　不同 m 值时求解效率

m 值	10	20	30	40	50	100
耗时/s	0.0065	0.0272	0.0647	0.164	0.375	14.979
最大误差	6.502×10^{-4}	2.196×10^{-4}	1.128×10^{-4}	6.946×10^{-5}	4.738×10^{-5}	1.405×10^{-5}

　　除了用三维曲面演示偏微分方程得出的结果之外,还可以考虑用动画的形式演示结果[13]。

```
>> [U,X,T]=ftpde_sol(a,f,alpha,L,T0,phi1,'',psi1,psi2,120,100);
   figure(gcf), h=plot(x,U(:,1)), ylim([0,4])
   for i=2:size(U,2), h.YData=U(:,i); drawnow, end
```

　　例 9-19　试用数值方法求解下面的超扩散偏微分方程[12]:

$$^{C}_{0}\mathscr{D}^{1.7}_{t}y(x,t)=\frac{\partial^2 y(x,t)}{\partial x^2}-\mathrm{e}^{x+0.5t}+0.25\,t^{0.3}\mathrm{e}^x\,\mathrm{E}_{1,1.3}(0.5t)$$

式中, $x\in[0,1]$, $t\in[0,1]$。已知初值为 $y(x,0)=\mathrm{e}^x$, $y'(x,0)=0.5\,\mathrm{e}^x$,边界条件为

$y(0,t) = \mathrm{e}^{0.5t}, y(1,t) = \mathrm{e}^{1+0.5t}$。该方程的解析解为 $y(x,t) = \mathrm{e}^{x+0.5t}$。

解　和例 9-18 相比，这里的 α 是大于 1 的数，所以，除了要求初值 $y(x,0)$ 已知之外，还需要已知 $y'(x,0)$。对比时间分数阶偏微分方程标准型可知，$\alpha = 1.7$, $a = 1$, $L = T = 1$，已知函数 $f(x,t) = -\mathrm{e}^{x+0.5t} + 0.25\,t^{0.3}\mathrm{e}^x\,\mathrm{E}_{1,1.3}(0.5t)$，初值函数 $\phi_1(x) = \mathrm{e}^x$, $\phi_2(x) = 0.5\mathrm{e}^x$，边界条件 $\psi_1(t) = \mathrm{e}^{0.5t}$, $\psi_2(t) = \mathrm{e}^{1+0.5t}$。可以调用下面语句直接求解偏微分方程。

```
>> a=1; alpha=1.7; L=1; T0=1; m=10; n=m^2;
   f=@(x,t)-exp(x+0.5*t)+...
           0.25*(t.^0.3).*exp(x).*ml_func([1,1.3],0.5*t);
   phi1=@(x)exp(x); phi2=@(x)0.5*exp(x);
   psi1=@(t)exp(0.5*t); psi2=@(t)exp(1+0.5*t); tic
   [U,X,T]=ftpde_sol(a,f,alpha,L,T0,phi1,phi2,psi1,psi2,m,n); toc
   f0=@(x,t)exp(x+0.5*t); err=U-f0(X,T); max(abs(err(:)))
```

可见，这里的代码可以很精确地求解时间分数阶偏微分方程。如果选择不同的 n 值，可以测出耗时和最大误差，如表 9-8 所示。这里得出的最大误差与 $\alpha < 1$ 时得出的相仿，说明本算法也能求解 $\alpha > 1$ 的问题。

表 9-8　$\alpha > 1$ 时不同 m 值时求解效率

m 值	10	20	30	40	50	100
耗时/s	0.0132	0.0243	0.0749	0.175	0.395	15.138
最大误差	0.0013	3.481×10^{-4}	1.566×10^{-4}	8.865×10^{-5}	5.697×10^{-5}	1.438×10^{-5}

例 9-20　文献 [14] 给出了一个时间分数阶偏微分方程：

$$\,^{\mathrm{C}}_0\mathscr{D}^\alpha_t u(x,t) = \frac{\partial^2 u(x,t)}{\partial x^2} + \frac{2}{\Gamma(3-\alpha)}t^{2-\alpha}\sin 2\pi x + 4\pi^2 t^2 \sin 2\pi x$$

其中，$\alpha = 0.5$，初始条件为 $\phi(x) = 0$，原方程假设零边界条件为 $u(0,t) = u(1,t) = 0$，已知问题的精确解为 $u(x,t) = t^2 \sin 2\pi x$。其实，由精确解可以构造非零边界条件的问题：若求解区间为 $x \in [0.25, 0.75]$，则非零边界条件为 $u(0.25,t) = t^2$, $u(0.75,t) = -t^2$。若 $t \in [0,1]$，试求解偏微分方程。

解　文献 [14] 给出的算法都是基于零边界条件的，自然无法求解这里的非零边界条件的问题。利用本节给出的求解函数 `ftpde_sol()`，可以直接求解非零边界条件问题，得出的结果曲面如图 9-15 所示，同时叠印边界函数曲线。由解曲面可见，x 轴左右边界都很好吻合解曲面。这时得到的最大误差为 7.8492×10^{-4}。

```
>> a=1; alpha=0.5; L=[0.25 0.75]; T0=1; m=15; n=ceil(m^2/2);
   f=@(x,t)2/gamma(3-alpha)*t.^(2-alpha).*sin(2*pi*x)+...
           4*pi^2*t.^2.*sin(2*pi*x);
   f0=@(x,t)t.^2.*sin(2*pi*x);            % 精确解的匿名函数
   psi1=@(t)t.^2; psi2=@(t)-t.^2; phi1=@(x)zeros(size(x)); tic
```

```
[U,X,T]=ftpde_sol(a,f,alpha,L,T0,phi1,'',psi1,psi2,m,n); toc
surf(X,T,U), U0=f0(X,T); err=U-U0; max(abs(err(:)))  %最大误差
t=T(1,:); x ones(size(t)); x1=0.25*x; x2=0.75*x;  %边界函数曲线
hold on, plot3(x1,t,psi1(t),'r',x2,t,psi2(t),'r'),hold off
```

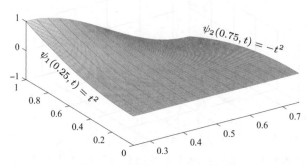

图 9-15　偏微分方程的解曲面

选择不同的 m 值,并令 $n = \lceil m^2/2 \rceil$,可以得出如表 9-9 所示的实测数据。可以看出,这样得出的数值解是比较精确的。

表 9-9　不同 m 值时求解效率

m 值	15	30	45	60	100	120
耗时/s	0.0143	0.0392	0.1872	0.4448	4.5363	10.933
最大误差	7.849×10^{-4}	1.966×10^{-4}	8.766×10^{-5}	4.930×10^{-5}	1.775×10^{-5}	1.233×10^{-5}

本章习题

(1) 考虑图 9-3 中 Algebraic Constraint 模块出口接的 $s^{0.2}$ 模块,如果将其修改为 $s^{0.3}$,会影响仿真结果吗?这时各个支路的实际信号是什么?如果将模块设置为 $s^{1.2}$ 和 $s^{1.3}$ 呢?为什么?试通过实验验证上面的结论。

(2) 如果图 9-8 模型中 $s^{-0.5}$ 模块与后面的延迟模块顺序互换,会影响仿真结果吗?为什么?试通过实验验证上面的结论。

(3) 考虑下面的分数阶线性延迟微分方程[3]:
$$y'''(t) + {}_0^C\mathscr{D}_t^{2.5}y(t) + y''(t) + 4y'(t) + {}_0^C\mathscr{D}_t^{0.5}y(t) + 4y(t) = 3\sqrt{2}y(t - 7\pi/4)$$
已知历史函数 $y(t) = \sin t + \cos t, t \leqslant 0$,且精确解为 $y(t) = \sqrt{2}\sin(t + \pi/4)$,试求该微分方程边值问题的数值解,并评价精度与效率。

(4) 试在例 9-8 模型的基础上,添加第三个延迟项,创建新的分数阶延迟微分方程模型,并通过仿真求解该方程。

(5) 图 9-6 仿真模型的历史函数描述模块中使用了 Fcn 模块内容 -exp(0.1-u),如果

将其改为 -exp(-u) 会有什么问题？为什么？

(6) 已知延迟分数阶状态方程[3]

$$
\begin{cases}
{}^{C}_{0}\mathscr{D}_{t}^{0.5}x(t) = \dfrac{1}{\sqrt{\pi}}\left(\sqrt[6]{(y(t)-2)(z(t)-3)} + \sqrt{x(t-1)}\right) \\[2mm]
{}^{C}_{0}\mathscr{D}_{t}^{0.2}y(t) = \Gamma(2.2)x(t-1) \\[2mm]
{}^{C}_{0}\mathscr{D}_{t}^{0.6}z(t) = \dfrac{\Gamma(2.8)}{\Gamma(2.2)}x^{1.2}(t-1)
\end{cases}
$$

且初始条件为 $y(0)=2$, $z(0)=3$, 历史函数为 $x(t)=t+1$, $t\leqslant 0$。该方程的精确解为 $x(t)=t+1$, $y(t)=t^{1.2}+2$, $z(t)=t^{1.8}+3$。试在 $t\in(0,10)$ 内求方程的数值解，并评价求解精度与效率。

(7) 试求解下面的分数阶隐式延迟微分方程，$t\in(0,10)$。

$$
{}^{C}_{0}\mathscr{D}_{t}^{0.2}y(t)\,{}^{C}_{0}\mathscr{D}_{t}^{1.8}y(t) + {}^{C}_{0}\mathscr{D}_{t}^{0.3}y(t)\,{}^{C}_{0}\mathscr{D}_{t}^{1.7}y(t) + \mathrm{e}^{-0.1}y(t-0.1) - \mathrm{e}^{-t/2}
$$
$$
= -\frac{t}{8}\left[\mathrm{E}_{1,1.8}\left(-\frac{t}{2}\right)\mathrm{E}_{1,1.2}\left(-\frac{t}{2}\right) + \mathrm{E}_{1,1.7}\left(-\frac{t}{2}\right)\mathrm{E}_{1,1.3}\left(-\frac{t}{2}\right)\right]
$$

其中，$y'(0)=-1/2$，历史函数 $y(t)=\mathrm{e}^{-t/2}$, $t\leqslant 0$ 且已知其解析解为 $y(t)=\mathrm{e}^{-t/2}$。

(8) 考虑例 9-15 给出的边值问题。若不采用快速重启模式，重新求解边值问题，并评价求解效率。

(9) 考虑例 8-19 给出的状态方程模型。若已知边值条件 $x(0)=1$, $x(10)-y(10)=10^{0.4}-207/10$, $z'(10)-z(10)=-79\times 10^{0.1}-10$, $y(10)-y(0)=10^{0.4}$，且已知方程的精确解为 $x(t)=2t+1$, $y(t)=t^{0.4}+0.3$, $z(t)=t+t^{2.1}+1$，试获得该分数阶状态方程的数值解，并评价求解的精度与效率。

(10) 考虑例 8-11 中的分数阶线性微分方程。若已知边值条件为 $y''(2\pi)-y''(0)=0$, $y'(0)=0$, $y'(2\pi)-y'(0)=0$，且已知精确解为 $y(t)=\cos t$，试求解边值问题，并评价算法的精度与效率。

(11) 试求解时间分数阶偏微分方程[14]

$$
\frac{\partial^{\alpha}u(x,t)}{\partial t^{\alpha}} = \frac{\partial^{2}u(x,t)}{\partial x^{2}} + x^{2}(x-1)^{2}\cos t - \frac{2\sin t}{\Gamma(3-\alpha)}x^{2-\alpha} + \frac{12\sin t}{\Gamma(4-\alpha)}x^{3-\alpha} - \frac{24\sin t}{\Gamma(t-\alpha)}x^{4-\alpha}
$$

其中，$\alpha=1.2$ 或 $\alpha=1.6$，初始条件为 $\phi(x)=0$，边界条件为 $u(0,t)=u(1,t)=0$，已知问题的精确解为 $u(x,t)=x^{2}(x-1)^{2}\sin t$。试评价网格参数对结果的影响。

(12) 试由下面时间偏微分方程构造一个非零初值、非零边值的解，并求解该方程。假设该方程的解析解为 $f(x,t)=\sin\pi x\big(\mathrm{E}_{\lambda}(t^{\lambda})-1\big)$[15]。

$$
{}^{C}_{0}\mathscr{D}_{t}^{\lambda}f(x,t) = \frac{\partial^{2}f(x,t)}{\partial x^{2}} + \sin\pi x\mathrm{E}_{\lambda}(t^{\lambda}) + \pi^{2}\sin\pi x\big(\mathrm{E}_{\lambda}(t^{\lambda})-1\big)
$$

(13) 试由习题 (11) 的精确解构造一个非零初值、非零边值条件的分数阶偏微分方程，并由数值方法得出其数值解，评价解的精度与求解效率。

(14) 重新考虑例 9-20 给出的分数阶偏微分方程，如果 $\alpha=1.5$，且已知初始条件 $\phi_{2}(x)=0$，试求解该方程并评价求解的效率与精度。

参 考 文 献

[1] Xue D Y，Bai L. Benchmark problems for Caputo fractional-order ordinary differential equations[J]. Fractional Calculus and Applied Analysis，2017，20(5)：1305–1312.

[2] Bai L，Xue D Y. Universal block diagram based modeling and simulation schemes for fractional-order control systems[J]. ISA Transactions，2018，82：153–162.

[3] Bai L，Xue D Y. Block diagram modeling and simulation for delay fractional-order differential equations[C]. Proceedings of Chinese Control and Decision Conference. Hefei，China，2022，137–142.

[4] 薛定宇. 薛定宇教授大讲堂（卷 VI）：Simulink 建模与仿真 [M]. 北京：清华大学出版社，2021.

[5] Gao G H，Sun Z Z. A compact finite difference scheme for the fractional sub-diffusion equations[J]. Journal of Computational Physics，2011，230：586–595.

[6] Gao G H，Sun Z Z. The finite difference approximation for a class of fractional sub-diffusion equations on a space unbounded domain[J]. Journal of Computational Physics，2013，236：443–460.

[7] 孙志忠，高广花. 分数阶微分方程的有限差分算法 [M]. 北京：科学出版社，2015.

[8] Zhuang P，Liu F W，Turner I，et al. Galerkin finite element method and error analysis for the fractional cable equations[J]. Numerical Algorithms，2016，72(2)：447–466.

[9] Jiang Y J，Ma Y J. High-order finite element methods for time-fractional partial differential equations[J]. Journal of Computational and Applied Mathematics，2011，235(11)：3285–3290.

[10] 刘发旺，庄平辉，刘青霞. 分数阶偏微分方程数值方法及其应用 [M]. 北京：科学出版社，2015.

[11] Li X，Xu C. A space-time spectral method for the time fractional diffusion equations [J]. SIAM Journal of Numerical Analysis，2009，47(3)：2108–2131.

[12] 白鹭，薛定宇，孟丽. 时间分数阶偏微分方程的数值算法研究 [J]. 数学的实践与认识，2021，51(12)：245–251.

[13] 薛定宇. MATLAB/Simulink 实用教程：编程、计算与仿真 [M]. 北京：清华大学出版社，2021.

[14] 王自强，曹俊英. 分数阶微分积分方程的数值解法及其误差分析 [M]. 西安：西安交通大学出版社，2015.

[15] Doha E H，Zaky M A，Abdelkawy M A. Spectral methods within fractional calculus. //Baleanu D，Lopes A M. Handbook of Fractional Calculus with Applications：Volume 8. Applications in Engineering，Life and Social Sciences，Part B[M]. Berlin：De Gruyter，2019.

附录 A   分数阶微分方程求解的基准测试问题

分数阶常微分方程的求解是分数阶微积分学及其应用的重要基础。在文献中有各种分数阶常微分方程数值求解方法。不过由于算法本身五花八门、水平参差不齐，而各个算法自身的应用实例又千差万别，因此很难在同一个框架下比较算法的优劣，使得使用者难以选择适合于自己应用的算法解决问题，尤其是很多文献在构造微分方程实例时都有意无意地将解析解选择为 t^β 的形式，而 β 又选取很大的值，使得原微分方程在很大程度上均满足零初值条件，回避了非零初值 Caputo 微分方程的一般性，所以即使所提算法能得出很好的数值解，其效果也难以令人信服。

基于这样的考虑，作者构造了一些带有解析解的基准测试问题[1,2]，试图弥补这些方面文献的不足。使用本书中提出的高精度数值方法与 Simulink 框图解法，这些问题的数值解应该是在双精度数据结构下当前精度最高的数值解，其精度通常比现有的其他算法高出几个数量级。

A.1 节列出了一些基准测试问题，部分模型与文献 [1] 相比做了修改，并给出了这些基准测试问题的证明。A.2 节给出了基准测试问题模块组。

A.1   基准测试问题的数学描述与证明

A.1.1   分数阶常微分方程初值问题

定义 A-1 ▶ 基准测试问题 1

分段函数的单项分数阶微分方程：

$$
{}_0^C\mathscr{D}_t^{0.7}y(t) = \begin{cases} \dfrac{1}{\Gamma(1.3)}t^{0.3}, & 0 \leqslant t \leqslant 1 \\[2mm] \dfrac{1}{\Gamma(1.3)}t^{0.3} - \dfrac{2}{\Gamma(2.3)}(t-1)^{1.3}, & t > 1 \end{cases} \tag{A-1-1}
$$

式中，$0 \leqslant t \leqslant 2$；初始条件为 $y(0) = 1$，已知该方程的解析解也是分段函数：

$$y(t) = \begin{cases} t+1, & 0 \leqslant t \leqslant 1 \\ t+1-(t-1)^2, & t>1 \end{cases} \qquad \text{(A-1-2)}$$

证明 证明某个解析解满足某方程的最简单方法是将解析解代入方程,观察方程两端是否相同。

由式(3-4-5)给出的性质,均满足 $\lceil \alpha \rceil \leqslant \lambda$,所以可以使用公式

$$ {}_0^C\mathscr{D}_t^\alpha t^\lambda = \frac{\Gamma(\lambda+1)}{\Gamma(\lambda+1-\alpha)} t^{\lambda-\alpha} \qquad \text{(A-1-3)}$$

若 $t \leqslant 1$,则由式(A-1-3)可见,由于 $y(t)=t+1$,其中的 1 求 Caputo 导数自然消失,故对 t 求 Caputo 导数,有 $\lambda=1, \alpha=0.7$,因此

$$ {}_0^C\mathscr{D}_t^{0.7} y(t) = \frac{\Gamma(2)}{\Gamma(2-0.7)} t^{1-0.7} = \frac{1!}{\Gamma(1.3)} t^{0.3} = \frac{1}{\Gamma(1.3)} t^{0.3}$$

因此,分段函数第一段满足式(A-1-1),且 $y(0)=1$ 满足已知的初值条件。

现在看 $t>1$,由于 $y(t)=t+1-(t-1)^2$,故对 $(t-1)^2$ 项而言,$\lambda=2$,故

$$ {}_0^C\mathscr{D}_t^{0.7} y(t) = \frac{t^{0.3}}{\Gamma(1.3)} - \frac{\Gamma(2+1)}{\Gamma(3-0.7)}(t-1)^{2-0.7} = \frac{t^{0.3}}{\Gamma(1.3)} - \frac{2}{\Gamma(2.3)}(t-1)^{1.3}$$

可见,第二段也满足式(A-1-1)。因此,式(A-1-2)给出的 $y(t)$ 函数是式(A-1-1)Caputo 微分方程的解析解。

说明 A-1 虽然这个方程严格说来确实是分数阶微分方程,但由于等号右边为给定的函数,与 $y(t)$ 无关,最好别用这样的"微分方程"演示自己的分数阶微分方程求解算法,因为使用这样的例子会有负面效果。作为数值微积分计算,这个问题可以作为基准测试问题比较。

定义 A-2 ▶ 基准测试问题 2

线性非零初值的分数阶微分方程。

$$y'''(t) + {}_0^C\mathscr{D}_t^{4-\sqrt{\pi}} y(t) + y''(t) + 4y'(t) + {}_0^C\mathscr{D}_t^{2-\sqrt{\pi}} y(t) + 4y(t) = 6\cos t \qquad \text{(A-1-4)}$$

已知初值为 $y(0)=1; y'(0)=1, y''(0)=-1$,且 $0 \leqslant t \leqslant 5000$。该方程的解析解为 $y(t)=\sqrt{2}\sin(t+\pi/4)$。

证明 考虑式(3-4-9)给出的性质:

$$ {}_0^C\mathscr{D}_t^\alpha \sin\lambda t = \frac{(j\lambda)^m}{2j} t^\gamma \left[E_{1,\gamma+1}(j\lambda t) - (-1)^m E_{1,\gamma+1}(-j\lambda t) \right] \qquad \text{(A-1-5)}$$

其中,$m=\lceil\alpha\rceil, \gamma=m-\alpha$。若 $y(t)=\sqrt{2}\sin(t+\pi/4)$,则式(A-1-5),${}_0^C\mathscr{D}_t^{4-\sqrt{\pi}} y(t)$

项满足 $\lambda = 1, m = 3, \gamma = \sqrt{\pi} - 1$，而函数 ${}_0^C\mathscr{D}_t^{2-\sqrt{\pi}}$ 满足 $m = 1, \lambda = 1, \gamma = \sqrt{\pi} - 1$，由于二者 γ 值相同，整个式子相差 $j^2 = -1$ 倍，所以从式（A-1-4）看，${}_0^C\mathscr{D}_t^{4-\sqrt{\pi}}y(t)$ 项和 ${}_0^C\mathscr{D}_t^{2-\sqrt{\pi}}y(t)$ 项可以完全抵消。

方程左侧剩下的整数阶部分可以用下面的 MATLAB 语句直接进行计算与化简，并验证初始条件：

```
>> syms t, y(t)=sqrt(2)*sin(t+pi/4);
   simplify(diff(y,3)+diff(y,2)+4*diff(y)+4*y)
   y(0), y1=diff(y); y1(0), y2=diff(y1); y2(0)
```

可见，左边剩余项的化简结果正好等于等号右边的 $6\cos t$，且 3 个初值条件也满足，由此证明，微分方程的解析解为 $y(t) = \sqrt{2}\sin(t + \pi/4)$。

说明 A-2　本问题的难点在于，由于终止时间过大，所有定步长算法均很难保证算法的精度，因为步长过小可能导致计算量过大，一般计算机难以实现。

定义 A-3 ▶ 基准测试问题 3

非线性非零初值的分数阶微分方程。

$${}_0^C\mathscr{D}_t^{\sqrt{2}}y(t) = -t^{1.5-\sqrt{2}}\frac{\mathrm{E}_{1,3-\sqrt{2}}(-t)}{\mathrm{E}_{1,1.5}(-t)}\mathrm{e}^t y(t)\,{}_0^C\mathscr{D}_t^{0.5}y(t) + \mathrm{e}^{-2t} - \left[y'(t)\right]^2 \quad \text{（A-1-6）}$$

其中 $y(0) = 1, y'(0) = -1, 0 \leqslant t \leqslant 2$，其解析解为 $y(t) = \mathrm{e}^{-t}$。读者还可以自行尝试更大的时间区间，如 $t \in (0,3)$ 或更大范围内方程的数值解问题。

证明　利用定理 3-6 给出的重要性质 ${}_0^C\mathscr{D}_t^{\alpha}\mathrm{e}^{\lambda t} = \lambda^m t^{\gamma}\mathrm{E}_{1,\gamma+1}(\lambda t)$，其中，$m = \lceil\alpha\rceil, \gamma = m - \alpha$。可见，若 $y(t) = \mathrm{e}^{-t}$，则两个分数阶导数项分别为

（1）${}_0^C\mathscr{D}_t^{\sqrt{2}}y(t)$ 中 $m = 2$，$\gamma = 2 - \sqrt{2}$，$\lambda = -1$，可以得出 ${}_0^C\mathscr{D}_t^{\sqrt{2}}y(t) = (-1)^2 t^{2-\sqrt{2}}\mathrm{E}_{1,3-\sqrt{2}}(-t)$。

（2）${}_0^C\mathscr{D}_t^{0.5}y(t)$ 中 $m = 1, \gamma = 0.5$，可以得出 ${}_0^C\mathscr{D}_t^{0.5}y(t) = (-1)^1 t^{0.5}\mathrm{E}_{1,1.5}(-t)$。

将（2）中的结果代入方程（A-1-6）的右端，则

$$-t^{1.5-\sqrt{2}}\frac{\mathrm{E}_{1,3-\sqrt{2}}(-t)}{\mathrm{E}_{1,1.5}(-t)}\mathrm{e}^t\mathrm{e}^{-t}(-1)^1 t^{0.5}\mathrm{E}_{1,1.5}(-t) + \mathrm{e}^{-2t} - \left[\mathrm{e}^{-t}\right]^2 = t^{2-\sqrt{2}}\mathrm{E}_{1,3-\sqrt{2}}(-t)$$

显然，等号右边与 ${}_0^C\mathscr{D}_t^{\sqrt{2}}y(t)$ 一致。此外，若 $y(t) = \mathrm{e}^{-t}$，显然 $y(0) = 1, y'(0) = -1$。由此证明式（A-1-6）的解析解为 $y(t) = \mathrm{e}^{-t}$。

说明 A-3　非线性非同元次微分方程

（1）本基准问题的设计受文献 [3] 中例子的启发，但增加了难度。该微分方程是不能转换为同元次微分方程的。

（2）在例 7-11～例 7-15、例 8-12 中分别对本问题的类似微分方程进行了求解，

算法精度与速度各有不同，很多方法已经不适合于本问题的求解，可以用其他方法求解此类似问题，得出公平的算法比较结果。

（3）如果将终止计算时间选作 $3\,\mathrm{s}$ 甚至 $4\,\mathrm{s}$，是否仍然能得出方程的数值解？

定义 A-4 ▶ 基准测试问题 4

隐式分数阶微分方程。

$$
{}_{0}^{C}\mathscr{D}_{t}^{0.2}y(t)\, {}_{0}^{C}\mathscr{D}_{t}^{1.8}y(t) + {}_{0}^{C}\mathscr{D}_{t}^{0.3}y(t)\, {}_{0}^{C}\mathscr{D}_{t}^{1.7}y(t)
$$
$$
= -\frac{t}{8}\left[\mathrm{E}_{1,1.8}\left(-\frac{t}{2}\right)\mathrm{E}_{1,1.2}\left(-\frac{t}{2}\right) + \mathrm{E}_{1,1.7}\left(-\frac{t}{2}\right)\mathrm{E}_{1,1.3}\left(-\frac{t}{2}\right)\right] \tag{A-1-7}
$$

式中，$y(0)=1$；$y'(0)=-1/2$；$0\leqslant t\leqslant 5$。已知其解析解为 $y(t)=\mathrm{e}^{-t/2}$。

证明　若 $y=\mathrm{e}^{-t/2}$，先考虑 ${}_{0}^{C}\mathscr{D}_{t}^{0.2}y(t)\, {}_{0}^{C}\mathscr{D}_{t}^{1.8}y(t)$ 项。同样由定理 3-6 可知，$\lambda=-1/2$，对 ${}_{0}^{C}\mathscr{D}_{t}^{0.2}y(t)$ 而言，$m=1,\gamma=0.8$，故

$$
{}_{0}^{C}\mathscr{D}_{t}^{0.2}y(t) = \left(-\frac{1}{2}\right)^{1}t^{0.8}\mathrm{E}_{1,1.8}\left(-\frac{t}{2}\right)
$$

而 ${}_{0}^{C}\mathscr{D}_{t}^{1.8}y(t)$ 中，$m=2,\gamma=0.2$，故

$$
{}_{0}^{C}\mathscr{D}_{t}^{1.8}y(t) = \left(-\frac{1}{2}\right)^{2}t^{0.2}\mathrm{E}_{1,1.2}\left(-\frac{t}{2}\right)
$$

显然，这两项的乘积与等号右边的第一项完全一致。同理可以证明第二个乘积项，因此，方程本身是满足隐式方程的。如果方程的解析解为 $y(t)=\mathrm{e}^{-t/2}$，显然初值条件 $y(0)=1$，$y'(0)=-1/2$ 也满足给定的条件。由此，$y(t)=\mathrm{e}^{-t/2}$ 是本隐式方程的解析解。

定义 A-5 ▶ 基准测试问题 5

分数阶非线性状态方程 1。

$$
\begin{cases}
{}_{0}^{C}\mathscr{D}_{t}^{0.5}x(t) = \dfrac{1}{\sqrt{\pi}}\left(\sqrt[5]{(y(t)-0.5)(z(t)-0.3)}+\sqrt{t}\right) \\[2mm]
{}_{0}^{C}\mathscr{D}_{t}^{0.2}y(t) = \Gamma(2.2)\big[x(t)-1\big] \\[2mm]
{}_{0}^{C}\mathscr{D}_{t}^{0.1}z(t) = \dfrac{\Gamma(2.3)}{\Gamma(2.2)}\big[y(t)-0.5\big]
\end{cases} \tag{A-1-8}
$$

其中，$x(0)=1$，$y(0)=0.5$，$z(0)=0.3$。已知该分数阶状态方程的解析解为 $x(t)=t+1,y(t)=t^{1.2}+0.5,z(t)=t^{1.3}+0.3$，且 $0\leqslant t\leqslant 10$。

证明　假设 $x(t)=t+1$，$y(t)=t^{1.2}+0.5$，$z(t)=t^{1.3}+0.3$，显然，初始条件

$x(0) = 1, y(0) = 0.5, z(0) = 0.3$ 是满足的。现在逐个验证三个方程。将这三个函数代入第一个方程的右侧,可见

$$\frac{1}{\sqrt{\pi}}\left(\sqrt[5]{(y(t) - 0.5)(z(t) - 0.3)} + \sqrt{t}\right) = \frac{1}{\sqrt{\pi}}\left(\sqrt[5]{t^{1.2}t^{1.3}} + \sqrt{t}\right) = 2\sqrt{\frac{t}{\pi}} \quad \text{(A-1-9)}$$

代入式(A-1-3),利用 ${}_0^C\mathscr{D}_t^{0.5}t^0 = 0$ 和性质 $\Gamma(3/2) = \sqrt{\pi}/2$,可以得出

$$_0^C\mathscr{D}_t^{0.5}x(t) = {}_0^C\mathscr{D}_t^{0.5}t + {}_0^C\mathscr{D}_t^{0.5}t^0 = \frac{\Gamma(2)}{\Gamma(1.5)}\sqrt{t} = 2\sqrt{\frac{t}{\pi}}$$

可见,该结果与式(A-1-9)完全一致,由此证明解析解满足第一个方程。

将解析解代入第二个方程,经推导,方程左边等于右边,故第二方程成立。

$$_0^C\mathscr{D}_t^{0.2}y(t) = {}_0^C\mathscr{D}_t^{0.2}t^{1.2} + 0.5{}_0^C\mathscr{D}_t^{0.2}t^0 = \frac{\Gamma(2.2)}{\Gamma(2)}t = \Gamma(2.2)t = \Gamma(2.2)\big[x(t) - 1\big]$$

将解析解代入第三个方程,也能证明该方程成立。因此,解析解满足原始方程。

$$_0^C\mathscr{D}_t^{0.1}z(t) = {}_0^C\mathscr{D}_t^{0.1}t^{1.3} + 0.3{}_0^C\mathscr{D}_t^{0.1}t^0 = \frac{\Gamma(2.3)}{\Gamma(2.2)}t^{1.2} = \frac{\Gamma(2.3)}{\Gamma(2.2)}\big[y(t) - 0.5\big]$$

定义 A-6 ▶ 基准测试问题 5a

分数阶非线性状态方程 2。

$$\begin{cases} {}_0^C\mathscr{D}_t^{0.5}x(t) = \dfrac{2}{\sqrt{\pi}}\left[\sqrt[5]{(y(t) - 0.3)(z(t) - 0.5x(t))} + \sqrt{t}\right] \\[2mm] {}_0^C\mathscr{D}_t^{0.1}y(t) = \dfrac{\Gamma(1.4)}{\Gamma(1.3)}\left(\dfrac{x(t) - 1}{2}\right)^{0.3} \\[2mm] {}_0^C\mathscr{D}_t^{1.5}z(t) = \dfrac{\Gamma(3.1)}{\Gamma(1.6)}\sqrt{(y(t) - 0.3)^3} \end{cases} \quad \text{(A-1-10)}$$

其中,$x(0) = 1, y(0) = 0.3, z(0) = 0.5, z'(0) = 1$。该方程的解析解为 $x(t) = 2t + 1$,$y(t) = t^{0.4} + 0.3, z(t) = t^{2.1} + t + 0.5$。

说明 A-4 分数阶状态方程

本状态方程的难点在于最后一项的阶次为 1.5,大于 1。

证明 先由解析解函数分别推导第一个方程的左侧:

$$_0^C\mathscr{D}_t^{0.5}x(t) = {}_0^C\mathscr{D}_t^{0.5}(2t + 1) = 2{}_0^C\mathscr{D}_t^{0.5}t = 4\sqrt{\frac{t}{\pi}}$$

事实上,由于 $x(t)$ 只包含 t 的整数次方,所以由 `caputosym()` 函数也可以直接推导,得出与上面一样的结果。

```
>> syms t positive
   x(t)=2*t+1; L1=caputosym(x,sym(1/2),0,t)
```

由于 $y(t)$ 和 $z(t)$ 含有 t 的非整数次幂,所以 `caputosym()` 函数无能为力,只能通过手工的方法推导后两个方程的左侧:

$$
{}_0^C\mathscr{D}_t^{0.1}y(t) = {}_0^C\mathscr{D}_t^{0.1}(t^{0.4}+0.3) = {}_0^C\mathscr{D}_t^{0.1}t^{0.4} = \frac{\Gamma(1.4)}{\Gamma(1.3)}t^{0.3} \qquad (\text{A-1-11})
$$

$$
{}_0^C\mathscr{D}_t^{1.5}z(t) = {}_0^C\mathscr{D}_t^{1.5}(t^{2.1}+t+0.5) = {}_0^C\mathscr{D}_t^{1.5}t^{2.1} = \frac{\Gamma(3.1)}{\Gamma(1.6)}t^{0.6} \quad (\text{A-1-12})
$$

利用 MATLAB 的符号运算功能,将解析解分别代入 3 个方程的右端,并化简:

```
>> syms t positive
   x(t)=2*t+1; y=t^0.4+0.3; z(t)=t^2.1+t+0.5;
   R1=2/sqrt(sym(pi))*(((y-0.3)*(z-sym(0.5)*x))^(1/5)+sqrt(t))
   R2a=((x-1)/2)^sym(0.3), R3a=sqrt((y-sym(0.3))^3)
```

可以得出下面的结果(R_{2a}、R_{3a} 项的系数已经与式(A-1-10)完全一致):

$$
R_1 = 4\sqrt{\frac{t}{\pi}},\ R_{2a} = t^{0.3}, R_{3a} = t^{0.6}
$$

得出的结果与方程左边完全一致。此外,显然给出的初始条件可以由 3 个解析解直接证明,故而证明,此基准测试问题是正确的。

A.1.2　分数阶微分方程的边值问题

定义 A-7 ▶ 基准测试问题 6

非线性分数阶微分方程的边值问题 1。

$$
{}_0^C\mathscr{D}_t^{\sqrt{2}}y(t) = -t^{1.5-\sqrt{2}}\frac{E_{1,3-\sqrt{2}}(-t)}{E_{1,1.5}(-t)}e^t y(t)\,{}_0^C\mathscr{D}_t^{0.5}y(t)+e^{-2t}-\left[y'(t)\right]^2 \quad (\text{A-1-13})
$$

其中 $y(0)=1, y(2)=e^{-2}, 0\leqslant t \leqslant 2$,其解析解为 $y(t)=e^{-t}$。

证明　Caputo 微分方程的证明见定义 A-3。下面证明边值:如果方程的解析解为 $y(t)=e^{-t}$,显然,$y(0)=1, y(2)=e^{-2}$。由此证明方程的解析解是正确的。

定义 A-8 ▶ 基准测试问题 6a

非线性分数阶微分方程的边值问题 2。

$$
{}_0^C\mathscr{D}_t^{\sqrt{2}}y(t) = -t^{1.5-\sqrt{2}}\frac{E_{1,3-\sqrt{2}}(-t)}{E_{1,1.5}(-t)}e^t y(t)\,{}_0^C\mathscr{D}_t^{0.5}y(t)+e^{-2t}-\left[y'(t)\right]^2 \quad (\text{A-1-14})
$$

其中 $y(2)=-2, y'(2)-y(0)=-e^{-2}-1, 0\leqslant t \leqslant 2$,其解析解为 $y(t)=e^{-t}$。

证明　只需将解析解的边值信息代入就可以直接证明。

定义 A-9 ▶ 基准测试问题 7

隐式分数阶微分方程的边值问题。

$$
{}_0^C\mathscr{D}_t^{0.2}y(t)\,{}_0^C\mathscr{D}_t^{1.8}y(t) + {}_0^C\mathscr{D}_t^{0.3}y(t)\,{}_0^C\mathscr{D}_t^{1.7}y(t)
$$

$$
= -\frac{t}{8}\left[\mathrm{E}_{1,1.8}\left(-\frac{t}{2}\right)\mathrm{E}_{1,1.2}\left(-\frac{t}{2}\right) + \mathrm{E}_{1,1.7}\left(-\frac{t}{2}\right)\mathrm{E}_{1,1.3}\left(-\frac{t}{2}\right)\right] \quad\text{(A-1-15)}
$$

式中，$y(0)=1$，$y(5)=\mathrm{e}^{-5/2}$，$0\leqslant t\leqslant 5$。已知其解析解为 $y(t)=\mathrm{e}^{-t/2}$。

证明　隐式 Caputo 方程的证明见定义 A-4。下面证明边值：若方程的解析解为 $y(t)=\mathrm{e}^{-t/2}$，显然有 $y(0)=1$；$y(5)=\mathrm{e}^{-5/2}$，由此证明 $y(t)=\mathrm{e}^{-t/2}$ 是本问题的解析解。

说明 A-5　终止时间的选择

这里有意把终止时间设置为 5 而不是 10，因为 $\mathrm{e}^{-10/2}=0.0067$ 的值过小，辨识度不高，不利于边值问题的数值求解。

定义 A-10 ▶ 基准测试问题 7a

隐式分数阶微分方程的终值问题。

$$
{}_0^C\mathscr{D}_t^{0.2}y(t)\,{}_0^C\mathscr{D}_t^{1.8}y(t) + {}_0^C\mathscr{D}_t^{0.3}y(t)\,{}_0^C\mathscr{D}_t^{1.7}y(t)
$$

$$
= -\frac{t}{8}\left[\mathrm{E}_{1,1.8}\left(-\frac{t}{2}\right)\mathrm{E}_{1,1.2}\left(-\frac{t}{2}\right) + \mathrm{E}_{1,1.7}\left(-\frac{t}{2}\right)\mathrm{E}_{1,1.3}\left(-\frac{t}{2}\right)\right] \quad\text{(A-1-16)}
$$

式中，$y(5)=\mathrm{e}^{-2.5}$；$y'(5)=-\mathrm{e}^{-2.5}/2$；$0\leqslant t\leqslant 5$。已知其解析解为 $y(t)=\mathrm{e}^{-t/2}$。

证明　显然，给出的终值可以由 $y(t)=\mathrm{e}^{-t/2}$ 验证。不过通过例 9-17 看，方程的解是不唯一的。

A.1.3　分数阶延迟微分方程

定义 A-11 ▶ 基准测试问题 8

非线性延迟分数阶微分方程 1[2]。

$$
{}_0^C\mathscr{D}_t^{\sqrt{2}}y(t) = -t^{1.5-\sqrt{2}}\frac{\mathrm{E}_{1,3-\sqrt{2}}(-t)}{\mathrm{E}_{1,1.5}(-t)}\,\mathrm{e}^t y(t)\,{}_0^C\mathscr{D}_t^{0.5}y(t) + \mathrm{e}^{-2t} - \mathrm{e}^{-0.2}\left[y'(t-0.1)\right]^2
$$

$$
\text{(A-1-17)}
$$

其中 $y(0)=1$，$y'(0)=-1$，且已知 $t<0$ 时，历史函数为 $y(t)=\mathrm{e}^{-t}$。试求解 $0\leqslant t\leqslant 2$ 区间延迟方程的数值解。已知其解析解为 $y(t)=\mathrm{e}^{-t}$。

证明　有了定义 A-3 的证明，可以发现，如果式（A-1-17）中等号右边的最后两

项满足，则该解满足原微分方程。显然，若 $y = \mathrm{e}^{-t}$，则 $\left[y'(t-0.1)\right]^2 = \mathrm{e}^{0.2-2t}$，正好可以抵消前面的项，因此，本延迟微分方程的解析解为 $y(t) = \mathrm{e}^{-t}$。

说明 A-6　历史函数的影响

分数阶延迟微分方程的解与历史函数密切相关。相同的微分方程，但历史函数不同，得出的结果也将完全不同。

定义 A-12 ▶ 基准测试问题 8a

非线性延迟分数阶微分方程（两个延迟时间常数）。

$$
{}^{C}_{0}\mathscr{D}^{\sqrt{2}}_{t}y(t) = -t^{1.5-\sqrt{2}}\frac{\mathrm{E}_{1,3-\sqrt{2}}(-t)}{\mathrm{E}_{1,1.5}(-t)}\,\mathrm{e}^{t-0.3}y(t-0.3)\,{}^{C}_{0}\mathscr{D}^{0.5}_{t}y(t) + \mathrm{e}^{0.2-2t} - \left[y'(t-0.1)\right]^2
$$
（A-1-18）

其中 $y(0) = 1$，$y'(0) = -1$，且已知 $t < 0$ 时，历史函数为 $y(t) = \mathrm{e}^{-t}$。试求解 $0 \leqslant t \leqslant 2$ 区间延迟方程的数值解。已知其解析解为 $y(t) = \mathrm{e}^{-t}$。

证明　结合前面的证明可见，对本定义而言只需证明 $\mathrm{e}^{t-0.3}y(t-0.3) = 1$ 即可。事实上，将 $y(t) = \mathrm{e}^{-t}$ 代入就可以直接证明。

A.2　基本测试问题 Simulink 模块组

新版 FOTF 工具箱专门提供了基准测试问题的模块组。双击 FOTF 模块集（见图 8-1）的 Benchmark problem models 图标，将打开如图 A-1 所示的模块组。该模块组给出了前面列出的全部基准测试问题的 Simulink 求解模型，很多模型还提供了预置的比较好的 ww 与 N 参数。

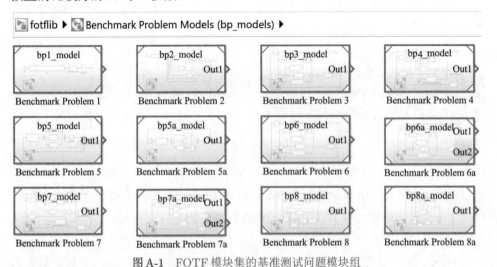

图 A-1　FOTF 模块集的基准测试问题模块组

基准测试问题模块组还可以通过命令`bp_models`直接打开,不必经过FOTF模块集。各个基准测试问题的Simulink模型详见表 A-1。模型的核心都是Oustaloup滤波器,表中给出了建议的ω_b、ω_h和N参数,当然,用户也可以自己尝试其他参数,观察是否能得出更好的结果。

表 A-1　模块组中提供的基准测试问题 Simulink 模型

编　号	模型名	参考模型	推荐参数	其他说明
1	bp1_model	图 8-19	$(10^{-8},10^6),41$	模型 bp1_model2 是利用向量化方法建立的,但不建议使用此模型
2	bp2_model	图 8-20	$(10^{-7},10^6),41$	
3	bp3_model	图 9-9	$(10^{-9},10^7),39$	类似于 bp6_model,令 $b=1,a=-1$
4	bp4_model	图 9-1	$(10^{-6},10^5),30$	
5	bp5_model2	图 8-29	$(10^{-9},10^7),59$	非向量化版模型参见 bp5_model
5a	bp5a_model	图 8-31	$(10^{-9},10^6),43$	向量化版模型参见 bp5a_model2
6	bp6_model	图 9-9	$(10^{-7},10^7),39$	未知参数 a,并设 $b=1$
6a	bp6a_model	图 9-10	$(10^{-7},10^7),39$	未知参数 a、b
7	bp7_model	图 9-1	$(10^{-5},10^5),27$	同 bp4_model,未知参数 a
7a	bp7a_model	图 9-11	$(10^{-5},10^5),27$	未知参数 a、b
8	bp8_model	图 9-6	$(10^{-7},10^7),39$	
8a	bp8a_model	图 9-7	$(10^{-7},10^7),39$	

本章习题

(1) 试用 caputosym() 函数证明定义 A-1 中给出的基准测试问题 1。

(2) 定义 A-1 中的问题选择为零初值的函数,试修改该模型为非零初值的问题,并测试各种方法求该问题的数值解。

(3) 如果 $y(t)=\sqrt{2}\sin(t+\pi/2)$,试用符号运算的方式证明 ${}_0^\mathrm{C}\mathscr{D}_t^{4-\sqrt{\pi}}y(t)+{}_0^\mathrm{C}\mathscr{D}_t^{2-\sqrt{\pi}}y(t)=0$。还可以通过公式推导的方式验证该式。

(4) 考虑如下延迟微分方程,已知 $-1\leqslant t\leqslant 0$ 时,历史函数为 $y(t)=t+1$。

$$y'(t)+{}_0^\mathrm{C}\mathscr{D}_t^{0.5}y(t)+2y(t)=2\sqrt{\frac{y(t-1)}{\pi}}+2t+3$$

试验证 $t>0$ 时,$y(t)=t+1$ 是方程的解析解。搭建 Simulink 框图,计算区间 $[0,10]$ 上的数值解。

(5) 考虑定义 A-3 中的分数阶显式微分方程构造方法。试扩展该分数阶的最高阶次,使得该式子包含大于 2 的 Caputo 导数,修正模型形式,使得模型的解析解仍为 $y(t)=\mathrm{e}^{-t}$。使用本书介绍的 MATLAB 命令式方法和基于框图的方法数值求解该微分方程,观察得出的解是否仍然满足微分方程。

(6) 在给出的两个延迟分数阶微分方程中,延迟项都作用在 $y(t)$ 和 $y'(t)$ 项上,试修改定义 A-12 中的微分方程，将延迟作用在 $_0^C\mathscr{D}_t^{0.5}y(t)$ 上，使得微分方程的解析解仍为 $y(t) = \mathrm{e}^{-t}$。试建立仿真模型，并验证该微分方程的数值解仍然有较高的精度。

(7) 试由定义 A-4 给出的隐式微分方程构造延迟微分方程，并建立仿真模型，用仿真方法演示算法的可靠性。

(8) 考虑定义 A-9 中的隐式微分方程模型。如果将终止仿真时间设置成 $t_n = 10$，且已知终值 $y(10) = \mathrm{e}^{-10/2}$，则重新运行仿真模型，能否正确地数值求解该边值问题。为什么？

(9) 由于可以得出 Caputo 导数解析解的已知函数过少，所以这里列出的解析解函数多为指数函数与幂函数，使得构造的解析解都是单调函数，缺乏对算法的挑战性。试构造一些具有非单调解析解的基准测试问题？

(10) 基准测试问题模块组各个模块的 ww 和 N 参数在表 A-1 中都给出了建议值。其实，还可以在这些建议值的基础上进一步调整求解精度。试修改其中几个模型的参数，看能否进一步改进求解精度与效率。

(11) 构建 FOTF 模块集的基准测试问题模块组时，没有加入两个向量化求解状态方程的模块：bp5_model2 和 bp5a_model2。试以相同的形式将这两个向量化仿真模型也加入该模块组。

参考文献

[1] Xue D Y, Bai L. Benchmark problems for Caputo fractional-order ordinary differential equations[J]. Fractional Calculus and Applied Analysis, 2017, 20(5): 1305–1312.

[2] Bai L, Xue D Y. Block diagram modeling and simulation for delay fractional-order differential equations[C]. Proceedings of Chinese Control and Decision Conference. Hefei, China, 2022, 137–142.

[3] Diethelm K. The analysis of fractional differential equations: An application-oriented exposition using differential operators of Caputo type[M]. New York: Springer, 2010.

分数阶和无理函数相关的 Laplace反变换

B.1　分数阶微积分学常用的特殊函数

由于分数阶积分本身的困难,应该引入特殊函数,表B-1中列出了一些特殊函数,一般特殊函数的更详细的内容可以参见第2章。

表 B-1　一些常用的特殊函数

特殊函数	定　义
Bessel 函数	$\mathrm{J}_\nu(t)$ 为 Bessel 方程 $t^2 y'' + ty' + (t^2 - \nu^2)y = 0$ 的解
Beta 函数	$\mathrm{B}(z,m) = \displaystyle\int_0^1 t^{m-1}(1-t)^{z-1}\mathrm{d}t, \mathrm{Re}(m) > 0, \mathrm{Re}(z) > 0$
不完全 Beta 函数	$\mathrm{B}_x(z,m) = \dfrac{1}{\mathrm{B}(z,m)}\displaystyle\int_0^x t^{z-1}(1-t)^{m-1}\mathrm{d}t, \mathrm{Re}(m) > 0,$ $\mathrm{Re}(z) > 0, 0 \leqslant x \leqslant 1$
不完全 Gamma 函数	$\Gamma(z,\alpha) = \dfrac{1}{\Gamma(\alpha)}\displaystyle\int_0^z \mathrm{e}^{-t}t^{\alpha-1}\mathrm{d}t, \quad z \geqslant 0$
Dawson 函数	$\mathrm{daw}(t) = \mathrm{e}^{-t^2}\displaystyle\int_0^t \mathrm{e}^{\tau^2}\mathrm{d}\tau$
Gamma 函数	$\Gamma(z) = \displaystyle\int_0^\infty \mathrm{e}^{-t}t^{z-1}\mathrm{d}t, \mathrm{Re}(z) > 0$
Hermite 多项式	$\mathrm{H}_n(t) = \mathrm{e}^{t^2}\dfrac{\mathrm{d}^n}{\mathrm{d}t^n}\mathrm{e}^{-t^2}$
Mittag-Leffler 函数	$\mathrm{E}_{\alpha,\beta}^{\gamma,q}(z) = \displaystyle\sum_{k=0}^\infty \dfrac{(\gamma)_{kq}}{\Gamma(\alpha k+\beta)}\dfrac{z^k}{k!}, \mathrm{Re}(\alpha), \mathrm{Re}(\beta), \mathrm{Re}(\gamma) > 0, \text{且 } q \in \mathbb{N}$
M-L 函数特殊情况	$\mathrm{E}_{\alpha,\beta}^\gamma(z) = \mathrm{E}_{\alpha,\beta}^{\gamma,1}(z), \mathrm{E}_{\alpha,\beta}(z) = \mathrm{E}_{\alpha,\beta}^1(z), \mathrm{E}_\alpha(z) = \mathrm{E}_{\alpha,1}(z)$
Pochhammer 符号	$(\gamma)_k = \gamma(\gamma+1)(\gamma+2)\cdots(\gamma+k-1) = \dfrac{\Gamma(k+\gamma)}{\Gamma(\gamma)}$
补误差函数	$\mathrm{erfc}(t) = \dfrac{2}{\sqrt{\pi}}\displaystyle\int_t^\infty \mathrm{e}^{-\tau^2}\mathrm{d}\tau = 1 - \mathrm{erf}(t)$
广义 Bessel 函数	$\mathrm{I}_\nu(t) = \mathrm{j}^{-\nu}\mathrm{I}_\nu(\mathrm{j}t)$
误差函数	$\mathrm{erf}(t) = \dfrac{2}{\sqrt{\pi}}\displaystyle\int_0^t \mathrm{e}^{-\tau^2}\mathrm{d}\tau$

B.2　Laplace反变换表

表 B-2 给出与分数阶和无理运算相关函数的 Laplace 反变换表[1,2]。

表 B-2　分数阶与无理运算的 Laplace 反变换表

$F(s)$	$f(t)=\mathscr{L}^{-1}[F(s)]$	$F(s)$	$f(t)=\mathscr{L}^{-1}[F(s)]$
$\dfrac{s^{\alpha\gamma-\beta}}{(s^\alpha+a)^\gamma}$	$t^{\beta-1}\mathrm{E}_{\alpha,\beta}^\gamma(-at^\alpha)$	$\dfrac{1}{s^n\sqrt{s}},n=1,2,\cdots$	$\dfrac{2^n t^{n-1/2}}{1\cdot3\cdot5\cdots\cdot(2n-1)\sqrt{\pi}}$
$\arctan\dfrac{k}{s}$	$\dfrac{1}{t}\sin kt$	$\dfrac{k}{s^2+k^2}\coth\dfrac{\pi s}{2k}$	$|\sin kt|$
$\ln\dfrac{s^2-a^2}{s^2}$	$\dfrac{2}{t}(1-\cosh at)$	$\dfrac{1}{s\sqrt{s}}\mathrm{e}^{-k\sqrt{s}}$	$2\sqrt{\dfrac{t}{\pi}}\mathrm{e}^{-k^2/(4t)}-k\,\mathrm{erfc}\left(\dfrac{k}{2\sqrt{t}}\right)$
$\ln\dfrac{s^2+a^2}{s^2}$	$\dfrac{2}{t}(1-\cos at)$	$\dfrac{\mathrm{e}^{-k\sqrt{s}}}{\sqrt{s}(a+\sqrt{s})}$	$\mathrm{e}^{ak}\mathrm{e}^{a^2t}\mathrm{erfc}\left(a\sqrt{t}+\dfrac{k}{2\sqrt{t}}\right)$
$\dfrac{(1-s)^n}{s^{n+1/2}}$	$\dfrac{n!}{(2n)!\sqrt{\pi t}}\mathrm{H}_{2n}\left(\sqrt{t}\right)^\dagger$	$\dfrac{1}{\sqrt{s+b}(s+a)}$	$\dfrac{1}{\sqrt{b-a}}\mathrm{e}^{-at}\mathrm{erf}\left(\sqrt{(b-a)t}\right)$
$\dfrac{1}{\sqrt{s^2+a^2}}$	$\mathrm{J}_0(at)$	$\dfrac{(1-s)^n}{s^{n+3/2}}$	$-\dfrac{n!}{(2n+1)!\sqrt{\pi}}\mathrm{H}_{2n+1}\left(\sqrt{t}\right)$
$\dfrac{1}{\sqrt{s^2-a^2}}$	$\mathrm{I}_0(at)$	$\dfrac{(a-b)^k}{(\sqrt{s+a}+\sqrt{s+b})^{2k}}$	$\dfrac{k}{t}\mathrm{e}^{-(a+b)t/2}\mathrm{I}_k\left(\dfrac{a-b}{2}t\right),\ k>0$
$\dfrac{1}{(s+a)^\alpha}$	$\dfrac{t^{\alpha-1}}{\Gamma(\alpha)}\mathrm{e}^{-at}$	$\dfrac{\sqrt{s+2a}-\sqrt{s}}{\sqrt{s+2a}+\sqrt{s}}$	$\dfrac{1}{t}\mathrm{e}^{-at}\mathrm{I}_1(at)$
$\dfrac{1}{s^\alpha+a}$	$t^{\alpha-1}\mathrm{E}_{\alpha,\alpha}(-at^\alpha)$	$\dfrac{\sqrt{s+2a}-\sqrt{s}}{\sqrt{s+2a}+\sqrt{s}}$	$\dfrac{1}{t}\mathrm{e}^{-at}\mathrm{I}_1(at)$
$\dfrac{1}{s}\mathrm{e}^{-k/s}$	$\mathrm{J}_0\left(2\sqrt{kt}\right)$	$\dfrac{(\sqrt{s^2+a^2}-s)^\nu}{\sqrt{s^2+a^2}}$	$a^\nu\mathrm{J}_\nu(at),\nu>-1$
$\dfrac{1}{s\sqrt{s}}\mathrm{e}^{-k/s}$	$\dfrac{1}{\sqrt{\pi k}}\sin 2\sqrt{kt}$	$\dfrac{1}{(s^2-a^2)^k}$	$\dfrac{\sqrt{\pi}}{\Gamma(k)}\left(\dfrac{t}{2a}\right)^{k-1/2}\mathrm{I}_{k-1/2}(at)$
$\dfrac{1}{\sqrt{s}}\mathrm{e}^{k/s}$	$\dfrac{1}{\sqrt{\pi t}}\cosh 2\sqrt{kt}$	$\dfrac{(\sqrt{s^2-a^2}+s)^\nu}{\sqrt{s^2-a^2}}$	$a^\nu\mathrm{I}_\nu(at),\ \nu>-1$
$\dfrac{1}{\sqrt{s}}\mathrm{e}^{-k/s}$	$\dfrac{1}{\sqrt{\pi t}}\cos 2\sqrt{kt}$	$\dfrac{1}{(\sqrt{s^2+a^2})^k}$	$\dfrac{\sqrt{\pi}}{\Gamma(k)}\left(\dfrac{t}{2a}\right)^{k-1/2}\mathrm{J}_{k-1/2}(at)$
$\ln\dfrac{s-a}{s-b}$	$\dfrac{1}{t}\left(\mathrm{e}^{bt}-\mathrm{e}^{at}\right)$	$(\sqrt{s^2+a^2}-s)^k$	$\dfrac{ka^k}{t}\mathrm{J}_k(at),k>0$
$\dfrac{a}{s(s^\alpha+a)}$	$1-\mathrm{E}_\alpha(-at^\alpha)$	$\dfrac{1}{s+\sqrt{s^2+a^2}}$	$\dfrac{\mathrm{J}_1(at)}{at}$

$\dagger$Hermite 多项式 $\mathrm{H}_n(x)=\sum\limits_{k=0}^{[n/2]}\dfrac{(-1)^k n!}{k!(n-2k)!}(2x)^{n-2k}$，微分方程 $y''(x)-2xy'(x)+2ny(x)=0$ 或 $[\mathrm{e}^{-x^2}y'(x)]'+2n\mathrm{e}^{-x^2}y(x)=0$ 的解。递推公式又为 $\mathrm{H}_0(x)=1,\mathrm{H}_{n+1}(x)=2x\mathrm{H}_n(x)-n\mathrm{H}_{n-1}(x)$。

续表

$F(s)$	$f(t) = \mathscr{L}^{-1}[F(s)]$	$F(s)$	$f(t) = \mathscr{L}^{-1}[F(s)]$
$\dfrac{s^{\alpha}}{s(s^{\alpha}+a)}$	$\mathrm{E}_{\alpha}\left(-at^{\alpha}\right)$	$\dfrac{1}{\sqrt{s+a}\sqrt{s+b}}$	$\mathrm{e}^{-(a+b)t/2}\,\mathrm{I}_0\left(\dfrac{a-b}{2}t\right)$
$\dfrac{1}{s}\mathrm{e}^{-k\sqrt{s}}$	$\mathrm{erfc}\left(\dfrac{k}{2\sqrt{t}}\right)$	$\dfrac{1}{(s+\sqrt{s^2+a^2})^N}$	$\dfrac{N\mathrm{J}_N(at)}{at}, N>0$
$\dfrac{1}{\sqrt{s}}\mathrm{e}^{-k\sqrt{s}}$	$\dfrac{1}{\sqrt{\pi t}}\mathrm{e}^{-k^2/(4t)}$	$\dfrac{1}{s\sqrt{s}}\mathrm{e}^{-\sqrt{s}}$	$2\sqrt{\dfrac{t}{\pi}}\mathrm{e}^{-1/(4t)}-\mathrm{erfc}\left(\dfrac{1}{2\sqrt{t}}\right)$
$\dfrac{1}{s^{\alpha}(s-a)}$	$t^{\alpha}\mathrm{E}_{1,1+\alpha}(at)$	$\dfrac{\mathrm{e}^{-\sqrt{s}}}{\sqrt{s}\,(\sqrt{s}+1)}$	$\mathrm{e}^{t+1}\mathrm{erfc}\left(\sqrt{t}+\dfrac{1}{2\sqrt{t}}\right)$
$\dfrac{1}{\sqrt{s}}$	$\dfrac{1}{\sqrt{\pi t}}$	$\dfrac{s^{\alpha}}{s-a}$	$-t^{\alpha}\mathrm{E}_{1,1-\alpha}(at),\ 0<\alpha<1$
$\dfrac{1}{s\sqrt{s}}\mathrm{e}^{k/s}$	$\dfrac{1}{\sqrt{\pi k}}\sinh 2\sqrt{kt}$	$\dfrac{b^2-a^2}{(s-a^2)(\sqrt{s}+b)}$	$\mathrm{e}^{a^2 t}\left[b-a\,\mathrm{erf}(a\sqrt{t})\right]-b\mathrm{e}^{b^2 t}\mathrm{erfc}(b\sqrt{t})$
$\dfrac{1}{s\sqrt{s}}$	$2\sqrt{\dfrac{t}{\pi}}$	$\dfrac{1}{s^{\nu}}\mathrm{e}^{k/s}$	$\left(\dfrac{t}{k}\right)^{(\nu-1)/2}\mathrm{I}_{\nu-1}\left(2\sqrt{kt}\right)$
$\dfrac{1}{\sqrt{s+1}}$	$\dfrac{\mathrm{e}^{-t}}{\sqrt{\pi t}}$	$\dfrac{1}{s^{\nu}}\mathrm{e}^{-k/s}$	$\left(\dfrac{t}{k}\right)^{(\nu-1)/2}\mathrm{J}_{\nu-1}\left(2\sqrt{kt}\right),\nu>0$
$\mathrm{e}^{-k\sqrt{s}}$	$\dfrac{k}{2\sqrt{\pi t^3}}\mathrm{e}^{-k^2/(4t)}$	$\sqrt{s-a}-\sqrt{s-b}$	$\dfrac{1}{2\sqrt{\pi t^3}}\left(\mathrm{e}^{bt}-\mathrm{e}^{at}\right)$
$\dfrac{1}{\sqrt{s}(s-1)}$	$\mathrm{e}^{t}\mathrm{erf}\left(\sqrt{t}\right)$	$\dfrac{\sqrt{s+2a}-\sqrt{s}}{\sqrt{s}}$	$a\mathrm{e}^{-at}\left[\mathrm{I}_1(at)+\mathrm{I}_0(at)\right]$
$\dfrac{1}{\sqrt{s}(s+1)}$	$\dfrac{2}{\sqrt{\pi}}\mathrm{daw}\left(\sqrt{t}\right)$	$\dfrac{\sqrt{s}}{s+1}$	$\dfrac{1}{\sqrt{\pi t}}-\dfrac{2}{\sqrt{\pi}}\mathrm{daw}\left(\sqrt{t}\right)$
$\dfrac{1}{\sqrt{s}(s+a^2)}$	$\sqrt{t}\,\mathrm{E}_{1,3/2}\left(-a^2 t\right)$	$\dfrac{s}{(s-a)\sqrt{s-a}}$	$\dfrac{1}{\sqrt{\pi t}}\mathrm{e}^{at}(1+2at)$
$\dfrac{\sqrt{s}}{s+a^2}$	$\dfrac{1}{\sqrt{t}}\mathrm{E}_{1,1/2}\left(-a^2 t\right)$	$\dfrac{1}{\sqrt{s}+a}$	$\dfrac{1}{\sqrt{\pi t}}-a\mathrm{e}^{a^2 t}\mathrm{erfc}\left(a\sqrt{t}\right)$
$\dfrac{1}{s\sqrt{s+1}}$	$\mathrm{erf}\left(\sqrt{t}\right)$	$\dfrac{\sqrt{s}}{s-a^2}$	$\dfrac{1}{\sqrt{\pi t}}+a\mathrm{e}^{a^2 t}\mathrm{erf}\left(a\sqrt{t}\right)$
$\dfrac{1}{\sqrt{s}(s-a^2)}$	$\dfrac{1}{a}\mathrm{e}^{a^2 t}\mathrm{erf}\left(a\sqrt{t}\right)$	$\dfrac{1}{\sqrt{s}(s+a^2)}$	$\dfrac{2}{a\sqrt{\pi}}\mathrm{e}^{-a^2 t}\displaystyle\int_0^{a\sqrt{t}}\mathrm{e}^{\tau^2}\mathrm{d}\tau$
$\dfrac{1}{\sqrt{s}(\sqrt{s}+a)}$	$\mathrm{e}^{a^2 t}\mathrm{erfc}\left(a\sqrt{t}\right)$	$\dfrac{s\sqrt{s}}{s+1}$	$2\sqrt{\dfrac{t}{\pi}}-\dfrac{2}{\sqrt{\pi}}\mathrm{daw}\left(\sqrt{t}\right)$
$\dfrac{\sqrt{s}}{s-1}$	$\dfrac{1}{\sqrt{\pi t}}+\mathrm{e}^{t}\mathrm{erf}\left(\sqrt{t}\right)$	$\dfrac{k!}{\sqrt{s}\pm\lambda}$	$t^{(k-1)/2}\mathrm{E}_{1/2,1/2}^{(k)}\left(\mp\lambda\sqrt{t}\right),\mathrm{Re}(s)>\lambda^2$
$\dfrac{1}{s^{\alpha}}$	$\dfrac{t^{\alpha-1}}{\Gamma(\alpha)}$	$\dfrac{s^{\alpha-1}}{s^{\alpha}\pm\lambda}$	$\mathrm{E}_{\alpha}\left(\mp\lambda t^{\alpha}\right),\ \mathrm{Re}(s)>|\lambda|^{1/\alpha}$

续表

$F(s)$	$f(t) = \mathscr{L}^{-1}[F(s)]$
$\dfrac{1}{\sqrt{s(s+a)}(\sqrt{s+a}+\sqrt{s})^{2\nu}}$	$\dfrac{1}{a^\nu}e^{-at/2}\mathrm{I}_\nu\left(\dfrac{a}{2}t\right), k>0$
$\dfrac{\Gamma(k)}{(s+a)^k(s+b)^k}$	$\sqrt{\pi}\left(\dfrac{t}{a-b}\right)^{k-1/2}e^{-(a+b)t/2}\mathrm{I}_{k-1/2}\left(\dfrac{a-b}{2}t\right)$
$\dfrac{1}{\sqrt{s(s+a)}(\sqrt{s+a}+\sqrt{s})^{2\nu}}$	$\dfrac{1}{a^\nu}e^{-at/2}\mathrm{I}_\nu\left(\dfrac{a}{2}t\right), k>0$
$\dfrac{1}{\sqrt{s(s+a)}(\sqrt{s+a}+\sqrt{s})^{2\nu}}$	$\dfrac{1}{a^\nu}e^{-at/2}\mathrm{I}_\nu\left(\dfrac{a}{2}t\right), k>0$
$\dfrac{1}{\sqrt{s^2+a^2}(s+\sqrt{s^2+a^2})^N}$	$\dfrac{\mathrm{J}_N(at)}{a^N}$
$\dfrac{1}{\sqrt{s^2+a^2}(s+\sqrt{s^2+a^2})}$	$\dfrac{\mathrm{J}_1(at)}{a}$
$\dfrac{b^2-a^2}{\sqrt{s}(s-a^2)(\sqrt{s}+b)}$	$e^{a^2t}\left[\dfrac{b}{a}\mathrm{erf}\left(a\sqrt{t}\right)-1\right]+e^{b^2t}\mathrm{erfc}\left(b\sqrt{t}\right)$
$\dfrac{ae^{-k\sqrt{s}}}{s(a+\sqrt{s})}$	$-e^{ak}e^{a^2t}\mathrm{erfc}\left(a\sqrt{t}+\dfrac{k}{2\sqrt{t}}\right)+\mathrm{erfc}\left(\dfrac{k}{2\sqrt{t}}\right)$
$\dfrac{1}{\sqrt{s+a}(s+b)\sqrt{s+b}}$	$te^{-(a+b)t/2}\left[\mathrm{I}_0\left(\dfrac{a-b}{2}t\right)+\mathrm{I}_1\left(\dfrac{a-b}{2}t\right)\right]$
$\dfrac{e^{-\sqrt{s}}}{\sqrt{s}+1}$	$\dfrac{e^{-1/(4k)}}{\sqrt{\pi t}}-e^{t+1}\mathrm{erfc}\left(\sqrt{t}+\dfrac{1}{2\sqrt{t}}\right)$
$\dfrac{e^{-\sqrt{s}}}{s(\sqrt{s}+1)}$	$\mathrm{erfc}\left(\dfrac{1}{2\sqrt{t}}\right)-e^{t+1}\mathrm{erfc}\left(\sqrt{t}+\dfrac{1}{2\sqrt{t}}\right)$

参 考 文 献

[1] Magin R L. Fractional calculus in bioengineering[M]. Redding: Begell House Publishers, 2006.

[2] Chen Y Q, Petráš I, Vinagre B M. A list of Laplace and inverse Laplace transforms related to fractional order calculus[OL]. [2023-3-13]. http://people.tuke.sk/ivo.pet ras/foc_laplace.pdf, 2007.

附录 C

FOTF工具箱函数与模型

C.1 基本计算函数

为配合本书内容的介绍,作者编写了大量的MATLAB程序,这些程序可以直接调用求解本书相关问题。下面给出的页码为源程序清单所在的页码,个别程序没有给出页码,读者可以自己阅读FOTF工具箱中的程序代码。

C.1.1 特殊函数与其他数学问题计算与支持函数

函 数 名	函 数 介 绍	页 码
beta_c()	复参数 Beta 函数计算	26
caputosym()	Caputo 导数的解析计算	71
common_order()	从一组分数里找到公共阶	
fdcoef()	有限差分算法系数计算	109
fdiffcom()	分数阶微积分计算公用函数(支持函数,不建议直接调用)	52
fotf2sym()	将 FOTF 对象转换成符号表达式	
fence_shadow()	绘制墙上的阴影——分数阶积分的几何解释	78
fmincon_global()	有约束最优化问题全局最优解计算	
fminunc_global()	无约束最优化问题全局最优解计算	
funmsym()	矩阵函数的解析计算	
gamma_c()	复参数的 Gamma 函数计算	23
kronsum()	Kronecker 和的计算	
mfd2frd()	频域响应数据的类型转换	
mittag_leffler()	Mittag-Leffler 函数的解析计算	33
ml_func()	Mittag-Leffler 函数的数值计算	33
more_sols()	找到非线性矩阵方程所有根的程序	211
more_vpasols()	函数 more_sols() 的符号运算版本的高精度解	
num_diff()	整数阶数值微分的高精度算法	105
pade_app()	有理传递函数模型的 Padé 近似	
paderm()	不同分子、分母阶次的 Padé 近似	
riemannsym()	Riemann–Liouville 导数的解析计算	68
svec2sl()	Caputo vector 模块的内部结构自动绘制函数	

C.1.2 分数阶微积分数值计算

函 数 名	函数介绍	页 码
caputo()	计算 Caputo 分数阶导数,使用了插值故不建议使用	73
caputo9()	高精度 $o(h^p)$ Caputo 分数阶导数的数值计算,推荐使用	101
genfunc()	用符号运算的方式计算生成函数的系数	86
get_vecw()	计算 $o(h^p)$ 精度要求下的加权系数	94
glfdiff0()	计算 Grünwald–Letnikov 分数阶微积分,不建议使用	52
glfdiff()	计算精度 $o(h)$ 下 Grünwald–Letnikov 分数阶微积分	53
glfdiff2()	无补偿 $o(h^p)$ Grünwald–Letnikov 分数阶微积分,不建议使用	93
glfdiff9()	$o(h^p)$ 高精度 Grünwald–Letnikov 分数阶微积分,推荐使用	96
glfdiff9_mat()	glfdiff9() 算法的矩阵实现,不建议用于大规模计算	100
glfdiff_fft()	基于 FFT 变换的 $o(h^p)$ GL 分数阶微积分,不建议使用	89
glfdiff_mat()	函数 glfdiff() 的矩阵版本,计算点多时不建议使用	58
glfdiff_mem()	带有短时效应的 Grünwald–Letnikov 分数阶导数与积分	59
rlfdiff()	Riemann–Liouville 分数阶微积分的计算,不建议使用	67

C.1.3 滤波器设计

函 数 名	函数介绍	页 码
carlson_fod()	Carlson 滤波器设计	119
charef_fod()	Charef 滤波器设计	145
charef_opt()	最优 Charef 滤波器设计	150
contfrac0()	无理函数的连分式近似	116
dfod2()	分数阶算子的离散滤波器	155
iir_pade()	基于 Padé 近似的 IIR 滤波器	157
irid_fod()	基于冲激响应不变性的 IIR 滤波器	159
irid_folpf()	基于冲激响应不变性的无理模型滤波器	159
matsuda_fod()	Matsuda–Fujii 滤波器设计	121
new_fod()	改进的 Oustaloup 滤波器设计	130
opt_app()	高阶模型的最优整数阶传递函数近似	136
ousta_fod()	标准 Oustaloup 滤波器设计	125
srid_fod()	基于阶跃响应不变性的 IIR 滤波器	159

C.1.4 线性分数阶微分方程求解

函 数 名	函数介绍	页 码
caputo_ics()	重建等效初始条件,由 fode_caputo9() 函数调用	192
fode_caputo0()	求解非零初值下 Caputo 分数阶微分方程的简单方法	190

函 数 名	函 数 介 绍	页　码
fode_caputo9()	求解非零初值下 Caputo 分数阶微分方程 $o(h^p)$ 数值解	194
fode_sol()	零初值分数阶微分方程的闭式解求解	180
fode_solm()	函数 fode_sol() 的矩阵版本，计算点较多时不建议使用	185
fode_sol9()	fode_sol() 程序的高精度 $o(h^p)$ 版	186
ml_step3()	三项分数阶线性微分方程阶跃响应的数值解	170

C.1.5　非线性分数阶微分方程求解

函 数 名	函 数 介 绍	页　码
ftpde_sol()	时间偏微分方程的数值求解	310
INVLAP_new()	由数值 Laplace 反变换求解闭环系统响应的数值解	203
nlfode_mat()	基于矩阵的隐式分数阶非线性方程的数值解	286
nlfode_vec()	非线性分数阶扩展状态方程的数值解	232
nlfode_vec1()	函数 nlfode_vec() 的另一个版本，不建议使用	237
nlfec()	非线性分数阶多项微分方程的 $o(h^p)$ 校正解	242
nlfep()	非线性分数阶多项微分方程的 $o(h^p)$ 预估解	240
pepc_nlfode()	非线性分数阶单项微分方程的预估校正数值解	226

C.2　面向对象的程序设计

为了使线性分数阶控制系统的分析与设计更方便，仿照 MATLAB 的控制系统工具箱，设计了两个类——分数阶传递函数类（FOTF）与分数阶状态方程类（FOSS），每个类建立了很多重载函数，其调用格式尽量与其控制系统工具箱原型保持一致，使得这两个类的使用更方便[1,2]。FOTF 类的底层类已经替换成 ppoly 类[3]，程序更稳定。

C.2.1　分数阶传递函数的 FOTF 类

函 数 名	函 数 介 绍
base_order()	找出 FOTF 对象的基阶
bode()	Bode 图分析
diag()	构造或提取对角 FOTF 矩阵
display()	显示一个 FOTF 对象
eig()	FOTF 对象的极点计算（包括增根）
eq()	判定两个 FOTF 对象是否相等

函 数 名	函 数 介 绍
exp()	输入传递函数的延迟项
feedback()	两个 FOTF 对象的反馈系统构造函数
foss_a()	将 FOTF 对象转换为分数阶推广状态方程 FOSS 对象
fotf()	FOTF 类的构架函数
fotf2cotf()	将一个 FOTF 对象转换为同元次的形式
fotf2foss()	将 FOTF 转换成 FOSS 对象的底层函数,由函数 foss() 自动调用
fotfdata()	提取 FOTF 对象全部的域
freqresp()	底层的 FOTF 对象频域响应计算函数
high_order()	FOTF 对象的高阶整数阶传递函数近似
impulse()	冲激响应计算
inv()	FOTF 对象求逆,多变量系统不建议使用,建议用 FOSS 对象
isstable()	判定 FOTF 对象的稳定性
iszero()	判定 FOTF 对象是否为零
lsim()	任意输入的时域响应计算
margin()	计算幅值、相位裕度及其频率
maxdelay()	多变量 FOTF 对象的最大延迟
mfrd()	频域响应计算
minus()	两个 FOTF 的减法运算
mldivide()	FOTF 对象的左除
mpower()	FOTF 对象的幂运算
mrdivide()	FOTF 对象的右除
mtimes()	FOTF 对象的乘法运算
nichols()	绘制 Nichols 图
norm()	求取 FOTF 对象的 $\mathcal{H}_2$ 与 $\mathcal{H}_\infty$ 范数
nyquist()	绘制 Nyquist 图
plus()	两个 FOTF 对象的加法运算
residue()	部分分式展开
rlocus()	单变量系统的根轨迹曲线
sigma()	多变量奇异值曲线绘制
simplify()	FOTF 对象的化简
step()	阶跃响应计算或绘制
uminus()	自反运算

C.2.2　分数阶状态方程的 FOSS 类

函 数 名	函 数 介 绍
bode()	Bode 图绘制
coss_aug()	分数阶状态方程的增广

函 数 名	函 数 介 绍
ctrb()	可控性判定矩阵的生成
display()	分数阶状态方程 FOSS 对象的显示
eig()	FOSS 对象的极点计算(包括增根)
eq()	判定两个 FOSS 对象是否相等
feedback()	两个 FOSS 对象的反馈连接
foss()	创建一个 FOSS 类
foss2fotf()	FOSS 到 FOTF 对象转换的底层函数,由函数 fotf() 自动调用
impulse()	FOSS 对象的冲激响应计算
inv()	FOSS 对象的求逆
isstable()	判定 FOSS 对象的稳定性
lsim()	任意输入的时域响应计算
margin()	幅值裕度、相位裕度与频率的计算
mfrd()	频域响应计算
minreal()	FOSS 对象的最小实现
minus()	两个 FOTF 对象的减法
mpower()	FOSS 对象的幂运算
mtimes()	两个 FOSS 对象的乘法运算
nichols()	绘制 Nichols 图
norm()	求取 FOSS 对象的 $\mathcal{H}_2$ 与 $\mathcal{H}_\infty$ 范数
nyquist()	绘制 Nyquist 图
obsv()	可观测性判定矩阵的建立
order()	计算 FOSS 对象的阶次
plus()	两个 FOSS 对象的加法运算
rlocus()	单变量 FOSS 对象的根轨迹
size()	计算 FOSS 对象的输入输出路数与状态变量个数
ss_extract()	从 FOSS 模型提取整数阶状态方程对象
step()	阶跃响应计算与绘制
uminus()	自反运算

C.3 Simulink模型

FOTF 工具箱建立了一个 Simulink 模块集,其启动命令为 fotflib,其中包括分数阶系统建模的必要模块。除了这个模块集外,还搭建了若干可重用的通用 Simulink 模型框架,可以仿真一类分数阶控制系统。

这里主要介绍 FOTF 模块集的基本模块,并介绍几个有代表性的可重用仿真系统模型。

C.3.1 Simulink 的 FOTF 模块集

模 块 名	模 块 介 绍
`fotflib`	在 MATLAB 提示符下给出命令 `fotflib` 启动 FOTF 模块集
Riemann–Liouville	用整数阶模型实现各种 Riemann–Liouville 分数阶算子的滤波器,包括 Oustaloup 滤波器、Matsuda–Fujii 滤波器、改进的 Oustaloup 滤波器、基于冲激响应不变性的离散滤波器等
Caputo vector	基于 Oustaloup 滤波器生成的 Caputo 向量算子的滤波器,内嵌整数阶一阶积分器,适用于分数阶状态方程的直接建模
Implicit model	隐式模型 $(as+1)^{-\gamma}$ 的实现模块,包括连续实现与离散实现
Approximate FOTF model	分数阶传递函数(传递函数矩阵)模型的滤波器实现,主要用 Oustaloup 滤波器逼近分数阶传递函数行为
Fractional PID controller	分数阶 PID 控制器的整数阶模型近似
Benchmark problem models	基准测试问题模块组,提供了一系列基准测试问题的 Simulink 实现模型,其中很多模型带有预置的理想参数,可以直接运行。可以由 `bp_models` 命令直接启动

C.3.2 重要的可重用分数阶系统仿真模型

模 型 名	模 型 介 绍	页 码
`c8mblk2.slx`	线性零初值微分方程的仿真模型	257
`c8mblk3.slx`	线性零初值微分方程的仿真模型的传递函数表示	257
`bp1_model.slx`	分数阶积分模型	264
`bp2_model.slx`	线性 Caputo 微分方程的 Simulink 模型	265
`c8mexp2s.slx`	非线性 Caputo 微分方程的 Simulink 模型	266
`c8mchaos.slx`	分数阶 Caputo 状态方程的底层建模	269
`c8mchaos_v.slx`	分数阶 Caputo 状态方程的向量化建模	269
`bp5_model.slx`	阶次大于 1 的分数阶 Caputo 状态方程底层建模	274
`bp5a_model.slx`	阶次大于 1 的分数阶状态方程向量化建模	274
`c8mpid.slx`	分数阶反馈控制系统建模	278
`c8mmimo.slx`	分数阶多变量控制系统的建模	280
`bp4_model.slx`	隐式 Caputo 微分方程的建模	290
`bp8_model.slx`	非零历史函数的延迟 Caputo 方程建模	297

参 考 文 献

[1] Xue D Y. Fractional-order control systems—Fundamentals and numerical implementations[M]. Berlin: De Gruyter, 2017.

[2] 薛定宇. 分数阶微积分学与分数阶控制 [M]. 北京:科学出版社, 2018.

[3] 薛定宇. MATLAB/Simulink 实用教程:编程、计算与仿真 [M]. 北京:清华大学出版社, 2022.

索 引
INDEX

ℬ

Bagley–Torwik 微分方程 4 189
Beta 函数 17 24–27 327 331
Bode 幅频图 113 138
Bode 图 115 117 120 122–127 129 131 133 138
　145 147 153 154 156 158–160 333 334
闭环系统 205–207 214–216 276–278 280 333
闭式解 7 165 179–187 189 333
边值条件 300 301 305
边值问题 7 220 285 299–306 322 323
变步长 219 253 261
变量替换 22 28 30 66 174
并联 115 248 249
补误差函数 17–19 31 327
不等间距分割 224 225 245
不定积分 17
不收敛 191
不完全 Beta 函数 27
不完全 Gamma 函数 24 25 27 32 327
部分分式展开 165 173–177 334

𝒞

Caputo 导数 7 69–75 101–105 109 167 189 199
　251 262 263 267 273 308 331
Caputo 微分方程 77 165 168 188–202 221–244
　262–276 285 287
Carlson 滤波器 113 118–120 123 145 162 332
Cauchy 积分公式 48–50 53 57 62
Charef 滤波器 114 144–154 332
CRONE 工具箱 8
采样周期 155 157 159 160 292 293
插值 20 75 192 332
差分方程 155

超几何函数 17 29–33 36 39 40 70
超扩散方程 312
成比例阶 见 同元次
冲激函数 65 169 170 174 177–179 205
冲激响应 115 172 174–178 181–183 204 250
　293 334 335
冲激响应不变性 159 160 332 336
重根 174
重载函数 131 251 333
初值函数 48 95 311 313
串联 115 147 148 248 249 255

𝒟

Dawson 函数 17 27–29 327
Dirac 函数 65 199
打靶法 299–301
大计算步长 98 103 186 191
大矩阵 185 312
带宽 126 131
代数方程 237 239 265 285 286 288 291 299
　301 302 304–306 312
代数环 255 291
单参数 Mittag-Leffler 函数 32 36 44 200 220
单位负反馈 205 206 215 249
单项微分方程 169 223 228 242 333
等幅振荡 213 216
等高线 26 27
等间距 52 183 223 225 261
等效初始条件 165 191–194 196 332
递推算法 52 53 58 83 88 90–96 119 180 186
迭代 7 119 219 224–231 237 240 242 243
迭代方程 231 232
叠加原理 75 214

定步长 219 223 261 319
定积分 23
动画 312
短时记忆效应 59–62 232–234
多变量 Beta 函数 27
多变量系统 8 162 250 279 280 334
多项式 71 83–85 87 115 137 174 192 209 211
    265 286
多项系数 172

E

Euler 常数 γ 24 45
Euler 公式 70 224
二项式系数 50–53 60 67 87 88
二项式展开 50 83

F

FFT 88–90 97
FIR 滤波器 155–157
FOMCON 工具箱 9
FOSS 对象 11 248 250 333–335
FOTF 对象 9 11 134 248–250 256 331–335
FOTF 工具箱 8–12 106 115 131 159 166 212
    247–249 324 331–336
FOTF 模块集 247 251 255 269 276 279 292
    293 324 325 335 336
发散 29 43 214 271 294
反馈控制系统 203 216 276–280
反馈连接 249 335
反向通路 115 216
范数 61 104 105 136 150 204 227 250 251 334
非零初值 47 165 168 188–197 247 262–276
非同元次 165 201 202 211–214 221 319
非线性 Caputo 微分方程 262–276
非线性方程 211 212 224 261 333
分部积分法 20 72
分段函数 103 264 317 318
分数阶 Chua 方程 233 234 267–271
分数阶传递函数 10 114 131 132 136 138–140
    165 166 173–175 201 211 247–251 276 336
分数阶传递函数矩阵 134 247–249 251 276 279
    336
分数阶传递函数模块 247 276
分数阶描述符状态方程 250
分数阶 PID 控制器 2 247 251 276–279 336

分数阶算子 5 10 184 186 269 270 332
分数阶状态方程 10 141 197–201 235 248 250
    267 272–275 285 300 320 334 335
幅值裕度 250 334 335
符号运算 19 22 23 28 32 33 36 68 71 75 84 87
    116 173 204 322 331 332
辅助函数 78 95 96 188–191 194 308
负反馈连接 115

G

Gamma 函数 17 19–25 32 34 49–53 327 331
Gauss 超几何函数 30 31
Grünwald–Letnikov 定义 47 50–62 69 72–74
    76 83 118 119 126 168 180 186 189 190
改进 Oustaloup 滤波器 132 134 135 332
感兴趣频率段 113 124 126 127 129 134 142
    147 149 151 257 258
高阶导数 3 28 48 105–110
高精度 9 10 12 44 75 83–88 96 97 99–105 165
    169 179 186–188 191–197 204
高精度算法 7 83 87 95 97 100 101 186 187
    194–196 239 247 267 285 331
根轨迹 250
工作空间 249 256 276 277 302
关键信号 252 255 259 263–267 289 290 301

H

Hankel 矩阵 58 184 185
Heaviside 函数 65 95 127 128 170
Hermite 多项式 18 327 328
合流超几何函数 30
后向差分 84 108–110
回代 183 216 217 261

I

IIR 滤波器 155 157 158 332

J

基阶 173–177 198 201 209 211 222 228 333
基准测试问题 7 10 12 83 103–105 160 161 235
    251 264 271–273 288 295 300 317–326 336
积分器链 10 255 262–264 266 267 289 290
极限 5 24 31 45 51 83 84
几何解释 78–80
计算步长 51 55 56 59 62 66 68 83 89 93 95
    97–99 101 104 181 183 185 187 190 191
    193–196 219 226–243 287 288

记忆时长 59–62 233 234
渐近线 21 113 124 126 144
交换律 77
阶乘 20 49 51
阶跃响应 134 135 138 139 146 148 149 153 154
　　170–172 175–178 181 182 206 207 213–216
　　250 258 277–280 293 294 334
阶跃响应不变性 159 160 332
解析函数 49 50 76
近似根轨迹 250
静态增益 151
矩阵函数 331
矩阵算法 6 58 60 100 179 184–187 285–289
卷积 167
决策变量 149 151 301–304

K

Kronecker 和 331
Kummer 超几何函数 30
可观测性 250 335
可控性 250 335
控制系统工具箱 113 114 118 142 248 250 333
快速重启 302
快速 Fourier 变换 见 FFT 83
扩散方程 5 7 311 312
扩展 Beta 函数 26
扩展状态方程 201 202 219 221–223 231–239
　　299 333

L

Laplace 变换 5 10 123 124 140 157 165–170
　　172–175 178 202–205 207 208 214 248 293
Laplace 反变换 140 202–205 328
Laplace 算子 115
Legendre 公式 22
Leibniz 性质 76
LTI 模型 166 248
累积误差 195 196
累加截断 43 170 179
历史函数 10 295–299 323 324 336
连分式 113 116–124
临界增益 213 214
零初值 10 96 165 166 170 177 179 185 186 188
　　189 197 247 252–262 290

M

Matsuda–Fujii 滤波器 113 121–124 126 142
Mittag-Leffler 函数 32–44 71 89 170 174 175
　　179 200 327 331
MuPAD 28 71 116 157
慢扩散方程 311
幂函数 1 5 49 53 64 95
幂律 5 307
幂运算 119 142 202 334 335
描述符 250
模型辨识 4 8 9
模型工作空间 302 303
模型降阶 114 135–140
模型转换 250
目标函数 136 149–151 301–303 305

N

Ninteger 工具箱 8 9
内积 88
匿名函数 19 52 103 207 208 213 230 238 241
　　287 289

O

Oustaloup 滤波器 124–132 134 135 141 144
　　148 158 160 251 261 263–266 269 273 274
　　276 279 282 290–292 325 332 336

P

Padé 近似 116 136 157 331 332
Pochhammer 符号 29 39 327
频率段 113 118 122–126 129 143–145 149 152
　　255 257 258 264 272 274 276 291–293 297
频域响应 4 113 114 119 121–124 129 138 141–
　　147 149–154 156 158 206 250 292 331 335
频域响应拟合 114 119 120 123 124 134 144
　　145 147 152

Q

QFT 控制器 5 142–144
奇点 49
前向差分 84 106
前向通路 115 205 215 216
全局最优解 331

R

Riemann–Liouville 定义 47 62–69 72 73 76 78
　　100 101 167 263 266
Riemann–Liouville 微分方程 168 216

Riemann 叶 210 211
任意输入 172 179
任意输入时域响应 250 334

Stieltjes 积分 78
三项微分方程 170–172 333
生成函数 6 83–90 92 93 108 109 332
升序阶乘 29 40
时间常数 151 216
时间分数阶偏微分方程 7 10 307–314
时域响应 115 120 123 124 159 174 180 183 205–208 228 235 236 276 335
收敛 6 8 18 29 30 32 35 39 40 225 267
数学归纳法 41 42
数值积分 19 23 26 98 99 104 179 207 208
数值 Laplace 变换 148 165 207 292
数值 Laplace 反变换 146 153 165 203 278 333
数值最优化 136 151 285 299 301 302 305
双参数 Mittag-Leffler 函数 33–44 220
双精度 52 75 96 98 317
双项微分方程 169 170

Taylor 辅助函数 188–192 194
Taylor 级数 18 64 189 193
特殊函数 17–44 71 307 327
特征方程 213 215 216
同元次 165 172–179 197–201 208–211 213 221 223–231 239 244 250 334

网格 6 26 38 224 308 309 311
伪多项式 71 133 166 180 201 209–214 248
伪状态 200
伪状态转移矩阵 201
稳定性 8 10 142 165 173 208–216 250 334 335
无理传递函数 10 121 202–205
无理函数 327 332
无理系统 114 140–154 165 202–216
无穷乘积 24
无穷积分 20 207
无穷级数 18 28 32 35 36 39 50 87 90 202 205
无限长冲激响应 155
无约束最优化 331
物理解释 78 80

误差函数 17–19 327
误差容限 43 59 88 119 144 145 171 211 212 226 231 239 241 244 254

线性 Caputo 方程 188–197 223 265 336
线性代数方程 192 193 310
线性多步法 87
线性方程 86 192 261 310
线性时不变 166
线性性质 75 76
相平面 234 268 270 271
相位裕度 250 334 335
向量化 241 242 268–270 273 275 325 336
序贯导数 58 77
序贯积分 77

延迟 136 137 248
延迟时间常数 215 248 324
延迟微分方程 10 220 294–299 324
样条插值 74 75 103 207 208
隐式模块 114 143 251 292–294 336
隐式微分方程 289–294 307 320
有理传递函数 142 202 331
有限长冲激响应 155
有约束最优化 150 331

增根 210 211 333 335
增益 114 125 138 144 158 166 213
振荡 94 97 103
正反馈 205
正弦函数 3 74 216
指数辅助函数 191
指数函数 5 17 18 32 49 64 66 69–71 94 98 99 101 107 174
中心差分 84
终值定理 124
终值条件 299 301 303 305–307 323
终止时间 234 258 287 289 319 323
状态增广 275 334
状态转移矩阵 165 197–201
最小实现 119 133 142 143 335
最优 Charef 滤波器 114 148–154 332